ISBN 978-0-282-08243-7
PIBN 10605947

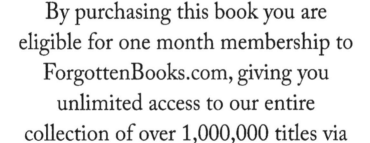

English
Français
Deutsche
Italiano
Español
Português

www.forgottenbooks.com

Mythology Photography **Fiction**
Fishing Christianity **Art** Cooking
Essays Buddhism Freemasonry
Medicine **Biology** Music **Ancient
Egypt** Evolution Carpentry Physics
Dance Geology **Mathematics** Fitness
Shakespeare **Folklore** Yoga Marketing
Confidence Immortality Biographies
Poetry **Psychology** Witchcraft
Electronics Chemistry History **Law**
Accounting **Philosophy** Anthropology
Alchemy Drama Quantum Mechanics
Atheism Sexual Health **Ancient History**
Entrepreneurship Languages Sport
Paleontology Needlework Islam
Metaphysics Investment Archaeology
Parenting Statistics Criminology
Motivational

EUGENIO CAMERINI.

VOLUME UNICO.

FIRENZE,

G. BARBÈRA, EDITORE.

—

AL COMMENDATORE CESARE CORRENTI

MINISTRO DELLA PUBBLICA ISTRUZIONE

INGEGNO SUPERIORE ALLA DIGNITÀ

CUORE NON MUTABILE DA FORTUNA

INTITOLA QUESTI SCRITTI

PER ANTICA DEVOZIONE E SINCERO AFFETTO

EUGENIO CAMERINI.

CAMERINI.

AVVERTENZA.

Nella mia *Rivista critica*, pubblicata or son due anni,[1] raccolsi parecchi scrittarelli da me sparsi per le Rassegne e pe' Giornali di Torino e Milano. Tirata a pochissimi esemplari, non dovea fruttarmi nè lode, nè biasimo, nè utile alcuno; se non che mi acquistò la preziosa amicizia del signor Barbèra. Egli mi profferse di ristamparla. Non era facile resistere alla tentazione di vivere, non potendo altro, almeno negli annali di una illustre tipografia; ma la *Rivista* era in gran parte un saggio di una bibliografia interna de' libri antichi italiani, e gli articoli meno speciali e men noiosi eran rari. Di che io pregai il signor Barbèra di concedermi di dare un'altra scorsa pe' campi del giornalismo, dove avessi lasciato alcun mio vestigio, e carpirne tanto da fare un giusto volume. Al che avendo egli assentito, resta che per i suoi meriti verso gli studi italiani questo suo trascorso gli sia perdonato.

Non sarà facilmente perdonato a me che più volte

---

[1] Milano, Tipografia Internazionale, 1868.

ho biasimato il vezzo di raccogliere i frammenti dati
ai giornali; siccome quelli, che, passato alcun tempo,
talora brevissimo, smontano di colore, inaridiscono, ed
all'assaggio riescono cenere come i pomi dell'Asfal-
tite. Ma se non mi valesse la ingenua confessione
della mia fragilità a quella potente lusinga di cui
sopra toccai, valgami l'altra scusa che mi apprestava
l'editore: che questi scritti ritraendo spesso le condizioni e le opere letterarie dell'ultimo decennio quando
le *Riviste* eran rare e i nostri giornali non badavan
gran fatto alle lettere, avrebbero per avventura serbato qualche notizia caratteristica e di momento.

Nella *licenza* della *Rivista* notai le sigle o i pseu-
donimi onde m'ascosi nei diversi giornali, ove lavorai
lungamente. Balestrato a Torino nel 1849, continuai
nella stampa politica e letteraria i lavori cominciati
a Firenze. specialmente nel *Nazionale* di Celestino
Bianchi. Li continuai in Milano, ed ora, ben oltre con
gli anni, son appena *al cominciar dell'erta*, e volgen-
domi addietro, vedo. come accadrà a tanti altri, il
gran deserto del lavoro giornalistico, che consuma la
vita senza pro e senza lode.

La varietà dei fonti di questi brani rende ragione
di certe varietà di forma. L'*appendice* e la *corrispondenza letteraria* importavano maggiore abbandono
che gli articoli di rivista, ed io non toccai quasi punto
quello che tolsi dalla *Perseveranza*, dal *Crepuscolo*
e dalla *Rivista Contemporanea* di Torino, o eziandio
dalle introduzioni ad alcuni libri, de'quali curai la

versione o la ristampa. Ma i principii che gl'informano sono in sostanza sempre quei dessi.

Dovendo poi dare un titolo a questi frammenti, elessi come meno ambizioso quello di *Profili letterari.— Saggi critici* era titolo tropp' alto. *Ritratti* era vocabolo troppo invidioso, e non rispondeva cosi bene al contenuto del libro. L'uso dei ritratti d'uomini letterati è antico in Italia. Altro non sono le *Iscrizioni* del Giovio, le *Pinacoteche* di Gian Nicio Eritreo o Gian Vittorio Rossi romano, e il *Museo* di Giovanni Imperiali vicentino. Questi scrissero in latino. Scipione Ammirato, Filippo Valori ne tratteggiarono in italiano. Ritratti possono dirsi le *Vite* che Filippo Villani dettò dei Fiorentini illustri, come ritratto bellissimo è quello che Pietro Giordani ai dì nostri delineò di Vincenzo Monti. Ma questi son brevi elogi che talvolta accompagnavano le imagini degli uomini insigni per dottrina ed ingegno, come nel *Museo* dell'Imperiali, e ne narravano brevemente la vita e i costumi. Altra ampiezza hanno i *ritratti* del Sainte-Beuve, che sì argutamente ricercò le opere e le vicende di molti famosi coetanei. Al Sainte-Beuve si aggiusta il Cantù nelle sue ricche Vite del Monti, del Grossi e del Romagnosi, ch'egli altresì chiama *Ritratti*. Ma perchè i miei poveri tratteggi non meritano questo titolo nè secondo l'Eritreo, nè secondo il Cantù, mi sono attenuto al vocabolo di *Profili,* massime che ora è in uso de' giornalisti, ordine al quale ho l'onore di appartenere.

Mi conforto che la storia e la critica delle letterature, anche trattate debolmente, attraggono sempre. Gli stessi frammenti, quando esprimono i giudizi e le impressioni de' contemporanei, si cercano dai curiosi. Ancora si legge volentieri Bayle. Certo chi, come il Sainte-Beuve, sa fondere insieme la precisione del testo e il picco e l' erudizione delle note del Bayle, o ha la franchezza e bravura di tocco di Giosuè Carducci, ottiene i primi onori. Io posso sperare solo nell' attrattiva dei nomi che rassegno. *Quod*, dirò con più ragione che l' Eritreo, *si isthæc plena dignitatis jucunditatisque, a me suscepta exercitatio nacta esset ingenium præstans ac magnum, quasi pingue aliquod solum ac fertile, quanto uberiores illa fructus dedisset!*

E. C.

PROFILI LETTERARI.

STORIOGRAFI E POLITICI.

NICCOLÒ MACHIAVELLI.

—

« Coloro, che disegnano i paesi si pongono bassi nel piano a considerare la natura de' monti e de' luoghi alti, e per considerare quella de' bassi si pongono alti sopra i monti; similmente, diceva il Machiavelli, a conoscer bene la natura de' popoli bisogna esser principe, ed a conoscere bene la natura de' principi conviene esser popolare. » A ben conoscere l'una e l'altra giova, diremo noi, l'esser gentiluomo; ma gentiluomo in una democrazia. Si ritiene così l'altezza dell'animo, che viene dalla squisita educazione e dall'indipendenza della fortuna; la facilità del consorzio degli autorevoli e dei potenti; si ha l'intelligenza e l'amore del popolo; si vedono e si possono raccostare gl'intervalli che separano i diversi ordini dei cittadini, purgare le maligne impressioni che gl'insospettiscono e li nemicano, e trovare un assetto in cui si riconcilino e quietino.

Nessuno ai nostri giorni comprese ed espose sì bene la democrazia americana come fece un gentiluomo, Alessio de Tocqueville: nessuno notomizzò sì bene le repubbliche e i principati come fece un gentiluomo, Niccolò Machiavelli.

CAMERINI.

Disceso dai signori di Montespertoli, la sua arme,
una croce azzurra in campo bianco, con un chiodo a
ciascun angolo della croce, s'era fregiata della luce di
tredici gonfalonieri di giustizia, e di cinquantatré priori.
Suo padre Bernardo (morto nel 1500) fu giureconsulto ;
chè lo studio della legge si accoppiò sempre volentieri
alla gentilezza del sangue, siccome, tra gli antichi esempi,
mostrano i patrizi di Roma che fecero monopolio del
diritto, e mistero delle sue formule. Anche fu tesoriere
della Marca. Sua madre, Bartolomea di Stefano Nelli,
di nobile casato altresì, vedova di Nicolò Benizi, ebbe
spirito e valore poetico. Congiuntasi a Bernardo nel 1458,
dopo un buon decennio, il 3 di maggio del 1469, diè
al mondo Niccolò. vero parto d'Alcmena; vero Ercole,
che ripigliando le fila del senno e dell'esperienza latina
doveva purgar l'Italia dai mostri dell'ignoranza politica e della superstizione ; ridestarla al sentimento della
libertà, della unità, della virtù militare. Il redentore
ch'egli aspettava per lei tardò più di tre secoli a venire ; ma l'amore, la pietà, la obbedienza, la fede
ch'ei gli presagiva, gli furon profusi.

Dal suo maestro e introduttore alla vita politica,
Marcello Virgilio Adriani, professore di belle lettere e
cancelliere in Firenze (morto il 27 novembre 1521), trasse
lumi di eloquenza e di dottrina non solo filosofica, ma
naturale ; perchè l'Adriani, secondo l'ampio giro degli
studi della sua età, ove quasi tutta la scienza era nel-
l'opere degli antichi, aveva famigliare non solo Platone
ma Dioscoride, i cui libri di storia e materia medica
traslatò di greco in latino (1518) ; e forse v'intinse il
discepolo, che così nei paralleli scientifico-politici, come
negli scherzi delle commedie, mostrò aver lume di cose
mediche, sebbene, come vedremo, da sè curandosi ne'suoi
mali di stomaco, si dimostrasse *a morir mal accorto.*

Dopo cinque anni di questa scuola, ove il suo ingegno s'era mirabilmente svolto nelle forti esercitazioni della materia più che della forma scientifica « nel 1498, fu preferito fra quattro concorrenti per il posto di cancelliere della seconda cancelleria dei Signori, in luogo di Alessandro Braccesi, per decreto del consiglio maggiore del dì 19 giugno. Quindi nel dì 14 del seguente luglio da' Signori e Collegi ebbe incarico di servire anche nell'ulfizio de' Dieci di libertà e pace, ove quantunque la prima commissione fosse per il solo mese d'agosto, proseguì poi ad esercitare la carica di segretario, fino alla sua cassazione.

» Nel giro di soli quattordici anni, che ei fu in questi uffici, oltre le ordinarie occupazioni (le quali non portavano meno che il carteggio interno ed esterno della repubblica, i registri de' consigli e delle deliberazioni, i rogiti de' trattati pubblici con gli Stati e principi stranieri ecc.), non meno che venti legazioni estere, oltre sedici commissioni interne, ei sostenne per affari per lo più gelosissimi e di sommo rilievo. Quattro volte fu presso al re di Francia, allorché era questi l'unico potente alleato della repubblica; due volte all'Imperatore; due volte alla Corte di Roma; tre volte a Siena; tre a Piombino; alla Signoria di Forlì; al Duca Valentino; a Gio. Paolo Baglioni, signore di Perugia; più volte fu mandato al campo contro i Pisani, due volte in Pisa medesima; in occasione cioè del Concilio, e per erigervi la cittadella; e finalmente in varie parti del dominio per arrolare truppe, e per altri importanti bisogni dello Stato.[1] »

Tesser la storia di queste legazioni e commissioni sarebbe ritrovar l'orme della storia di una nobilissima

---

[1] I passi virgolati sono tratti dalla Vita del Machiavelli preposta all'edizione del 1782.

democrazia per oltre un sesto di secolo. Il nostro bisogno e studio di brevità ci vieta questo rivilicamento di
fatti tuttavia ricchi di ammaestramento e di dolore. Il
gran politico s'era abbattuto a tempi in cui la patria
era condannata a perire. L'Italia, che abbreviava in
sè tutte le grandezze di potenza e libertà politica, di
commerci e d'industrie, di lettere ed arti, s'andava
dissolvendo, e le lasciava cadere dal suo grembo alle
nazioni straniere che stavano già a'suoi piedi, e che
avidamente le raccoglievano per raffacciarle vilmente
poi la sua rovina e la sua nudità. Nelle squisitezze
degli studi, e nelle mollezze delle arti gl'Italiani avevano lasciato languire la vigoria del braccio, e addor-
mentarsi la virtù dell'animo; ed il furore barbarico
aveva incatenato il forte, ebbro del suo incivilimento.
Roma e Firenze, dove, come diceva il Foscolo, Italia
è più sacra, erano fonti di morbidezze e lascivie. La
cura era disperata. Lutero, che aveva un popolo suo,
bandì ed effettuò la riforma nelle cose della religione;
il Machiavello, che aveva pochi validi tra una moltitudine di corrotti, proclamò, tentò, ma con poco frutto,
la riforma nelle cose di Stato e nella milizia.

Dai soldati medievi, che non correvano altro pericolo nella battaglia che di morir soffogati nella calca,
ai soldati del risorgimento che si facevan valere *con
la barba e con le bestemmie,* non era grande il divario.
Il Machiavello rideva dei primi e spregiava i secondi.
Egli voleva un *valore disciplinato;* una milizia santa
in pace e forte in guerra; una milizia civile, che per
l'abito vario non si disformasse dalle usanze cittadine,
nè si sovrapponesse alle leggi. A tal nobile fine egli
fece tesoro, secondo l'usato, dell'antica e moderna
esperienza; ma le sue idee valsero più ai popoli stranieri
che ai popoli d'Italia: e diciamo ai popoli, perchè i

capitani italiani, i Farnesi, i Piccolomini, i Montecuccoli, che rinnovarono la nostra gloria militare nelle Fiandre, in Alemagna e in Ungheria, furono inspirati e scorti dal gran politico che nei fantasticamenti degli Orti Oricellari aveva presagito i progressivi ordini e sperimenti guerreschi.

Questo tentativo è tuttavia il suo più gran pregio al giudizio degl'Italiani, che ora risorgono per le armi, e che per avere ordinato uno stato di temperata libertà, come piaceva al Machiavelli, si giovano alla redenzione delle loro terre di quell'alleanza francese, che fu la rovina di Firenze. Il gonfaloniere Pier Soderini, fu assoluto per la sua sciocchezza dal Machiavelli, che aveva previsto i danni di quell'intemperanza di affetto a Francia. Le cui forze non prima ebbero declinato in Italia, « che si vide serrarsi sopra Firenze da tutte parti la tempesta. Rimasta essa nuda ed esposta al risentimento degli Imperiali e degli Spagnuoli, era giunto il tempo di pagar le pene al pontefice Giulio II, del ricetto dato in Pisa al Concilio. Invano si usarono le rimostranze per liberarsi dall'onerosa ed ingiusta contribuzione di centomila fiorini, pretesa dall'Imperatore contro la fede dei trattati. I Medici esuli furono più generosi delle sostanze della repubblica, e ne promessero anche di più purchè fossero rimpatriati. Così fu presa a Mantova la risoluzione di mutare lo stato di Firenze. Quindi avanzatisi gli Spagnuoli nella Toscana, espugnato inaspettatamente e saccheggiato Prato, mentre correvano pratiche d'accordo si sollevò nella città la parte de' Medici, e il gonfaloniere perpetuo Soderini dovè cedere e ritirarsi. La mutazione totale che ne seguì involse nell'infortunio del gonfaloniere anche il segretario. Fu il Machiavelli pertanto per tre consecutivi decreti della nuova signoria degli 8, 10 e 17 novembre 1512 prima cassato e privato d'ogni **uffizio**, poi relegato per un anno nel territorio e dominio fiorentino, e interdetto dal por piede nel palazzo de' Signori,» ove rientrò poi quattro volte per grazia speciale.

Se non che la parte vinta per le frodi medicee e la violenza straniera non quietò, ma s'affebbrò di occulti sdegni e cospirazioni. Due animosi, Agostino Capponi e Pietro Carlo Boscoli, ne pagaron le pene. Il Machiavelli era troppo amico di libertà e troppo autorevole nella gioventù da non riuscire sospetto. — E come complice fu preso, tormentato, e solo la gioia che ebbe Leone X della sua assunzione al pontificato, rendendolo più mansueto, gli salvò la vita.

Lo scetticismo moderno revoca in dubbio la tortura del Galileo, e la sublime parola di lui in mezzo allo strazio ed all'umiliazione dell'abiura: *Eppur si muove*. Non può riuscire a mettere in forse i tormenti del Machiavelli. Egli stesso li narra e si *vuol bene* dell'averli tollerati sì francamente. V'è un sonetto mirabile, ch'egli scrisse nei ceppi e dopo sei tratti di fune. Noi lo riferiamo, perchè fa fede della costanza di quel grande animo che ride della tortura, come Tommaso Moro rideva della mannaia; e affisa i pericoli come Giordano Bruno in un sonetto sublime affisava, profetando, le fiamme del suo rogo. — Si legga, e si veda se la tradizione del coraggio italiano si è mai smentita dalle prigioni medicee alle carceri di Spielberg e di Mantova:

«I' ho, Giuliano, in gamba un paio di geti,
    Con sei tratti di corda in su le spalle:
    L'altre miserie mie non vo' contalle,
    Perchè così si trattano i poeti!
Menan pidocchi queste parieti
    Grossi e paffuti che paion farfalle:
    Non fu mai tanto puzzo in Roncisvalle,
    Nè in Sardigna¹ fra duegli arboreti,

---

¹ Luogo fuori di Firenze, dove si spellano le bestie morte.

Come nel mio si delicato ostello ;
   Con un romor che proprio par che in terra
   Fulmini Giove e tutto Mongibello.
L' un s' incatena e l' altro si disferra,
   Con batter toppe, chiavi e chiavistelli :
   Grida un altro che troppo alto è da terra !
        Quel che mi fe più guerra
Fu, che dormendo presso all' aurora
Cantando sentì dire : Per voi s' òra. —
        Or vadano in malora :
Purché vostra pietà vêr me si voglia,
Buon padre, e questi rei lacci mi scioglia. »

Con le membra slogate e indolenzite ancora dalla tortura egli si ritraeva a San Casciano, e dimenticava la viltà e le perfidie de' suoi nemici, ora ingaglioffandosi alla taverna con uomini della plebe, ora ritirandosi nel suo studio con gli spiriti magni, ai quali in una sua visione, rimproveratagli dai tristi, egli s' univa dopo la morte. La mattina giuocava con coloro a cricca e a trictrac, e la sera, purgatosi della salsuggine di quella vita abbietta, vestiva panni reali e curiali, e dettava il suo libro del *Principe*. Così il Buffon si metteva in gala per descrivere la natura. — Nel Machiavello fu più o meno assidua quest' altalena tra le abiezioni del senso e le sublimità dello spirito. — Egli potè conciliare le viltà della Riccia, le vergogne del Casa e del Brancaccio con la santità dei Fabrizi e degli Scipioni.

Le *Legazioni* del Machiavello sono un esempio dello stile che si conviene agli affari e maneggi politici. Pedestri il più, hanno a quando a quando perspicacissime osservazioni intorno all' indole degli uomini, ed alla natura e all' atteggiamento dei fatti ; sono carteggi non sempre importanti, ma più o meno curiosi.

Il sunto e il fiore si riscontrano ne' suoi Ritratti di Francia e d' Alemagna, che si possono appareggiare in

qualche modo alle relazioni che gli oratori veneti leg-
gevano al ritorno dalle loro ambasciate.

Di Luigi XII, debole, incerto, docile argilla in mano
del suo superbo ministro, e di Massimiliano imperatore,
volubile ed errabondo, ha dato il Machiavelli ritratti so-
migliantissimi. Di quelle nazioni che tanto poterono o
possono ancora nei nostri destini, ha tratteggiato un' imagine sì essenzialmente vera, che le alterazioni della lunga
età vetusta non tolgono di riconoscerla. Ecco il tedesco,
lento, discorde; lo spagnuolo. oppressivo, rapace, odioso.
Ecco all' incontro il francese, vivo, cordiale, simpatico
fino ai vinti; ma precipitoso e fallace nei consigli, che
racconcia poi con la forza. Non v' ha etnografo da venire
in confronto con Tacito e Machiavelli. Le loro caratteristiche sono eterne.

Queste legazioni non sono tutte a Principi e a Repubbliche. Ve n' ha una ai frati Minori di Carpi. — Egli
aveva doppio incarico; dagli Otto di pratica di ottenere di fare dei luoghi e frati del dominio fiorentino
una provincia di per sè, separandola dal resto della
Toscana, e dai Considi dell' Arte della Lana di trovar
loro un predicatore. Così Lisandro, gli scriveva il Guicciardini, era stato, a sconto delle sue vittorie, depresso
da' suoi cittadini a vili ufici edilizi.

Ora il Machiavello volse l' oltraggio a scherzo. Si
rise di que' buoni frati che lo ingrassavano come un
pollo in istìa, e ch' egli levava a gran concetto di sè,
facendosi dal Guicciardini spedir corrieri che arrivavano
trafelati e riverenti apportandogli finti messaggi di gran
segreti o affari di Stato, e quei divisi dal mondo resta-
vano a bocca aperta, ben diversi dagli eremiti della
Tebaide, che si piccavano di spregiare i messi e le visite dei principi della terra.

Se non che nelle legazioni non è il forte de' suoi

studi politici. Ve n'ha qualche elemento; ma son da vedere le sue trasmutazioni alchimiche dei fatti più ovvii in alti principii. Michelangelo e il Cellini contraffacevano i lavori degli antichi, e i più intendenti vi si abbagliavano. Chi non sapeva o mutare o innovare, raccoglieva. Ogni oggetto o frammento antico si cercava con affetto, e si contendea con furore. Se a que' tempi si fosse scoperta Pompei, si sarebbe stabilita la *città latina* sognata da un erudito. Il Machiavelli lodava questa smania dell'antico; ma perchè, diceva egli, restringersi a' vasi, alle statue, alle erudizioni, alle favelle, e trasandare la sapienza politica e la virtù militare? Si volse egli a queste ricerche, e se il suo genio gli fece superare i limiti dell'antico, è però vero ch'egli seguì nelle scienze politiche e militari l'andazzo del suo secolo; secolo di restaurazione di quanto il paganesimo aveva di umanamente buono e grande.

In una vita di Ascanio Piccolomini, l'arcivescovo di Siena, ch'ebbe la gloria di essere fautore ed ospite del Galileo, io notai come l'originalità dei politici del secolo decimosesto spicca più ne' Discorsi sopra gli storici, antichi o moderni, o nei Commentari sopra le repubbliche e i principati del loro tempo, che nei trattati propriamente detti. Nei primi tesoreggiando l'esperienza, svolgevano le prime induzioni, i primi lineamenti della scienza politica; negli ultimi, non avendo ancor tanto da teorizzare di proprio, seguivano molto Aristotele e un poco Platone. Intorno a Tacito, per esempio, io anche notai altrove che il Cavriana lo comentò con tre lumi: l'esperienza latina, l'esperienza delle guerre civili di Francia, e l'esperienza ippocratica. Spettatore di quelle guerre, egli notava i riscontri dei movimenti politici del secolo di Tiberio e del secolo di Enrico IV; medico, notava i riscontri dei morbi fisici e dei morbi

sociali. Virgilio Malvezzi lesse Tacito al lume della scrittura, come Bossuet, e al lume dell'astrologia, come lo
stesso Tiberio leggeva le vicende future della sua vita.
Il Boccalini lo lesse alla face della tirannide spagno-
lesca. Ascanio Piccolomini ne trasse aforismi; e aforismi
furono in sostanza il maggior portato scientifico del-
l'universale dei politici di quel tempo. Il grande ingegno del Machiavello uscì da quelle crisalidi; ma non
tanto che nella pianezza e nella modestia del metodo
si dilungasse, nei *Discorsi*, troppo dagli altri.

È notevole come il Machiavelli, che quanto alle repubbliche andava ormando Livio, e dipanando la scienza
politica secondo usciva dalla matassa dei fatti antichi, si
rincorasse di compilare a dirittura la teoria del *Principe*. I manuali si fanno per le arti più vive e diffuse;
e il principato veniva allora prevalendo. L'aento ingegno
del Segretario aveva nel germe del Valentino veduto tutto
lo sviluppo di quella pianta, giovevole all'eguaglianza,
malefico alla libertà. Il Valentino abbracciò in sè tutte
le qualità del tiranno. La religione è vecchio aiuto agli
usurpatori; ma nessuno derivò la tirannide dal sacerdozio più espressamente ch'egli ha fatto. Le somme
chiavi aprivan le porte dell'inferno alle sue vittime, e
quelle del paradiso a'suoi sicari. Il sangue e la fede
erano in sue mani un capitale come l'oro, un fondo di
guerra da spendere a tempo avvedutamente e con frutto.
Il sangue altrui non gli faceva ribrezzo, e, cosa rara in
un tiranno, neppure il suo. Ad altri metteva i griccioli
il rasoio del barbiere; a lui nè la picca del fantaccino,
nè la palla dello scoppiettiere. Morì combattendo, e il
coraggio gli toglie un po' di quella laidezza, che stomaca
più che non inorridisce nel tiranno codardo. L'animo-
sità piaceva al Machiavelli, che senza valor militare non
vedeva potenza. Ma, oltre questo pregio, doveva piacergli

l'ambizione gelida e calcolatrice del Valentino. La tirannide era in lui mezzo ancor più che fine. Vinto il suo punto, egli si lavava le mani, nè vi vedeva più alcuna macchia. Gettato il tabarro dell'assassino, vestiva l'abito civile e reggeva con moderazione e sapienza. Se il Machiavelli da scherzo faceva il *barabba* la mattina, e il consiglier aulico la sera, il Valentino faceva a vicenda il masnadiere ed il principe.

Il Machiavelli. come notò il Bartholmèss, non eresse, secondo ora si dice. un monumento scientifico; ma nei suoi frammenti architettonici vi sono materiali sì preziosi e sì belle idee, da servire ai più grandi uomini di Stato e a' più grandi politici. — Così nel suolo della sua Roma, le escavazioni sono sempre beate di miracoli dell'arte. E se talora i suoi concetti valsero ad opere vili, come nella Grecia occupata dai barbari i marmi de' suoi grandi artisti ad abbiette costruzioni turchesche, che altro senso dee fare questo abuso se non quello della profanazione del genio?

Nelle opere di lui si trovano semi e principii di filosofia della storia, di diritto costituzionale. di diritto internazionale, di diritto civile e penale, di economia sociale, di ordinamenti militari civili. — Quei Discorsi che pure in sè stessi hanno, come tutti gli altri suoi lavori, **una** forma d'arte, sono in sostanza una incolta miniera gravida di creazioni scientifiche; e tutte le cose sue, come i Discorsi, hanno germi, che la scienza ha più o meno fecondato e svolto. Così per gli scritti del Galileo e massime pei polemici, come il *Saggiatore*, si riscontrano i principii del metodo scientifico che Bacone e Descartes discorsero ex-professo, e non sarebbe male rifare i non bene riusciti tentativi di coordinare la *filosofia* del Galileo, quella filosofia insita alla sua mente, e che lo conduceva a sì stupende inventive.

La filosofia della storia comincia allo scadimento del mondo romano di fronte al sorgere della fede di Cristo. L'enimma dei secoli dava la sua parola. Le grandi monarchie che avevano saputo combinare i travasamenti dei popoli con l'immobilità del dispotismo, le repubbliche che avevano esausto tutte le forme di organizzazione sociale e tutti i gradi di libertà, la potenza romana che aveva rimpastato i popoli e conciliato i due elementi civili latino e greco contro la restante barbarie, non avevano fatto tralucere ancora le vie dell'umanità a traverso la storia. Mancava la conclusione all'attività umana, lo sbocco alla corrente del tempo; mancava Dio. V'era un cielo che si poteva scalare da giganti, o acquistare da imperatori. V'erano gli istinti di un'altra vita, ma quasi materiale come la terrena, e il monoteismo dei Giudei arrivava appena, rispetto alla fede oltraterrena, dove era giunto il gentilesimo. Cristo venne, e ricacciando negli abissi l'inferno che ghignava sulla terra, traeva al cielo i santi che l'inferno vi avea relegato, e apriva le porte della magione dell'Eterno a tutti i buoni e pii. Tralusse allora il concetto della perfezione, del progresso morale ch'era scala alle beatitudini celesti; e sant'Agostino dimostrò come il mondo pagano era stato apparecchio e via alla rigenerazione cristiana. Orosio accettò il compito di ritessere la storia del mondo al lume della Provvidenza, che il mondo vedeva finalmente aleggiare sulle sue vie.

Ma questo grande concetto s'era corrotto nelle ferocie delle invasioni, e negli eccessi dell'ascetismo. Si dubitò di Dio agli orrendi mali che gli uomini inflissero agli uomini; e si dubitò dell'uomo, vedendo la sua impotenza contro quei flagelli, che parevano uscir dall'inferno; e offrendo il dorso alla sferza, si gareggiò di umiltà e di rassegnazione contro gli sfrenamenti del

mal arbitrio. Era necessario ridar lena e valore alla
volontà umana, e rompere quell'incanto del sistema
teologico che la fiaccava. Al Machiavelli si devon principalmente le prime protestazioni contro l'abbassamento
volontario dell'uomo, contro la debolezza invalsa per
una degenerazione dei principii del Cristianesimo, che
aveva pur trionfato con lo sfidare a fronte aperta il
despotismo pagano.

Non fu il Machiavelli un calunniatore del Cristianesimo quando si dolse dell'affievolimento che ne era
venuto agli animi, ma un giusto estimatore della parte
che Dio ha lasciato all'uomo nella storia. Ei volle ricondurre la fede a'suoi principii di magnanima resistenza, principii che si confondevano con quanto aveva
di più puro e alto il paganesimo, con lo stoicismo dei
pochi veri Romani che rimanevano nella colluvie di
Roma. Se egli rise di chi credeva che Fra Lazzerone
avesse a ire in paradiso e Uguccione della Faggiuola
nell'inferno, se disse che Dio è amatore degli uomini
forti, perchè si vede che sempre gastiga gl'impotenti
coi potenti, intese ridersi dei travestimenti della religione degenerata, e della viltà, che assume l'abito di
santimonia per non farsi sputare sul viso.

Seguendo questo suo magnanimo impulso contro la
viltà del secolo, venne, come nota il Bartholmèss, a de-
terminare la scienza politica, a distinguerla e ad eman-
ciparla dalla teologia che la voleva per ancella. Nella
determinazione de'suoi confini, la separò forse troppo
recisamente dall'etica, ma il tracciare i confini non è,
come vedremo, solvere la continuità naturale che unisce quelle due provincie scientifiche.

Il Machiavelli può, a qualche passo delle sue opere,
parer seguace del sistema che costringe l'uman genere
in un'orbita definita di civiltà e a volgersi per quella

con la costanza e la precisione de' corpi celesti. Il suo celebrato e franteso detto che a voler ravviare a bene gli Stati conviene richiamarli ai loro principii, fe piede all' opinione ch' egli apparreggiasse gli uomini a que' peccatori danteschi che il *mal dare* o il *mal tenere* dannò nell' Inferno a un circolare perpetuo,

« Gridando sempre loro ontoso metro. »

Ma egli al contrario tenne conto de' vecchi e persistenti elementi di civiltà, e de' nuovi che vedeva sorgere e gli sembravano vitali. Egli concepì un sistema di rinascenze progressive, una perfezione continua, che pei popoli particolari notò chiaramente, per l' Italia sperò, e per l' umano lignaggio scorse di certo quando credette che alla redenzione per la fede si dovesse congiungere la redenzione per lo sforzo dell' arbitrio dell' uomo. — I principii degli Stati sono i germi del loro progresso, ed alla loro fecondazione e al loro svolgimento si deve tornare nella decadenza dei popoli, tenendo conto dei nuovi elementi che possono favorirli e dar perfezione alla vita civile.

Negli assetti e studi politici intrinseci ai popoli a fine di giungere a libertà, egli segui pure il suo accorgimento e senso della realtà storica. Egli vedeva di tratto l' organismo di uno stato, e avrebbe potuto condurre con valore aristotelico quei ritratti di costituzioni che lo Stagirita fece e andarono per sventura perduti. Il *Sommario delle cose di Lucca*, dimostra quale anatomista politico egli si fosse. Vedendo di colpo gli elementi organici di uno Stato, egli non ideava ordinamenti parziali o manchevoli. Egli sapeva che il mutarli era con danno di tutto il corpo, e pertanto faceva ragione ai principii diversi che entrano a costituire una società. Si nota in lui il più eloquente espositore dei gravami, e delle ragioni dell' infima plebe fiorentina in una orazione delle sue *Storie,* e il propugnatore della nobiltà, il cui annullamento aveva stremato la repubblica di altezza e magnanimità. Egli voleva che le forze reali, le giuste ambizioni, le pretese legittime trovassero soddisfazione nel contemperamento politico dello stato. Si guardi lo scritto sulla riforma a Papa Leone, ove cerca conciliar la tirannide con la libertà, e si vedrà come egli sia saldo nel pensiero di dovere dar luogo a tutti gli elementi reali di forza che sono nella repubblica. E se egli fa concessioni alla tirannide, sono d'indole, a così dir, vitalizia, sono alienazioni a tempo di libertà, alienazioni frequenti nelle repubbliche antiche, e che Firenze aveva fatto già per despoti peggiori che Leone X e per despoti forestieri.

Questo carattere di temporaneità nell' alienazione fu trasandato dal signor Paolo Janet, che, in una sua ultima storia celebrata e premiata, accusa a torto il Machiavello di voler tradire la patria, mani e piedi legata, ai Medici. E con altra svista, che non ci piace chiamare machiavellica, perchè il Machiavelli non ne faceva di tali, scinde in due brani la famosa lettera al Vettori[1] e dall' un

---

[1] Diamo qui i passi più rilevanti della Lettera al Vettori.

« Io mi sto in Villa, e poichè seguirono quelli miei ultimi casi, non sono stato, ad accozzarli tutti, Venti dì a Firenze. Ho iusino a qui uccellato ai tordi di mia mano, levandomi innanzi dì; impaniavo, andavane oltre con un fascio di gabbie addosso, che parevo il Geta quando tornava dal porto con i libri di Anfitrione: pigliavo almeno due, al più sette tordi. Cosi stetti tutto settembre; dipoi questo badalucco, ancorachè dispettoso e strano, è mancato con mio dispiacere; e quale la vita mia dipoi vi dirò Io mi levo col sole, e vommi in un mio bosco che io fo tagliare, dove sto due ore a riveder l'opere del giorno passato, ed a passar tempo con quei tagliatori, che hanno sempre qualche sciagura alle mani, o fra loro o coi vicini . . . .

» Partitomi dal bosco, io me ne vo ad una fonte, e di qui in un mio uccellare, con un libro sotto, o Dante o Petrarca, o uno di questi poeti minori, come dire Tibullo, Ovidio, e simili. Leggo quelle amorose

brano trae cagione di dirlo smanioso di gradire ai Medici e prodigo di mali consigli, e dall' altro è condotto a confessare a mezza bocca la grandezza dell' animo e dei propositi di lui. Ma quella lettera ha un' unità indivisibile. Quella lettera prova irrepugnabilmente che il

passioni, e quelli loro amori, ricordomi de' mia, e godomi un pezzo in questo pensiero. Trasferiscomi poi in sulla strada nell' osteria, parlo con quelli che passano, domando delle nuove de' paesi loro, intendo varie cose e noto vari gusti e diverse fantasie di uomini. Viene in questo mentre l' ora del desinare, dove con la mia brigata mi mangio di quelli cibi che questa mia povera villa, e paulolo patrimonio comporta. Mangiato che ho, ritorno nell' osteria: qui è l' oste, per l' ordinario, un beccaio, un mugnaio, due fornaciai. Con questi io m' ingaglioffo per tutto dì giuocando a cricca, a trictrac, e dove nascono mille contese, e mille dispetti di parole ingiuriose, ed il più delle volte si combatte un quattrino, e siamo sentiti nondimanco gridare da San Casciano. Cosi rinvolto in questa viltà, traggo il cervello di muffa, e sfogo la malignità di questa mia sorte, sendo contento mi calpesti per quella via, per vedere se la se ne vergognasse. Venuta la sera, mi ritorno a casa, ed entro nel mio scrittoio; ed in sull' uscio mi spoglio quella vesta contadina, piena di fango e di loto, e mi metto panni reali e curiali; e rivestito condecentemente entro nelle antiche corti degli antichi uomini, dove, da loro ricevuto amorevolmente, mi pasco di quel cibo, che *solum* è mio, e che io nacqui per lui; dove io non mi vergogno parlare con loro, e domandare della ragione delle loro azioni; e quelli per loro umanità mi rispondono: e non sento per quattro ore di tempo alcuna noia, sdimentico ogni affanno, non temo la povertà, non mi sbigottisce la morte: tutto mi trasferisco in loro. E perchè Dante dice — che non fa scienza senza ritener lo inteso — io ho notato quello di che per la loro conversazione ho fatto capitale, e composto un opuscolo *De Principatibus*, dove io mi profondo quanto io posso nelle cogitazioni di questo subietto, disputando che cosa è principato, di quali spezie sono, come e' si acquistano, come e'si mantengono, perchè e' si perdono; e se vi piacque mai alcun mio ghiribizzo, questo non vi dovrebbe dispiacere; e ad un principe, e massime ad un principe nuovo, dovrebbe essere accetto: però io lo indirizzo alla magnificenza di Giuliano. Filippo Casavecchia l'ha visto; vi potrà ragguagliare della cosa in sè, e de' ragionamenti ho avuti seco, ancorchè tuttavolta io lo ingrasso e ripulisco . . . .

» Io ho ragionato con Filippo di questo mio opuscolo, se egli era bene darlo, o non lo dare; e se gli è ben darlo, se gli era bene che io lo portassi, o che io ve lo mandassi. Il non lo dare mi faceva dubitare che da Giuliano non fussi, non che altro, letto. . . . .

Il darlo mi faceva la necessità che mi caccia, perchè io mi logoro, e

Machiavèlli ricercava le ragioni delle associazioni e dei governi umani e tenendo fermi i veri principii dell'onesto e del giusto, non chiudeva gli occhi alle deviazioni dell'arbitrio, e trovando le leggi dei traviamenti e degli errori compilava una Teratologia politica, accanto alla scienza dei progressi naturali delle costituzioni. Ma il lungo discorso del signor Janet, letto bene, prova ch'egli s'era proposto di sfatare il Machiavello e aveva chiuso bene le imposte per non vederci; se non che la luce entrò viva per alcuni spiragli, e il buio cercato dallo storico gli tornò in capo. Di fatti, egli perpetuamente si contraddice, e senza rileggere alla distesa il Machiavello, basta il confronto dei testi allegati da lui, per conchiudere ch'ei non fu buono interprete.

Rispetto al diritto pubblico, che s'intese di diritto costituzionale e di diritto internazionale, il Machiavelli fu meno scrupoloso nella formazione e nella novità degl'imperi. Che égli passasse molti peccati al Principe nuovo, si vede altresì dalla vita del suo romanzeggiato eroe, Castruccio Castracani, che egli loda d'*infedeltà ai nemici,* e intende così nella guerra come nel governo civile, e dal riscontro dell'agguato in cui il Lucchese fece cadere i Poggio, rimessisi alla sua fede, con la tragedia di Sinigaglia, opera del Valentino. Altri politici del suo

---

lungo tempo non posso stare così che io non diventi per povertà contennendo. Appresso il desiderio avrei che questi signori Medici mi cominciassino adoperare, se dovessino cominciare a farmi voltolare un sasso: perchè se io poi non me li guadagnassi, io mi dorrei di me, e per questa cosa quando la fussi letta, si vedrebbe che quindici anni che io sono stato a studio dell'arte dello Stato, non gli ho nè dormiti, nè giocati; e dovrebbe ciascuno aver caro servirsi d'uno che alle spese di altri fussi pieno di esperienza. E della fede mia non si dovrebbe dubitare, perchè avendo sempre osservato la fede, io non debbo imparare ora a romperla; e chi è stato fedele e buono quarantatrè anni, che io ho, non debbe poter mutar natura; e della fede e bontà mia ne è testimonio la povertà mia..... »

tempo passavano le frodi e le violenze ai principi vecchi e nuovi; e ne sia esempio Filippo di Commines, che,
abbandonato Carlo il Temerario, passò a Luigi XI, nè
si contentò di servirlo, ma lo ammirò, e lo celebrò tanto
che il signor Kerwin de Lettenhove fa dello storico
fiammingo il precursore del Machiavello, anzi l'iniziatore di lui nei misteri della perversa politica, avendo
potuto vederlo a Firenze, quando vi passò al tempo
della calata in Italia di Carlo VIII. Pur beato che gli
stranieri sì rapaci del primato delle nostre glorie, si
sforzino a toglierci il primato d'un'infamia!

Ma lasciando le giustificazioni che si potrebbero
trarre dai fonti antecedenti e contemporanei al Machiavelli, noi domandiamo se, con tutto il nostro incivilimento. noi possiamo vantarci che la politica e l'etica
sian perfettamente parallele, e se anche al dì d'oggi
i nostri statisti non vi mettano un po' di coscienza. —
Solo non ne fanno penitenza con devozioni o edificii sacri come Cosimo il vecchio. — E questo non diciamo
perchè lo scrittore che riguarda il giusto in sè, debba
assentire alle violazioni che ne fa l'uomo di Stato; ma
perchè non si aggravi il giudizio sul grande ingegno
che in uno stato di società scomposto e pieno di violenze e di frodi mostrò tollerare l'ingiustizia, quando
fosse via ad una stabilità d'impero, necessitata poi a
restaurare la giustizia.

Anche nel diritto positivo noi vediamo il Machiavelli sollecitare i ricorsi o gli appelli, e le altre gua-
rentigie contro il furore rapace e sanguinario della democrazia. Chè come quei tempi erano avari della vita in
campo, così ne erano prodighi nel foro, e abbondano
gli esempi di giustizie che hanno piuttosto faccia di
vendette e di assassinii. Il progresso del diritto civile
e penale fu lento assai, più lento ancora che il pro-

gresso politico, e quei giureconsulti che son tassati di
barbarie, ne furono invece, come ben notò il Manzoni,
i precipui operatori. E il Machiavello non solo propugnò la giustizia come buona in sè, ma come fondamento dello Stato, e cemento specialmente dei principati nuovi.

Lo spirito inventivo o iniziativo che dir si voglia del
Machiavelli si dimostra chiaramente nel primo libro
delle *Storie*, vasto quadro delle trasformazioni europee
e italiane per le invasioni dei Barbari. Gli immensi progressi della storia hanno certamente abbassato il pregio dei materiali e del lavoro; ma il monumento è eterno
pel carattere che vi ha impresso un ingegno singolare;
carattere che lo rende superiore alle superedificazioni
susseguenti, quasi il prisco povero Campidoglio venerabile forse più che il Campidoglio a marmo e ad oro che lo
aveva scambiato. In un secolo che si vantava filosofico
per eccellenza, e non poco erudito, il Robertson tentò
ad emulazione del Machiavelli un simile quadro; ma

«Il color fu a guazzo, che non tiene.»

Già il Robertson, e non corse un secolo, è sbiadito; il
quadro del Machiavelli è qua e là abbagliato, guasto
come la cena del Vinci; ma ha tratti che non possono
perire. Ritiene l'odore del balsamo che v'ha profuso
il suo ingegno; e la luce in cui egli solo poteva vedere
quei grandi eventi. Nei libri seguenti egli è prammá-
tico e filosofico come Polibio, elegante e candido come
Cesare. Ai critici del cinquecento quella semplicità quasi
ignuda, quell'abbandono non piacquero più che tanto.
Rintuzzato il gusto della naturalezza dall'abuso degli
aromati boccacceschi, pregiavano meno il Machiavelli,
e quasi nol tenevano dei loro. Pareva poco letterato al
secolo del Bembo. Non già che i Bembi e i Salviati

siano da stimar poco; uomini di criterio e di gusto,
scrittori eleganti, amavano la corrente di quello stile
raggirato e fiorito che pure in loro finiva, e poco ag-
gradivano, quasi presaghi di lor rovina, l'altra corrente
di quello stile riciso, che, facendosi più regolato e spedito nel Galileo e negli altri grandi della sua scuola,
doveva trionfare. Ma se la testura delle *Storie* è così
limpida e netta che pare un drappo uscito dalla più
squisita e precisa moderna meccanica, le fila sono au-
ree, e gli artificii ricordano i miracoli d'Aracne, e del
paziente lavoro della mano dell'uomo nei paesi ove il
tempo non è denaro.

V'erano tuttavia i Machiavellisti contro i Boccac-
cisti, e dalle *Battaglie* del Muzio impariamo che Ga-
briello Cesano e Bartolomeo Cavalcanti erano dei primi.
Il Muzio però teneva dal Boccaccio, e dice che gli erano
venuti a mano alcuni de' libri del Machiavello; « e avendone nella lezion di poche righe il suo stile e la sua
lingua notata, gli gittò da parte, come quegli, da' quali
ei non pensava di poter raccogliere cosa di tanta utilità, di quanto danno potrebbe essere stato quel dire
alle proprie scritture. » E aggiunge essersene poi tenuto
lontano, per aver udito dire che ne' libri di lui niuna
pietà, niuna religione vi si trovava, ma che eran tutti
pieni di ammaestramenti di crudeltà, di tirannia e
d'infedeltà.

Meno stupore fanno queste critiche dei concetti nel
polemista venduto ai teologi della Curia, di cui prese
le difese contro i protestanti italiani, che il vantaggio
dato dal propugnatore della lingua italiana al toscanis-
simo Boccaccio sul men toscano Machiavello. Ecco la
sentenza del Giustinopolitano, di colui che, secondo diceva il Davanzati, presumeva insegnare ai Toscani con
la sferza in mano delle sue pedantesche battaglie: « Io

non so trovar nelle parole di lui cosa, che comporta-
bile mi paia in iscrittore, che voglia con lode alcuna
cosa scrivere. Se riguardo alla forma del dire, non so
come dir si possa più bassamente. Se cerco degli ornamenti, non ne trovo niuno; anzi mi pare egli esser tutto
secco, e digiuno d'ogni leggiadria. Poi nella lingua egli
è tale, che oltre l'usar molte parole latine, là dove
non men belle ne avrebbe avute delle volgari, e nella
variazione e nella proprietà de' verbi egli è tutto cieco:
usa male i nomi e peggio i pronomi: non sa ben collocare nè articoli nè avverbi, e insomma tanto sa delle
osservazioni della lingua, quanto chi ne sa niente. »
     Povero Muzio; e a dire che v'era chi lo credeva!
Meno male quando se la pigliava col Guicciardini, che,
se ne levi i primi libri delle sue Storie, i quali, secondo
la tradizione, gli furono riveduti, fu in generale negletto e troppo latino; colpa del dover come dottore
straziare a ogni tratto la lingua di Cicerone e di Ul-
piano. Ma come non sentire nel Machiavello l'essenza
del bel dire antico; il felice innesto nell'italiano delle
più schiette bellezze dei latini? innesto che non riuscì
così bene al Boccaccio, che si volse piuttosto all'emulazione del periodo, ch'era la parte meno naturale e
meno avvenente agli eredi de' Romani.
     Il Machiavelli è lucido come il Thiers nelle narra-
tive, vivo nelle descrizioni, e profondo nelle sentenze
come Tacito, eloquente, ma più sugoso di Livio nelle
orazioni. Le quali in nessuno dei nostri storici sono mere
declamazioni, nè *fuor d'opera;* ma quadri ove si spie-
gano le ragioni dei fatti, e le alterne prevalenze delle
passioni e delle idee dei partiti. Se non che nel Machiavelli sono non solo schiarimenti politici, ma pitture di
caratteri, come i discorsi degli eroi omerici, e talora
divinazioni politiche. Di fatti in nessuno trovi sì vivo

l'alito della vita moderna, di cui la democrazia **fioren-**
tina, tanto mirabile ne' suoi stessi laceramenti, ebbe più
che altra i presagi. E il suo più perfetto rappresentante,
il Machiavelli (essendochè ne rappresentò anche i pregiudizi, il che non fece Dante nostro che rappresenta
l'Italia, anzi il mondo reale e l'ideale), riuscì a farla
spirante quasi la svolgesse dal suo cuore; tantochè un
vivente illustre vi sentì come il brontolio di quelle tempeste che la rivoluzione scatenò sull'Europa.

Il genio politico è inferiore al poetico, — ha ai piedi
il piombo della materia e de' fatti, che lo forzano e a
mano a mano lo accostumano a rotarsi misuratamente
negli strati più bassi dell'atmosfera. Dante come *fuoco
vivo* deve salire di sfera in sfera fino alla visione del-
l'Eterno. Il Machiavelli gira per la nostra aiuola, e le
sorvola quanto può senza perderla di vista. Nella lingua Dante, non potendo aver quella dei serafini, corre
per tutti i dialetti d'Italia e per tutti gli ardimenti
della Bibbia, e le involture della scolastica; il Machiavelli se ne sta al suo fiorentino, talvolta più del dovere rilatinizzato, e combatte le teoriche troppo larghe
dell'Alighieri. Dante appassiona la prosa di tutto
l'amore e di tutto lo sdegno della sua anima; il Machiavelli la passa per la filiera del suo sottil raziocinio,
la tempera al possibile. Non è una vampa ardente e
fumosa; ma una bella fiamma, che risplende dall'alabastro. Nella poesia Dante ha vinto i vapori che lo of-
fuscano nella prosa; è luminoso, alto, divino; il Machiavelli non esce in poesia dalla cronaca o satira più o
meno politica, e dagli svaghi inonesti che la bassa politica del suo tempo comportava o assolvea. (*Decennali,
Asino d'oro. Canti Carnascialeschi.*)

Nella filosofia Dante sale ai primi veri senza esser
mai abbandonato dal sottil senno pratico degl'Italiani;

il Machiavelli va, a dir così, per l'abitato; ma non gli fugge nulla d'umano. Alle battaglie iliache egli avrebbe veduto le pugne degli Ettori e degli Achilli; Dante si sarebbe accorto eziandio di Venere e di Minerva, di Nettuno e di Marte.

Dante è gran comico; il solo fra noi che ricordi Aristofane. Commedia, per ragioni più o men belle ch'egli narra, è il suo poema; ma commedia propria, aristofanesca è talora l'Inferno. Commedia, per la satira che formò l'essenza del primo stadio comico presso i Greci; commedia, pel sublime burlesco delle situazioni e dei successi.

Il Machiavelli ne ha una vena; ma ristretta alla imbecillità borghese e alla furberia fratesca. Messer Nicia e Fra Timoteo sono le sue vere creazioni. Sostrata è un tipo non tanto raro di madre; tipo vero, sebbene infrequente come i mostri. Ligurio è di tutte le feste comiche; e Callimaco uno sdolcinato, un primo amoroso che si è perpetuato fino ai nostri dì. Messer Nicia misto di lettere latine, di formule giuridiche, e di sciocchezza è un tipo mirabile della borghesia del cinquecento.

Fra Timoteo, le cui brevi parole, come ora si direbbe, sono atti, rappresenta il frate più al vivo che certe invettive di Lutero, o le beffe di Erasmo. Il Machiavelli è un Dioneo assai più arguto di quello del Boccaccio e non meno festivo.

L'intreccio, i caratteri, lo stile, tutto è naturale e vivo. Nulla v'è di più fiorentino, e nulla di più umano. È lavoro meraviglioso anche ai dì nostri; e il Macaulay n'è buon testimonio; ma a'suoi? L'Ariosto con tutti i suoi sdruccioli, con tutto il suo stile lombardeggiante, fu ammirabile in certi intrecci, in certi caratteri, e nell'abbondanza talora affettuosa del dialogo. Il Bibbiena con tutte le sue lungaggini è pur spesso ingegnoso nell'in-

treccio. e frizzante nello stile; il Caro stupendo al solito
nel dialogo degli *Straccioni;* i Cecchi, i Lasca e tutti
i fiorentini ricchi di stile motteggevole e trattoso. Ma
son tutti monotoni come il deserto. V'è qualche oasi;
ma quanto bisogna camminare e patire per arrivarvi!
La *Mandragora* è un giardino che la magia, amica a
Messer Ansaldo ha fatto sorgere, e che la natura, prendendo il mago in parola, ha ritenuto per suo.

La *Clizia* è il rovescio della *Mandragora.* L'una è
la burla fatta a un marito sciocco, in favore di un giovane innamorato. L'altra è la burla fatta ad un vecchio, che s'innamora per suo mal fato di una giovane
ricoverata in casa sua, trovata poi esser di nobil sangue, e che voleva affogarla ad un mal arnese di suo
famiglio per godersela egli sotto l'altrui coltrone, a
dispetto del suo giovane figlio che n'era invaghito.
Questi accozzatosi con la madre fa trovare al vecchio
un suo servitore in luogo della Clizia; brutto spediente,
ma assai bene investito e pieno di riso, ed il dolente
innamorato resta svergognato e disposto a torsi per
nuora quella che voleva per amica. Anche in questa
commedia fa capolino Fra Timoteo; ma la Sostrata
non ne vuol sapere, quando il marito le propone di con-
sigliarsi col frate. Anzi ella ne dice male parole, e il fra-
tume va scapitando; se non che nella *Commedia senza
titolo* rifiorisce rigoglioso in Frate Alberico, che non si fa
più oltre mezzano, ma goditore di una bella sposa, con
tutto l'odore di caprino e di selvaggiume che viene da
quelli del clero regolare, secondo le dottrine del Boccaccio e del Machiavello. È il vero che la santa donna ha
buone informazioni dalla sua fante, che s'era anch'ella
fatta parente di Messer Domeneddio—ma lasciamo queste
sozzure, che non sono le più sozze del Machiavello, il
quale, per questo conto, non si può facilmente assolvere;

e **non** so come si facesse frate Matteo, che gli dette l'assoluzione al punto di morte, se ei gli fece sfilare innanzi la Riccia, il Riccio, e tutte quelle figure che evocava la vile lussuria dei Brancacci e dei Casa.

Quello che non si può abbastanza lodare, e per sventura dà una certa luce, sebben falsa e sinistra, anche all'oscenità, si è l'atticismo, la vivezza, il brio di uno stile impareggiabile; maraviglioso nelle commedie, più maraviglioso nelle lettere famigliari. È una bellezza meretricia, ma che è vano il negare. Così i predicatori vanamente ti mettono innanzi la putredine che si asconde e sta in agguato sotto il velame di belle forme femminee. L'incanto tiene, finchè c'è giovanezza e fiore di venustà. Il Machiavelli esitò solo a Verona, quando entrò sotterra in quella stanza da Lapponi della sua lavandaia. — Non era ben sicuro, e solo, acceso il lume, vide quell'Alcina sfatata, ch'egli descrive in modo da disgradarne la Gabrina dell'Ariosto e l'Ancroja del Berni. Allora solamente egli fu convertito; ma una bella fanciulla vinceva anche il gelo e le ritrosie de' suoi cinquant'anni.

Della Marietta sua moglie, figurata secondo alcuni nella novella di Belfagor, ma non par vero, non si dice nulla di certo nè più nè meno che della moglie di Dante. Ma l'innamorata di Dante si chiamava Beatrice; quella del Machiavello, la Riccia. Egli si riparava sempre in *casa femmine*, e quando non poteva dar consigli ai Dieci, ne dava a quelle, ma non s'apponeva; onde la Riccia crollava il capo; e rivolta alla serva, diceva: Questi savi, questi savi!... e il povero Machiavelli non aveva altro rifugio che la bottega di Donato del Corno, al quale altresì aveva dato consigli mal riusciti; onde trovava tutti imbronciati; e in casa forse lo consolava la sua Baccina — la Marietta, no di sicuro. —

Della varia fortuna delle opere del Machiavelli si

parlò assai bene dagli editori del 1782. Ora si potrebbe
aggiungere qualche capitolo a quella erudita Prefazione,
e di non poco momento; perchè la rivoluzione che scoppiò appunto sett' anni dopo apri un largo concorso ai
mutamenti ed agli eventi politico-militari, e, a gloria
dell' eternità del genio, ne rifulse viemeglio l' imagine
del Segretario. Le osservazioni che egli traeva da Livio
e talora vi annestava, si verificarono nei nuovi rivolgi-
menti politico-sociali, e il suo ritratto del Principe par
fatto ieri su qualche recente modello. Gl' insegnamenti
militari che Fabrizio Colonna dava con tanta eloquenza
negli Orti Oricellari sono ancora di prezzo, dopo che
l' Annibale e il Cesare d' Aiaccio rinnovò l' arte della
guerra, e che la strategia, massime ne' suoi esempi,
divenne più profonda, e la tattica più abile, svariata e
ricca. Il tempo che scolora e appassisce tante glorie,
ravviva quella dei veri rappresentanti dell' umanità, di
coloro che discesero nelle sue profonde viscere, e vi scor-
sero i principii di quei sentimenti, di quelle azioni, di
quegli eventi che il corso dei secoli successivamente
eccita e mette in luce.

Lasceremo dunque digrignare i denti a quei teschi
di gesuiti o loro amici, al Catarino, primo denunziatore del Segretario, al Gentilletto, al Possevino, al Ri-
badaneira, al Lucchesini, le cui *Sciocchezze* gli tornarono
in capo, e solo arrideremo agli uomini che compresero
ed amarono il Precursore de' nuovi tempi: gli Alberichi
Gentili, gli Scioppi, i Giusti Lipsi, i Nandei, i Trajani
Boccalini, i Wicquefort, i Conringi, gli Amelot, i Baconi,
i Genovesi, i Bottari, ed i Lami. Lasceremo anche il
Gran Federigo, al quale tornava conto di far credere
che il Machiavelli non gli fosse maestro di regno come
di milizia. Lasceremo che il suo casato servisse a significare la perfidia politica, e che il suo nome presso

gl' Inglesi, secondo scherzosamente accenna il Macaulay, divenisse il soprannome del diavolo (*Nick*). Lasceremo che quel nome che dovea valere a gloria perpetua d'Italia, fosse continuamente citato e allungato in un balordo sostantivo per vituperarla.

Ma tutto questo rumore che si fece intorno ai libri del Machiavello aveva motivi ragionevoli, oltre l'importanza del subbietto e la profondità de' suoi insegnamenti? L'umanità si dolse essa di un ritratto troppo simigliante, secondo fu detto? *Sagacissimus nequitiæ humanæ observator, apertissimus testis, et nimis ingenuus recitator fuit Machiavellus florentinus.* Il suo secolo tendente alla doppia tirannide politica e religiosa temè la face che illuminava le sue caverne? Il sentimento onorato di giustizia e di equità che è veramente in fondo al cuore umano, si scandalizzò della franchezza con cui egli teorizzò le azioni del Valentino? Crediamo che i mali istinti dell'uomo vedendosi scoperti, e i buoni offesi, che la nequizia dei potenti che si servono dei primi e abusano dei secondi a lor grado, contribuissero a levare ed accrescere quel coro di maledizioni intorno al sepolcro del Machiavelli.

Egli fu il fisiologo e il patologo delle Repubbliche e dei Principati. — Amava più i popoli che i signori; ma quando aveva in mano il coltello anatomico, quando studiava l'organismo e le sue lesioni, le funzioni vitali, e i loro perturbamenti, egli era gelido come un botanico, od un mineralogista. Egli proclamava i resultati della scienza, quali si fossero. Uscito dall'anfiteatro, egli tornava uomo; tornava ad amare la libertà, a perigliarsi per lei; ma per una vana e lagrimosa ostentazione di sentimento non doveva studiarsi di travisare gli uomini ed il suo secolo.

Il massimo pericolo della teorica del Machiavelli fu

il *Principe nuovo*, del quale anche nelle sue lettere confessa che l' esempio era il Borgia. Ma doveva egli per
pusillanimità fuggire il pericolo, quasi medico che schiva
il contagio? Il secolo si metteva a monarchia, come
disse l' Ariosto, e l' andazzo era dei tiranni. Il Machiavelli scopriva le loro vie, e diceva — cosi facendo, riescono. Ora qual migliore avvertimento ai popoli che il
dimostrare le vie dell'ambizione e sclamare con Thiers:
L'empire est fait? Se gli uomini, o imbecilli non intendono, o corrotti lascian fare, perchè lapidare il Profeta?

Chiunque consideri l' amor patrio del Machiavelli, i
tormenti sofferti per la libertà, non dubiterà del suo
vero animo, nè terrà conto della condescendenza, e, se
si vuole, del desiderio che mostrò a servire i Medici.
Già a' suoi dì i Medici erano ancor più un partito, che
una sovranità. — L'ordine della repubblica non era già
tale che non si potesse migliorare, e il Machiavelli aspi-
rava a tal fine, e se potevà ottenerlo. eziandio per
mezzo de' suoi percussori, ne era lieto. — Ed egli si sentiva abile a lasciare nei riordinamenti principeschi gli
addentellati a libertà. E se l'inferma avesse potuto
trovar posa in sulle piume, forse ei le avrebbe stornata l'estrema rovina. Il Machiavelli non fu un Catone,
che si ferì e sfasciò la piaga perchè Cesare aveva vinto.
Non fu un Cicerone, che aspettò che l'ammazzassero.
Non v' era Ottavio che potesse ingannarlo, nè Cesare che
avesse virtù di disperarlo. Egli aveva fede nella libertà,
in Firenze, anzi nell'Italia, e fin che ebbe alito di vita
pensò e si adoperò a promuoverne gl'interessi e l'indipendenza. Perchè doveva dunque por silenzio al suo pensiero,
che s'era tanto afforzato nel maneggio degli affari, e al
suo animo che voleva ancora trarre il bene dal male?

Un segno dell'unità fondamentale del pensiero del
Machiavelli, a dispetto delle contraddizioni che si vanno

rifrustando ne' suoi scritti, si è che i Cardinali che lo
volevano *potare*, come avevan fatto del Decamerone per
opera dei Deputati e poi del Salviati, non riuscirono.
Due nipoti del Machiavelli, Giuliano de' Ricci ed un
altro che rifece il suo nome, ebbero ordine di accoltel-
lare le opere di lui. Con pietà di parenti, che deside-
ravano rimettere in buon odore di religione un uomo
che aveva scritto per ordine di Papi, ne aveva avuto
a' suoi scritti assenso e privilegi, che aveva *frequentato
la confessione e la comunione*, e detto tutte le sue peccata (forse con la fede di ser Ciappelletto) a frate
Matteo, con pietà e diligenza si misero all' opera; ma
sì: pròvati a intaccare co' tuoi ferruzzi il granito, a
sgualcire il bronzo corintio! Tutto fu nulla. Leva qualche
scaglia, liscialo se sai, il colosso è quel desso. Può Michelangelo fingere di accomodare il naso alla statua, e far
sclamare a quello sciocco del Soderini che le ha dato la
vita; ma altro è parere, e altro essere — e il Machiavelli
può dire come quell' eroe dell' Orlando innamorato:

«Così mi prendi o così m'abbandona. »

I chierici non ne vollero sapere. Lo studiarono per
proprio conto — ma lo esclusero da tutte le licenze; se
non che se a qualche fra Timoteo davi di che ripulire
l'immagine della Madonna o accenderle qualche lume
di più, egli per ricordanza di Messer Nicia, o per gratitudine ti passava il *Principe* e la *Mandragora* sotto mano,
e ti assolveva anticipatamente della cattiva lettura.

La scienza politica del Machiavelli si dee riguardare
sotto due aspetti: l'interpretativo e il positivo; l'uno
si risolve spesso nella divinazione del passato, l'altro
dell'avvenire. Nessuno ficcò lo sguardo più addentro
nella vita politica dei Romani, nelle cause della lor
grandezza e della lor decadenza. Il Montesquieu colse

quelle faville, e le fe levare in vampe, **più abbaglianti,**
ma talora meno potenti. — Egli **fu** distinto, arguto,
vivo ; ma meno acuto del Segretario, che in quel suo
comentario alla buona gettava l'idee a piene mani, e
Livio gli dava il motivo senza più ; ed egli lasciava correre il suo divino ingegno per tutti i labirinti del cuore
umano e della vita civile, cogliendo segreti, non più
visti dopo Aristotile. Citano ad esempio com' egli bene
intendesse la natura e feconda utilità della lotta del
patriziato e della plebe a Roma ; e pochi altri scopri-
menti ; ma in generale si bada più all' affioramento
della miniera, che alle sue occulte ricchezze. Noi vi
scenderemo un giorno, e speriamo trarne non poca
luce, senza temervi lo sviluppo di gas deletèri alla libertà, ma solo la nostra poco destrezza e forza. Così
anche ad altri tempi serbiamo lo studio dell' ideale politico del Machiavelli, e il ritratto della sua *Mente*. I
piaggiatori del governo costituzionale hanno, e non a
torto, veduto nel Machiavello l'idea del governo misto. .
— Egli conosceva troppo bene la società da non vedere
che nelle sue ineguaglianze si deve cercare l'equità
de' compensi; ma nel Machiavelli c'è ben altro che
questo principio, che i pappagalli dell'*Ave Cæsar* ripetono
a gara. Vi sono non solo infiniti di quegli assiomi medii
come li chiamava Bacone, e che lo rendono caro ed utile
allo statista pratico, ma tanti avvedimenti politici e morali, che le nostre scuole non ne hanno ancora posto il
problema, non che ottenutane od avviatane la soluzione.·
Tanto è il fulgore che manda l'ingegno, che il Machiavello con tutte le sue pratiche abbiette, con tutta
la sua povertà che suol rendere *contennendo* chi ne
porta le lacere insegne, con tutto l' amore di libertà
che lo faceva odioso ai potenti, e l' imparzialità filo-
fica che lo faceva men caro ai popolani, **fu** l'oracolo

consultato ancora dai principi e adorato dai giovani
entusiasti. Leone X lo interrogò, come dicemmo, della
riforma di Firenze; Clemente VII gli fece scrivere le
Storie. Fu ancora chiamato a provvedere alle fortifi-
cazioni della città, e mandato all'esercito della lega
contro Carlo V. Negli Orti Oricellari egli raffigurava
a quei cuori caldi e sinceri il vero dell'antichità, di
cui gli eruditi non davano che incerte copie. Gli spiriti di Aristotile, di Tucidide e di Demostene rivive-
vano in lui. — Così dovevano esser quei grandi! dicevan
tra loro i generosi; e più s'infervoravano alla scienza
e alla patria; perchè non v'ha miracolo che rigeneri
e scaldi più, che l'uomo divino di virtù e d'ingegno.
Un Socrate valse parecchie scuole di filosofi, e tutte
quelle che si svolsero dalla sua parola, non lo suppli-
rono. — Iddio, volendo rigenerar l'uman genere, gli
mandò il suo figlio. — Agli uomini il divino deve uma-
narsi, perchè sia possibile il salire la scala degli angeli. Senonchè gli allievi del dannatore delle congiure
non si poterono fidar come lui all'azione infallibile del-
l'idea; cospirarono, lo compromisero; ma la carcere e
la tortura non si rinnovaron per lui.

Tornato dall'esercito della lega in Firenze sul finire
di maggio, ai primi di giugno compì la sua giornata.
« Non posso far di meno di piangere (scrive Pietro Machiavelli suo figliuolo a Francesco Nelli professore a
Pisa) in dovervi dire come è morto il dì 22 di questo
mese Niccolò nostro padre di dolori di ventre, cagio-
nati da un medicamento preso il dì 20. Lasciossi confessare le sue peccata da frate Matteo, che gli ha
tenuto compagnia fino a morte. Il padre nostro ci ha
lasciato in somma povertà, come sapete.... 1527. »

Di Marietta di Lodovico Corsini ebbe cinque figliuoli: Bernardo, Lodovico, Pietro cavalier di Malta, Guido,

prete, al quale v' è una bella lettera del padre, Baccia
maritata a Giovanni de' Ricci, madre di quel Giuliano
che ci lasciò notizie dell' avolo. Il ramo del nostro Machiavelli finì in Firenze in Ippolita Machiavelli, maritata a Pier Francesco de' Ricci nel 1608. L' altro ramo
de' Machiavelli, agnato a quello del Segretario, ter-
minò in Francesco Maria, marchese di Quinto nel Vicentino, morto in Firenze nel 1726.

Fu di comune e giusta statura, di temperamento
piuttosto gracile, di colore ulivigno, d' aspetto lieto e
vivace. — Aveva qualche cosa del ghigno di Voltaire,
tutto il suo spirito, ma più elevatezza. Voltaire è un
declamatore quando parla delle glorie francesi, e ne è
prova il vituperio della Pulcella. — Il Machiavello è sinceramente eloquente, quando parla d' Italia. —

Fu seppellito nella Chiesa di Santa Croce nella
tomba di sua famiglia, ove rimase negletto per due
secoli e mezzo. Nel 1787 si glorificò quell' *angelico
templo* del suo monumento.

A questo monumento, diceva quasi profetando il Macaulay, guarda con rispetto chiunque sa scorgere le virtù
di un grande ingegno a traverso le corruzioni di un' età
degenere, e altri vi si appresserà con segni di riverenza
ancor più profonda quando sarà raggiunto il fine al quale
egli sacrò la sua vita pubblica ; quando il giogo straniero
sarà infranto ; quando un secondo Procida vendicherà
gli oltraggi di Napoli ; un più felice Rienzi restituirà
Roma nel suo buon stato; quando le vie di Firenze e
di Roma risoneranno di nuovo del loro antico grido di
guerra : — Popolo, Popolo ; muoiano i tiranni. —

Falciato ora il guaime dei Medici, i Lorenesi, ecco
Firenze votare tra i primi urgenti decreti, il monumento delle sue opere a Niccolò Machiavelli.

GIULIO MICHELET.

———

Giulio Michelet si piace spesso a riguardare il lungo cammino, ch' egli ha fatto per la storia umana, la quale al suo passaggio, parve abbassare ogni ertezza, stralciare ogni intrico, come quella selva magica al figlio del re, che doveva sposare la *Bella* che dormiva da un secolo, nella fola di Perrault. Vero Ashvero della storia, egli non si è fermato mai, dalle rivoluzioni romane alla rivoluzione francese, velocitando sempre il suo corso, come un grave cadente, tantochè nell' ultime peregrinazioni sarebbe caduto esausto, se la natura non lo avesse raccolto in grembo, e con le sue maraviglie di amore e di creazione non avesse sollevato e ricreato questo suo nobile figlio.

Egli combattè tutte le battaglie della vita; le privazioni e le sofferenze accompagnarono i suoi primi studii; le persecuzioni, il suo splendido insegnamento; e i potenti andarono fin sulla cattedra a mozzargli in bocca la parola di vita. Ebbro dell' amore dell' umanità, gli ostacoli fecero scattare più vivamente quel suo pensiero affettuoso, tenero, che sembra il battito del cuore dei secoli. Chi può leggerlo e non amarlo, e non sentire avverata quella fantasia pitagorica di ricordarsi tutte le vite per cui l' anima nostra è trascorsa? Noi ci sentiamo uni, identici, eterni nei libri del Michelet, sopraffatti da cumuli di dolori inenarrabili, e pur consolati dal sorriso della natura, che nelle sue vicende ci rinnova agli affanni e alla gioia.

Giulio Michelet, traduttore e divulgatore di Vico,

nacque a Parigi nel 1798. Entrato per tempo al professorato andò sempre crescendo di fama e di credito tra la gioventù che ammirava sommamente un uomo tutto dato alla scienza, alieno dalle fazioni e sì aborrente da ogni ufficio estraneo all'insegnamento, che non volle neppure entrare in quell'Assemblea nazionale, ove pur si vide un momento la bianca stola di **Lacordaire**. Le sue opere storiche, scritte col cuore anzi col sangue del cuore della Francia, fecero penetrare ed amare il suo nome anche nelle inferiori classi del popolo; e nell'innovata repubblica, alle letture pubbliche, inaugurate da Emilio Souvestre, molte parti delle sue storie francesi, specialmente le glorie e il martirio di Giovanna d'Arco, innamoravano quegli operai parigini sì vivi, sì entusiasti, che si lasciavan vincere più agevolmente alla ispirata parola di Lamartine che al cannone di Cavaignac.

Il Michelet spese dieci anni e sei volumi nel medio evo francese; altri dieci anni e sette volumi nella rivoluzione. Poi mise mano al tempo che corre tra l'uno e l'altra, e scrisse: *Il Risorgimento; La Riforma; Le Guerre di religione; La Lega e Enrico IV; Enrico IV e Richelieu; Richelieu e la Fronda; Luigi XIV e la revoca dell'Editto di Nantes; Luigi XIV e il duca di Borgogna; La Reggenza; Luigi XV; Luigi XVI;* ond'egli, nella prefazione a quest'ultimo volume potè dire con giusto vanto: « La storia di Francia è finita — vi ho messo la vita.— Principiata fin dal 1830, è finalmente compita nel 1867. Io ho vissuto tanto da tirar innanzi questa storia sin all'89, sino al 95, scorrere questi lunghi secoli, aggiungere infine a questa epopea il dramma sovrano che la spiega. »

Di questo immenso lavoro ci attraggono più i tre primi volumi; massime quello del *Risorgimento*, che si collega sì strettamente alle cose nostre.

I dieci anni di studi, d'indagini, di pubblicazioni che tennero dietro al suo *Medio Evo,* crebbero, dice Michelet, ma di poco variarono le origini della storia francese esposte nel primo volume; non toccarono quanto aveva scritto sui secoli XIV e XV negli ultimi quattro volumi; solo il volume secondo che tratta il medio evo propriamente detto (1000-1300) ed a cui si riferiscono generalmente i testi inediti pubblicati in quel mezzo, non può aversi per una pittura effettiva di. quella età: « Ce que nous écrivîmes alors est vrai comme l'idéal que se posa le moyen-àge, et ce que nous donnons ici, c'est sa réalité accusée par lui-même. » Il Michelet, ingegno poetico e passionato, brancicando le rovine e studiando i monumenti del medio evo, grave del portato dei tempi moderni, si sentì commosso di pietà o di ammirazione a vederlo disteso nella sua tomba, e desiderò quasi resuscitarlo, arretrandosi poi inorridito quando dubitò che i suoi incanti conferissero a farlo rivivere davvero.

Cotale orrore lo fa trascorrere all'estremo dell'odio, ed egli si sdegna non solo che il medio evo si provi talora a rivivere, ma che abbia indugiato tanto a morire. Secondo lui, fin dal secolo duodecimo, quando la poesia laica metteva di contro alla leggenda una trentina di epopee, ed Abelardo, aprendo le scuole di Parigi, si cimentava alla critica ed al buon senso, il medio evo doveva morire; al secolo decimoterzo, quando il Vangelo eterno

« Del calabrese abate Giovachino »

succedeva al vangelo storico, e lo Spirito Santo a Gesù Cristo, il medio evo doveva morire; al secolo decimoquarto, quando un laico occupando tre mondi, li rinserrava nella sua commedia ed umanava, trasfigurava e

chiudeva il mondo della visione, il medio evo doveva
morire; e pure tira innanzi a vivere come un vecchio
di tenace vitalità che fa sospirare gli eredi, e agonizza
e boccheggia per i secoli decimoquinto e decimosesto,
e la trovata stampa, la scoperta America, lo svelato
Oriente, il rinnovamento dell'antichità, il comprovato
vero sistema del mondo bastano appena a metterlo
nella fossa.

Tutta l'Introduzione è un piato contro il medio evo;
uno sforzo che si direbbe di Gorgia Leontino, se non
avessimo a fare col Michelet, uomo onesto e probo, che
solo si lascia trasportare all'ira o sente rimorsi dell'antica apologia. Il medio evo preludeva alla stampa con
la ricerca e con la trascrizione dei codici, de' quali i
monaci aiutarono non poco la conservazione e la propagazione. Errore! leggete quello che scrive Benvenuto
da Imola dello scempio della Biblioteca di Monte Cas-
sino, e come i frati strappavano i fogli de' manoscritti
e ne facevano brevi per le femminette superstiziose. Questa testimonianza basta per iscancellare ogni merito di
frati con le lettere. All' America accennava Rugger Bacone, e Colombo partì a fidanza della sua parola; ma
non sapete? Se non si salvava con la scienza medica,
di cui caleva anche ai papi, calendo lor della vita, lo
bruciavano vivo. Alla conoscenza dell'Oriente aprivan
la via le Crociate, e poi le relazioni con gli Arabi
e l'intervento degli Ebrei rivelavano all'Occidente i
fonti delle dottrine greche; v'era anche un Federigo II
che amava i Saraceni e li metteva nel cuore d'Italia;
glorioso esempio a Francesco I; ma non sapete? quel
Federigo, che non scrisse il libro de' tre Impostori, ma
era degno di scriverlo, fu nimicato, e la sua progenie
sperperata dalla Chiesa. Senzachè i fonti della sapienza
greca erano intorbidati dagli Arabi e dagli Ebrei. Ari-

stotile era più mutilato che il viso di quel Lucio vegliator di morti in Apuleio. Domandatelo al signor Hauréau, il quale ha fatto toccar con mano gli svarioni delle versioni aristoteliche di quel tempo, e il peggio si è che i Cristiani vi pescavano il panteismo di Averroe e le stravaganze dei cabalisti. L'eclettismo àrabo penetrò in Alberto Magno ed in san Tommaso. A Vesalio ed a Serveto preludevano i medici di Salerno; ma anch'essi erano tollerati, perchè si amava di vivere, purchè cercassero i segreti della vita e delle guarigioni non sui cadaveri, ma sui libri. Innanzi a Lutero e a Calvino inculcavano per vie più sincere la riforma della Chiesa i san Bernardi e i san Pier Damiani; ma il gran precursore fu l'abate Giovachino, la cui dottrina, a detto di Giovanni da Parma, eccelle quella di Cristo. All'amore dell'antichità preludevano il Petrarca e il Boccaccio; ma ohimè, il Petrarca moriva reclinando la testa sopra un Omero ch'egli ammirava e adorava senza intenderlo. A Dumoulin e a Cuiacio preludevano Irnerio ed Accursio. Ai Raffaelli ed ai Vinci preludevano i Giotti, i Ghiberti. Al concetto della unità umana preludeva la smania dei popoli barbari di rannettere le loro origini ai Romani e a' Troiani. Il Michelet accenna tutti questi preludi; ma egli non crede alla legge di continuità del progresso per concorde lavoro di generazioni: sibbene per genio e opera d'individui avversati dalla scienza e dalle potestà contemporanee. Così le origini della scienza e dello incivilimento sono scismi che crescendo nel martirio e nel sangue divengono poi religioni universali. Il Michelet, che aveva tanto esaltato l'arte gotica e tentato di dar la legge vivente di quella vegetazione o cristallizzazione come la diceva Goethe, ora proclama la sconfitta dell'arte gotica. I nuovi documenti hanno provato, egli dice, ch'ella era un'arte di espedienti; che operò

a caso e non a calcolo fino al secolo XV, sostenendo le
sue costruzioni sopra appoggi esterni, ed essendo pertanto sempre a tempo ad emendare i suoi errori, e a
rafforzare quei contrafforti, que' puntelli, quelle grucce
architettoniche. Un' altra grande scoperta rispetto al-
l' arte pare al Michelet quell' affermazione del signor
Didron, nella sua Iconografia cristiana (*Histoire de Dieu*),
ch' egli non ha potuto trovare un' immagine di Dio dal
primo al duodecimo secolo. Iddio padre comparisce primamente insieme al Figlio in una miniatura del secolo
decimoterzo. Rimane pari al Figlio, e di un' età con lui
fin verso il 1360; allora se ne spicca, si mostra maggiore d' età, e a poco a poco s'asside al primo posto, al
centro delle tre persone divine. Ed è da leggere come si
ride dell' abate Gaume che lasciò passare il luogo senza
censura; come se quella affermazione del Didron scrol-
lasse le colonne del tempio. Se non che la colpa del
medio evo è che credeva alla leggenda del Vangelo!

Finalmente la luce del risorgimento discaccia le tenebre. Il risorgimento non è solo l' inizio d' un' arte
nuova, il libero scatto della fantasia, il rinnovellamento
dell' antichità, il ritorno dell' Astrea romana che chiarisce e depura il torbido caos delle vecchie consuetudini.
Il risorgimento più e meglio che le età passate investiga
e comprende la terra, il cielo, la vita fisica e morale.
Colombo scopre la terra; Copernico e Galileo scoprono
il cielo, Vesalio e Serveto, la vita; Lutero, Calvino, Dumoulin, Cuiacio, Rabelais, Montaigne, Shakespeare, Cervantes l' uomo morale. L' antichità si riconosce una di
cuore con l' età moderna, l' Oriente dischiuso tende la
mano all' Occidente, e nello spazio e nel tempo comincia
la beata riconciliazione de' membri dell' umana famiglia.
I principali momenti di questo velocitato progresso del-
l' uman genere sono colti e dimostri con l' usata elo-

quenza. Il Michelet se n' è fatto il narratore con austero
intendimento, con intendimento italiano, europeo, più
che francese. Egli se ne pregia a ragione. Fra le grandi
scoperte del risorgimento, egli colloca la scoperta del-
l' Italia. Egli descrive vivamente le maraviglie de' Francesi alla vista dei miracoli dell'incivilimento italiano e
la loro trasformazione nell' arrotamento con un popolo
ricco di tutte le doti del cielo e dell' industria. Ma, al
suo parere, v' è qualche cosa di fatale in questa invasione. Lo scontro primo di due razze che si precipitavano l' una verso l' altra fu non meno cieco che il contatto avido di due elementi chimici che si combinano
fatalmente. Questa combinazione fu salutare alla Francia. Ma non s' erano già cento volte passate le Alpi ?
cento volte, mille volte. Ma nè i viaggiatori, nè i mercanti, nè le soldatesche ne avevano portato seco l' impressione rivelatrice. Qui la Francia intera, una piccola
Francia, completa, di ogni provincia e di ogni classe,
fu condotta in Italia; la vide, la senti, se l' assimilò, per
quel singolare magnetismo che non si trova mai nell'individuo. L' Italia d' altra parte voleva questa invasione
e vi dava opera e bene a suo uopo. L'irruzione dei due
fanatismi, musulmano e spagnuolo, sarebbe stato un
fatto orribile senza il contrappeso della Francia. Senzachè i Francesi erano i migliori ospiti del mondo. Insolenti, violenti il primo giorno, la dimane si ammorbi-
divano e volevano piacere. Essi il mattino aiutavano
racconciare quello che avevano guasto la sera; si studiavano di favellare italiano; si lasciavano menare dai
fanciulli; e le donne finivano col farli lavorare, portar
l' acqua e tagliare le legne. Che più ? l' esercito francese
facendosi italiano e prendendo partito nelle lotte intestine
si mise a difender Pisa da' Fiorentini contro al volere
del re. « La Francia, dice altrove il Michelet, non era

feroce per ebbrezza come il Tedesco, nè acerbamente
crudele per avarizia o fanatismo come gli Spagnuoli; ma
piuttosto oltraggiosa per levità o sensualità. Talora ca-
pricciosamente sanguinaria, per eccesso di caldezza di
sangue. » — Di questa singolare caldezza di sangue ne
sanno qualcosa i 6000 soffocati di Vicenza, i 15,000 trucidati di Brescia. Se non che il Michelet, se vuole salvare la causa generale della generosità e bontà della
sua nazione, non ne pallia nè adonesta i difetti; anzi
ne maledice le colpe; condanna la politica francese in
Italia, giustifica l' odio misto di disprezzo, a cui vi era
venuta, e dopo toccato le imprese del duca Valentino
e gli aiuti avuti di Francia, non senza allusione a fatti
recenti, suggella così:

« Les Italiens subirent les Espagnols, les Suisses,
les Allemands ; ils portèrent, tête basse et sans plainte,
leur brutalité, comme chose fatale. Mais ils haïrent la
France. Et l'on vit en 1509 les paysans des Etats vé-
nitiens se faire pendre en grand nombre plutôt que de
crier: *Vive le roi!* Pourquoi? Pour trois raisons justes
et légitimes : d'abord, nous vînmes prédits, proclamés
par un saint, par la voix même du peuple, comme les
libérateurs de l'Italie, les exécuteurs irréprochables de
la justice de Dieu. On nous promit aux bons comme
amis et consolateurs, et comme punition aux méchants.
Qu'arriva-t-il, dès la Toscane, au passage de Charles VIII?
Les nôtres vinrent à Florence l'épée nue et la bourse
vide, rançonnant ce peuple d'enthousiastes qui nous
chantaient des hymnes; ils escomptèrent, pour trente
deniers, l'amour et la religion.

» L'affaire de Pise cependant, l'intervention de notre
armée dans les vieilles infortunes de l'Italie, le bon cœur
des d'Aubigny, des Yves, des Bayard et de la Palice,
réclamaient fort pour nous. Qu'advint-il quand on vit

nos meilleurs capitaines attachés en Romagne à César
Borgia, briser les dernières résistances qui arrêtaient
la bête de proie, lui préparer des meurtres et garnir
ses charniers de morts?

» Borgia ne pouvait durer; on espérait encore. Mais
la France ne s'en tint pas là: elle fonda solidement
l'étranger en Italie, mettant l'Espagnol à Naples par
le traité de Grenade, le Suisse au pied du St-Gothard et
elle voulait mettre l'Allemagne dans l'Etat de Venise,
donner à la maison d'Autriche la grande porte des Alpes
(Trente et Vérone, la ligne de l'Adige), réaliser déjà
contre elle-même l'erreur de Campo Formio.

» Nous ne prîmes pas seuls; nous appelâmes le
monde à prendre. Nous livrâmes toutes les entrées de
l'Italie, nous rasâmes ses murs et ses barrières. Une
force y restait, Venise; nous liguâmes l'Europe pour
l'anéantir. »

Questo passo che potrebbe soscriversi da un Italiano,
mostra il fare rapido del Michelet. Nella storia di Francia
al medio evo egli cammina appoggiandosi sui testi, che
interpreta con quella sagacia entusiastica, che è genio
e divinazione. Nei volumi sulla rivoluzione francese ed in
quelli del Risorgimento e dell'èra moderna corre spedito,
senza ceppi d'autorità, abbandonandosi a tutti i lampeg-
giamenti del suo ingegno ed a tutti gl'impeti del suo cuore.
V'è qualche cosa della velocità di Cesare, della severità di
Tacito, e del vivo tratteggiare di Sallustio. Se non che
manca talora la sodezza antica, e il paradosso lo fuorvia,
l'imagine lo svaga, la passione lo altera. È lo scrigno
di orerie e di gemme che Mefistofele ha deposto nello
stipo della semplice Margherita, e che le farà perder
l'anima. Altri non può levar l'occhio da lui, nè l'orecchio dalla sua adorna parola. Egli ammalia, ed è tanto
più grave il pericolo di lasciarsi traviare, in quanto non

v'ha ombra in lui d'ironia o di affatturamento. Il Voltaire col suo ghigno ti alletta, ma ti fa star sull' avviso; il Michelet ragiona con tal gravità e con tal passione della giustizia anche quando è ingiusto, che altri va preso alle grida; sì paiono spontanee e naturali. Questo suo lirismo non pare a sproposito, neppure quando parla di sè, come nell' accennare che fa alle contrarietà patite sotto Luigi Filippo.

« Nul lieu, ni temple, ni école, ni assemblée de nations, n'a jamais porté à mon cœur la religieuse émotion que j'éprouve quand j'entre dans une imprimerie. Le poëte-ouvrier de Manchester l'a très-bien dit: « La presse est l'arche sainte! » Les révolutions de Paris se sont faites autour de la presse. Imprimeur en 93, mon père avait planté la sienne au chœur même d'une église, et j'y suis né. Vives religions du berceau, elles me revinrent en 1843, quand ma chaire assiégée me fut presque interdite et la parole disputée par une cabale fanatique. Le soir même, je cours à la presse; elle haletait sous la vapeur; l'atelier n'était que lumière, brûlante activité; la machine sublime absorbait du papier, et rendait des pensées vivantes.... Je sentis Dieu, je saisis cet autel. Le lendemain, j'étais vainqueur. »

Non fa stupore che quest' enfasi, quasi ridicola in bocca di tanti scrittori senz'autorità di costumi e di studi, impressionasse fortemente quando dalla cattedra si diffondeva per le intente schiere dei giovani, o tocchi eziandio quando si legge a posato animo. Il narratore è un uomo intemerato, alieno dalle lotte civili e dalle viltà della terra. Noi stessi ameremmo che s'apponesse, e che cotai difensori toccassero sempre al bene.

Come pittore, si può lodare francamente. I suoi ritratti di Carlo V e di Francesco I sono ammirabili. Egli comincia dal mostrare il grande imperatore nella

culla, a cui vegliava a studio la sua buona zia Margherita la Fiamminga, che lo addormentava al suono delle
proprie rime, cucendo le camicie dell'imperatore Massimiliano.

Quel fanciullo nato nel 1500, figlio di Filippo il Bello,
pronipote di Carlo il Temerario, si risolleverà al concetto dell'impero del Reno, della Borgogna e dei Paesi
Bassi. Nipote di Massimiliano, ereda i paesi austriaci,
l'attrazione fatale che avvolgerà nel suo turbine l'Ungheria e la Boemia, le antiche pretese sull'impero germanico, la successione leggendaria dei falsi Cesari del
medio evo. Dal lato materno Ferdinando e Isabella
gli serbano le Spagne, Napoli e la Sicilia, i porti
d'Africa ed il Nuovo Mondo. Egli poi incarna in sè
tre follie e cento elementi diversi. Il bisavolo, Carlo il
Temerario, come razza e come sangue è Borgogna, Por-
togallo, Inghilterra, è il Nord, il Mezzogiorno; come
principe e sovranità è cinque o sei popoli; anzi è cinque o sei secoli diversi; è la Frisia barbarica, in cui
sussiste il *Gau* germanico dei tempi d'Arminio; è la
Fiandra industriale, il Manchester di quel tempo; egli
è la nobile e feudale Borgogna. A Dijon e a Gand, ai
capitoli del Toson d'oro, arieggia un Luigi XIV gotico
che tiene la tavola rotonda del re Arturo. È tutto, è
nulla, o se è, è pazzo.

Tale muore a Nancy. E tale sopravviene il suo genero, il gran cacciatore Massimiliano, austriaco-anglo-
portoghese. La discordia di razza non è furore in lui; è
vertigine, agitazione vana, corsa sbrigliata fino alla morte.
Arroge la melanconia di Giovanna la Folle. Per ventura
in quella testa fiamminga di Carlo V tutto arriva posato, impallidito, smorto. Costui, ch'è la resultante di
venti popoli infranti, il loro vincolo artificiale e faticoso, ammaestrato a meraviglia, egregiamente adde-

strato a fare la sua parte, abbraccia quel complesso di
cose a patto di menomare, affievolire e snervare tutto.
Egli spegne i vecchi elementi di razza, combatte l'originalità di ciascun popolo, non per far prevalere l'idea
nuova che dee loro succedere, ma per imporre la vana
generalità che si chiama ordine politico, e la sterilità
d'una diplomazia senza scopo.

Ma chi era e che fece quella nutrice di Carlo V?

Questa buona donna ha tramato tre cose che restano affisse al suo nome.

Ella cullò, addormentò, snervò il leone belgico, tra
l'epoca delle guerre dei comuni e delle guerre religiose;
ella comperò l'impero per Carlo V, trafficò anime e voti,
cacciò senza peritarsi le bianche mani in questa mena.

Ella avvilì la Francia coi due trattati di Cambrai
(1508, 1530), ottenendo da lei la sua onta e la sua
rovina, il tradimento e l'abbandono d'Italia.

Non v'ha personaggio, il quale non viva e spiri in
queste pagine. Non si nega che appaiano spesso travi-
sati da una luce fantastica, spesso capovolti; ma è il
capovolgimento delle imagini degli obbietti nella retina,
che pur si vedon diritti.

Il volume della Riforma racchiude trentadue anni
di storia, ed è più ricco di fatti, in buona parte nuovi,
essendosi il Michelet valso quasi il primo della infinità
di lettere, di dispacci ed atti d'ogni maniera pubblicati di
fresco. Solo il Mignet gli era precorso in un solo punto,
nell'elezione di Carlo V, e tuttavia aveva fatto spiccare
principalmente il lato politico di quel fatto, mentre il
Michelet chiarisce principalmente l'opera della Banca
e dell'oro: « I Fugger, dice il Michelet, rifiutando il
concorso dei Genovesi, concentrando il denaro tedesco,
chiudendo la Banca al re di Francia, vinsero la corona
imperiale e la diedero al sovrano dei Paesi Bassi. »

Si domanderà forse come questa Banca, veramente impersonale, imparziale, cieca e sorda, si volse a favore di Carlo V anzi che di Francesco I. Perchè Carlo V dava un pegno, non la sua parola di principe, a cui nessuno avrebbe atteso gran fatto, ma la solida guarentigia del commercio d'Anversa e d'altre città, commercio che aveva a securtà i diritti che pagava all'entrata della Schelda, sborsandoli da una mano e riavendoli dall'altra, tantochè tutto questo camminava da sè senza mezzo del principe. Sopra le cuoia o le lane inglesi ch'essa introduceva, Anversa pagava dei diritti; a chi? a sè stessa. E così si rivaleva delle somme che traevano da lei Augusta e i Fugger, i quali pagavano agli elettori, ai principi, a tutti, per l'interesse di Carlo V. Cotale fu la meccanica fino alla grande invasione dell'oro americano. Ecco la cagione reale dei successi felici di Carlo V. Augusta. Anversa e Londra tenevan da lui.

Le condizioni imposte dai Fugger furon queste appunto: 1º I Garibaldi di Genova, i Welser d'Alemagna ed altri banchieri *parteciparono all'affare solo facendo i loro versamenti da Fugger* e prestarono per suo mezzo; 2º Fugger *ricevè a guarentigia le cambiali delle città d'Anversa e di Malines*, che venivano pagate sopra i pedaggi di Zelanda; 3º Fugger aveva ottenuto dalla città di Augusta ch'ella proibisse di prestare a Francesi. Volle ed ottenne da Margherita un provvedimento non più udito di fare *proibire agli Anversani di far cambi in Alemagna per chi che sia.* Fugger fece la guerra senza impacci. I Francesi che avevano portato seco danaro furono presto al verde, non trovarono credito, e non ebbero più ad offrire che le loro belle parole e l'eloquenza dell'ambasciatore Bonnivet. Le somme distribuite ai principi, le corruttele, gli altri mezzi che

aiutarono a dar la vittoria a Carlo V, si vedano nel
Michelet, il quale alletta sommamente il lettore anche
tra le cifre e le brighe elettorali.

Nè questo solo fecero i Fugger, secondo lui. Soli e
senza gl'Italiani si costituirono banchieri della vendita
delle indulgenze ; tantochè come fecero Carlo V, così
avrebbero fatto Lutero.

Noi lasceremo stare questa parte gelosa della Riforma. Il Michelet comincia dal rimettere in onore i
Turchi e gli Ebrei, rappresentanti dell'Oriente. Mostra
l'azione del Reuchlino difensore della lingua e dei libri
ebraici contro l' ebreo convertito Pfeffercorn; l'opera
demolitrice della stampa, instrumento irresistibile nelle
mani di Hutten; esalta Lutero, di cui egli già aveva compilato le Memorie, traendole da' suoi scritti, e lo mostra
il discacciatore della melanconia dal mondo, l'iniziatore
della musica, padre di Goudimel, il professore di Roma
e maestro di Palestrina, umano, tollerante, purificatore
della famiglia, impacciato com'era da una moltitudine
di donne precipitatesi fuori delle case e dei monasteri
e contento di sposarne una sola! Noi, lasciando questa
parte, noteremo solo che il Michelet ne' suoi concetti
religiosi oltrepassa Lutero, e che anzi lo dice appiccato per qualche lato al medio evo.

Il campo del drappo d'oro, il colloquio di Francesco I
e di Enrico VIII, i loro gareggiamenti di lusso e di
amori, la ribellione e l' invasione del Conestabile di
Borbone, Gonzaga per madre; la battaglia di Pavia,
e l'anello mandato dal re a Solimano, e l'appello ai
Turchi nella disperazione della disfatta, la sua prigionia,
il trattato di Madrid e la sua violazione, il sacco di
Roma, sono narrati con istile fervido e vigoroso. I principii della riforma francese sono altresì bene espressi,
e lumeggiata coi colori della luce più eterea quella

Margherita troppo amata da Francesco I, e che, quali
si fossero gli errori della sua fede, innamora pel suo
singolare e vivo affetto a quel fratello, pe' suoi sacrifici,
pe' favori fatti alle lettere. Nè Francesco I è bistrat-
tato. Il Michelet confessa che il popolo francese s'incarnava in lui, ne' suoi impeti generosi, nel suo cavalleresco valore, e negli stessi suoi vizi. Se non che, dopo
la fiera infermità che lo incolse nel 1539, egli non era
più desso. « Il regno di Luigi XIV si divide in due parti:
prima della fistola, dopo la fistola. Prima, Colbert e le
conquiste; dopo, Madama Scarron e le sconfitte, la pro-
scrizione di cinquecentomila Francesi. Così varia Francesco I: *Prima dell' abscesso, dopo l'abscesso.* Prima,
l'alleanza dei Turchi, la tolleranza religiosa, la guerra
a morte con gli Spagnuoli, ecc., dipoi, l'aggrandimento
dei Guise e la strage dei Valdesi. »

Il Risorgimento spira per l'assassinio in Ramus, pel
terrore in Lambino, rappresentante l'uno del nascente
spirito filosofico moderno, l'altro dell'antichità classica;
la Riforma spira in Coligny. Spirano per rinascere e con-
tinuarsi, ma dopo un buio intervallo di studi retrocessi,
di libertà sgomentata, di perfide stragi. Enrico II, Francesco II, Carlo IX, il fratello che sarà Enrico III, il
cognato che sarà Enrico IV, Diana di Poitiers, Caterina de' Medici; Maria Stuarda, i Guise, i Montmorency
e tante altre figure storiche campeggiano mirabilmente
e vivono della loro torbida vita. Caterina, *verme uscito
dal sepolcro d' Italia,* è fatta più vile che malvagia dal
Michelet; prima, instrumento in mano di Diana, alla
cui grazia doveva le notti col marito; poi, serva dei partiti e mezzana d'amori. I suoi figli, concetti nell'impurità, crescono infermi di corpo e di animo. Francesco II muore sfinito nelle braccia di Maria Stuarda,
la quale cominciava il tirocinio delle vedovanze violente;

Carlo IX all'ultime ore è spinto al sacro macello della Saint-Barthélemy, e inebbriato del sangue onde forse poco prima aborriva, vi brutta le mani e fa quello che non consentirono di fare militari onorati e che rifuggì di fare il carnefice! Enrico III marcì in turpi vizi. Tutti tennero a vile il giuramento, la fede, e posero tra l'arti del regno l'ammazzare. Solo un uomo, Gaspare Coligny, l'eroe di Michelet, fu puro e grande nella sventura, appassionato della patria; e quest'uomo morì vilmente trafitto di consentimento del re, dopo le false visite regie. Tutta questa stagione (non fu già sola una notte) di stragi è descritta mirabilmente dal Michelet, il quale però vince sè stesso nel narrare le ultime ore dell'ammiraglio e gli strazi incredibili fatti del suo tronco lasciato al volgo, serbandosi il capo alle feroci gioie dei principi. Ma il Michelet inclina troppo a caricare la colpa di quelle enormezze sulle massime, sulle tradizioni e sulle parentele italiane; anzi egli, contro l'Audin ed il Capefigue, vuol mostrare che il popolo di Parigi ebbe minor parte che non si crede alla strage; se non che egli dimentica troppo le furie barbariche di quell'età, che si saziavano da per tutto nel sangue; dimentica quei ricorsi di ferocia che si rivedono presso tutti i popoli a certi momenti di epidemia morale, e si videro in Francia negli assassinii del settembre. Era sparita anche quella vernice cavalleresca che ricopriva la ferocia degli animi. La ferocia era non solo tra l'armi, ma nelle leggi. I supplizi erano venuti ad una barbarie selvaggia, da disgradarne il medio evo. L'annegar donne, il trucidar fanciulli, l'infierire sui cadaveri, erano comuni come il far succedere un colpo di pugnale ad un sorriso. La notte di san Bartolommeo era stata già avviata da molti eccessi parziali, come i macelli del 92. Il fanatismo religioso, l'uso delle guerre indisciplinate e barbariche, l'assuefazione al sangue, bastano a spiegare eccessi, che la più corrotta politica italiana avrebbe moderato.

Le arti e le lettere rifulgono di una splendida luce in queste pagine, ove il Michelet versa lor sopra del suo affetto, e le riscalda di nuova vita. I nostri artisti sono toccati con amore, specialmente il Vinci ed il Buonarroti. La descrizione ch'ei fa dei dipinti della Cappella Sistina è sì alta e poetica che Michelangelo direbbe che la viene dal cielo, come già scrisse del comento di Messer Benedetto Varchi intorno al suo primo sonetto. Anche di questi versi dell'adoratore di Vittoria Colonna parla assai convenevolmente lo scrittore francese. Ed invero ve n'ha di bellissimi; come quel sonetto che tutti sanno, ardente di nobile invidia verso Dante, del quale accetterebbe l'ingegno e la gloria con tutto il suo esilio e con tutti i suoi infortunii:

« Pur foss' io tal! »

o quell'altro tutto caldo altresì di dolce invidia agli adornamenti che toccavano la persona della sua donna:

« Sovra quel biondo crin di fior contesta
Come sembra gioir l'aurea ghirlanda! »

sonetto di vivo principio, e che, ove corresse il resto con la medesima foga e non andasse troppo per lo ricercato e per lo minuto, sarebbe uno de' più bei gioielli dell'italica poesia.

Le ottave di Michelangelo in lode della vita pastorale sono curiose come le lettere amorose di Robespierre. E soprattutto ne piacciono i tratti, ove egli toglie dalla sua arte gli esempi o i paragoni d'amore. Fa tenerezza l'imaginarselo sorpreso in mezzo alle elevazioni della fantasia creatrice, dagli assalti di una tenera e celeste

passione, e aiutandosi dell' arte a consolarla e a renderla accetta alla sua donna.

Il Michelet non è così etereo nel trattar dell' amore,
ma s' accosta più al reale e tien conto dell' elemento
fisiologico forse più che del psicologico. Il suo libro
dell' *Amore,* da noi tradotto, fu posto a riscontro della
Metafisica dell' amore di Schopenhauer.

Arturo Schopenhauer, arguto filosofo, la cui luce non
cominciò a vedersi bene che allo sparire di quei grandi
astri d' Hegel e di Schelling, svolge acutamente una sua
tesi, che alla prima sembra pender troppo nel materiale, ed è che il genio della specie regge il vero amore,
e che l' unione buona e feconda è quella che più o
meno inconscia anela alla riproduzione degli ottimi tipi
umani. A meglio considerarlo, si vede che questo principio nobilita l' amore, facendo combinare le aspirazioni
dell' idea e del sentimento coi destinati della natura.
Difatti la natura non poteva abbandonare al capriccio
dell' individuo un sì importante affare, come non gli
abbandonò le funzioni che mantengon la vita. Può l' arbitrio umano influirle in bene o in male; ma in generale non si *ragiona* la vita; così non si *ragiona* l'amore;
perchè le ragioni le ordina e svolge la natura.

L' uomo fisicamente sano non si sente vivere; l'uomo
moralmente sano non si sente amare. L' infezione del
vizio non mira ad altro, ne' suoi raffinamenti, che ad
ascoltare la vita, ad *ascoltare* l' amore. Ma il vizio non
può essere che l' eccezione, perchè è contro all' ordine
della natura. E in questo punto Michelet viene, incon-
sapevole, ad accordarsi con Schopenhauer, quando egli
si conforta nel pensiero che a qualche migliaio dei corrotti dall' incivilimento contrasta l' amor puro e fecondo
dei milioni d' uomini, illesi dal contagio.

Ma questi corrotti sono in cima, e in vista; sono il serpente di rame che, guardato, non risana, come quello del legislatore ebreo, anzi ammala. La rapida propagazione dell'incivilimento comunica mano mano ai milioni i costumi non meno che il sapere dei mille delle genti più colte ed elevate. — Occorre dunque fare lo *schermo perchè il mar si fuggia*; ma non già a modo di Mitridate, stagnandosi ai veleni con l'abitudine dei veleni, sibbene suscitando e facendo divampare quei *benigni lumi del cielo* onde s'informa la vita umana.

Il gran punto è il sollevare e il mettere nel suo vero lume la donna. I fautori della donna non avevano veramente fin qui argomenti mirabili da liberarla dall'accuse, a cui soggiaceva. La filosofia, non aiutata da altro che dal sentimento o da prove prettamente storiche, non poteva abbattere le idee d'inferiorità e impurità della donna, rinvigorite da fisime religiose o sottigliezze casistiche. La medicina, intesa nel complesso de'suoi postulati e dei veri delle scienze sue ausiliari, ha dimostrato che la pretesa inferiorità è diversità, ma con equipollenza reale di facoltà, e che la pretesa impurità è la santità della donna, è la ferita della natura, che la rende atta alla perpetuazione della specie. Il Michelet ha basato la sua argomentazione sui risultati incontroversi della scienza; vi ha poi contessuto tutto quello che l'immaginativa ha di più splendido, il sentimento di più tenero o di più grazioso.

Coloro che sono avvezzi alla sfacciata prostituzione dei casini, o alla imbellettata degli abbigliatoi signorili, rideranno a bella prima nel leggere il suo libro, o vi cercheranno quegl'ignudi, che nel Michelet non sono disonesti, come non erano nei dipinti di Michelangelo, o dovunque son dominati dall'idea, e non servono alle abbiettezze dei sensi. Ma pian piano, come chi esce da una caverna tenebrosa alla luce, cominceranno a vedere, o meglio come un guarito improvvisamente dalla sordità, sentiranno suoni divini che scenderanno a spetrare e ad infiammare il cuore. Le frivolezze spesso sì ree, ma sempre sì vane, della galanteria faranno lor afa, quasi golaggini da bimbi, e ricorreranno al cibo vitale del vero amore.

Il falso amore è quello che ingenera il caos dantesco. Il vero è l'armonia e la luce, è la vita stessa della specie, ed è la vita pienamente svolta, feconda e beata dell'individuo.

Il Michelet, è come una di quelle terre vulcaniche ond'escono le fiamme a tratti; non è un'eruzione alla Rousseau, che trasporta seco il lettore; è un getto intermittente dell'anima, di cui l'occhio perde l'unità, e lo spirito il segreto. Son finezze o tenerezze che scattano ora dalle confidenze avute, ora dai suggerimenti della scienza, ora dal proprio sentire. La parola saltuaria, elittica, saetta l'animo e fugge. Il cuore, in questo libro, crede di leggere sè stesso, quella scrittura dell'anima, che, come l'eloquenza di Cicerone sotto le arguzie monacali, vive sotto le sottigliezze del sofisma, e le vanità del falso piacere.

Oltre *L'Amore* il Michelet scrisse *La Donna, Il Mare, La Montagna, L'Insetto, L'Uccello*. La sua simpatia si spande a tutto il creato, che in ciascuna parte ai suoi occhi si varia prodigiosamente; ond'ei può dire con Dante:

« Ma, per la vista che s'avvalorava
    In me, guardando, una sola parvenza,
    Mutandom'io, a me si travagliava. »

Noi non tratteremo di questi volumi come più alieni dalla storia; sì parleremo della *Strega*, il cui

germe è nel sunto ch'ei fa nell'Introduzione al *Risor-*
gimento del *Malleus maleficarum* di Sprenger, e nella
pittura della vecchia, aspreggiata, bistrattata, affamata
dalla crudeltà dei parenti e del mondo, e che si vendica col mostrare d'esser dimestica del diavolo e col
terrore delle sue malie.

Di fatti la *Strega* è un'altra evocazione della vita
passata. Non è uno squadernamento di tutte le antiche e moderne erudizioni sulla stregheria e sulla
magia; ne è l'essenza. Si vedono a terra le spoglie
degli studii che servirono a questa distillazione sotti-
lissima, maravigliosa. Quel che pareva curiosità pura è
il principio della natura, che lotta contro gli attentati
teologici che vogliono soffocarla; è la coscienza, che si
solleva contro le avanie della forza; è l'impulso irresistibile all'armonia delle potenze umane, che si voleva
frangere e si riusciva solo a torcere a disordini fuor di
natura. La donna è il precipuo agente di questa lotta
sublime: con la sua sensibilità, sì viva e pur sì resi-
stente, con la sua rassegnazione, ch'è un indomabil
coraggio, ella mina pian piano le torri del prete e del
signore, e riesce a rimettere in campo la luce e la giustizia, che nel medio evo erano sparite, contro le tenebre e l'iniquità. La dolce fata si muta nell'odiata
strega per ricomparire poi nella donna, nell'Erminia
che medica e consola.

Se come fece sì gratamente il Memère per la medicina, cercandone i vestigi negli antichi poeti latini, noi
investigassimo le tracce della stregheria pei libri de'nostri
poeti e novellieri, potremmo raccozzare un volume curio-
sissimo, cominciando dall'iniziazione di *Maestro Simone*
nel Boccaccio fino al sortilegio del *Lotto* nel Giusti. Tro-
veremmo poi nei nostri costumi di che confortare i classici, e anche le involture, l'*envoultement* di cui parla il

Michelet, avendo qualche nostra vicina che ancora trapunge le immagini de'suoi fuggitivi amanti. Di questo *envoultement*, che il Bouillet deriva dal latino *in* contra e *vultus* volto, viso, noi daremo la scena piccantissima del *Candelaio* di Bruno, in cui lo Scaramure insegna l'*incantesimo* in servigio dell'amore di Bonifacio. Si vedrà anche come alla stregheria in questa scena si mescoli l'astrologia; il che le dà maggior picco, e varrà, con tutte l'esagerazioni del comico, a porgere un'idea di queste vecchie e eterne follie. Gl'interlocutori sono Ascanio, Scaramure, e Bonifacio innamorato di Vittoria.

Ascanio. Oh, ecco messer Bonifacio, mio padrone. Messer, siamo qui con il signor eccellentissimo e dottissimo, il signor Scaramure.

Bonifacio. Ben venuti! Avete dato ordine alla cosa? è tempo di far nulla?

Scaramure. Come nulla? Ecco qui l'imagine di cera vergine fatta in suo nome! Ecco qui le cinque aguglie, che le devi piantar in cinque parti de la persona. Questa particulare, più grande che le altre, le pungerà la sinistra mammella. Guarda di profondare troppo dentro, per che faresti morir la paziente.

Bonifacio. Me ne guarderò bene.

Scaramure. Ecco, ve la dono in mano; non fate che da ora avanti la tenga altro che voi. Voi Ascanio, siate secreto! non fate che altra persona sappia questi negozi!

Bonifacio. Io non dubito di lui. Tra noi passano negozi più secreti di questo.

Scaramure. Sta bene. Farete dunque far il fuoco ad Ascanio di legne di pigna, o di oliva, o di lauro, se non possete farlo di tutte tre materie insieme. Poi arete d'incenso alcunamente esorcizzato, o incantato, con la destra mano lo getterete al fuoco, e direte tre volte: *Aurum thus;* e così verrete ad incensare e fumigare la presente imagine, la qual prendendo in mano, direte tre volte *sine quo nihil*, osciterete tre volte con gli occhi chiusi, e poi a poco svoltando verso il caldo del fuoco la presente imagine, guarda che non si liquefaccia, perchè morrebbe la paziente.

Bonifacio. Me ne guarderò bene.

Scaramure. La farete tornare al medesimo lato tre volte, insieme insieme tre volte dicendo *Zalarath, Zhalaphar, nectere vincula, Caphure, Mirion, Sarca Vittoriæ,* come sta notato in questa cartolina. Poi mettendovi al contrario sito del fuoco verso l'occidente, svoltando l'imagine con la medesima forma, quale è detta, direte pian piano: *Felapthon disamis festino baroceo daraphti. Celantes dabitis fapesmo frisesomorum.* Il che tutto avendo fatto e detto, lasciate ch'il fuoco si estingua da per lui, e locarete la figura in luogo secreto, e che non sii sordido, ma onorevole ed odorifero.

Bonifacio. Farò così a punto.

Scaramure. Sì; ma bisogna ricordarvi, c'ho spesi cinque scudi a le cose, che concorrono al far de la imagine.

Bonifacio. Oh, ecco gli sborso. Avete speso troppo.

Scaramure. E bisogna ricordarvi di me.

Bonifacio. Eccovi questo per ora, e poi farò di vantaggio assai, se questa cosa verrà a perfezione.

Scaramure. Pazienza! Avvertite, messer Bonifacio, che se voi non la spalmerete bene, la barca correrà malamente.

Bonifacio. Non intendo.

Scaramure. Vuol dire, che bisogna ogner ben bene la mano; non sapete?

Bonifacio. In nome del diavolo, io procedo per via d'incanti, per non aver occasione di pagar troppo. Incanti e contanti!

Scaramure. Non indugiate! Andate presto a far quel che vi è ordinato, per che Venere è circa l'ultimo grado di Pesci. Fate, che non scorra mezza ora, che son trenta minuti di Ariete.

Bonifacio. A dio dunque! Andiamo, Ascanio! Cancaro a Venere!

Scaramure. Presto! a la buon' ora! caldamente!

Il medesimo Scaramure nel *Candelaio* spiega comicamente quel che sia fascinazione: « Fascinazione, egli dice, si fa per la virtù di uno spirito lucido e sottile dal calor del core generato di sangue più puro, il quale, a guisa di raggi, mandato fuor de gli occhi aperti, che con forte imaginazione guardando vengono a ferir la cosa guardata, toccano il cor e sen vanno ad *afficere* l'altrui corpo e spirto, o di affetto di amore, o di odio, o d'invidia, o di maninconia, o altro simile geno di passibili qualità. L'esser fascinato d'amore avviene, quando con frequentissimo ovver, ben che istantaneo, intenso sguardo, un occhio con l'altro, e reciprocamente un raggio visual con l'altro si riscontra, e lume con lume si accopula. Allora si giunge spirto a spirto, ed il lume superiore, inculcando l'inferiore, vengono a scintillar per gli occhi, correndo e penetrando al spirto interno, che sta radicato al cuore; e così commovono amatorio incendio. Però chi non vuol esser fascinato deve star massimamente cauto, e far buona guardia ne gli occhi, li quali in atto d'amore principalmente son finestre de l'anima: onde quel detto: *Averte, averte oculos tuos!* » Ma che cosa sono queste follie rispetto alle scempiaggini dello spiritismo moderno?

L'*Athenæum* inglese si facea beffe del signor Guglielmo Howitt, e della sua *Storia del soprannaturale in tutti i secoli e in tutte le nazioni, e in tutte le Chiese, cristiane e pagane, a prova di una fede universale.*

Tutti i testimoni son buoni per lui, dicea l' *Athenæum*. Le signore Crosland e Crowe valgono quanto
Cudworth e Confucio, e il signor Home quanto Erodoto.
« Le diecimila case spiritate di Londra, che la polizia
ha stretto ordine di tener segrete, » son poche per
lui. — Qualsiasi vitalità degli arredi è naturale. Piuttosto
è da meravigliare che vi sian cose fisse e immobili sulla
terra; che gli alberi siano affissi per le loro radici, e
che i campanili non passeggino per le strade a predi-
care ai fedeli e a rimbrottare gl' increduli. Donne cattoliche e protestanti sono levate di terra quando pre-
gano; egli stesso·e sua figlia, la signora Watts, disegnano
senza ammaestramento o volontà; gli spiriti reggon loro
la mano.

Un signore di Nuova-York è spesso visitato dalla
moglie defunta e dal dottor Franklin e da altri amici,
abitanti dell'altro mondo. — Si mostrano i fac-simili
delle lettere ch'ella scrive; e vi son testimoni che hanno
toccato questi spiriti e maneggiato gli abiti e i capelli
di Franklin. L'America è il paese per eccellenza dei
fenomeni dello spiritismo. — « Noi abbiamo veduto,
dice il signor Howitt, le tavole, alzate dal pavimento
per una forza invisibile, dar responsi col levarsi e ca-
lare in aria; far bordone coi loro movimenti aerei alla
musica di un pianoforte. Abbiam udito campanelli so-
nare per l'aria, e così sonando muovere intorno ad
una stanza; fiori colti d'in su le piante, e recati a diverse persone da mano invisibile; instrumenti musicali
sonar arie giuste apparentemente da sè, ed anche sollevarsi, porsi sul capo di alcuno, e così, standogli sopra senza toccarlo, armonizzare arie notissime. — Abbiamo udito notevoli predizioni fatte dai *medium* e che
avvennero appuntino; mirabili descrizioni di scene del
mondo di là fatte nell' estasi chiaroveggente; scrivere

e disegnare da spiriti, e il barone Gulden-Stubbe in Parigi ha di tali scritti più di mille saggi e di alcuni ha pubblicato il fac-simile nella sua *Pneumatologia positiva*.» Dei *medium* americani l'Howitt esalta singolarmente Daniele Dunglas Home, Andrew Davis Jackson e Tommaso L. Harris. — Di Home egli dice che scriveva egli stesso i suoi miracoli. — Intanto narra come questo povero fanciullo scozzese adottato in America, ebbe fino dalla prima età, non senza terrore e noia, le rivelazioni del potere degli spiriti. Tavole, seggiole, mura eran scosse da picchj. Gli arredi si moveano e andavano alla sua volta. La zia sgomenta lo fece esorcizzare da tre preti, ma non riuscendo a liberare colui ch'ella credeva ossesso, gettò della finestra i panni di lui e lo cacciò di casa. Ora egli è favorito dei re e degli imperatori, e alle Tuileries, trovandosi ad un tavolino con Napoleone III, l'imperatrice Eugenia ed un'altra gentil donna, comparve una mano, prese una penna, ed in chiaro e ben noto carattere scrisse il nome di Napoleone.

Una nota curiosa del Michelet tratta della letteratura della stregheria, e nel catalogo degli autori nominati e citati da lui quivi e nel corso dell'opera son parecchi Italiani, che abbondarono nel senso dei credenti e dei persecutori della stregheria, ma egli non fa motto di quegl'Italiani che mostrarono la vanità e il *giuoco* dell'arti magiche, e combatterono la ferocia della giustizia penale, ecclesiastica o laica, che folleggiarono e incrudelirono a gara. — Per questo conto non è da dimenticare *Il congresso notturno delle lammie* di Girolamo Tartarotti da Rovereto (1749), grande oppugnatore del Del Rio, e dimostrante la vanità di quella fantasia, e inculcante che le streghe non meritavano la pena di morte. Era un gran passo; ma

Scipione Maffei nella sua lettera al padre Innocente
Ansaldi dell'ordine de' Predicatori (1759) andò più oltre
annichilando l'*arte magica* che il Tartarotti credeva
poter lasciare in piè, abbattendo la stregheria. Il Maffei
provò vittoriosamente la connessione delle due illusioni
e come il Tartarotti non poteva credere a mezzo; se non
che non era da credere nè all'una nè all'altra. Ma
il Tartarotti sgombrò la via, e bisognava abbattere la
foresta dei pregiudizi, portar la scure nella congerie
delle inventive teologiche e legali prima di vedere il
vero nella sua limpidezza. — Egli ha buona dottrina,
e se nella storia della stregheria fu vinto dal conte
Gianrinaldo Carli, nella lettera che questi gli scrisse a
proposito del suo libro, e dal Maffei in ragione e in
acume, egli fu il *pioniere* di questo diboscamento.

Il Maffei tocca bene i miracoli della natura e le scoperte della scienza, vera magia del nostro secolo; e prova
qual vasta mente fosse la sua. Citiamo un sol brano
di questa parte della sua argomentazione: « Nell'orto
di casa mia, quale, per opera del mio signor Séguier,
è divenuto botanico, c'è l'onagra, pianta che viene
all'altezza d'un uomo, e be' fiori porta, ma che il
giorno stanno chiusi, nè punto appaiono: solamente al
tramontar del sole si aprono e mostrano: e non già a
poco a poco, come in altre notturne piante avviene,
ma sbocciano e in un momento interamente si formano.
Poco prima che il calice crepi si gonfia alquanto. Se
altri valendosi di questo quasi occulto segno volesse
dar a credere a' semplici di far nascer a sua voglia,
con qualche magica parola, momentaneamente un bel
fiore, chi gli prestasse fede non mancherebbe. »

Il Maffei scriveva, essendo ancora caldo il rogo di
Maria Renata strega abbruciata in Erbipoli (Wurtzburgo) il 21 di giugno 1749, e forse a suo consiglio

fu tradotto in italiano e stampato in Verona il *Ragionamento* del gesuita Giorgio Gaar fatto avanti al rogo
di quella infelice; con argute annotazioni, che, sebbene
gl'Italiani di quell'età non ne avessero gran bisogno,
sono sempre utili contro ai deliqui della ragione umana.

Ma in quel rogo non era che il cadavere di Maria
Renata, essendochè, come il padre Gaar dice in quel
suo discorso ch'è un monumento di stoltizia, *per l'in-
nata commendabile clemenza di Sua Altezza Reverendis-
sima (il principe vescovo di Wurtzburgo) e per altri
rilevanti motivi*, era stata prima decapitata. — Ma chi
era questa povera vittima, che, secondo il padre, sotto-
ponea lieta il capo alla spada del carnefice? Ecco le
parole d'esso cannibale: « Maria Renata, nativa di Monaco, essendo per anche fanciulla di sei in sett'anni,
fu da un ufficiale (sotto la forma di cui verisimilmente
s'era nascosto il demonio) ne'contorni di Lintz nell'Austria superiore instruita nella stregoneria; ma perchè
l'inferno non può sofferire il nome di *Maria*, le fu
posto il nome di *Ema Renata*, che trasponendo la lettera *m* significa *Mea Renata*, mia rinata. In età d'anni
dodici era giunta a tal segno, che ne'congressi malefici
il principe delle tenebre le avea conceduto il primo
posto. D'anni diciannove, benchè contra sua voglia, e
solo per ubbidire ai genitori, entra nel monastero d'Un-
tercell, poco discosto dalla città d'Erbipoli, rinomato
per la buona disciplina e vita religiosa, ove in maniera
tale, sotto la pelle d'agnello, si nascose la rapace lupa,
che ingannando con falso splendore di virtù non fu
punto conosciuta; anzi, per li supposti suoi meriti, non
s'ebbe difficoltà d'anteporla all'altre nell'ufficio di sot-
topriora. Egli è agevole in questo caso indagare dove
mirasse il nemico comune delle anime. Cercare col va-
levole mezzo di lei seminare zizzania; ma perchè Dio

non lo permise, e Maria Renata, giusta la propria sua confessione, in cinquant'anni di religione non potè mai nuocere a veruna dell'anime delle religiose, Satanasso col mezzo di questa sua schiava si studiò di sfogare il suo furore contro i corpi. Cagionò ella pertanto malattie pericolose a quattro monache nell'accennato convento, parte col fiato venefico, parte con radici ed erbe incantate poste da essa furtivamente nelle vivande, e in altra maniera applicate, e nella stessa guisa ammaliò cinque altre monache con una conversa non anche professa, facendo entrar loro addosso più spiriti infernali. »

Un bel tratto di un giudice italiano racconta Paolo Minucci nelle sue note al *Malmantile*, e la tortura applicata per guarire l'imaginazione inferma d'una strega imaginaria, non per ribadirla nella sua follia e bruciarla. Eccolo con le sue belle e proprie parole toscane:

« Che queste donnicciuolucce, credute streghe, vadano in sul caprone a Benevento, è opinione vulgata: e molti di cervello debole l'hanno per indubitata: e le medesime streghe se lo credono; perchè il diavolo con illusioni fa loro apparire per vera questa falsità; ma la graziosa sagacità d'un superiore ne fece chiarire tutti i dubbi in questa forma. Fu condotta alle carceri una di queste tali, inquisita di maliarda: ed il giudice dopo molte esamine avendo trovato, che veramente costei era una donna, che si credeva far malie, stregar bambini, ed altre scioccherie, ma in effetto non v'era cosa di conclusione o di proposito, risolvette di castigarla per la mala intenzione, ed intanto soddisfare alla propria curiosità. Fattala però venire a sè, l'interrogò se andava ancor ella a Benevento: rispose che sì; onde egli le disse: Io vi voglio perdonare, se voi andrete questa notte a Benevento, e domattina mi racconterete quanto vi sarà succeduto. Bisogna che mi diate la libertà (re-

plicò la donna) acciocchè io possa nella mia stanza fare
i miei scongiuri e le mie unzioni. Il giudice glielo concedette con questo, che voleva dargli da cena insieme
con un compagno: il che accettò la donna, bastandole
esser fuori di quel luogo, dove il diavolo non poteva
capitare. Andata dunque a casa, cenò col detto compagno, che era un giovanotto ortolano, e con un altro
giovane, che la donna si contentò che egli conducesse:
e bevuto abbondantemente, come era il suo costume
in tali sere di viaggio, lasciati i commensali a tavola
se n' entrò nella solita camera; e quivi spogliatasi, senza
serrar la porta nè le finestre della medesima camera
(chè tale è l'ordine del diavolo), s'unse con più sorte
di bitumi puzzolenti, e postasi a giacere in sul letto,
subito s'addormentò. I due compagni, così instruiti,
entrarono in camera, e legarono la donna per le braccia e gambe alle quattro cantonate del letto, e benissimo la strinsero con funi, e si messero a chiamarla
con altissime voci; ma come fosse morta non faceva
moto, nè dava segno alcuno di sentire; onde i detti
cominciarono a martirizzarla, bruciandole ora una pop-
pa, ora una coscia, e finalmente così l'impiagarono in
diverse parti del corpo, e le arsero fino alla cotenna la
metà della chioma. Cominciando a venire il giorno, la
donna con sospiri e lamenti diede segno di svegliarsi;
onde i detti le sciolsero i legami: ed uno di loro andò
per una seggetta, e l'altro la rivestì tutta sbalordita e
dal sonno, e molto più da' martòri. Giunta la seggetta,
in essa la portarono al giudice: il quale la interrogò se
era stata a Benevento: ed ella rispose che sì; ma che
aveva patito gran travagli, ed era stata bastonata con
verghe di ferro infocate, e strascinata e legata per le
braccia e per le gambe, era stata riportata dal suo caprone, che nel lasciarla le aveva abbruciate colla gra-

nata mezze le trecce; e questo, perchè ella aveva ubbidito al giudice: e che si sentiva morire dal gran dolore delle piaghe. Il giudice ordinò, che subito fosse medicata, come seguì: ed intanto disse alla donna: Io t'ho fatto scottare e battere per castigo del tuo errore: e perchè tu conosca, che non altrimenti a Benevento, ma in casa tua hai ricevuto questi travagli: e ti risolva a lasciar queste false credenze; che se lo farai, io ti perdonerò. Da questo bel modo di castigare cavò l'arguto giudice quella verità, che appresso lui era certissima.»

Ma questi trattatisti, polemisti, casisti, vanno a fondo, e Michelet è la sola àncora a cui possano attenersi per non essere affatto dimenticati, quasi quell'anime purganti che si attaccavano ai piedi del santo che, rosolato un poco in purgatorio, volava purgato a far nuovo cuoio in Paradiso. Così il *Trattato del metodo* di Descartes, libriccino di poche pagine, sommerse gl'infiniti volumi della logica scolastica, e vivrà forse più che i ponderosi volumi di certi filosofi. La materia è grave, inerte, voluminosa; lo spirito tien poco posto. E tutto spirito è il libro di Michelet; i preti diranno *tutto Satana.*

Senzachè gli altri libri di tal genere sono tratti dallo studio particolare e isolato della Stregheria e della Magia; il libro del Michelet esce dallo studio complessivo della storia umana. Egli rifece il dramma del Sabbato, ma con tal passione e vita, che meno intensamente si leggerebbe un romanzo; e pure non v'è sillaba che non emerga dai documenti storici; è un getto alla Ghiberti; se non che questi fece le porte che si dissero, a ragione, del Paradiso; e il Michelet quelle dell'Inferno.

In questo libro, come in tutti i gran parti dell'umano ingegno, v'è la parte litterale, e l'allegorica. La parte litterale, non arida ma sommamente drammatica, è la

lotta della strega con le potenze della terra, feconda
solo del sangue e dei martirii di lei; la parte allegorica, a dir così, è la sua intelligenza, il suo commercio
con le potenze dell'inferno, più benigne che le terrene,
e feconde di semi che la scienza raccoglierà, e farà germogliare in frutti di salute. L'una e l'altra parte son
trattate da maestro. I processi son narrati col fervore
di umanità che Voltaire metteva a difendere Calas, e
con lo spirito che Beaumarchais poneva a difender sè
stesso. I concetti, gl'intuiti sono incrociati con l'acume
degli scienziati francesi, e le fantasie dei contemplativi
dell'India. Crediamo che Heine dicesse che il Michelet
era *indo* per l'immaginazione; è vero; ma quest'immaginazione è il fiore della sua ragione; è luce; di
quella che illumina il sistema del mondo.

Ma torniamo alla storia, alla quale, dice il Michelet, che intesero tutto il suo insegnamento e i suoi lavori diversi: *Je déclinai ce qui s'en écartait,* egli con-
chiude, *le monde et la fortune, les fonctions publiques,
estimant que l'histoire est la première de toutes.*

Meno profondo e dommatico di Guizot, ha intuiti
più vivi di lui; meno artista di Thierry, sfolgora tuttavia più accesamente e attrae con maggior potenza.
Nel suo lungo viaggio non perde mai lena, anzi va
sempre più affrettandosi; cotalchè è fatica seguirlo.
Ma son tanti i miraggi del suo stile, ch'è impossibile
smettere; ed è sì visibile la santità della sua vocazione,
che parrebbe colpa l'abbandonarlo.

FRANCESCO GUIZOT.

La vita di Francesco Guizot si prolunga con crescente gloria. La sua felice vecchiezza è un luminoso tramonto. È un sole che non sembra scendere sotto l'orizzonte, ma raggiungersi con la luce oltreterrena; tanto egli è compreso di religione. Egli adora siffattamente il divino, che vorrebbe mantenerlo in reverenza agli uomini, anche sotto forme contrarie a quelle, in cui egli apprese a venerarlo. Invece della misera guerra che il Thiers fa alle nazioni che si rivendicano in libertà ed aspirano ad esser forti, il Guizot intende a porre in sodo i principii essenziali della vita e della moralità del genere umano.

Letterato, non fu studioso di leggiadria, ma assai geloso della proprietà del dire, come mostrano i suoi *Sinonimi;* egli amò ed onorò l'arte, non la minuta, ma la grande, quella di Corneille e di Shakespeare. Egli illustrò l'uno e tradusse l'altro. Cominciò con lo studio della drammatica, come il suo figlio Guglielmo principiò con un libro sopra Menandro.

I Francesi hanno una maniera di stile, che chiamano *réfugié,* propria degli spatriati per religione e dei protestanti, diversi per molti conti dal resto della nazione; stile rigido, austero, solenne, e senza sorriso. Il Michelet ne trova i vestigi sino ne' primi scritti di Rousseau. Di questa austerità sente lo scrivere del Guizot; è una trama serrata, forte, ma con poco lustro.

Oratore, il Guizot ebbe l'intrepidità di una coscienza pura e ferma, e l'eloquenza che viene da un vasto sa-

pere e dalla pratica delle cose del mondo: perito sovra
ogni altro nelle norme costituzionali e nella storia inglese, era sovrano nell'angusto cerchio della *Carta*. Come
nelle interne, così nelle questioni esterne vinceva facilmente i declamatori della sinistra. Le cause più disperate gli crescevan l'ingegno; e gl'insulti più acerbi
elevavan la sua parola. Non era mai colto sprovveduto;
e le folgori più acute gli cadevano spente ai piedi.

Professore con Villemain e Cousin, rinnovò la critica in Francia e promosse nuovi studi e gloriosi lavori.
Egli fu una forza creatrice. Le sue parole, com'egli
disse di Royer-Collard, s'incidevano ove che cades-
sero, e i suoi corsi, sebbene superati in molti punti
dagli studi ch'egli stesso aveva eccitati, continuarono
a splendere come la ·più ricca concezione della scienza
storica in una delle sue epoche più fiorenti, e come
tesoro di pensieri originali e profondi.

Le *Memorie* del Guizot, che pubblicò quelle che
gl'Inglesi scrissero intorno alle loro rivoluzioni, e ne
studiò sì bene la forma, non hanno facilmente riscontro
nell'età nostra, ch'è pur sì feconda di scritti di tal
genere. Sono le confessioni di un uomo di Stato, non
già al cospetto di un pubblico scapato, avido solo di
scandali e di novelle, ma all'orecchio dei pensatori e
degli affezionati della politica, i quali non senza simpatia e riverenza ascoltano la storia degli sforzi fatti
in Francia per fondare un governo, il cui prestigio si
restrinse poi lungamente nella piccola Chiesa, direm cosi,
anglicana, ond'era uscito a rinnovare le genti. Il Guizot
parla forzato di sè; delle cose sue intime, della sua famiglia generalmente, tocca appena; una volta un po' largamente come sopraffatto da un dolore, che bisogna
disacerbare parlando, a voler seguitare. Nel terzo volume lascia penetrare nel tessuto delle sue relazioni

politiche il ricordo della morte di Paolina Meulan, sua
moglie, degna consorte dei beni e dei mali della sua vita.

Il Guizot entrò alla vita politica con la prima pro-
clamazione della Carta e ne uscì con lei. La visitò nel
suo esilio a Gand, ed egli giustifica assai bene quella
gita, promossa dal partito regio liberale; egli ne è rimasto il più illustre e perfetto rappresentante, perchè
il Thiers non lo abbracciò sinceramente che dopo le
abboracciature del 1830. È naturale l'amore alla Carta
in un uomo che crebbe sotto lei e per lei all'eloquenza,
alla potenza, alla gloria; che, allievo dei Royer-Collard,
dei Lainé e dei De Serre, li sorpassò tutti nella signoria
delle assemblee deliberanti, volgendo una scienza profonda, ed una maravigliosa parola alla difesa de'principii di libertà che aveva adottati. La sua eloquenza
alla tribuna riteneva tutta la sostanza della sua eloquenza professorale, con l'aggiunta di qualche cosa di
appassionato che dava colore di sincerità perfino ai sot-
terfugi e ai sofismi.

Il Guizot, che ha sì bene analizzato i fattori dell'incivilimento francese, e ne è stato lo storico esatto e
razionale, non ha sentito le passioni della sua nazione
come il Michelet, nè ha tenuto conto della loro potenza
come il Thierry. Protestante, eredò da'suoi la misurata
simpatia, ch'è propria delle minorità religiose, lungamente combattute e perseguitate. Dal protestantesimo
ebbe l'indipendenza e l'alterezza dell'animo; un dogmatizzare proprio e libero, ma tenace nelle sue conclusioni; qualità che rattemprò negli studi storici, massime del paese, dove la libertà religiosa e la libertà
politica furono più vivamente commiste. Egli trasportò
nella politica attiva il suo dogmatismo e il suo particolarismo. Si formò un *paese legale* e visse in lui. Gli
pareva esser sicuro nel suo cerchio magico, ma il pen-

tagramma aveva un angolo un poco aperto verso la via;
e v'entrò il diavolo del febbraio.

Il racconto della politica di resistenza dal 1832
al 1836 non dimostra le feconde lotte di libertà, a cui
ci vorrebbero far credere gli esaltatori del governo di
Luigi Filippo. Ha un bel mentire chi vien di lontano,
dice un proverbio francese; ma essi vengon troppo
da presso. Noi vediamo in perpetua e viva azione le
società segrete, il cui programma ha difensori velati
alla Camera, e svelati nella stampa; vediamo imporre
freno allo spaccio dei giornali e cartelli sulle vie; dif-
ficultarne e spaventarne la pubblicazione con le leggi
di settembre; combattere le associazioni; sanguinar Lione
per guerra civile, Parigi per stragi poliziesche; farsi della
Camera dei Pari una Corte prevostale, e Fieschi cominciar la serie degli attentati contro la vita del Re! Ministri incerti e senza idee, partiti infermi, e disposti a
spicciolarsi e annullarsi; e principiar fuori e dentro la
rivoluzione del disprezzo!

I mutamenti di luglio erano superficiali: — sotto
all'ordinamento governativo continuavano a fluire le
correnti repubblicane e imperiali che avevano imper-
versato sotto alla restaurazione. Era soppresso l'articolo 14, sul quale male a suo uopo aveva tenuto l'occhio
fisso Carlo X; ma il pericolo non veniva dal regnante,
sibbene dal popolo. I poeti meglio che i politici ne in-
dovinavano o ne sentivano gl'istinti. Napoleone era lo
sbocco di tutto il movimento popolare. Napoleone era
accetto anche ai repubblicani per infrangere di nuovo
la catena legittimista o semilegittimista, per tornare
alla sovranità popolare. L'allucinazione di Carlo X,
l'ostinazione di Luigi Filippo affrettarono il trionfo di
quei principii; ma il trionfo era fatale. Il racconto succinto, perspicuo del Guizot lo mostra più chiaro che

mai; e par di vederlo, non diremo danzare, come il Sal-
vandy, ma conversare sopra un vulcano.

L'illustre Rémusat scriveva a Guizot ad un certo
momento che gli pareva di ,vedere i Francesi quieti e
contenti allo sviluppo progressivo e pacifico della vita
nazionale; ma non giurava che non tornerebbero prè-
sto a risorgere in essi gli aneliti ad un'alta vita ideale,
all'espansione della potenza e gloria della nazione. Il
popolo francese, sì pronto e vivo, non poteva acque-
tarsi ai tornei del paese legale; buoni per gl'intervalli
delle battaglie, non erano altro infine che un passatempo. Bisognava dargli largo accesso alla vita statuale,
lasciargli irraggiar fuori la luce della sua libertà; non
docciargli in capo il progresso, ma farvelo nuotar dentro. Allora si sarebbe congiunto di cuore ad uomini
valenti e onesti; gli avrebbe fatti grandi spendendo
del suo oro e del suo sangue profusamente, e non la-
sciatili cader ridendo, quasi levando loro di sotto ai
piedi lo sgabello ove eran saliti.

Crediamo soprattutto che nella politica estera i vecchi partiti e i partiti dell'avvenire non abbian troppo
di che gloriarsi. La restaurazione ebbe alcun buon concetto; tanto più ammirabile, in quanto s'era fatta due
volte con l'armi straniere e consolidata con la loro oc-
cupazione della Francia; ma le sue tendenze non erano
volte a libertà. Sotto Luigi Filippo la libertà dei popoli era andata in deriso. — Noi vedemmo i vecchi partiti imprecare alla guerra italiana, applaudire alla pace
di Villafranca; e Proudhon unirsi a Lamartine per invidiare all'ampliazione della monarchia sarda.

Anche la clerocrazia trovò grazia presso i partiti
volteriani e liberali quando si trattava di contrariare la
causa italiana. Del Guizot non si può dir che abbia
variato. Protestante, egli è meno avverso al cattolici-

smo del Quinet, protestante solo per madre, e del
Proudhon, allievo del clero, come il Voltaire. La Chiesa
cattolica è feconda di parricidi. Il Guizot favorì quel
clero che pareva mutato verso i riformati quando poteva meno, e rinnovò gli aperti odi e le persecuzioni
quando Napoleone III parve appoggiarsi su lui. Non
sembrava pericoloso al ministro il concedergli quella
libertà d'insegnamento che molti cattolici gli negavano
allora in Francia e gli negarono, come pericolosa, tra
noi. Da una parte gli studi laicali che parevano sì ben
fondati e sì forti da non temere le competenze ecclesiastiche; dall'altra i preti potevano essere *toreri* a fre-
nare le furie della demagogia. Il Quinet non vedeva e
non vede altra salute che l'uscire dal grembo di Roma;
qualunque eresia è buon ricovero fino alla nuova rivelazione. Il Proudhon credeva le eresie ciarpe vecchie, e
nessuna setta poter prevalere contro la Chiesa di Roma.
Solo la giustizia immanente nel cuore dell'uomo, e rive-
latasi pienamente nella rivoluzione francese, potere e
dover vincere la religione.

Ora il Rémusat vedendo rivivere gli affetti e le idee
costituzionali, spera che possano avere il meglio e fondare la vera libertà in Francia. La vagheggiata ripetizione della rivoluzione inglese del 1688 andò in fallo:
regna una dinastia, forte nel dispotismo, ma abile alle
transazioni; il suffragio universale, men cieco di quel
che pare, dando volta, ora abbatte i creduli trionfanti
della demagogia, ora li solleva a freno del Principe.
Lasciato a sè stesso, è assai probabile che fondi l'ordine nella libertà, e nel suo fecondo travaglio, la pace.

Il ministero dell'Istruzione Pubblica, intorno al quale
si occupa largamente il terzo volume delle *Memorie*, è
quello che farà più onore presso agli avvenire al signor Guizot. Egli mette bene in fondo al volume un

trare la metafisica. « Il popolo, diceva il Proudhon, che non ha finora che lavorato e pregato, dee lavorare e filosofare. Lavorare e filosofare. L'uomo meccanico a contatto assiduo con le cose, è meno sottoposto all'illusione e all'errore che l'uomo speculativo. Fra la ragione del popolo e quella dello scienziato non corre poi divario. L'uomo del popolo non ha che a rendersi attento a quello che fa, sente e dice. È egli tanto difficile? Un uomo può aver visto più cose che la comune de' suoi simili; può averle viste più particolarmente e più da presso; può di poi considerarle più dall'alto e in un più vasto aggregato; questione di quantità, che non influisce in nulla sulla qualità della conoscenza; non aggiunge alla certezza, e per conseguenza non aumenta il valore dell'intelletto. La democrazia prevale nell'intelligenza. Dio, senza dubbio, geloso della sua opera, volle mantenere il decreto che aveva emanato, vale a dire, che non vedremmo nulla con gli occhi dell'intelletto che per mezzo degli occhi del corpo, e che tutto quanto noi pretendessimo percepire per altre vie sarebbe errore e mistificazione del diavolo. Non v'hanno scienze occulte, non v'ha filosofia trascendentale; non anime privilegiate, non genii divinatorii, non *medium* tra la saggezza infinita e il senso comune dei mortali... La metafisica dell'ideale non ha insegnato niente a Fichte, a Schelling e a Hegel: quando questi uomini di cui a buon diritto s'onora la filosofia, s'imaginavano dedurre l'*a priori* non facevano altro, senza saperlo, che sintetizzare l'esperienza. Filosofando più da alto che i loro predecessori, hanno ampliato i quadri della scienza; l'assoluto, per sè stesso, non ha prodotto nulla; tradotto innanzi alla polizia correzionale, è stato fischiato come truffatore. »

Il Guizot apprezza questi ingegni, ch'egli tuttavia

crede smarriti. Così loda il Lamennais, de' cui traviamenti egli chiama in colpa per buona parte il secolo, che affetta il disordine morale, ma per ventura più alla superficie, che nella sostanza. — Loda il Michelet e il Quinet, pur traviati, al suo parere; ma assai più misurati che il Proudhon, ardente ad ogni maniera di paradossi, non meno valente a demolirli che ad elevarli. — Il Proudhon fu l'Augusto Barbier della filosofia e della politica, del quale si disse a ragione che la sua poesia fu come un grido che ha gran rimbombo, ma non lungo effetto. Così il Proudhon metteva un giorno a soqquadro la religione, il governo, la famiglia, la proprietà, e spaventava i borghesi come quei *partageux* ch' egli diceva accorsi alle porte delle città, nello scorcio della repubblica di Febbraio, col sacco in spalla alla preda come gli antichi Galli. Pare che quel pensatore bizzarro intendesse a scuotere la torpedine intellettuale e morale de' suoi, piuttostochè a condurli a nuovi destini. Come un celebre oratore inglese, si piccava di mostrare agli avversari i buoni fondamenti della lor causa, e come si potesse difendere; ma quando gli aveva più che mai persuasi della loro ragione, si divertiva ad abbatterla. Socrate si pregiava d'esser l'ostetrico degli ingegni. — Il Proudhon era il Socrate del falso.

Il Guizot, bilanciate l'opere del regno di Luigi Filippo, ove egli ebbe sì gran parte, riman fermo ne' suoi convincimenti. Ma egli, sebben commosso, è placato;

> « E quale è que' che sonnïando vede,
> E dopo il sogno la passione impressa
> Rimane, e l'altro alla mente non riede. »

L'*altro* non sono qui i fatti, ma le controversie e l'ire politiche. Egli concede agli avversari non solo che fosser sinceri, ma che possedessero alcun frammento del vero, sparso e diviso. Essi e lui andavano alla pari. Eran tutti vinti. Ora i lor principii risorgono, ma non v'è fusione tra gli antichi nemici, e solo nel suffragio universale può trovarsi il componimento dei dispareri, e la vittoria del giusto e del vero.

RAFFAELE DELLA TORRE.

Fra i fonti meno puri e più curiosi della storia sono i processi politici. Sebbene così nelle democrazie come nei regni si cerchi di giustificare la rovina di chi va col peggio, pure molta luce esce dal fumo che addensano gli avvenimenti. L'indole, il cuore degli illustri rei scattano irresistibilmente e dichiarano talora gli occulti motivi dell'opere. Senza che lo svolgere di un giudizio ha una vita che manca al racconto ordinato e freddo. Onde vediamo anche nel romanzo prendersi la forma del processo, come nella *Biancovestita* del Collins. Il ribellarsi poi dagli ordini sociali, sempre imperfetti, talvolta non è senza grandezza, e nel Milton è grande anche Satana. Nè vile ed abietto ci pare il Vacchero, che una signora romanzeggiò ai dì nostri.

La congiura del Vacchero fu narrata distintamente dall'uomo che aiutò a formare il processo, da Raffaele della Torre, un ser Ceccone, culto, e, a quanto pare onesto. Egli ha naturalmente inteso a denigrare la fama degl'infelici cospiratori, e il protagonista è dipinto coi colori della stessa tavolozza, onde uscì la figura di Catilina. Giulio Cesare Vacchero, da Sospello nel contado di Nizza, avrebbe cominciato di buon'ora a dar nel sangue. Esordito a Nizza con l'uccidere un cavaliere della religione di San Giovanni, rifuggì a Firenze, dove tenne mano con N. dei Medici nella morte di N. Bentivoglio, e condannato a perpetua carcere nelle Stinche tentò di uccidersi; ed uscitone col patrocinio di Antonio del Nero, e riavuto il bando, andò per iscontare la relegazione di Corsica a Bastia. Quivi tiratosi in casa Lorenzo Salata genovese, e la moglie Geromina, la corruppe, e col Ienocinio di lei stuprò la minor sorella Teodora, che incinta fece sposare ad Anton Francesco del capitano Santi di Foriani, preso accortamente alla pania e fattovi restare per violenza. Restava l'ultima sorella Giorgetta, e questa pure disonestò. Il liquore della voluttà non gli tolse la sete del sangue; pose insidie a due fratelli Falconetti di Bastia, e tra due volte l'uno ferì e l'altro uccise. Tornato a Genova, si dà a infamie ordite con istudio e pensatamente scellerate. Ingannato col bacio di Giuda il Salata, lo uccide, e poi si disfà anche di Teodora. Mette mano ne' suoi; avvelena la cognata, e forse anche i genitori; quella, perchè li confortava a distribuire egualmente le loro sostanze a' figli; quelli, perchè col lungo vivere glie le facevan storiare. Quest'uomo, carico di tanti delitti, trova un amore indomato nella onesta sua moglie, Ippolita Rela, e una invitta fede nel suo servitore, greco di nazione, Angelo Atanagi. Quest'uomo ha spiriti nobilissimi e sdegnosi di servitù, e si muove a cospirare contro lo Stato per non sapere tollerare la superbia dei nobili, e l'onta fatta alla moglie. Questo Catilina va perdendo un poco della filiggine infernale onde l'ha tinto il buon consultore.

Al Vacchero s'aggiusta Giovan Antonio Ansaldo, figlio d'un oste di Cogoleto, che s'era comprato un titol di conte con cinquemila ducatoni, e creduto rinnalzarsi con un matrimonio nobile, sposando la vedova contessa di Scerrafico, la quale dopo aver derogato nel marito, derogava peggio negli amori; abbandonandosi agli abbracciamenti di un famiglio, che il novello conte, non avendo autorità di reprimere e di cacciare, mise alle prese con un suo conservo, e uccise d'un colpo di pistola. Camuffatosi, oltre il titolo, di una maschera bifronte d'ambasciatore pontificio e ducale, costui cospirava a man salva, e non lasciò al carnefice che l'effigie. Un altro ribaldo era quel Nicolò Zignago, di barbiere divenuto chirurgo e dottore in medicina, ministro del Vacchero ad avvelenar la cognata. Il Vacchero e l'Ansaldo volevano mettere la forza e la maestà della repubblica tra i calci di Casa Savoia; il Zignago si contentava di avvelenare. Alcuni da bene, tirati nella congiura, volevano l'abbassamento dei nobili e la riforma del reggimento. Tale era Gerolamo Fornari, tali Giuliano Fornari, irato alla nobiltà per insulti fatti al padre, e Silvano Accino, di spirito vivace, di onesti natali, di comodo patrimonio. Lasciamo gli altri, buoni o rei; ma il consultore confessa che v'erano degli onesti; il che non farebbe un processante dei nostri tempi. Aggiungiamo i banditi, che non volevano che il saccheggio, tra i quali Bartolomeo Consiglieri, della Valle di Bisagno, che finì volando in aria con un barile di polvere ai confini dello Stato della repubblica. Il consultore che si vantava non essere di quelli, il cui orizzonte non si estendeva oltre la tesa del loro cappello, e ridea di chi, chiusosi con Platone e Aristotele, presumeva poi metter mano nel corpo mistico della repubblica, vedeva bene che in Genova le cose non andavano a sesta. La materia non mancava all'incendio: 40,000 abitanti della città poverissimi, che solevano vivere alla giornata, e potevansi accrescere al bisogno, come torrente dell'acque piovane, dai contadi delle due valli;

i popolani malcontenti; i ricchi tenuti fuori del governo
per le rade e scarse ascrizioni. Silvano Accino era ricco
di scudi 150 mila; Giovan Giacomo Ruffo, altro cospira-
tore, era di casa ricca di scudi 300 mila; Gerolamo Fornari era pure doviziosissimo, e così il Vacchero. Questi,
l'Ansaldo, il Zignago, erano incapaci dell'ascrizione.
Ma ed i capaci eran fatti storiare. L'aristocrazia, per
usare una frase del Tocqueville, era aperta come in
Inghilterra; ma si lasciavano entrare i nuovi con grande
difficoltà. Senzachè il far alto e basso nel governo,
non bastava ai nobili; secondo la stoltezza di un patriziato che scimmiottava le borie cortigianesche, volevano segni di umiliazione dalla plebe, e specialmente
quel saluto del cappello, odiosissimo ai Genovesi, il cui
uso antico era di salutare con un cenno del capo. Il
Vacchero, ricco, animoso, cinto di clienti, non potea
patire quella viltà da servi, e qui batteva principalmente
la sua guerra ai patrizi. Egli andava a cercarli nelle
lor vie. Si parava loro innanzi con le mani sui fianchi,
e miratili in faccia con manifesto sprezzo, non faceva loro un menomo segno di civiltà o di cortesia.
Munito d'armi vietate, col cappello tirato in sulle ciglia, coi mustacchi rabbuffati in alto, spirava l'odio e
presagiva la morte in quella sua faccia pallida, esangue.
La congiura, tirata innanzi, a malgrado della lettura
del capitolo del Machiavello che le condanna, fu svelata da un Rodino, chiamato all'undecima ora. I nobili, scoperta che fu, non seppero neppure provvedere
pienamente all'arresto dei colpevoli. La fortuna tuttavia
ne diede lor nelle mani. Il Vacchero fu tradito dal
padre e dal fratello del Ruffo, che, ricomperato con
quel sangue, campò. Egli fu di sì fermo cuore fino al-
l'ultimo, che volle prima lasciarsi morire di fame; poi
cercò fracassarsi il capo al muro; e quando ottenne

di morire di scure, si trasse di sotto un forte ed acutissimo stecco, col quale disse si sarebbe finito, se non gli avessero risparmiato il capestro. Il Duca che aveva giurato sul crocifisso di ripagare il sangue dei cospiratori con quello dei gentiluomini genovesi che aveva prigioni, li permise all'Ansaldo e così eluse il sacramento. Tra i graziati fu Carlo Salvago d'Enrico, nipote di Giovan Stefano d'Oria, che fu comparato a Bruto perchè, non ostante le minacce del Duca. votò la morte dei cospiratori.

L'aristocrazia genovese, che non era un'aristocrazia secondo Uberto Foglietta, fu superba e soverchiatrice: ed è da vederne il ritratto nella nostra avvertenza al libro della *Repubblica di Genova*.[1]

AURELIO BIANCHI-GIOVINI.

Il 16 maggio 1862 moriva in Napoli un uomo, che la nuova libertà avea trasformato di dotto scrittore, in fecondo e possente giornalista. Nei primi e gravi lavori di Aurelio Bianchi-Giovini tralucea già la facilità e versatilità dell'ingegno, la prontezza e l'arguzia della parola, l'inesauribile vigor polemico: ma non si sarebbe facilmente argomentato ch'egli nella novità della stampa, senza esperienza e quasi senza esempii, potesse riuscir così eccellente da star a paro co' provetti scrittori d'Inghilterra e di Francia. Gli studi fatti per la sua *Storia degli Ebrei*, furono, secondo egli dicea, l'arsenale, ove

---

[1] *La Repubblica di Genova* di Uberto Foglietta, Milano 1865·

trovò sempre munizioni ed armi per la sua polemica religiosa. Onde qui è meno da meravigliare, se egli seppe esprimere l'ironia di Voltaire, talora con pari levità, spesso con più dottrina. Ma nelle questioni di politica e di guerra il Giovini dimostrò sapere, destrezza e facondia forse in maggior dato che nelle questioni religiose, e, come Emilio di Girardin, fece vivere rigogliosamente del suo spirito due giornali, l'*Opinione* e l'*Unione*.

Tutti ricordano i suoi begli articoli alla ripresa dell'armi contro l'Austria; e quello specialmente in cui sonava a stormo a riparo della rovina di Novara. Non ebbe l'Austria più gagliardo e accorto nemico di lui, che rivolgeva il ferro in tutte le piaghe dell'inferma monarchia. Belli altresì i suoi articoli sulla guerra di Crimea, ch'egli da prima disfavoriva, ma di cui nessuno narrò o giudicò meglio i successi.

Di due appuntature vogliamo purgare il Giovini; della irreligiosità e della incuria dello stile. Rispetto alla prima, egli si lasciò certamente attrarre dalla scettica erudizione e dalle ardite filosofie contemporanee; ma il vario valore de' suoi scritti di polemica religiosa misura, direm così, i gradi della indipendenza del suo spirito. La *Critica dei Vangeli* è un debole eco delle spietate analisi dei tedeschi; la *Papessa Giovanna* è una discussione storica di maggior valore; la *Vita di fra Paolo Sarpi* è eccellente. Consentiamo con un ingegnosissimo scrittore che la vecchia biografia di fra Fulgenzio non era superabile, nè fu superata quanto alla conoscenza intima di quel Machiavelli della teologia (e naturalmente Machiavelli per noi è nome d'onore); ma per l'illustrazione delle controversie religiose, a cui il Sarpi ebbe sì gloriosa parte, il Bianchi-Giovini è senza pari. E qui veramente era il campo adatto al suo spirito profondamente italiano: riforma della Chiesa, e indipendenza del poter civile. La sua guerra alle gherminelle ecclesiastiche lo ravvicinerebbe piuttosto agli sforzi de' più gran santi e spesso degli stessi papi; o ai primi cristiani, che ridevano non meno delle gherminelle sacerdotali del Gentilesimo. I suoi assalti contro il Vangelo non movean dal cuore, nè da studii veramente fondati. Egli era come invaso da una *pietà* che non sapeva acconciarsi alle forme consacrate: ma voleva che vi si piegassero le sue figlie, e le mandava al *tribunale della penitenza*, secondo narra il Chiala, che scrivea da prima, essendo giovane, e allevato da madre piissima, secondo le inspirazioni clericali; che appena ravvalorato dall' età e dagli studii mutò nel cattolicismo liberale di Montalembert per finire poi ad un cristianesimo logicamente amico della vera libertà. Il Giovini rideva della propaganda protestante in Piemonte, dicendola un anacronismo; era tuttavia tollerantissimo, e se malediceva del continuo agli ebrei, come Voltaire, li difendeva al bisogno, e sotto il nome di ebrei anatemizzava veramente i banchieri, ch' egli cordialmente odiava. Non ci avvenne di scorgere i penetrali della sua anima, ma da' suoi ragionamenti impreparati e come confidenziali traspariva un animo inclinante al razionalismo, non per disposizione naturale, ma per una soverchiante attrazione a cui al possibile resisteva.

Quanto allo stile, scrivendo in fretta, non potea curarlo gran fatto, ma avea un vivo senso del bello, come appare da qualche suo articolo letterario, e tra gli altri, da un brevissimo, ma giudiziosissimo sui nuovi traduttori dell'*Eneide*, ai quali egli disse che il Caro non era detronizzabile, come un re qualsiasi; ma più appariva dalle parole che gli uscivano nel fidente consorzio de' suoi collaboratori, ai quali un giorno dicea

che a far bene le sue tanto lette *Prediche della dome-*
nica avrebbe avuto bisogno d'una settimana di tempo,
e che l'epigramma, spontaneo e pronto nel germinare,
ha mestieri di studio e di lima, a far buona prova, e
spesso si doleva di dover tirar giù a *campane doppie*
la sua *Storia dei Papi*.

Era notevole e laudabile in lui, che mentre con la
sua feconda alacrità empieva le colonne del giornale
da lasciar piccolo spazio a' suoi collaboratori, con la
sua liberalità di spirito veniva a compensarneli largamente; perchè li lasciava espandere a loro arbitrio, e
non impastoiava i lor movimenti. Egli non era di quei
gretti direttori, che oltre il dar l'orma agli scrittori,
ne sindacano ogni pensiero e ogni frase. D'accordo
sui principii, egli diceva, svolgeteli a vostro modo.
Nè io mi potrei abbattere precisamente a dir come
voi; nè voi come me. Soniamo la stessa aria con varii
istrumenti.

Crediamo, cosa singolare, che il giornalista vivrà
quanto lo storico, ed anzi forse più qualche suo articolo di polemica che la *Storia de' Papi*.

Questa storia, sebbene abborracciata, ha molti pregi:
studio sufficiente de' fonti; intelligenza parziale in vero,
ma viva del soggetto, e quella disinvoltura del giornalista, che, nel fare troppo oratorio e strascicante degli
storici italiani, ha il picco della novità, e fa cuore a
leggere. Il volume postumo, è attraentissimo per sè
stesso, e per la sua associazione alle tradizioni dantesche. Si tratta di Celestino V e Bonifazio VIII, e mano
mano ch'altri va progredendo nella lettura chiarisce
ed avviva quei monogrammi che incise de' suoi personaggi il grande ingegno di Dante. Si compari questo
volume tirato via e disacconcio coi volumi azzimati e
profumati del padre Capecelatro su *Pier Damiano e*

il suo secolo, e si vedrà come, anche in letteratura, alle volte, *un visage chiffonné* piace più che una bellezza regolare e solenne.

Storia nel vero immensa ed infinitamente svariata è quella della Chiesa nel medio evo, abbracciando tutta la vita, ed attraendo a sè e assimilando, e trasformando i più grandi rappresentanti dell'umanità. Celestino rappresenta la santità semplice ed ignara; la caccia che gli danno per farlo papa non è meno viva e fiera che quella che gli dà Bonifacio, dopo che l'ha costretto ad abdicare. *Il più bel di tutti i manti* gli pesa come le cappe di piombo degl'ipocriti danteschi. San Pier Damiano per contra rappresenta la santità accorta ed attiva. Egli vede che gli affari del cielo si fanno in terra, e che star quaggiù oziosamente contemplando gli splendori superni è confondere il premio della visione beatifica con le fatiche debite a conquistarla. Le preghiere, le macerazioni, le penitenze sono atti di egoismo spirituale; la carità operosa a pro di tutte le miserie, provengano dalla natura, dalle condizioni sociali, o dalla perversità degli uomini, è la vera via del Paradiso. Bonifazio rappresenta l'abuso della santità a fini ambiziosi e puramente umani; è un nuovo Simon Mago, e Dante nel trafiggerlo è impacciato, pel suo doppio carattere di papa e di simoniaco, come Dario ad uccidere quel mago impostore che aveva abbracciato a mezzo il corpo Gobria, e facevasene scudo.

Il padre Capecelatro, prete dell'Oratorio, della religione del padre Cesari, avea come obbligo di purità; e veramente il suo stile è accurato e bello, e le frasi si confricano per dar luce. Tuttavia la luce è fievole, e il calore ancora meno. Non si sentono le fiamme dello zelo di san Pier Damiano. Anche i passi di lui ci paiono un po' freddati. Fu notato che i più valenti e caldi difensori della Chiesa furono secolari, e spesso protestanti. Questo avvenne forse da principio, colpa dei più deboli studii de' preti, e poi per non sentirsi liberi rispetto alla Chiesa, nè in troppa fede del mondo. È tuttavia questa storia un libro ben fatto; meno ravvolto di quei del Tosti, ma anche meno efficace.

DESCRITTORI DI PAESI.

ANTONIO BRESCIANI.

Non si possono proscrivere i Gesuiti dalla repubblica delle lettere e delle scienze. Ordine essenzialmente letterario, il bene e il male lo ha fatto principalmente per via della coltura e degli studi, e gli stessi avversari non devono perdere d'occhio i loro lavori, nè preterire di conoscere qual parte d'influenza sappiano ancora vendicarsi nell'incivilimento moderno. Il padre Bresciani, riguardato assolutamente come stilista, fu, prima degli ultimi eventi d'Italia, quasi universalmente celebrato. I suoi stessi vizi erano così dolci, da non aversi il cuore di riprenderli. Rivolte le sorti del nostro paese, egli partecipò al disfavore in che venne la sua religione; e segno speciale all'ire fu quando volse la sua letteratura in servigio dei rancori delle parti politiche. I suoi romanzi, infelici come opere d'arte, gli diminuirono anche la fama di scrittore; i suoi difetti furono ringranditi, ed ora si vuole quasi spacciarlo per uno scrittore perverso e non imitabile. Certo il padre Bresciani ha i difetti della scuola gesuitica; scuola troppo plastica, troppo ornativa, troppo rettorica; non tanto perchè i suoi più grandi scrittori gli ebbe al tempo dello scadimento delle lettere in Italia, quanto per tutto l'ordine e il fine della sua coltura, tra ecclesiastica e secolaresca, non così frivola, ma così vaga di piacere, come gli abati francesi del secolo decimottavo. I migliori ingegni d'Italia dissero sempre che la coltura gesuitica spargeva l'intelletto dei giovani a troppe cose; nei loro collegi si formavano cavalieri anzi che ecclesiastici; e pure questa molle coltura non tolse che i Gesuiti, trasportati in terre barbare e selvagge, rinnovassero i miracoli di martirio dei primi secoli del cristianesimo. Non sono rari i Ruggieri che dallo specchio e dalle delizie passano con valore alle mischie ed al sangue. Quando la povertà privata del secondo marito parve lurida e stolta, e le stimate di san Francesco non elevarono più i credenti alle estasi della fede, quando la severità di san Domenico fu intollerabile ad un mondo rimbellettato di paganesimo, o corso più largamente dal gentil fuoco della carità evangelica, si voleva un ordine religioso rispondente alla pietà ancor viva degli animi e condescendente e benigno alla loro fievolezza; i Gesuiti seppero attrarre a sè questo mondo con l'indulgente magistero e con l'elegante parola, e, vaglia il vero, non col fine che facesse sacco nelle voluttuose vanità della vita terrena, ma per ravviarlo pian piano in via di salute. Onde quella predicazione per via della voce e degli scritti tutta piena di lezi e di smancerie; quello stoicismo insegnato sopra i testi di Seneca, che svela con la frase contigiata e lustra le lussurie della sua vita. I grandi scrittori italiani della Compagnia, specialmente il Segneri, e il Bartoli nelle storie, sono più netti da cotal vizio; ma in tutti appare il soverchio studio di ornarsi e piacere. E il padre Bresciani non traligna dalla sua scuola per questa parte, ed è spesso azzimato, lezioso e privo dei doni della grande eloquenza. Egli cura molto, anzi troppo, le parti di un libro; fa graziose miniature; non ha mai la sprezzatura, ma neppure l'unità e il sublime di un gran quadro storico. Ogni pagina si può leggere da sè e ammirare; leggerle tutte di filo è difficile. Egli è padrone della lingua; ne gira tutti i tesori; ma li va sciorinando a pompa, e non ne usa soltanto ai bisogni del pensiero. Utilissimo a studiare dai giovani, non potrebbe darsi loro ad esempio troppo domestico e assiduo; imparerebbero il ricamo, non la meccanica della gran produzione letteraria.

Il libro sulla Sardegna è uno dei migliori che siano usciti dalla sua penna. Egli la visitò quattro volte, e ricco delle più riposte dottrine degli antichi, fu tutto meravigliato e lieto di vedere ancor vivi quei costumi, che in Omero e negli altri pittori delle primitive memorie, come altresì nei monumenti superstiti dell'antichità, lo avevano dilettato. Allora la Sardegna divenne un campo non solo alla sua operosità religiosa, ma altresi a' suoi gusti letterari; ed egli venne comparando punto per punto il vestire, il mangiare, le nozze, i funerali, le superstizioni con le usanze degli antichissimi popoli orientali.

Questi vivi frammenti di un mondo scomparso chiarivano mirabilmente le dottrine, i monumenti e gli scrittori antichi, mentre a vicenda se ne illustravano, e da questo mutuo riscontro avemmo un libro che ha il doppio attrattivo del viaggio e di uno studio archeologico. Ad ogni passo la Bibbia, Omero e Virgilio prestano i loro versi all'autore per descrivere i costumi che osserva e suggellano la più vicina parentela dei Sardi agli antichissimi popoli. Questa evocazione, anzi apparizione spontanea della più diletta antichità in mezzo ai deserti od alle selve d'arancio della Sardegna, ha vera-

mente qualcosa d'incantevole come i giardini d'Alcina,
e chi ami punto gli studi classici casserà il nostro giudizio che il Bresciani si dee leggere a pagine; e dirà
piuttosto che di primo tratto bisogna divorarlo e poi
rugumare bel bello; perchè la luce che vi bee l'intelletto erudito non può saziarlo; sì dargli dolore quand'è
esausta al fine del libro.

Una eloquente introduzione dimostra come l'autore
componesse questo libro e come in alcuna parte fosse
impedito dal recarlo alla ideata perfezione, per iscor-
tesia dei custodi della biblioteca di Propaganda nei
tempi dell'ultima repubblica:

« Chiuser le porte que' nostri avversari
In faccia al mio Signor . . . . . . »

Rincresce questa mancanza di gusto in una repubblica che aveva a capo chi ama ed usa con onore le
lettere; come spiacque quella della repubblica francese
che tolse dalla direzione degli archivi un uomo che ne
esplorò le vene più recondite e preziose, e ne trasse
alla luce nuovi ed inattesi tesori. — Ma in buona fede
che faceste e che fate voi ai vostri avversari? Questo
piccolo assaggio, sì amaro ad un letterato, non sarebbe
egli un tornagusto di quella tolleranza sì abborrita dalle
fazioni? E tutte le querele mosse dal padre Bresciani
intorno alle persecuzioni fatte alla Compagnia, non dovrebbero invece convertirsi in conforto a tollerare, a
perdonare? Quella gioventù italiana, di cui egli si mostra sì tenero, pare a lui che possa restar priva del
divino alimento della patria? Pare a lui che possa tornare alla vana galanteria e mollezza dei cavalieri del
passato secolo? Un uomo come lui dovrebbe rallegrarsi
di questo ravvaloramento degli animi, di questa risorta
disposizione alle forti credenze, alle religioni dell'anima;

perchè la fede ch'egli ama, e che egli, più che altri, è chiamato a far trionfare, non ha albergo sicuro e degno che in ispiriti liberi e forti.

La prima parte di questo libro è espositiva; la seconda è a dialoghi. Sono cinque gesuiti, tra i quali lo stesso padre Antonio, che conversano sulla Sardegna alla villeggiatura del castello di Montalto nel territorio di Chieri, ove passano le ferie autunnali gli alunni del Collegio dei Nobili di Torino. La vita dolce e serena che vi menò il padre Antonio si specchia nella letizia e nel riso delle sue pitture; pare pertanto assai naturale il suo rimpianto di quell'aurea età. Questi angoli ove si rifuggono talora le beatitudini e le lettere si sgominano dal progresso della vita sociale; noi però non rimpiangiamo il Collegio dei Gesuiti, ma bene gli sappiam grado di averci dato gli studi e i dialoghi del padre Bresciani.

Codesti dialoghi non sono di quella perfetta forma platonica e neppure ciceroniana, anzi neppure della forma dei nostri più felici cinquecentisti. Presso i Greci il dialogo era una forma naturale; nasceva spontanea dalla continua disputazione delle scuole greche; donde quella verità, quell'attrattivo, che accoppia l'abbandono di una conversazione alla squisitezza della più alta eloquenza filosofica. Presso i Romani già la forma decadde, perchè tra essi era più comune la disquisizione politica che la filosofica; e quella stessa era meno varia e viva che tra i Greci; e Cicerone era più imitatore di essi Greci che vero narratore. Nel nostro cinquecento le conversazioni continue dei letterati e delle corti davano pure una ragion di essere e naturalezza al dialogo; ma non v'era quel fervore di discussione filosofica che fa veramente la fortuna del dialogo, il quale è disposto ed atteggiato non dalle ossature e attaccature rettoriche, sibbene dal filo segreto della dialettica del pensiero, ch'è lanciato, preso, rilanciato e ripreso da menti affini e non eguali, e che nell'urto della controversia lampeggia talora divinamente. Ai nostri dì vi è il favellio, la conversazione e non il dialogo; v'è l'articolo di fondo, la tesi, il ragionamento, la discussione a lunghi e raramente non annoianti discorsi. In una società di religiosi vi può essere la disquisizione ornata, erudita, ma con trapassi accattati, tirati pei capelli; una schermaglia a sollazzo, un torneo se si vuole; ma nulla di vivo, di spontaneo, e di quasi necessariamente sgorgante. Cotalchè questi dialoghi tutti giuncati di fiori dei divini campi di Omero sono belli, attraenti, ma non già una forma essenziale e intrinsecata al lavoro. Sono un'intelaiatura come un'altra per abbracciare le enarrazioni del padre Bresciani. Manca eziandio quello spirito, quella vivacità, quella scapigliatura od errore della fantasia che può dare vaghezza anche ad un dialogo di erudizione; vi sono giuochi freddi, trapassi lenti e stiracchiati, ma la lingua è di quella più esquisita che si possa desiderare, e le difficoltà vinte, nelle descrizioni specialmente del vestire, e in tutte le parti, a dir così, tecnologiche del libro, fanno stupire.

La descrizione del vestire dei Sardi pare veramente una grande fotografia presa in sulla piazza del mercato di Cagliari il giorno della processione di sant'Efisio, alla quale convengono uomini e donne d'ogni parte dell'Isola; così puntualmente e graficamente sono descritte le lor fogge diverse. Coloro che per non sapere la nostra lingua la dicono, come già Arrigo Stefano, cornacchia abbellita con le penne franzesi, comparino il ragguaglio che dà uno spiritoso fotografo e scrittore [1]

---

[1] EDOUARD DELESSERT, *Six Semaines en Sardaigne*. — Paris, Librairie Nouvelle, 1855.

del vestire dei Sardi con i due capitoli del padre Bresciani, e vedranno ch'egli in questa parte

« Mostrò quanto potea la lingua nostra. »

Nè qui solo è da citare in esempio; ma così nell'Introduzione, ove discorre della danza, della musica e del canto dei Sardi, punti non toccati nella esposizione minuta dei loro costumi, e nel primo volume dove discorre dell'etnografia e della storia de' Sardi, ch'egli crede d'origine fenicia, e dei Nuraghi, ch'egli crede antichi sepolcri, sono passi di una dottrina e di un'eloquenza al tutto singolare. Nel secondo poi è tanta la foltezza dei peregrini riscontri, e delle curiose dipinture, che noi non sapremmo che preeleggere a darne un saggio. Gli odi immortali, le vendette, i banditi accanto ad un'ospitalità che sotto il proprio tetto rispetta e fa rispettare colui che per tutt'altrove sarebbe debitore del proprio sangue, e ad una carità che va fino ad avverare le illusioni del comunismo; gli amuleti, gli scongiuri, gli avanzi delle superstizioni pagane accanto ad una fervente e sincera devozione; l'onestà dei connubi, e l'innocenza che non ha bisogno del vestire accollato per esser sicura, ma si svela, senza dubbio di male o vergogna, il simbolismo antico appena travisato sotto la coltura cristiana, spiccano nei Dialoghi del padre Antonio, e noi non daremo a suggello che un passo sulle prefiche o piagnone Sarde.

« Or in sul primo entrare al defunto, tengono il capo chino, le mani composte, il viso ristretto, gli occhi bassi e procedono in silenzio quasi di conserva, oltrepassando il letto funebre, come se per avventura non si fossero accorte che bara nè morte ivi fosse. Indi alzati come a caso gli occhi e visto il defunto giacere, danno repente in un acutissimo strido, battono palma

a palma, gittano i manti dietro le spalle, si danno in
fronte ed escono in lai dolorosi e strani. Imperocchè
levato un crudelissimo compianto, altre si strappano i
capelli, squarcian co' denti le bianche pezzuole ch'ha
in mano ciascuna, si graffiano e sterminano le guance,
si provocano ad urli, ad omei, ai singhiozzi gemebondi
e affocati, si dissipano in larghissimo compianto. Altre
s'abbandonano sulla bara, altre si gittan ginocchioni.
altre si stramazzan per terra, si rotolan sul pavimento,
si spargon di polvere; altre quasi per sommo dolor
disperate, serran le pugnà, strabuzzan gli occhi, stri-
dono i denti, e con faccia oltracotata sembran minac-
ciare il cielo stesso.

» Poscia di tanto inordinato corrotto, le dolenti
donne così sconfitte, livide ed arruffate qui e là per la
stanza sedute in terra e sulle calcagna, si riducon a
un tratto in un profondo silenzio. Tacite, sospirose,
chiuse nei raccolti mantelli, colle mani congiunte e
colle dita conserte, mettono il viso in seno e contem-
plano cogli occhi fissi nel cataletto. In quello stante una
in fra loro, quasi tocca ed accesa da un improvviso
spirito prepotente, balza in piè, si riscuote tutta nella
persona, s'anima, si ravviva, le s'imporpora il viso, le
scintilla lo sguardo, e voltasi ratta al defunto, un presen-
taneo cantico intuona. E in prima tesse onorato eneo-
mio di sua prosapia e canta i parenti più prossimi,
ascendendo di padre in padre insino a che montano
le memorie fedeli di tutti i sangui di suo legnaggio:
appresso riesce alle virtù del defunto, e ne magnifica
di somme laudi il senno, il valore e la pietà. Questi
carmi funerali son dalla prefica declamati quasi a guisa
di canto con appoggiature di ritmo, e intreccio di rima
e calore d'affetti e robustezza d'imagini, sceltezza di
frasi e voli di fantasia rapidissimi. Termina ogni strofa

in un guaio doloroso gridando: ahi! ahi! ahi! E tutto il
coro delle altre donne, rinnovellando il pianto, ripetono
a guisa d'eco: ahi! ahi! ahi! »

Qui, pare a noi, il padre Bresciani ha involato alcunchè all'arte di Tacito e allo stile del Davanzati,
quando descrivono l'arrivo delle ceneri di Germanico
a Brindisi. Se la costumanza è antica, è antico, vogliam
dire squisito il dettato. Si veda poi nell'autore come
queste prefiche, quando il morto sia stato spinto all'orco
anzi tempo per un colpo nemico, abbian virtù co'loro
canti di destare a vendetta i consorti; onde i vescovi
proibiscono quest'onoranza; e i Sardi non se ne sanno
astenere serbandosi poi a piovere le loro istanze per
essere assoluti.

Il padre Bresciani ama davvero la Sardegna; in un
bel passo perdona anche i mali trattamenti che s'ebbero colà i suoi compagni di religione negli ultimi ri-
volgimenti italiani. Non come lui la ama, nè come lui
la conosce il signor Delessert che abbiamo citato, e
che veramente non percorse l'Isola che per la via car-
rozzabile che la taglia in tutta la sua lunghezza; ma
egli non lascia di descriverne con brio molti aspetti e
alcune rarità, e parecchi usi e costumi, e tra gli altri,
la ridda o il ballo tondo, punto appena toccato nell'Introduzione dal padre Bresciani, che rivilica col solito
acume le feste Adonie nel ballo antichissimo dei Sardi.

Così scrivemmo qualche anno fa (1855); e sebbene
le ire siano ora più che mai rinfocolate, non sappiam
mutar nulla del nostro giudizio intorno al padre Bresciani.

RIFORMATORI CRISTIANI.

VINCENZO GIOBERTI.

I ricordi, appunti e carteggi di Vincenzo Gioberti mostrano la vastità di un ingegno avido ed insaziabile, a cui la teologia era veramente la scienza delle cose umane e divine. Dalla Bibbia studiata nell'originale ebraico ai romanzi di Anna Radcliffe egli abbracciava tutto quello che potessero le lettere insegnargli della vita spirituale e mondana. Egli alternava Chateaubriand e fra Giordano da Rivalta, sant'Agostino e Rousseau. Filosofia, storia, economia politica, scienze naturali, egli tentava tutto come Fausto, acquetandosi poi nella fede e nell'affetto alla patria. Pareva che nello studiare ei si ricordasse più che non apprendesse, e con una furia incredibile percorreva tutte le terre colte per arrivare al *far west* della scienza. Nè andava solo al possesso ed alla coltura dei nuovi territorii, ma con quanti agricoli volonterosi e pronti trovava tra i giovani suoi compatrioti. Egli comunicava loro l'entusiasmo della filosofia e della patria, che insieme unite, mostravano una non più vista fecondità.

Le letture di lui erano enciclopediche, e in questo si poteva comparare al Leibniz, che dal più cattivo libro credeva potersi trarre una pagina, da cucire forse

in un repertorio, come faceva Didimo Cherico. Non già
gli era comparabile nell'universalità del sapere, onde,
come notò il Fontenelle, l'Alemanno poteva dividersi
in parecchi uomini, da splendere in ciascuna delle facoltà scientifiche costituite e avanzarne per le facoltà
da costituirsi nell'avvenire. Il Gioberti fu filosofo e
politico, e con un fine speciale gloriosissimo, il rinnovamento d'Italia. Quanto al suo metodo di studiare,
egli leggeva i libri due volte, anche i romanzi, almeno
nelle parti essenziali. Le *Grazie* del Cesari lesse tre
volte. Postillava tutti i libri alla mutola, vale a dire
con semplici segni e richiami, o con osservazioni scritte.
I germi più importanti svolgeva in dissertazioni. Così
pochi se ne sperdevano, ed il possente intelletto li fe-
condava da farne opere lunghe e diverse.

Due indirizzi della mente del Gioberti vediamo trac-
ciati, ch'egli poi non seguì: la letteratura umoristica,
e la drammatica. Nella prima egli aveva delineato da
giovane *la valle di* Giosafatte, ove o in terza persona
o dialogizzando doveva rappresentare il giudizio universale, in cui Dio giudicava molte persone, delle quali
l'autore non diceva il nome, ma riconoscibili benissimo
alle circostanze, alla maniera di Luciano, Teofrasto,
Shaftesbury, e La Bruyère. Non pare coltivasse questa
sua vena d'umore, ma ne appaiono le tracce ne' suoi
scritti polemici. — Nella drammatica, che studiò specialmente nello Shakespeare, ma prima sulle traduzioni
di Michele Leoni e di Letourneur, e alla commedia italiana, ove i suoi amici lo attrassero per isvagarlo, e
spretarlo, di che aveva poco bisogno, egli ideò varii
lavori, ora sulle tradizioni greche e romane, ora sulle
ecclesiastiche. Omero gli suggeriva Andromaca; Tito
Livio, Coriolano; i Bollandisti, santa Perpetua. Egli
stendeva prima la tragedia in prosa, e poi la verseg-

giava. Ma questi lussi della fantasia giovanile egli sa-
grificò a cure più gravi, come Achille consacrava la
chioma sulla tomba del diletto amico. Egli diceva che
la ragione era in lui più forte che l'immaginativa; nè
confondeva la realtà delle cose con la poesia, benchè
alcuni dettati della ragione agli osservatori superficiali
possan parere fizioni poetiche. Sottoposta alla ragione,
la sua fantasia innamorata del bello, la adornava, rendendo viva e poetica una prosa, che esprimeva gli splendori danteschi come l'eloquenza platonica il fulgore di
Omero.

Il Gioberti non sapeva dividere lo studio dalla vita,
gli assunti dello scienziato dai doveri del cittadino. Fedele ai maestri, e pronto a rimettere della grazia del
principe per incuorarli, se non poteva sostenerli, come
nel caso del Dettori, si porgeva amorevole maestro e
confortatore ai suoi coetanei, ch'egli organizzava primo
in una scuola normale, a dir così, di studi civili e di
libertà. Già il cuore del giovine chierico aveva palpi-
tato alle speranze ed alle rovine del 21; adulto di studi
e potente delle gentili influenze dell'ingegno e dell'affetto, pensò ad operare per la sua fede in Italia; fede,
che in lui s'intrecciava alla religione; ma l'una e l'altra fede erano spontanee, franche ed indipendenti; onde
non potè piacere a lungo ai Gamalieli della Giovane
Italia, o della Curia romana.

Il Gioberti, sdegnoso ed aperto d'indole, franco parlatore, fu presto compromesso. Era il tempo che la
Corte piemontese faceva indossare il cilicio a Carlo Alberto e continuare la penitenza del suo fallo di gloria.
Gli agenti di quella stupida reazione che arrestava i
pionieri dell'incivilimento sui ponti, derubandoli ed as-
sassinandoli al bisogno, mentre il corpo dell'esercito
guadava sotto intatto ed intangibile, sorpresero l'ira

ed il dolore del patriota sul volto e sul labbro del Gioberti, ed amareggiatolo prima con la prigionia, lo volsero poi nel duro calle dell'esiglio. Egli uscì ad onore di quelle prove, ed è bello sentire i suoi dubbi ed i suoi scrupoli per le formalità di una supplica, che dovè dettare per uscire dalle granfie della polizia militare.

Il Gioberti andò a Parigi. Quivi trovò scorrere a torrenti la scienza di cui aveva più per forza insita d'ingegno, che per facilità ed abbondanza di mezzi, pregustato la dolcezza a Torino; trovò in atto e non solo senza pastoie, ma quasi sfrenata quella libertà di parola, che gli era costata la libertà della persona a Torino; trovò il cattolicismo, sì meticoloso a Torino e sì stranamente travestito, combattuto a Parigi da filosofi, che dovevano poi far penitenza, da economisti che a traverso le risa e le persecuzioni di una nuova fede s'incamminavano ai trionfi dell'industria e ai milioni della borsa; inquieto per defezioni illustri, seccato da riformatori risibili come l'abate Chatel. Trovò la monarchia, macchiata di sangue e prepotente a Torino, minacciata da tristi annunzi e da organizzazioni repubblicane a Parigi. Grande ingegno, acuto a presagire l'avvenire, e accorto a vedere i limiti delle sue trasformazioni, si volse prima più curiosamente ai prestigi dei sansimoniani, all'eloquenza delle *Parole di un Credente,* che ai giuochi di equilibrio degli eclettici e dei moderati. Egli se la faceva meglio coi repubblicani, non tanto perchè la fede vivace di Carrel lo attraesse, quanto perchè li vedeva soli allora a uscire dall'egoismo casalingo, e affratellarsi nel pensiero all'Italia. Temiamo però che quando egli parlava della fine della monarchia intendesse così della temperata come dell'assoluta. Certo egli non poteva avere orrore della repubblica, nobile forma di governo, come la chiama Guizot, e che ha le sue glorie come la monarchia; anzi l'animo franco ed altero del Gioberti vi pendeva da principio, e solo lo studio dell'indole del popolo francese e delle condizioni dell'italiano gliene dileguarono poi dalla mente la grande figura, fuggita come gli spettri all'apparire della luce. Nè egli rifuggì da un assoluto aderimento alla giovane Italia per paura della repubblica; ma perchè del programma del Mazzini accettava la propaganda ideale, disponendosi anche a scriverne il catechismo; e non accettava l'*azione* a brani e a scatti, che gli pareva anzi uno sperdimento delle forze vive e giovanili della nazione, che un avviamento di emancipazione e di libertà.

L'unità del pensiero giobertiano si prova evidentemente per gli appunti raccolti dal Massari. Alcuni studiosi che tenevano dietro al suo svolgimento aperto e palese, credevano, secondo li portava l'affetto, ch'egli variasse o progredisse; se non che egli in fatti seguiva un'orbita soverchiamente elittica, ma costante. Il filosofo, come dicemmo, si univa nella sua persona al patriota, e volendo influire gli animi e gli eventi doveva piegare i suoi principii all'opportunità, senza perderę mai di mira il suo fine. L'inflessibilità nei partiti e nei mezzi sarebbe stata follia in lui, come in un capitano l'adesione litterale ad uno schema di guerra portato al campo dal gabinetto del ministro.

Il Gioberti aveva cominciato a filosofare a tredici anni e i suoi primi maestri erano stati i sensisti, e dei migliori, Bonnet e Condillac. Ma egli non aderì alla loro scuola; tenne al contrario che il principio delle nostre cognizioni da cui vien formata la nostra ragione non può derivare dai sensi. Questo principio egli disegnava dapprima dimostrare in un'opera breve intorno alle idee innate, e fu poi la base del suo sistema filosofico. Nè lo trattenne dal razionalismo la collegazione accidentale che ebbe in certi luoghi e in certi tempi colle dottrine di superstizione e di tirannide; chè anzi egli credeva poter dimostrare che il gesuitismo e il dispotismo sono due legittime e necessarie conseguenze del sensismo, è che il razionalismo è dottrina di libertà. Soprattutto egli inculcava agl'Italiani la necessità del filosofare, credendo che il poco uso del pensiero o la poca filosofia fosse principal fonte della loro infelicità.

Nel corso delle sue meditazioni egli sentì talora il morso di que' dubbi, che sono il tormento del pensatore; ma egli aveva una pietà naturale che persisteva tra gli assottigliamenti della ragione. Quando seguiva in filosofia Stratone di Lampsaco egli piangeva pure al leggere le *Confessioni* di sant'Agostino. E il cuore lo riconduceva all'esame di quei problemi divini, che fin dalla giovinezza l'avevano occupato. Fra i sedici e i venti anni ideò un trattato dell'uomo e di Dio, concludendo esistere una religione naturale. Questo principio egli dimostrò nella tesi che sostenne per la sua ascrizione al collegio teologico dell'Ateneo torinese col titolo, *De Deo et naturali religione*. Egli s'acquetava in una religione filosofica, che, per dirlo con le sue parole, non è altro che il cristianesimo ben inteso, il quale nelle cose morali è lo stoicismo ridotto a perfezione e congiunto al più bel fiore delle dottrine platoniche.

Giovane ancora egli aveva in animo un trattato, ove si dimostrasse che lo spirito della religione cristiana tende a promuovere i progressi della società civile; più tardi nell'accademia teologica di Torino, presieduta prima dal teologo Sineo, e poi dal canonico Pino, egli passava a dimostrare come la religione cattolica si accordava perfettamente con l'incivilimento. Egli distingueva nelle instituzioni di lei quello ch'è uno ed es-

senziale da quanto è accidentale e molteplice, e tra
gli accidenti metteva la vita monastica; che diceva non
aspettare alla fede, ma alla disciplina, e potersi dallo
Stato col consenso della Chiesa modificare, stremare e
anche abolire. Sosteneva poi che il potere spirituale
del Papa non conteneva i germi di servitù civile, e così
egli s'avviava a quelle transazioni che credeva politi-
camente dover fare coi poteri esistenti.

Fra le opere ideate nella prima gioventù n'era una
intorno alle *Scelleratezze dei Pontefici di Roma,* ove si
doveva provare come tutti i misfatti dei pontefici pro-
vennero dalla potestà temporale del papa, e che anzi
che i papi avessero questa potestà, tutti i papi erano pii.
Un'altra col titolo *Lettere ultramontane* poneva a zuffa
un gesuita e un giansenista, e faceva vedere che la dottrina cosi dei gesuiti moderni come dei giansenisti è
cattiva. Tesseva però un elogio della Compagnia di Gesù
secondo la sua instituzione. Ecco le prime linee, come
nota il Massari, del *Primato,* del *Gesuita moderno,* del
Rinnovamento, tratte a curve svariatissime, aggiunge-
remo noi, dai fini supremi del Gioberti, una religione
filosofica, e il rigeneramento italiano.

La larghezza filosofica delle idee religiose del Gioberti si prova per la difesa che fa di Silvio Pellico, ac-
cusato di chetineria dopo la pubblicazione delle *Prigioni,* perchè si mostrava religioso e cristiano. « Il cristianesimo di Silvio, egli dice, non è quello dei gesuiti,
nè quello dei nemici della filosofia e della civiltà; non
è anco quello dei teologi e del volgo dei credenti ai
dì nostri. La religione di Silvio è la filosofia di Cristo;
cioè la filosofia della ragione umana, della ragione universale, non dimezzata, non impicciolita, non corretta,
ma intera e perfetta, come una compiuta ed accurata
indagine dimostra; vestita di pure forme, volgari e poe-

tiche insieme, che è quanto dire, accomodate per una
parte all' umile e rozzo volgo, e per l' altra agl'ingegni
più elevati.... simile è il culto che professa e l'uso che
fa dei riti, i quali sono per lui un pascolo e un esercizio di amore; amore degli uomini e di Dio, amor di
Dio, cioè della ragione e della virtù, considerate non
come astrattezze della mente umana, ma come cosa
viva, come sostanza, causa, essere ordinatore e anima-
tore dell' universo.... Nè una religione come quella di
Pellico, di Manzoni e di Santarosa si vuol confondere
con la superstizione dei vili e degl' ipocriti. » E segue
dimostrando come, se da un lato la religione si doveva
non solo riformare ma trasformare, era però, nell' essenziale, da promuovere efficacemente come principio
di virtù civile, e inspiratrice e pegno di virtù morale.

Nella prefazione al libro *Riforma cattolica della
Chiesa*, Giuseppe Massari confessa le variazioni del Gioberti, e fa intendere che in ordine al papato e agl'interessi italiani mossero da quel machiavellismo, che lo
stesso Gioberti in questi suoi frammenti chiama santo.
Il Gioberti non varia nei principii della filosofia, o nei
dogmi; varia nei mezzi della sua dialettica e nell'uso
della sua eloquenza per servire al supremo fine pratico
de' suoi studi, l' Italia. Non è da dire con alcuni altri
che egli fu progressivo; perchè avrebbe allora ragione
di rispondere, come fa, che non è progresso il saltar
da una parte all' opposta; ma sì bene che egli nella sua
polemica temporeggiò con gli uomini e con gli eventi,
e quando il principio da lui propugnato gli parve buon
istrumento al suo desiderio, lo promosse, e quando
venne meno alle sue speranze, si fece a combatterlo.

Se non che tale quistione si riferisce all' autorità
dello scrittore, e non al valore del suo libro e de' suoi
concetti. Questa tattica sofistica dovrebbe abbandonarsi

dagli avversari, perchè lascia credere che essi non abbiano armi migliori da battersi. Anche gli avversarii dovrebbero rallegrarsi di un libro, che solleva la questione religiosa alla sfera dei principii e alla discussione filosofica.

Il cavare un perfetto e pieno concetto da questo libro è difficile. Sono frammenti, pensieri gettati giù dall'autore, che si serbava a miglior tempo elaborarli, dimostrarli, connetterli. Così come sono, dimostrano la maturità dell'ingegno del Gioberti, che pigliando gli appunti, a dir cosi, del suo pensiero, lo esprimeva di tratto in una forma precisa, esatta ed accettevole. Pochi, e dei più grandi, reggerebbero ad una tale pubblicazione de'loro scartafacci, e l'ufficio, che può esser pio al Gioberti, sarebbe empio a molti altri.

Trattando della riforma cattolica, l'autore doveva definire il valore del cristianesimo, del cattolicismo, dell'eresia, e l'ufficio del sommo gerarca, dei vescovi, del clero e la parte serbata ai laici nell'attività religiosa. Egli comincia a trovare le origini del cristianesimo nella religione naturale, comune sotto diverse forme a tutti i popoli, e appartatasi in forma più pura e ideale presso gli ebrei, ad apparecchio della fede cristiana. Il cattolicismo è il cristianesimo svolto e svolgentesi nel tempo, come il cristianesimo fu la perfezione delle religioni umane. L'eresia è l'obbiezione, il primo momento dialettico; la ortodossia è la soluzione; il cattolicismo il vero pieno ed armonico. L'eresia costringe il cattolicismo a dogmatizzare di tempo in tempo; ma per sua natura non dogmatizzerebbe. Svolgendosi col tempo e coll'incivilimento, è in continuo progresso. Destinato ad essere la religione definitiva del genere umano, ha tutta la flessibilità necessaria per trovarsi acconcio e quasi connaturale alla pienezza de'tempi: essendochè i fondamenti della sua dottrina sono semi che inchiudono in potenza tutte le perfezioni future, e non si trasmutano, ma si sviluppano. L'eresia al contrario, quando resta nel suo stato d'obbiezione, è quasi entomata in difetto, e impietrisce, come impietrirebbe il cattolicismo, secondo il Gioberti, in mano di un certo ordine religioso. Il protestantismo, per esempio, è la parola scritta, morta; il cattolicismo è la parola viva, la tradizione. Questa parola, al dire del Gioberti, può essere profferita anche dai laici, e deve anzi muover da loro, quando nella gerarchia v'è interregno ideale. Allora la riforma è sopra-gerarchica, o estra-gerarchica, e così dev'essere, quando non può farsi per gli ordini stessi della gerarchia; ma non dee mai essere anti-gerarchica. Questa parola viva, e questa autorità ieratica nel laicato potrebbero invero assumersi dagli stessi protestanti, che non consentiranno facilmente che la Bibbia sia un libro morto a coloro che possono liberamente interpretarlo co'lumi del proprio intelletto e con la tradizione cattolica dei Padri della Chiesa.

Se si toglie qualche frase avversa, non sostanziale, ma gettata là alla sfuggita, il Gioberti considera il Papato come il vincolo impreteribile dell'armonia cattolica, la quale consta di due elementi, religione e civiltà. Però il cattolicismo, sendo il regno del vero in terra, deve contemperarsi a seconda delle condizioni sociali; e qui il Gioberti propone come dovrebbe modificarsi l'istituzione del Papato, e quali riforme sarebbe d'uopo introdurre nel clero, perchè risponda al suo ufficio. Il Rosmini, ne aveva già toccate parecchie nel suo libro delle *Cinque Piaghe della Chiesa,* libro che suscitò al suo tempo molti clamori. Il Gioberti va più in là, e parla anche del celibato ecclesiastico; del resto, come lui, insiste particolarmente sull'istruzione del clero, e vuole in tutti i suoi membri usufruttato il tempo, e domanda una piena larghezza teologica, propone in una parola tutte quelle innovazioni che crede all'uopo per risollevare il clero. A proposito della necessità della scienza, il Gioberti nota che una delle cagioni, per cui il cristianesimo non resse nell'India, nel Giappone e nella China, si fu la sproporzione che correva di scienza tra i savi di que' popoli e i missionari. A proposito dell'abolizione dello scolasticismo e del metodo teologico sintetico solo proporzionato ai tempi, dice del Rosmini: « L'ultimo fautore dell'analisi in filosofia e in teologia è il Rosmini. Esso è l'ultimo Cartesiano e l'ultimo Scolastico. Sterilità, secchezza, incloquenza del rosminianismo. Mortifero alla scienza come alle lettere. Nullità dell'ermeneutica rosminiana. Suo modo di chiosare i primi capitoli del Genesi. Rende ridicola la religione. Rosmini volle coll'analisi, coll'eclettismo fondare un ordine religioso come un sistema. Ridicolo nei due casi. L'analisi non fonda nulla. Rosmini è l'ultima parte del medio evo. Sua intolleranza, grettezza, meschinità nella scienza come nella pratica. » Che fiancata! E il Mamiani che nella sua visione li vedeva pastoralmente abbracciati!

Io non intendo ridurre al loro ordine i folti e sparsi concetti del Gioberti, nè tratteggiare il sistema ch'egli avrebbe formato. L'*Armonia* credeva batterlo, pubblicando alcune lettere passate tra lui, Pellico e monsignor Artico, dalle quali però apparisce l'alto ed onesto animo dell'autore del *Primato*, che Pellico, in una bellissima lettera, compara pei subiti, ma placabili sdegni a san Girolamo, e mostra imprudente fautore nella allora gretta Torino della gloriosa Polonia. Io vado appostando alcun passo qua e là, e tra gli altri osservo il luogo ov'egli dimostra che il cattolicismo è il complemento della natura, e quell'altro ove fa vedere che il cristanesimo è bilaterale, ed ogni suo dogma e istituto è religioso e civile, che Cristo fondò una civiltà nuova innestata nella religione, e il suo disegno fu cosmo-politico, superiore alle forme politiche, e alle istituzioni religiose positive. Parla altresì della legge agraria di Cristo, che si distingue dall'altre in quanto doveva essere effettuata per via soprannaturale, e in quanto l'apparecchio umano di essa era la virtù, la sommissione, la pazienza. Tutto quello che dice dell'eresie è assai sottile, e gli eresiarchi sono con una pennellata ritratti a meraviglia nella loro opera ideale. Con molta finezza paragona l'eresia a quella stasi nello sviluppo organico, che secondo il Geoffroy Saint-Hilaire costituisce i mostri. Anche i moderni ristoratori filosofici del cattolicismo sono ritratti di colpi, e il Manzoni dichiarato il solo ristoratore dialettico. Intorno alla parsimonia religiosa e ai mistici e all'altre sette cattoliche ci si leggono pure cose assai sottili. Io non giudico, ma espongo. Quanto allo stile vi son tocchi magistrali e danteschi, per esempio questo: « Ogni dogma cristiano ha la luce, l'ombra e la penombra. La luce è il pronunziato in quanto è intelligibile, almeno per analogia. L'ombra è il mistero. La penombra è il barlume dell'opinione, che si stende nel margine del dogma. » Di alcun tratto della vita e di un libro del Gioberti intendemmo far cenno, quasi fotografando un punto di una cattedrale immensa;

« *Non* quasi peregrin che si ricrea
Nel tempio del suo Voto riguardando,
E spera già ridir com' egli stea. »

SCIENZA E POESIA.

PAOLO LIOY.

« Io non sono poeta, nè ho voluto essere, scriveva Buffon a madama de Necker; ma amo la bella poesia; abito in campagna; ho giardini; conosco le stagioni; ho vissuto di molti mesi; ho pertanto voluto leggere alcuni canti di quei poemi tanto celebrati delle *Stagioni*, dei *Mesi*, e dei *Giardini*. — Ebbene, mia prudente amica, m'hanno annoiato, anzi stomacato; e ho detto nel mio malumore: Saint-Lambert, in Parnaso, è una frigida rana, Delille uno scarafaggio, e Roncher un uccello notturno. Nessuno di costoro seppe, non dico dipingere la natura, ma neppure porgere un solo tratto ben caratterizzato delle sue più sfolgoranti bellezze. »

Difatti la poesia didattica, che si pone ad abbellire un ordine astratto di concetti coi fiori dell'imaginativa, è generalmente noiosa come un discorso in tre punti d'un predicatore; la descrittiva, più fortunata, quando fa servir la natura di campo ai pensieri o ai sentimenti dell'uomo, ha anch'essa troppo del deliberato, del misurato. Nella poesia la natura deve intervenire spontanea come un raggio di sole; così illumina molti passi di Omero e di Dante, e le impressioni restano esatte, vere, efficaci. — Nella prosa può spaziarsi a suo grado, ma conviene ordinarla e rannodarla ad un concetto della nostra mente. In poesia, Lucrezio la espose secondo il concetto d'Epicuro; ma la poesia non ammette bene il perpetuo contessimento dell'astrazione e della realtà, del raziocinio e dell'imagine; senzachè gli antichi mancavano dei nuovi sensi dati all'uomo dal telescopio e dal microscopio e dalle esplorazioni del globo. Il vero poema della natura è il *Cosmos* di Humboldt, che già ne' suoi *Prospetti* l'aveva sì bene dipinta; perchè in lui le descrizioni servono al concetto scientifico, all'idea filosofica, ed all'armonie dell'universo e dell'uomo.

La semplice descrizione scientifica sarà sempre, scriveva Humboldt a Varnhagen, mescolata all'oratoria. La natura stessa è cosi. Lo splendore delle stelle ci allegra e c'inspira, e tuttavia tutto si muove nella volta celeste in curve matematiche. Ma il libro della natura, egli scriveva altrove, deve produrre l'impressione della stessa natura. Quello a che io mi sono studiato, nel *Cosmos* come ne' miei *Prospetti della natura*, quello che differenzia il mio fare dallo stile di Forster e di Chateaubriand, si è la verità tanto descrittiva che scientifica, senza che per ciò io mi fuorvii nelle regioni aride della teorica. — E veramente in quel libro egli rappresentò tutto il mondo materiale, tutto quanto allora si sapea dei fenomeni degli spazi celesti e della vita terrestre; dalle nebulose fino alla geografia dei muschi sulle roccie di granito, con verità poetica, ma senza le falsificazioni rettoriche di Chateaubriand o le alterazioni scientifiche dei filosofi della natura.

Un giovane compatriota d'Empedocle (filosofo precorso a Lucrezio nelle trattazioni poetiche della natura, e come innamorato e quasi ebbro di lei, doveva essergli di molto superiore), il signor Lioy ha tentato un *Cosmos* sotto l'idea della vita. *La vita nell'Universo* è un poema, ma tramezzato di dissertazioni più specialmente e particolarmente scientifiche. Quando egli mostra la materia vitalizzarsi e sublimarsi fino alle raffinatezze umane, quando egli, combattendo securo e vittorioso sullo stretto ponte del Rodomonte ariostesco, mostra che l'anima è la più alta sublimazione della vita, egli è non solo scienziato, ma anche poeta; quando egli entra in discussioni più minute, come, per esempio, in quella delle relazioni dei generatori e dei generati, egli è istruttivo, ameno; ma rompe il corso della sua alta poesia; e forse rimandando alle note e agli schiarimenti una parte di particolari che non servono a dimostrare direttamente la sua tesi, il libro n'acquisterebbe un maggiore effetto; sebbene a dispetto di tutte queste slargature riesca bellissimo ed ammaliante.

L'autore seguì il mistero della vita nell'universo per tentar di scoprirne la natura, l'origine e la continuazione — egli si avventurò con la forza dell'intelletto fino nei più lontani orizzonti dell'infinito, ed a' suoi poli immensurabili dove col mondo degli astri e col mondo degl'infusorii ci si spalanca dinanzi un abisso nel quale si perdono e si confondono tutte le nostre idee di grandezza relativa.... Collo sguardo dei sensi non scòrse intorno a sè che materia, e ne trovò l'elemento principale nell'etere dell'universo; ma quando la materia gli si affacciò davanti con sì sterminata moltitudine di forze e di fenomeni, lo sguardo dell'intelletto gli fece scoprire un principio che l'anima e lo muove; e questo principio è la vita, causa d'ogni attività fisica, chimica, organica e psicologica. In ciò riposa l'unità suprema dell'universo; perchè unica ed omogenea è la materia che lo compone, unica la forza che lo vivifica, onde si denomina materia vitalizzata. — Quello che ora

vede la mente, sarà dall'avvenire dimostrato empirica-
mente, vale a dire come dall'elemento primordiale omo-
genco siansi suscitate tante formazioni eterogenee, come
il mondo inorganico arrivato per l'azione della vita ad
un'alta sublimazione abbia necessariamente dovuto produrre il mondo degli organismi e le strettissime relazioni fra queste due nature e la loro identità potenziale.

« Noi abbiamo seguito, egli continua riassumendo le
linee più generali del suo volume, coll'occhio dell'intelletto il riflesso dell'unità nel multiplo, tentato di
svelare il mistero della forza generativa, veduto sorgere dall'etere omogeneo i soli, i pianeti, i satelliti. La
terra ci apparve nelle sue origini come un anello di
materia vaporosa, e le metamorfosi e il cangiamento
di stato dei corpi ci posero innanzi negli attuali fenomeni ciò che dev'essere accaduto nelle più antiche epoche geologiche. Ci siamo sforzati di diradare la tenebra
che ancora avvolge il problema sull'origine degli esseri
organizzati, e se non riuscimmo a recarvi la luce, abbiamo almeno provato come sia assurdo ricorrere al-
l'intervento d'una particolare forza vitale. Le dedu-
zioni psicologiche germogliate dalla scienza dell'Universo rivelano l'origine e la natura dell'anima, la teologia cosmica, il fine dell'umanità sulla terra, i suoi
rapporti con l'Universo e con Dio, e l'avvenire che
l'attende. Il cielo e la terra furono il teatro in cui cer-
cammo le scene della circolazione della vita nella materia... Dai fenomeni degli astri e del nostro pianeta
passando a quelli degli esseri organici, abbiamo cousi-
derato i vegetabili e gli animali nella loro composizione
chimica e nella loro morfologia, senza ommettere alcune
generalità sulla loro diffusione e distribuzione geografica. Studiato il perenne divenire della natura, là successione dei fenomeni nel mondo inorganico, l'essenza

della specie nel mondo organico, restava da conoscersi la continuazione dell'idea della specie, rivolgendo l'attenzione alla generazione degli individui. Applicando a tale argomento la formula prima biologica, doveva necessariamente pullularne un'armonica spiegazione dei rapporti degli individui colla specie, dello svolgimento morfologico nella serie organica degli organi e della funzione della riproduzione, delle differenze sessuali, della fecondazione, dell'animazione del feto, delle relazioni fra gli individui generatori, e gli individui generati, delle leggi della fecondità e della maternità.»

Fu bello al giovane autore il rincorarsi di spiegare tutti i fenomeni naturali e morali con le progressive vitalizzazioni della materia, e di poter tuttavia riconciliare lo spiritualismo e il materialismo. Il suo è certo uno spiritualismo, ma sì universale che potrebbe confondersi col panteismo. Se non che egli si schermisce con ingegno; e noi ammiriamo non tanto questi schermi, quanto parecchie dimostrazioni delle progressive vitalizzazioni per via di fatti bene eletti e studiati, e felicemente concatenati. Anche dove fallano le dimostrazioni, e ci restano lacune e misteri, si sente la verità del principio che la vita dell'universo è una, e che l'avvenire finirà di chiarire quei nessi, di cui ogni giorno scopre alcun capo. Lo scrittore sistematico si vale un po' della spada a reciderne alcuni; ma questa violenza proviene dalla reluttanza di parecchi elementi a dire il loro segreto; dal non sapere, non dal non esser possibile riuscire per la via naturale del pensiero.

R. W. EMERSON.

———

Uno dei passi più vaghi dell'*Orlando Furioso* mi par quello dell'inganno, che Atlante di Carena faceva ai famosi cavalieri per salvare il suo Ruggiero; ciascuno era tratto all'ostello incantato dall'apparenza dell'obbietto che più amava, e quando stava per afferrarlo, gli spariva

« Come fantasma al dipartir del sonno. »

Orlando segue la simulata sembianza di Angelica; la cerca per tutto il palagio e non la trova più; scende nel prato d'attorno, ed ecco ch'ella lo chiama dalla finestra; qui fa un effetto bellissimo e naturalissimo. La vera Angelica vi compare poi, e con in dito l'anello scioglie l'incanto; messi alle prese i suoi adoratori, con l'anello in bocca s'occulta e si salva; e cosi continua a guizzare fantasticamente la luce di quel caro e bizzarro ingegno, e voi le correte dietro come ad un incanto che vi figuri i più dolci desiderii dell'anima.

Cotale effetto io provo nel leggere Emerson. In quello scintillamento d'imagini, che mi sembra talvolta una plaga di cielo stellato; in quella come selva di mirti, donde rispondono le voci di uomini, il cui nome mortale è venerato in terra, e il divino è in onore tra i celesti; in quel folto di pensieri splendenti, quasi gli acciari di una battaglia, io mi sento attratto come all'ideale che io amo e, all'afferrarlo, mi fugge, e pure quell'ideale mi traluce allo spirito; compare poi in effetto, e se non resta tra le braccia che s'aprono a stringerlo, è perchè fugge e sen va

« A gente che di là forse l'aspetta. »

Disse non so chi, il Bartoli essere l'Ariosto della prosa
italiana: e veramente egli vi conduce graziosamente di
erudizione in erudizione, di prospettiva in prospettiva,
accompagnando con arte tutti i colori che la storia,
la mitologia, la natura e la filosofia possono dargli.
Se non che il Bartoli non era filosofo; era un Seneca
addoppiato con Agellio e Macrobio; spruzzato di teologia cristiana, imbiancato un pocolino col liscio del seicento; parlo del Bartoli moralista e retore, non dello
storico. Emerson ha tanto o quanto quel fare; ma è
più stillato. Emerson è metafisico. Egli ha la imaginazione di Bacone, la nuova bizzarria e un poco la scon-
nessione di Giampaolo Richter, i profondi e lampeg-
gianti concetti del Hegel. I suoi scritti sono di un'architettura che io non vi saprei ben definire; un poco
secondo il gusto di Ruskin; ma si fondano, come quella
città delle isole Sandwich, sul corallo. La metafisica è
l'orsoio di quella trama delicata, graziosa, variopinta,
brillante; ma sotto quei colori e quei ricami voi non
vedete l'arduo de' suoi concetti, non sentite l'ispido
delle sue formule. Ell'è la metafisica sciolta ne' suoi
atomi, che si raccozzano qua e là a formare nuove e belle
parvenze. Il sistema è in polvere, ma la polvere è d'oro,
e splende là sul greto del fiume, lungo il quale avete
aure amene, limpide acque, profumate verzure.

Emerson mi travia, o a dir meglio, io lo guasto a
ritrarlo. Ci vorrebbero i suoi modi; ma quei modi escono
da un petto pieno di sapienza e d'amore. Ora ho un
nuovo riscontro come l'ammirazione conduca e non basti
all'imitazione; e come il fugace calore prodotto da una
bella lettura, serva appena all'invocazione della musa
e ci abbandoni, appena arrivati alle preghiere di Crise.

Emerson è nato a Boston; la città più intellettuale
degli Stati Uniti d'America; la data gloriosa è il 1803.

Mostrò fin da fanciullo quale ei doveva riuscire: fece splendidi studi, e a diciotto anni prese il grado di Baccelliere (*Bachelor of arts*) all'università di Havard. Si diede alla teologia, che tra i protestanti è il più alto e virile esercizio della ragione. Non già che la dottrina non si petrifichi ancor là in certa tradizione novella, più intollerante che l'antica; non già che il pergamo, quando non è mortalmente noioso, non sia spesso fanatico o di un minuto e quasi pettegolo ascetismo; non già che quella rigida e ipocrita severità di principii officiali non sia talora tanto ostica da riuscire, come a Oxford, il tornagusto del cattolicismo: ma il libero esame resta come un'arme appesa al muro avito, e il forte che può sollevarla se la reca in mano, e se ne vale a nuove battaglie. Emerson, addestratosi alla scuola dei filosofi teologi dell'Alemagna, si dilungò presto nelle sue meditazioni dalla chiesa della Nuova Inghilterra, e divenne pastore di una congregazione unitaria nella sua patria: ma, non ostante la convenienza del simbolo, troppo era grande l'intervallo dalla mente del pastore all'istinto del gregge, ed Emerson si levò di là, e andò a Concord nel Massachussets, e prese a favellare a tutto l'uman gregge ne' suoi nobili scritti. La fortuna, non gelosa a questa volta della natura, gli dava agio sufficiente da non dover piegare al mestiere quell'intelletto fecondo, ma fecondo a suo modo; fecondo come Alcmena, la cui concezione è lunga, se il portato è Ercole. La fortuna gli concedeva di nutrire occultamente e di custodire castamente il suo affetto, e versarlo alla sua ora: all'ora che l'umanità è attenta, e che la semenza non cade sul sasso. Emerson si raccolse, ascoltò la sua coscienza; la ravvalorò, la chiarì con la contemplazione della natura e dell'uomo, e con lo studio dei grandi filosofi; formulò, legò in oro i suoi preziosi concetti, e gli spiriti eletti lo intesero; il volgo pure lo ammirò. Egli è uno di quegli scrittori, il cui fascino ferma anche le plebi, e con la meraviglia le conduce ad elevarsi. *Excelsior*, pare ch'egli gridi col suo Long-fellow, *Più in alto*; le plebi ammirate lo seguono pel monte vestito di luce e incappellato di ghiaccio.

Emerson è il filosofo di una grande nazione, che gli sciocchi credono tutta sommersa negli interessi meccanici, e a cui molti buoni maledicono per lo strazio che fa di una parte, quasi meno umana, dell'uman genere. Quella nazione non ischerza coi sistemi di metafisica, o con le creazioni dell'imaginativa; quella nazione conquista un mondo. A domare la materia, lo spirito deve essere sublimato alla sua più alta potenza; a racquistare, rifare, abbellire il retaggio dell'uomo, bisogna essersi ravvicinato col pensiero e con la forza al genitore degli uomini e delle cose. Plutarco diceva che a tutte l'opere di Alessandro si poteva esclamare: *philosophice*; ch'egli aveva adoperato secondo filosofo. All'opere degli Stati Uniti si può dire che la religione, la scienza, la filosofia pongon le mani. La stessa piaga della schiavitù è alimento a più vasta face di umanità e d'eroismo. Una colonia ribelle ed armigera serve a mantenere lo spirito bellicoso della madre patria. La schiavitù crea gli abolizionisti, sublime negazione della crudele e mercantile barbarie del Sud, colte alla più generosa filantropia. Con Emerson voi respirate le vitali aure di quell'alta moralità, che costituisce il vero fondamento della natura anglo-americana.[1]

---

[1] Dell'Emerson son notissimi i *Saggi*, e i *Rappresentanti dell'umanità* (*Representative men*) (fondo filosofico, forma poetica). — Da questi io trassi lo *Shakespeare*, e l'inserii nel quarto Volume della Raccolta da me curata sotto il titolo: *Saggi e Riviste*. Milano, Daelli, 1865. I rappresentanti dell'umanità son questi dessi: Platone o il filosofo,

Swendeborg o il mistico, Montaigne o lo scettico, Shakespeare o il poeta, Napoleone o l'uomo mondiale, Goethe o lo scrittore. A saggio del fare di Emerson diamo qui l'esordio del discorso sul Goethe: « La natura vuol essere narrata. Tutte le cose sono occupate a scrivere la loro storia. Il pianeta, la selce sono seguiti dalla loro ombra. Il masso che rotola giù dal monte vi lascia i suoi graffi; il fiume lascia il suo alveo nel terreno; l'animale le sue ossa nello strato; la felce e la foglia il loro modesto epitaffio nel carbone di terra. La goccia che cade scolpisce la sabbia o la pietra. Il piede, che passeggia la neve o il suolo, incide, in caratteri più o meno durevoli, la carta del suo cammino. Ogni atto dell'uomo s'inscrive nella memoria de' suoi simili, e nel suo proprio costume e volto. L'aere è pieno di suoni, il cielo di segni; la terra è tutta ricordanze e memorie; ogni oggetto è coperto di cifre, che parlano all'intelligente.

» Nella natura è continuo questo narrar sè stessa, e la narrazione è l'impronta del sigillo. Non va al di là, nè resta al di qua del fatto. Ma la natura tende all'alto, e nell'uomo la narrativa è qualche cosa più che l'impronta del sigillo. È una nuova e più bella forma dell'originale. Il ricordo è vivente, come è vivente l'oggetto ricordato. Nell'uomo la memoria è una specie di specchio, che, avendo ricevuto le imagini degli oggetti circostanti, si anima e si dispone in nuovo ordine. I fatti che ne trapelano non vi giacciono inerti, ma alcuni vanno a fondo, altri emergono; onde abbiamo un nuovo dipinto formato dai fenomeni più spiccati. L'uomo coopera; egli ama comunicare, e quello che dee dire gli è un pondo al cuore, finchè non l'ha detto. Ma oltre la gioia universale del conservare, alcuni sono nati con facoltà eminenti a questa seconda creazione. Gli uomini sono nati a scrivere. »

TRADUTTORI DI ARISTOTILE.

RUGGIERO BONGHI. — MATTEO RICCI.

Filippo re di Macedonia volle, secondo una tradizione, che Alessandro imparasse tutto da Aristotile, anche i primi elementi delle lettere: l'Europa, come Alessandro, per lunga età imparò tutto dallo Stagirita, logica, metafisica, rettorica, poetica, etica, politica, fisica, storia naturale. Il maestro di color che sanno era naturalmente l'istitutore di tutti gli apprendenti, ed Aristotile schiacciò e conformò a sua guisa i crani degli uomini dell'Occidente e dell'Oriente, come le donne di certi popoli selvaggi fanno i crani della recente prole. Latitudini, religioni, lingue, costumanze diverse nulla potè frenarne l'impero. Egli penetrò il monoteismo de'Giudei, il profetismo degli Arabi, il trinitarismo de'Cristiani. Nelle tenebre delle scienze facevano legge i suoi errori; nella luce del sapere si appalesò l'altezza de'suoi concetti e la verità delle sue osservazioni; il suo metodo non fu mai potuto proscrivere; Bacone ne promosse e svolse meglio un ramo; tutto l'albero fu riprodotto dall'Aristotile tedesco, da Hegel.

Scrollata la sua autorità assoluta ed incontroversa, l'impero ch'egli aveva conquistato, occupato e ordinato, si spezzò in vari regni, come quello del suo discepolo. Qua si assise il metafisico, colà il naturalista; qua il critico, colà il politico. Ciascuno volgeva il martello e l'ascia a demolirlo; e ciascuno si ammirava che dopo la demolizione restasse ancora in piede. V'erano più uomini, e tutti grandi in lui; ed ucciso l'uno, vivevano gli altri.

Nel risorgimento delle lettere, i Greci venuti da Costantinopoli appiccano agl'Italiani lo spirito di setta che li divideva anche nel campo della filosofia. Platone ed Aristotile, duci eterni dei due ostili eserciti del pensiero, rinnovano le gare e le battaglie. Anzi il battagliare era già cominciato con Dante e il Petrarca, principalmente aristotelico l'uno, principalmente platonico l'altro. Nè s'avvedono che anche Platone è in Aristotile, anche l'entusiasmo platonico.

La guerra che fu fatta ad Aristotile, specialmente dai nuovi osservatori della natura, era diretta non tanto contro di lui, quanto contro gli stolti discepoli, i quali, non l'intendendo, volevano, per valermi d'una frase di Tacito, vivere securi ed oziosi sotto quel nome ampio. Il Salviati dicea bene nel primo dei dialoghi galileiani intorno al moto della terra: « Aristotile, ricco delle nuove esperienze ed osservazioni, sarebbe con noi; voi che possedete solo la sua parola e non il suo ingegno recalcitrate al vero, ch'egli alla nostra età avrebbe o trovato od ammesso; e piuttosto che mettere qualche alterazione nel cielo d'Aristotile, volete impertinentemente negar quello che vedete nel cielo della natura. »

Il nostro secolo decimosesto ebbe grandi studiosi e traduttori di Aristotile. Lasciamo i latini. Ma un Caro tradusse la Rettorica, libro sempre vivo e vero. Un Castelvetro tradusse e comentò la Poetica; frammento gran tempo mal inteso, e che le conoscenze ed esperienze poetiche della nostra età rendono ancora più imperfetto, ma sguardo d'aquila del greco più acuto, che, al chiudersi dell'età creativa della Grecia, penetrasse e giudicasse il lavoro delle generazioni poetiche, se non le più feconde, certo le più armoniche e graziose del mondo. Un Segni tradusse e comentò l'Etica e la Politica, ridiscorse i libri dell'Anima. Uno Scaino comentò Aristotile con Aristotile e vinse della mano in molte cose i critici moderni. L'Etica e la Politica furono riprodotte e rimaneggiate in molte guise dai nostri trattatisti morali e politici di quel secolo. Notammo già che l'originalità in quel tempo rispetto alla politica fu nei comentarii degli storici, o delle moderne forme di stati. Il Machiavelli comentò Livio; il Giannotti espose la repubblica veneziana. Questi scrittori facevano come Aristotile, che aveva raccolto ed esposto 158 costituzioni. Della storia posteriore a lui traevano i nuovi aforismi; gli altri s'avvolgevano perpetuamente nel cerchio che quel gran negromante avea loro descritto intorno. Il Launoy scrisse già un libro: *Della varia fortuna di Aristotile;* un bel capitolo di storia letteraria sarebbe quello che, ripigliando le fila del francese, narrasse le vicende del filosofo negli studi italiani. Esauste le grandi lotte e le grandi elucubrazioni dei secoli decimoquinto e decimosesto, lo studio d'Aristotile si rallentò in Italia come ogni altro studio, ed appena si ridesta ai dì nostri per gli esempi ed eccitamenti stranieri. Dopo il lungo romore fattosi intorno al suo nome nelle università ed accademie straniere, ecco finalmente che un'eco ne risuona tra noi; preludio di età più operosa e feconda, e più degna delle tradizioni della patria di san Tommaso. D'un piccolo ed umile luogo, che resterà illustre in perpetuo per la dimora, gli studi e l'amicizia di due grandi italiani, vennero a Ruggiero

Bonghi, conforti ad emulare gli esempi d'oltremonte e a tradurre la Metafisica d'Aristotile; ed egli ne ha pubblicato il primo volume [1] dedicando il lavoro con lettera in data del 22 luglio all'uomo che l'aveva principalmente promosso, al genio del luogo, direbbe Bulwer, ad Antonio Rosmini. La metafisica d'Aristotile, dice il giovane traduttore del *Filebo*, il Bonghi, divenne parte essenziale del pensiero greco, formò il nòcciolo della filosofia neoplatonica, entrò insieme con questa nella filosofia dei Padri, fu pernio principale della deduzione della teologia cattolica al medio evo. La maturità degli studi filosofici riconduce ad Aristotile che sorse nella pienezza del pensiero greco, e lo gittò in formule eterne. Lo studiarlo, il tradurlo, il comentarlo, il discuterlo, il renderlo sotto una forma assimilabile dall'organismo italiano può sembrar vano solamente a coloro che, mentre difendono la loro incuria col secolo, non sono veramente del secol nostro; di quella parte che inizia ed è già l'avvenire. Appartengono agli spedati dell'esercito filosofico: sparsi per le vie, o raccolti negli ospedali, rimpiangono il giorno che vissero; non vedono quello che sorge. Cadaveri che hanno sentito, amato, pensato, duole il loro annientamento; ma per loro non si ferma il rapido e glorioso cammino dell'intelletto.

Lode al Bonghi! Con lui si sente l'aura dell'avvenire, mentre risuscita un glorioso morto. Coi novellini si sente veramente il sito della putredine. Nella sua lettera al Rosmini egli fa ragione a tutti gli scrittori, onde s'aiutò al lavoro. Tocca dell'edizione di Bonitz, che dopo le sue belle osservazioni critiche, stampate nel 42, ha dato nel 49 una edizione della Metafisica con un comentario lucidissimo; del comento dell'Organo

---

[1] *Metafisica d'Aristotile* volgarizzata e comentata da RUGGIERO BONGHI, libri I-VI. — Torino, Stamperia Reale, 1854.

pel Waitz (1844) che gli giovò specialmente per la raccolta e il raffronto de'luoghi paralleli; della Storia delle
Categorie del Trendelenburg (1846) e del primo volume
della bella edizione di Aristotile, curata dal Brandis
(Berlino 1853). Tra gli scoliasti si giovò molto del-
l'Afrodisio, poco dell'Asclepio; tra gli scolastici molto
di san Tommaso, poco dello Scoto; tra quelli del seicento alcune volte del Nifo, parecchie dello Scaino, e di
certi altri un po' più di rado. Aggiunse alla versione note
dichiarative, intese a diminuire l'oscurità del testo, a
notare nei luoghi di maggior rilievo le varietà dell'interpretazione, e finalmente a dare una notizia dal quarto
libro in poi delle questioni scolastiche di maggior grido,
suscitate dalla *Metafisica*. Egli ha fermato di dare un
concetto dell'intero sistema nella unità e totalità sua;
ma questo lavoro, fuori che una parte, lo serba all'ultimo, e tenterà condensarlo tutto in un intero volume,
nel quale esporrà non solo tutto il contenuto della metafisica d'Aristotile, ma cercherà anche rilevarne il valore dommatico e il significato storico, connettendolo
con la storia antecedente e successiva della scienza. La
parte, che dà ora, è un proemio dell'autenticità e del-
l'ordine dei libri metafisici d'Aristotile; e infine ha
posto la dissertazione dello Zeller sulla esposizione aristotelica della filosofia platonica, perchè s'abbia tra
noi un esempio del modo, con cui i Tedeschi trattano
siffatte questioni, e per far prova altresì se si possa
tradurre un libro di quei profondi alemanni in un italiano facile, chiaro, preciso e netto. Quanto allo stile,
il Bonghi è della scuola del Manzoni, e professa di non
ammettere per frasi e parole buone da scrivere se non
quelle che vivono nell'uso fiorentino, o in mancanza,
di quelle che avrebbero maggiore probabilità di esservi
accolte. Parla poi ingegnosissimamente dello stile di

Aristotile, i cui precipui requisiti sono, al suo dire, la concisione e la varietà; ma è da vedere il luogo, ch'è bellissimo. Lo stile d'Aristotile, egli dice, è un dialogo condensato e rapidamente accennato, a cui mancano le persone, e in cui la discussione non prende una forma artistica al di fuori, ma *intus alit totamque infusa per artus.., agitat molem.*

Un giovane signore, genero di Massimo d'Azeglio, nipote di Alessandro Manzoni, il marchese Matteo Ricci di Macerata ha voluto fare per noi quello che il Barthélemy Saint-Hilaire fece pei Francesi, che avevano già per lo meno quattro vecchie versioni della *Politica,* e la recentissima del Thurot; ed egli pure, meglio accinto di studii di filosofia e di greco, riordinò gli otto libri dello Stagirita, li ritradusse, gli annotò, e trovò tanto favore, che potè farne una seconda edizione nel 1848. Il B. Saint-Hilaire non è un aristotelico del valore di quel Ravaisson, che scrisse il celebre *Saggio sulla Metafisica;* ma è dotto, diligente, ora tutto immerso nel sanscrito, e legge il greco per passatempo, tantochè Montalembert disse alla Legislativa che l'invidiava quando alle tornate della Commissione d'istruzione pubblica egli si distraeva con Platone. Ora il Saint-Hilaire, seguendo gl'indizii e i ragionamenti di due Italiani, del Segni e dello Scaino, come poi d'altri eruditi, pose il settimo e l'ottavo libro della Politica dopo il terzo, contro l'uso delle edizioni comuni, e per considerazioni nuove e sue intercalò il sesto tra il quarto e il quinto. L'analisi degli otto libri nella nuova successione varrà a dimostrare quanto sia giusto il riordinamento del Saint-Hilaire seguito dal Ricci.

Nel primo libro, Aristotile esamina e descrive gli ele-

menti costitutivi dello Stato, le persone e le cose: tratteggia la teorica della schiavitù naturale e quella del-
l'acquisto e della ricchezza. Riconosciuti e descritti gli
elementi dello Stato, l'autore, il cui principal fine è di
trovare tra le diverse forme di governo quella che l'uomo
deve preeleggere, analizza nel secondo libro i sistemi
politici già da altri proposti o applicati: confuta la *Repubblica* e le *Leggi* di Platone, ed esamina i governi di
Sparta, di Creta, di Cartagine, ec. Nel terzo, Aristotile
entra a dirittura in materia. Discute innanzi tratto i
caratteri distintivi e speciali del cittadino e la virtù
politica; pone a principio che non vi sono, nè vi possono essere, che tre maniere di reggimento, d'un solo,
di più, di tutti. Tratteggia la teorica generale della
monarchia. Nel quarto, già settimo, si versa quasi del
tutto nello studio del governo perfetto o dell'aristocrazia. Finisce con alcune considerazioni intorno all'unione
de' sessi, ed all'educazione de' fanciulli. Il quinto, già
ottavo, racchiude alcuni principii intorno agli oggetti
diversi che l'educazione pubblica o privata deve abbracciare, e particolarmente intorno alla ginnastica ed alla
musica. Il sesto, già quarto, comincia con alcune digressioni intorno all'estensione ed ai doveri della scienza
politica, alla classe media, alle gherminelle politiche del
suo tempo. Parla specialmente delle tre specie secondarie di reggimento, che, secondo il suo sistema, sono
la degenerazione dei tre primi: la monarchia traligna
in tirannide, l'aristocrazia in oligarchia, la repubblica
o *polizia* in demagogia. Tratteggia la teorica dei tre
poteri, legislativo, esecutivo e giudiziario. Nel sesto, già
settimo, torna alle discussioni anteriori sull'oligarchia
e la democrazia, e determina l'organizzazione speciale
del potere nell'uno e nell'altro di questi due sistemi.
Nell'ottavo, già quinto, dà la teorica delle rivoluzioni

e confuta il sistema di Socrate esposto da Platone nella sua Repubblica.

L'ordine, così restituito, sembra naturalissimo. Lascio le ragioni tratte dalle parole del contesto. Ma è certo che il Segni e lo Scaino s'apponevano, dubitando che il settimo e l'ottavo libro dovessero seguire al terzo, siccome quelli che trattano realmente il subbietto che nel terzo si annunzia; la discussione cioè dell'ottimo governo. E così pare che s'apponga il Saint-Hilaire nel porre il sesto dopo quel libro ch'era già quarto; poichè il subbietto, di che tratta, è evidentemente connesso con quello dell'ultimo. Alla fine del quale, discorsa la divisione dei poteri e la loro organizzazione generale nei diversi sistemi di governo, Aristotile scende per naturalissima conseguenza ai principii d'organizzazione speciale in ciascuno di quei sistemi; mentre nell'antica divisione queste due discussioni, generale e speciale, erano tramezzate a sproposito dal subbietto affatto diverso delle rivoluzioni. E questo riordinamento era tanto più lecito, in quanto pare che la divisione della Politica in libri fosse opera di Andronico di Rodi, in età assai lontana da Aristotile, i cui libri furono poco noti fino al tempo di Pompeo, e non pervennero ai posteri in ordine fermo e sicuro.

Il Saint-Hilaire nel suo discorso preliminare si studia di dimostrare come la Politica di Platone sia insieme razionale e storica, e quella d'Aristotile quasi interamente storica. Il Ricci nel suo proemio afferma altresì essere errore il porre Aristotile tra gli empirici politici; dovecchè, al suo parere, muove anch'egli da principii razionali, infetti di panteismo, che nello svolgimento del subbietto sono in parte corretti dallo squisito senno del filosofo e dal suo attaccamento all'esperienza. Il sommo concetto della politica è espresso anzi dal Ricci

in una formola troppo astrusa ai nuovi della maniera
filosofica ch' egli predilige. La formola è questa: « Il supremo principio scientifico della politica aristotelica debbe
riporsi *nell' apoteosi dello spirito umano, considerato*
come sostanza specifica, non individua, mediante l' inne-
sto dell' assoluto nel contingente spirituale dell' uomo.
Dalla qual forma panteistica, segue il Ricci, ne deriva
il progresso e perfezionamento del necessario per lo
svolgersi successivo delle forze intellettive e morali del-
l' umanità; il valore e l' importanza dell' individuo e dei
gruppi individuali misurata dal maggiore o minore loro
esplicamento dinamico, e non per nessun rispetto finale;
e ogni pregio finale unicamente riposto nel perfezionamento specifico attuato dal consorzio civile. Il quale,
secondo Aristotile, allora avrà raggiunto il massimo suo
complemento, quando gl' individui o i gruppi individuali
che lo compongono, cessato il conflitto antagonistico
delle forze, si saranno adagiati in ben composta armonia, e per l' efficacia del reciproco influsso intellettivo
e virtuoso avranno condotto il microcosmo sociale a tal
grado di finale esplicamento e perfezione, ch' esso possa
beato cessare una volta il travaglio dinamico e progressivo
e in quiete posarsi. » Il traduttore passa ad esaminare il
supremo principio sociale bandito da Aristotile in questo
libro, parla poi della sua dottrina economica, e finalmente del sistema politico, nello stretto significato del-
l' espressione, ed in una disquisizione piena di penetrazione e di forza dialettica svolge ed ammette principii
che fecero ombra ai nemici di ogni proposta, anche
giusta, uscita dai socialisti, ed ai partigiani del monar-
cato costituzionale. Egli ha poca fede nella logica e
nella saldezza delle odierne costituzioni *modellate sulla*
Magna Charta, e crede che, quando la rappresentanza
popolare sia costituita in tal forma che tutti gli inte-

ressi sociali vi trovino daddovero pari salvaguardia e sicuro proteggimento, nè vi sia pericolo per nessuna parte di legali soprusi e di costituzionale violenza (il tra- duttore propende alle elezioni per comizii, ciascuno dei quali rappresenti una quota eguale di ricchezza distri- buita in un numero diseguale di possessori), valga forse meglio un magistrato elettivo che ereditario. Io non en- trerò in queste dispute, e noterò solo di passo che è inesatto il dire che le costituzioni odierne sono model- late sulla *Magna Charta*. Basta leggerne l'analisi nella settima lezione della seconda parte del libro di Guizot intorno alle origini del governo rappresentativo per ac- corgersi che il Ricci non si espresse bene; la *petizione di diritti* sotto Carlo I, e la *dichiarazione di diritti* al- l'assunzione di Guglielmo d'Orange sono con la *Magna Charta* le basi di quell'ordine costituzionale, che con molte e profonde varietà fu imitato nei saggi di governo rappresentativo tentati nel Continente. La costituzione inglese è cresciuta *occulto velut arbor ævo*; nè ancora ha finito di svolgersi. Le nostre imitazioni sono come le riduzioni alla Ducis delle tragedie di Shakespeare; qualche cosa di esteriormente simmetrico, con un'anima d'accatto, che si trova a disagio nell'artificiale orga- nismo. Se non che potrebb'essere che i semi di libertà gettati in varie terre d'Europa fossero trasformati e non uccisi dal clima.

La *Civiltà Cattolica* ha dato un giudizio che non si dilunga molto dal vero intorno alla versione del Ricci. Certo quei critici risicavano di cedere un poco alla pas- sione, il cui lievito ribolle nell'animo dei religiosi, quando hanno a giudicare un seguace ed imitatore del Gioberti; ma vero è che il fare giobertiano non si ac- concia troppo alla sobrietà e stringatezza aristotelica. Anche nei luoghi ove Aristotile giustifica gli elogi di copioso e soave datigli da Cicerone, egli è al tutto diverso dal Gioberti, solitario che apparecchia le orazioni nel suo gabinetto e le recita poi ad avversari assenti. Aristotile, come notò bene il Bonghi, non scrive, ma riscrive quello che ha detto nelle dispute quotidiane, con l'occhio alle difficoltà incontrate e col sospetto di nuove obbiezioni; onde ai rigidi o meccanici grammatisti pare che devii e non stia al filo dell'orazione, mentre che è in uno sforzo continuo e felice di dare le forme più precise, più spiccate, e più vere al concetto. Il Gioberti s'indossa la vesta ampla e svolazzante dei Medi; Aristotile è succinto, inteso più all'azione e all'effetto, che al compiacimento nel suono della propria voce. Difatti il Ricci trasfigura un poco Aristotile sotto a quelle sue larghe pieghe, e lo sdegno dei traduttori che lo precederono gli fece far sacco nell'errore. Certo Bernardo Segni non vale nella versione dell'Etica e della Politica quello che nelle Storie; è proprio, ma impacciato; e la imperfetta intelligenza del testo storpia spesso la naturalezza del dire. Ma qual proprietà di lingua in generale, e di lingua politica in particolare! Qual evidenza, e a certi luoghi qual colorito! Chi ne facesse lo spoglio, troverebbe autorità a molti modi correnti in materia politica che sembrano sospetti, ed equivalenti bellissimi ad altri realmente spurii.[1] Non dico che il Ricci dovesse imitare i Francesi, che non sempre rifanno di pianta le versioni degli antichi, ma racconciano le vecchie; sibbene che doveva attingere in quel tesoro a mani piene, e nessuno lo avrebbe redarguito del furto felice. Quel galantuomo poi e mal cristiano di Antonio Brucioli (così lo definisce Apostolo Zeno) è meno ele-

---

[1] Vedi il *Trattato de' governi*, tradotto da Bernardo Segni e da me pubblicato. — Milano, Daelli, 1865.

gante, ma più preciso del Segni; e in alcuni passi, che
io riscontrai, si confà più con Barthélemy Saint-Hilaire
che lo stesso Ricci. Il Brucioli tradusse anche la Fisica
ed altri libri d'Aristotile. Certo che negli scrittori del
cinquecento v'è abbondanza di lingua filosofica e politica da ben esprimere tutti i concetti d'Aristotile, e
non è nè giusto nè utile il passarsi con disdegno dei
loro lavori.

ELOGISTI E BIOGRAFI.

FRANCESCO ARAGO.

Gli *Uomini rappresentativi* di Emerson, per usare una frase del Lioy, sono una vitalizzazione della biografia. I fatti della vita e le opere dei grandi ingegni sono come trasportati in una corrente di pensiero indipendente che li trasforma. Sono l'ultimo termine d'un genere, il cui primo anello è l'arido estratto degli anni vissuti e dei libri scritti. — Un genere di mezzo, positivo insieme ed elegante, è l'elogio accademico, secondo che fu iniziato da Fontenelle all'Accademia delle Scienze di Parigi. Fontenelle che visse un secolo e congiunse Corneille suo zio e Voltaire erede del suo spirito, infelice in poesia (ed al suo *Aspar* secondo Racine, nocquero i fischi), riuscì benissimo quando la sua arguzia ebbe a campo l'attività scientifica. — I suoi Elogi sono ancora esempio insuperato di un'eleganza che il Monti direbbe geometrica.

La gentilezza di Fontenelle discendendo per li rami, si trasmesse a' suoi successori, e i segretari dell'Accademia delle Scienze, e principalmente l'Arago,[1] perse-

---

[1] *Biografie di Scienziati*, per ARAGO.

verarono a farle piacere al mondo con la squisita
industria del loro stile. La scienza ha i suoi eroi così
pel genio dei discoprimenti, come pei travagli patiti e i pericoli corsi nel conseguirli. I primi anni
della vita scientifica di Arago ne sono una prova.
Salvatosi a fatica dalle carceri e dalla morte che
gli soprastava a furore di popolo in Ispagna, ove era
ito a prolungare la meridiana sino a Formentera in
mezzo ai rischi dei banditi ed ai peggiori rischi delle
superstizioni del volgo, arriva in Algeri, e di quivi navigando per Marsiglia, è preso da un corsaro spagnuolo,
e ricondotto in Ispagna; donde liberato a fatica, nel
tornarsene a casa per mare, il naviglio erra la strada
e afferra a Bugia, e finalmente egli ritorna in Francia,
e si dà singolarmente ai lavori astronomici, de' quali
con tanta verità descrisse il penoso esercizio nella vita
del Bailly, e che a non lungo andare si chiudono con
la perdita della vista. Non citeremo i viaggi e le ani-
mose ascensioni di Humboldt, i viaggi aereostatici di
Gay-Lussac, e i pericoli delle sperienze chimiche, ove
riportò ferite che gli affrettarono la morte. Oltre gli
eroi la scienza ha i suoi saggi, ed eziandio i suoi semplici di spirito, la cui vita tutta raccolta, tutta modesta e solo occupata nello studio, mostra che eziandio
in mezzo al trambusto ed ai viluppi del mondo vi sono
come eremi ove gli spiriti contemplativi possono salvarsi
nell'adorazione e nel culto della natura. Queste dipinture ristorano e risanano l'animo come la vista degli
anacoreti della Tebaide faceva i venuti dalle lascive
mollezze di Bisanzio e di Roma. Si legga, per esempio,
la vita di Ampère, uomo universale, il quale cominciò i
suoi studi dal leggersi tutta l'antica Enciclopedia così
per ordine alfabetico, e la s'invasò sì bene nello spirito
che di là prese le mosse a tutti i suoi grandi discopri-

menti fisici, e pervenne alla fine ad un nuovo e stupendo tentativo di classazione scientifica. Le sue ingenuità, le sue distrazioni, la sua inesperienza delle mutevoli usanze del mondo divertono sempre come già facevano i suoi uditori ed amici; ma crescono altresi l'amore ad un ingegno che nella sua innocenza sembra pargoleggiare. Cosi Monge che non per piacenteria all'imperatore, ma per semplicità d'animo, si poneva sul tappeto a scherzare col re di Roma, o a giuocare a mosca cieca coi figli d'Arago, ci riesce più caro. L'inventore della geometria descrittiva, il compagno di Napoleone alla spedizione d'Egitto, il fondatore della scuola politecnica, l'uomo che nelle prime guerre della rivoluzione fu capo a creare e provvedere la polvere, le palle, l'armi ai soldati della sua nazione, piace nel suo amor patrio, nella sua passione della *Marsigliese*, che Bonaparte gli faceva suonare ogni giorno alla mensa a Passeriano, e tocca l'animo quando alla lettura del ventinovesimo Bollettino del grande esercito di Russia cade percosso d'apoplessia. La premura di Poisson ad onorare i suoi genitori non è poco edificante. Il primo esemplare di tutte le sue Memorie era per suo padre, vecchio soldato, che, sebbene non si conoscesse punto di matematiche, le leggeva tuttodi. L'introduzione, dice Arago, in cui Poisson faceva la storia della quistione e caratterizzava nettamente il suo fine, spariva a lungo andare sotto lo strofinío delle dita che del continuo le carteggiavano. La parte centrale delle Memorie ove si trovavano così spesso i segni di differenziazione e d'integrazione era meno logora, ma anche là si vedeva, a chiari segni, che il padre era rimasto spesso in contemplazione innanzi all'opere del figlio. Morto il padre, scriveva sempre alla madre, facendole sapere quello ch'egli s'andava apparecchiando a scrivere e a stampare, e la madre nelle sue risposte parafrasava le lettere del figlio a un dipresso come i parlamenti fanno nelle loro allocuzioni in risposta ai discorsi della corona, aggiungendovi di suo: *Iddio t' aiuti,* o altra benedizione.

Senzachè gli scienziati di cui l'Arago tesse gli elogi si trovarono parecchi alla rivoluzione francese, anzi il Bailly vi perì ed il Condorcet si avvelenò per non lasciarsi decollare; il Monge, come dicemmo, provvide con la scienza alle munizioni dell'esercito, e il Carnot organizzò quattordici eserciti che fecero la Francia indenne e vittoriosa. Altri furono amici a Napoleone, e con lui navigando alla volta d'Egitto discutevano i più alti problemi scientifici a bordo dell'*Oriente*, preludio ai bei lavori dell'Instituto egizio; o anche presero parte all'amministrazione dell'Impero, come Fourier. Onde queste notizie sono frammenti storici, dettati spesso con novità di ricerche e con un sentimento di giustizia e di umanità al tutto abborrente dal sangue. Talora toccano le cose nostre, come quella repubblica romana che durò otto mesi e nove giorni e finì il 29 novembre 1798; a cui Monge, Daunou e Florent erano commissari; repubblica spogliata de' capolavori dell'arte ed ornata invece di drammi repubblicani tradotti dal francese, a cui nessuno andava; repubblica che tra i suoi consoli aveva un Fabio, il dottor Corona, che un mese dopo la sua entrata in ufficio non aveva letto la Costituzione. ed un Varrone veramente in Ennio Quirino Visconti. È da leggere in Arago il racconto che ne fa, e come tocchi a proposito i dubbii di Daunou rispetto a quelle spogliazioni francesi. Arago fu sempre amico agl'Italiani ed anche nelle dispute di priorità scientifica, ov'era sì geloso, si porge umano e gentile con noi, come nella divisione della gloria rispetto all'esperienza dell'elettricità dei vapori tra Volta, Laplace e Lavoisier; mentre

che con gl'Inglesi è meno agevole, e al dottor Young
toglie l'onore del diciferamento dei geroglifici per
darlo al Champollion, e la gloria di Watt la rifonde
in quanto alle prime origini in Dionisio Papin. Anzi
tutta la biografia del Volta è trattata con amore, e vi
mostra non solo la mirabile bellezza delle sue inventive e la loro prodigiosa fecondità di nuove scoperte
e di utili applicazioni, ma raccomanda anche i suoi
scritti, i quali rivelano le vie della invenzione, che sono
talora, per usare una frase biblica, più invisibili che
le tracce della serpe sul sasso. Agli storici Arago
mescola aneddoti ed alcuni lo tassano di compiacersi
troppo in tali minuzie. Ma nessuno, crediamo, avendone
facoltà, darebbe di frego ai tratti anche più frivoli,
che pure rendono presente la persona e quasi il volto
dell'animo di quei gloriosi che ne incielano la vita, e
talora sono aneddoti storici, come quella conversazione
in cui Cabanis si scusava di non trovarsi nell'aule di
Bonaparte, a cui pure si precipitava l'antica nobiltà
francese, allegando che la potenza era una calamita
che tirava a sè la lordura. Talvolta sono più che aneddoti; sono pitture di genere che rivelano il debole dello
spirito umano, come al tempo dell'entusiasmo pe' pa-
rafulmini, quando i viaggiatori in campagna aperta,
credevano divertire il fulmine impugnando la spada
contro le nuvole, nella postura d'Ajace minacciante
gl'Iddii; e gli ecclesiastici si dolevano che la loro professione divietasse loro di cingere quel talismano pre-
servatore; ed alcuni proponevano in sul grave, a pre-
servativo infallibile, di porsi sotto le grondaie, come
cominciava il temporale, atteso che le stoffe bagnate
sono ottime conduttrici d'elettricità; ed altri inventa-
vano certe portature di capo dalle quali pendevano
lunghe catene metalliche che bisognava badar bene di

lasciare strascicar sempre nel rigagnolo, e va discorrendo.
Se non che noi facciamo come il padre di Poisson e
andiamo rosicchiando l'orliccio delle biografie d'Arago,
lasciando intatto il midollo; e con tutta franchezza confes-
siamo che sebbene le possenti magnetizzazioni di Arago
diano una lucidità da vedere a traverso le doppie tende
della nostra imperizia, tuttavia non ne facemmo che
alcun atto di meraviglia,

« Come colui che nuove cose assaggia, »

e ci godemmo il piacere allettando altri a leggere, pro-
mettendo largo frutto di dilettazione e di sapere.

STANISLAO CANOVAI.

L'elogio accademico de' Fontenelle, degli Arago è
ben diverso dall'elogio accademico del Thomas e del
Gioberti. Nel secolo passato si scriveva, per lo più a
proposta d'un'accademia, una declamazione vuota sopra
un grand'uomo, e poi nelle annotazioni si raccoglievano le azioni della sua vita. Diverte molto il leggere
l'*Elogio d'Amerigo Vespucci, che ha riportato il premio
della nobile Accademia Etrusca di Cortona nel dì 15 ottobre del 1788, con una dissertazione giustificativa di questo
celebre navigatore del P. Stanislao Canovai delle scuole Pie,
pubblico professore di Fisica-Matematica,* 1789. L'Accademia a petizione del ministro francese alla corte di Toscana
Giovanni Luigi di Durfort aveva proposto ai concorrenti
di rivendicare la memoria del ladro del nome del Continente, *tessendone un elogio più filosofico che sia pos-*

sibile sul gusto del secolo presente. Il Canovai, abburat-
tato tra Isocrate e Thomas, si lasciò vincere dal secondo,
anche nel fatto della lingua. Ed egli nell'esordio esclama
« Dovea dunque aspettarsi che un generoso straniero
realizzando le sublimi nozioni d'un perfetto patriotti-
smo venisse fin dalla Senna ad imprimere un movimento
alla nostra oziosa facondia, e ad accennarle in dolce
atto di compassione la memoria languente d'Amerigo
Vespucci? Insensati Siracusani! così forse il gran Tullio
venne un giorno dal Tebro a mostrarvi la tomba del-
l'obliato Archimede. » Che tenerezza! Qui v'è trasfuso
tutto lo spirito del Thomas; ma Thomas non bastava.
L'abate Raynal era lì co' suoi alberelli a prestargli i
colori e le antitesi alla descrizione de'mali derivanti
dalla scoperta dell'America. « Già si affretta da tutti
i lati una vasta turba famelica di venturieri che dietro
alla luce del periglioso metallo abbandonano l'antiche
sedi. L'Europa v'invia de'padroni; l'Africa degli schiavi;
si disputa ad ogni passo; si combatte in ogni riva, gli
uni son preda dell'onde, gli altri del ferro e del fuoco,
molti d'un clima straniero che gli ruina, molti d'una
peste incognita che gli divora; e senza popolarsi il
continente a cui si tende, resta solitario e deserto il
continente che si lasciò. » E così il buon padre va tra-
felando per sessanta pagine con la schiuma alla bocca,
con la lingua fuori correndo dietro a *monsieur* Thomas:
se non che, giunto al fine, cade nelle braccia dell'abate
Tiraboschi, ma non per stringerselo al seno, sibbene
a tartassarlo per l'onore del Vespucci. Pur nella lotta
si mostra più tranquillo che nell'elogio; come il predicatore che, dopo aver sollevato con le furie della sua
eloquenza l'infanatichito popolo, passa in un salotto
a sorbire pacificamente il suo cioccolatte, e disputa
anche di Segneri e Bourdaloue con modi dignitosi e pa-

cati. E veramente che v'era bisogno di *monsieur* Thomas per creare o rinnovare un genere, che il Linguet a ragione giudicava falso, e che Annibale non volle ascoltare? I panegirici de' predicatori ne sono il vero modello, e l'Italia era tanto ricca, che il Canovai aveva, senza più, a mettere il nome di Vespucci al posto di uno dei santi del calendario.

DAVID BREWSTER.

All' esattezza se non all' eleganza di Arago si aggiusta la vita di Newton scritta da David Brewster.

Newton era nato a Woolsthorpe, nel Lincolnshire, il Natale del 1642. Egli fu a studio a Cambridge, ove poi professò. Egli difese le ragioni della illustre università, nel 1687, contro la tirannide di Iacopo II e le bestiali furie di Jeffreys. Sedè nel Parlamento della Convenzione, che elesse Guglielmo III, e nel susseguente. Fu direttore della Zecca, fortuna rare volte tocca ai cultori dell' alchimia, tra i quali fu Newton. Attese anche alla teologia; e con voce d'ortodossia fino a ventisette anni dopo la sua morte, quando fu pubblicato (1751) un suo Saggio storico intorno a due passi delle Epistole di san Giovanni e di san Paolo, ch' egli credeva guasti. In questo saggio appaiono già i segni di errori, che degenerano in formali eresie nelle questioni paradossastiche intorno ad Atanasio e ai suoi seguaci, pubblicate primamente dal Brewster. Newton, nel rifare la storia del Concilio di Nicea, inclina a favore di Ario; il che non fece poco scandalo nella pia In-

ghilterra. Newton patì d'una passeggiera alterazione
di mente, e ne resta tra l'altre prove una sua pazza
lettera a Locke, suo grande e sincero amico, col quale
poi si scusò. Un suo parente che stette a dilungo con
lui a Cambridge, narra molti tratti curiosi della vita
e del carattere di lui, e dice tra l'altre cose non averlo
veduto ridere cha una volta sola, e fu in cotale occasione: Egli aveva prestato Euclide ad un amico, e chie-
devagli poi come fosse proceduto oltre in quello studio
e come gli piacesse. Ma udendo, invece di risposta, di-
mandarsi da lui a che quello studio gli potesse servire, Newton ebbe a disfarsene per le risa. Newton non
amava le controversie scientifiche, tanto che, annoiato
dei cavilli fatti alla sua teoria de' colori, scriveva che
voleva studiare solo per sè e non pubblicare più nulla;
perchè vedeva che un uomo doveva o risolversi a non
metter fuori più niente di nuovo, o farsi schiavo a difendere i suoi trovati. Tuttavia gl'interessi delle sue
grandi scoperte non lo lasciarono quietare, e la disputa
con Leibniz lo fece, a quanto appare dai nuovi documenti, uscire un poco da quel candore e da quella delicatezza che i suoi ammiratori notavano in tutte le
sue azioni. Il Newton aveva scoperto il suo metodo
delle flussioni negli anni 1665-66, e ne fanno testimonianza quattro suoi brevi trattati manoscritti, che sono
ancora in piè, e portano quella data; lasciando stare il
saggio più ampio, che ne esiste con la data del 1671.
Egli comunicò alcuni dei resultati, a' quali era perve-
nuto, al professor Barrow, che ne diede notizia al Collins; ma il metodo restò occulto. Egli se ne valse ne'suoi
Principii, ma senza farne mostra. Onde alla pagina 39
del *Commercium epistolicum* (seconda edizione 1722)
si legge questo passo: « *Ope novæ illius analyseos (sci-
licet Fluxionum) maiorem illarum propositionum par-*

tem, quæ in Principiis Philosophiæ *habentur, invenit Newtonus; at cum antiqui geometræ, quo certiora omnia fierent, nihil in geometriam admiserunt priusquam synthetice demonstratum esset, idcirco propositiones suas syntethice demonstravit Newtonus, ut cœlorum systema super certa geometria constitueretur. Atque ea causa est, cur homines harum rerum imperiti, analysin latentem cuius ope propositiones illæ inventæ sunt, difficulter admodum percipiant.* » Egli, per valerci delle parole del Biot, ruppe il ponte, dopo avere passato il fiume; il Leibniz, senza saper di lui, trovò un guado altrove; anzi fu meglio che un guado; perchè, come trovò il calcolo differenziale, tanto più esteso in quanto si fonda sull'idea astratta della generazione delle quantità, ne rese l'uso facile e sicuro, mediante l'aiuto di un algoritmo mirabile, che riduce le sue operazioni più complesse ad una specie di meccanismo semplice, regolare e uniforme. Egli ne pubblicò subito tutti i segreti, onde egli e i suoi molti discepoli trassero in brevi anni le più splendide applicazioni. Leibniz e Newton vennero alle loro scoperte per diversi concetti, che avevano comune solo lo scopo. Il trovato era già maturo e apparecchiato dalle precedenti elaborazioni matematiche (singolarmente tra il 1630-1670). La scienza era a quel punto in cui un grande progresso è infallibile, e s'appresenta allo spirito dei più acuti ed intenti quasi al medesimo tempo, senza che l'uno sappia dell'altro, e senza che l'uno possa accusar l'altro di plagio. Qui veramente v'è una reale anteriorità nella scoperta di Newton; ma Leibniz trovò il suo metodo da sè e lo trovò diverso e migliore; il Newton riconobbe i titoli di lui nella prima e nella seconda edizione dei *Principii*, e solo nella terza, rinfocolatesi le ire, espunse quelle parole onde avea fatto ragione al suo rivale. Così ora è noto che la seconda edizione del *Commercium epi-stolicum*, pubblicata nel 1722, sei anni dopo la morte di Leibniz, svaria in molte parti, a danno delle ragioni di lui, dalla edizione del 1712; onde il Biot provvide con una nuova edizione, uscita testè presso Mallet-Bachelier (Paris 1856, 1 volume in-4°). In questa nuova edizione si è stampato integralmente il testo originale del 1712 colle varianti del testo del 1722 a piè di pagina, e in fondo al volume v'è un supplemento di rettificazione e complemento al *Commercium epistolicum*, tratto dalle edizioni genuine degli autori di cui non si riportavano sempre con fedeltà le parole.

Newton rimase a Londra fino al 1725, che se n'andò a Kensington, a godere aria migliore, e vi morì in un luogo chiamato allora Orbell's, e più tardi Pitt's Buildings, il 20 marzo 1727.

W. C. HENRY.

Gli studi giovanili ci lasciano nella mente certi nomi connessi a qualche fatto, a qualche scoperta, de'quali, per l'abitudine di averli sempre innanzi, non ci sentiamo mossi a cercar più oltre, e che rimormoriamo quasi come le parole non intese d'un'orazione. Sono come i nomi di paesi ignoti sopra una carta; sono cifre enigmatiche, anzi che segni che ricordino vasti sistemi di opere e d'idee. Ma, continuando a coltivare il nostro spirito, a nutrirlo della lezione dei buoni libri, quei nomi cominciano ad animarsi, a vestire una fisonomia, ad arriderci amicamente, quelle cifre s'interpretano a nuovi ed importanti significati, come appunto i nomi dei paesi segnati sulla carta son ricchi di memorie e d'imagini dopo che gli abbiamo visitati. Questo è uno dei diletti più ineffabili della lettura; l'edificare negli addentellati delle stesse nostre cognizioni; l'illuminare le parti tenebrose della nostra mente. Questo è, nella erudizione, quel salire di collo in collo che dice Dante nello studio del vero in generale, e quella, meno soddisfazione che alimento di una sublime inquietudine, che come il *fuoco vivo* dello stesso Dante, non può fermarsi a terra, ma sibbene volare all'alto.

Questo diletto io provava nel leggere la vita di Giovanni Dalton, scritta dal figlio di un suo caro amico, dal signor Henry, dottore in medicina, e pubblicata a cura della Società Cavendish.[1] Il nome di Dalton è in tutti i libri di fisica; la sua vita sarà stata subbietto di qualche elogio accademico; ma queste Memorie ce lo danno vivo e miniato. Giovanni Dalton era nato il 5 settembre 1766 a Englesfield nel Cumberland, d'una famiglia di piccoli possidenti. Del 1783 andò maestro di matematiche e filosofia naturale in un collegio di dissenzienti protestanti a Manchester. Dopo sei anni rinunziò, restando però sempre in quella città. Dal 1817 fino alla morte fu presidente della società filosofica manchesterese, nelle cui *Transazioni* stampò la maggior parte delle sue Memorie. Una delle prime e più notevoli fu quella che ha per titolo: *Fatti straordinari relativi alla visione dei colori;* e ci parla di quello strano difetto ch'egli pativa nella vista, di quella sua *cecità ai colori,* della cui cagione disputano ancora gli scienziati. Del 1804 andò a Londra a fare un corso di lezioni, od una lettura, come dicevano i nostri an-

---

[1] *Memoirs of the Life and Scientific-Researches of John Dalton.* By W. C. HENRY, M. D. — Printed for the Cavendish Society.

tichi intorno alla Filosofia naturale nell'Instituto regio.
Con questa occasione conobbe Davy, che gli fu cordiale amico. Il Dalton, come è noto, fu il trovatore
della *Teoria atomica* o *atomistica*. Egli fissò le proporzioni, in cui i corpi si combinano; e sebbene a sua vita
non godesse pienamente della gloria che di tal grande
trovato gli dovea venire, ebbe assenzienti Thomson
Wollaston, e il Davy, ch'essendo presidente della Società
Reale, quando essa nel 1826 dette al Dalton la medaglia, disse parole di eterno onore ad ambedue. Il Dalton
fu uno degli otto soci stranieri dell'Instituto di Francia, e a Parigi fu festeggiato da Laplace, ch'è da credere sia stato in quella occasione meno tenace della
chiave dello zucchero, di cui, secondo Arago, era geloso
custode. Al suo ritorno a Manchester, i suoi vicini
cominciarono ad accorgersi che quell'uomo, che andava
per via a capo chino, di severo volto, e pur grande
amatore della pipa e del giuoco delle bocce, quell'uomo
che aveva il pessimo dei difetti in una città industriale
e commerciante, il non curar il denaro, era segnato a
dito dagli stranieri ed onorato dai dotti e dai potenti.
Quando fu ad Oxford nel 1832 a prendervi il grado di
dottore di leggi, non si allegrava dello scarlatto della
sua cappa; e ad uno, che ne lo motteggiò, rispose:
« Voi lo chiamate scarlatto; per me ha il colore delle
foglie verdi. » Il governo gli diede una provvisione di
150 lire sterline nel 1833, e nel 1836 gliela raddoppiò.
I Manchesteresi lo fecero scolpire da Chantrey. La sua
presentazione a Corte, procacciata dal signor Babbage
per mezzo di lord Brougham, ch'era allora lord cancelliere, è qualche cosa di comico. Come quacchero, Dalton
non poteva portar la spada; la cappa scarlatta neppure gli conveniva; ma il Babbage osservò che non faceva difficoltà, perchè al Dalton tutti i colori rossi pa-

revano color di mota. Il berretto dottorale poteva
tenerlo in mano. Acconcie così le cose, fu a colezione
dal Babbage. « Io, racconta il Babbage, che ha pure un
bel nome nelle scienze che si riferiscono all'industria,
io gli sciorinai le formalità usate al *lever*, e disponendo
parecchie seggiole che rappresentassero i diversi dignitari della sala di udienza, posi il signor Dalton nel
mezzo a far la persona del re. Dissi poi al mio amico
che io rappresenterei un più grand'uomo che il re;
perchè io voleva fare il personaggio del signor Dalton,
e rientrerei, girerei il circolo, farei il mio omaggio al
re, e mostrerei la qualità della cerimonia, a cui doveva
intervenire. Nel passare la terza seggiola da quella del
re, vi posi su la mia carta, informando allo stesso
tempo il signor Dalton, che questo era il posto di un
lord *di servizio*, che prende le carte e le dà al dignitario vicino che le annuncia al re. Nel passar accanto
al filosofo io gli baciai la mano, e poi passando intorno al resto del circolo delle seggiole, io gli diedi così
la prima lezione di cortigiania. Ci accordammo che io
condurrei meco il Dalton al *lever*; e porrei nella sua
carta: *Il signor Dalton presentato dal lord cancelliere.*
Quando venne la mattina, io andai alla residenza
del Wood, ch'era stato mezzo con lord Brougham, e
trovai il Dalton prontissimo alla spedizione. Perchè
il principale attore riuscisse perfetto nella sua parte,
noi facemmo un'altra prova: la signora Wood fece
la parte del re, e il resto della famiglia, con l'aiuto
di parecchie seggiole e sgabelli, rappresentò i gran
dignitari della Corona. Io entrai quindi nella camera, precedendo il mio ottimo amico, che seguì le sue
instruzioni, così per l'appunto come se avesse ripetuto
un esperimento. Essendo perfettamente soddisfatto del-
l'esecuzione, andammo a Saint-James. Il suo abito scar-

latto fece grande effetto, e lo credevano i più un sindaco di qualche città che andava ad esser fatto cavaliere. Noi entrammo nella sala di udienza, ed essendo passato alla volta del re, io mi ritrassi lentissimamente, per osservare come la cosa andasse. Il dottor Dalton avendo baciato le mani, il re gli fece parecchie domande, a cui il filosofo rispose debitamente, e poi si mosse secondo le regole per tornare da me. Tuttavia questo ricevimento non fu tanto rapido da passare senza gelosia, perchè io sentii un dignitario dire all'altro: chi diavol è colui, a cui il re parla sì a lungo?» — Nel 1837 il Dalton fu còlto da paralisi, si riebbe, ricadde nel 1838 e morì. Le sue analisi chimiche gli costavano spesso sol pochi scellini; mai non eccedevano la spesa di una sovrana (25 fr. 21 c.). Dava le sue lezioni di matematica e chimica a due scellini sei denari per ora; e se erano due o più studenti, ad uno scellino sei danari ciascuno!

WADDINGTON-KASTUS.

Passiamo alla vita di un grande umanista, descritta da chi lo studiò e ristudiò con amore, dal Waddigton-Kastus.[1]

Pietro Ramo era d'origine nobile fiamminga, ma il suo avolo, spogliato d'ogni bene ed itosene a dimorare in Piccardia, fece il carbonaio; il che i suoi nemici gli rimproverarono poi. Egli era nato il 1515 a Cuth, villaggio del Vermandese, tra Noyon e Soissons, l'anno

---

[1] *Pierre de la Ramée; sa vie, ses écrits et ses opinions.* — Paris, Durand, 1856.

che salì al trono Francesco I. A Parigi non ebbe il modo
a studiare che col farsi domestico di un Sieur de la
Brosse, seguendo un'usanza degli studenti poveri di
que' tempi; usanza che dura ancora in Sardegna. Il suo
maestro in logica fu il vescovo Hennuyer, e trovandosi
sotto alla sua disciplina, cominciò a prendere in uggia
i metodi scolastico-aristotelici, e s'invasò tanto in questa sua avversione, che nella tesi del suo magistero
prese a sostenere che Aristotele non aveva detto parola di verità (*Quæcumque ab Aristotele dicta essent,
commentitia esse*), e lo seppe sì ben fare, che tra quei
dottori peripatetici, che la credevano una ostentazione
d'ingegno, passò con plauso. Di ciò fa motto Alessandro Tassoni nel capitolo 3 del libro X de' suoi *Pensieri*;
ma non già come eco delle voci di quel tempo, secondo parrebbe dalle parole del Waddington; perchè la
tesi fu combattuta nel 1537, e il Tassoni finiva i suoi
Pensieri nel 1620; si fu per via di considerazione, e
il biasimo che gli dà è forse simulato, per far la via
ad una lode che non si poteva tribuire sicuramente ad
un uomo morto ugonotto. Quando si vide che quella
tesi non era stata un giuoco d'ingegno, ma solo un
seme che andava svolgendosi e fruttificando nelle opere
successive di Ramo, gli aristotelici lo oppugnarono fieramente ed ottennero di far condannare per editto di
Francesco I le sue *Dialecticæ institutiones* e le *Aristote-
licæ animadversiones*, dopo una disputa condotta senza
lealtà ed un giudizio iniquo; cassato solo, morto il re,
e prevalendo già l'autorità dell'antico compagno di
studio, e allora protettore di Ramo, il cardinal Carlo
di Lorena. Le vicende del suo insegnamento sono ben
narrate dal Waddington, che ricorda ancora come
Bologna lo chiamasse due volte a succedere alla lettura di Romulo Amaseo, ed egli, a gran torto, rifiu-

tasse; che certo in quel gentile ospizio delle migliori
lettere avrebbe trovato maggior quiete che a Parigi e
maggior cortesia che a Eidelberga, dove fu sì aspra-
mente combattuto, che gli tolsero un dì fino i gradini
da salire alla cattedra, e fu costretto a scalarla sul
dosso di uno studente francese. La sua nimistà con Aristotele lo rese meno accetto a que' dotti svizzeri e tedeschi che lo ricevevano quasi a trionfo ne' suoi viaggi
e scusavano l'eterodossia filosofica con l'eterodossia religiosa, a cui il Ramus era caduto, dopo un'esemplare
vita cattolica, nel settembre 1561, colpa del colloquio
di Poissy e delle controversie di Teodoro di Beze e del
cardinale di Lorena. La sua apostasia rinfiammò gli
odii de' suoi nemici e ne agevolò le vendette; onde
egli dopo lunghe pugne, mossegli specialmente da un
professore rivale, Jacopo Charpentier, fu cercato a morte
a costui istigazione nella strage di San Bartolommeo il
26 agosto 1572, e con inaudita barbarie ferito, precipi-
tato dalle finestre del suo collegio, mozzogli il capo,
gettato il tronco nel fiume e poi fatto raccogliere a
nuovo strazio. Il Ramo voleva ridurre tutte le scienze
all'utile; onde gli venne il nome di *Usuarius*. Egli abbracciò lo studio di tutte l'arti liberali, ch'egli partì
in essoteriche o comuni (grammatica, rettorica e dialettica) e in esoteriche od acroamatiche (matematica,
fisica e metafisica). Il Waddington nota i suoi lavori in
tutte queste arti, dove innovò e perfezionò sempre, e,
per non parlare che della grammatica, egli introdusse
nell'ortografia l'*j* e il *v*, che si dissero le *consonnes
ramistes*; nè ci volle poco a farle ricevere in quel tempo
che fu combattuta la gran lite del *quisquis* e del *quam-
quam*, che i sorbonisti proferivano *chischis* e *chamcham*,
e con tale frastuono che rimase da *chamcham* la voce
cancan a significare uno scandalo. Ma il suo forte fu

contro Aristotele, i cui libri logici, raccolti sotto il nome di *Organon*, egli diceva supposti da qualche sofista allo Stagirita, o anche essere una specie di biblioteca dei logici stati innanzi a lui. Egli rimproverava ad Aristotele di non aver veduto che la dialettica è naturale all'uomo ed era cominciata da Noè! tutt'uno col Prometeo dei Greci. La sua polemica contro il Peripato durò 35 anni, dalla sua tesi fino alle *Scholæ dialecticæ* del 1569. Egli non capì Aristotele che in piccola parte, e quella piccola parte fece la sostanza dei suoi lavori dialettici. Il suo proprio merito sta nell'aver combattuto a più potere quello che chiamavano *morbus scholasticus* e la barbarie del medio evo; nell'avere rivendicato i diritti della ragione e del libero esame, e nella semplificazione di tutti gli studi per l'uso del vero metodo. La sua logica, dice il Waddington, è una logica d'umanista più appropriata al risorgimento letterario del secolo decimosesto che al movimento scientifico dei tempi moderni, una logica che raccomanda l'osservazione della natura umana, che l'osserva senza più nelle opere morte dell'antichità, che proclama in principio e rivendica energicamente la indipendenza della ragione, ma che in fatti e contro all'intento dell'autore, si rattiene ancora sotto il giogo degli antichi, liberandosi da quello d'Aristotele e rompendola violentemente col medio evo.

DOMENICO BERTI.

Noi non parliamo della *Vita di Giordano Bruno*, ultimo lavoro del Berti; sibbene tocchiamo del Saggio

sopra Pico della Mirandola, frammento dei suoi studi
ampi e fecondi sul rinnovamento della filosofia platonica in Italia.

Si vede spiccatamente in questo frammento la lotta
dell'autorità e del pensiero filosofico; lotta che fu
spenta in Italia, e riarse irresistibilmente in Alemagna. Il Pico, rimandato alla poesia dai teologi d'Innocenzo VIII, e creduto intendersi col diavolo anche
nel dire il *Credo*, secondo notava il Magnifico Lorenzo,
instrumento da fare il bene e il male, e atto a cadere
in qualche strana fantasia contro la fede, fu ribene-
detto da Alessandro VI, e dal Savonarola guarentito
ai Fiorentini come anima in via di redenzione e bisognosa solo dei loro suffragi per uscire del purgatorio.

Ma questo grande ingegno, che negli ultimi dì di
sua vita si macerò, si penti, anelò all'abbracciamento
della Chiesa, che pensò e volle realmente? Egli si trovò
al risorgimento delle lettere e delle filosofie antiche, e
tratto in varie parti dalle diverse forze del rinascente
pensiero. La cabala e il giudaismo, la scienza e l'analisi araba, i prestigi del neo-platonismo lo deviavano
dalla semplicità cristiana. La poesia e l'arte antica ri-
davano una vita effimera anche al loro contenuto, e
l'apostasia di Giuliano trovava vindici e seguaci. Il
maomettismo e il giudaismo inforsavano i giudizi, come
i tre anelli del Boccaccio. Galeotto Marzio da Narni,
l'astrologo immortalato da Walter Scott, scriveva un
libro che il Berti promette di stampare e che sotto il
titolo *De incognitis vulgo*, riscontrando i dogmi della
religione cristiana con quelli del politeismo greco e latino, veniva a far intendere che il cristianesimo non
aveva maggiori ragioni di credibilità che il politeismo.
Le ver rongeur dell'abate Ganme era nella sua piena
forza; ed allora i Gaume sarebbero stati a proposito;

sebbene anche ai dì nostri, oltre il razionalismo, vi sia qualche tentativo di restaurazione del maomettismo presso alcun filosofo poeta in Germania e presso i Mormoni in America, e del politeismo presso i materialisti moderni nella poesia e nella vita. Pare a me che il Berti renda bene tutto questo abbaruffio dell'età del Pico, e non vi stuona il ratto che il filosofo fece della Margherita di Giuliano de' Medici. Gli Aretini, più accorti de' Greci, sonarono la campana a martello, e colsero per via il nuovo Paride, e resero l'Elena intatta al Menelao toscano. Ora le campane si suonano a martello per altro; le donne s'indettano a cenni, si rubano alle quattro e si rendono alle cinque. Nè v'ha altro suonare a stormo che qualche tirata di campanello.

JOHNSON, MACAULAY ECC.

« Nella letteratura, diceva il Foscolo, coltivo e serbo con equità e con religione l'alleanza con le altre nazioni, ma non ardisco giudicare delle loro faccende. » Come il giudizio è ardito e pericoloso, così la conoscenza, intima al possibile, aiuta l'alleanza. E con tal principio e riserbo noi rivolgiamo le nostre scorse alle lettere inglesi.

La storia di questa immensa letteratura, tentata per alcun periodo più segnalato da eruditi nazionali o stranieri, si trova realmente sparsa per una moltitudine di opere, specialmente biografiche, che è difficile raccogliere e più difficile riassumere. Sono generalmente diffuse, minute, digressive, e i granelli dell'oro splendono dispersi per l'infinita sabbia.

La bibliopea, che il nostro Denina insegnava, e felicemente esemplificava, è arte singolarmente francese. I Tedeschi sogliono ammassare materiali preziosi, sovrapposti gli uni agli altri come quei tre monti, Ossa, Olimpo e Pelio; vale a dire, per servirci delle parole del nostro Foscolo, secondo le illusioni della prospettiva aerea, ma non in effetto. Gl'Inglesi si perdono per l'infinito dei particolari: gl'Italiani non sanno sottintendere nulla, e il nuovo che hanno a dire si trova soffogato nella ripetizione di tutto il vecchio. I Francesi hanno sobrietà, economia, vivezza.

S'intende dell'universale degli scrittori; perchè anche tra gl'Inglesi, nel genere biografico, vi sono eccellenti esemplari di varia indole e forma. Intorno al nome di Samuele Johnson se ne possono aggruppare parecchi. Egli stesso nelle *Vite dei Poeti inglesi* è riuscito egregiamente. Narra bene le loro vicende, massime se ne fu partecipe e testimone, come nella romanzesca biografia di Savage; giudica le loro opere con ispirito elevato sopra l'ordinaria critica de' suoi coetanei; ha belle riflessioni e sentenze; eleganza meno bembesca che nelle sue operette morali. Il nostro Ippolito Pindemonte, ne' suoi *Elogi*,[1] ne rende un po' largamente l'imagine. Il Macaulay che due volte dipinse Johnson e lo vezzeggiò più nel secondo che nel primo ritratto, è forse il migliore biografo de' nostri tempi. Il suo fare è tra il filosofico e l'oratorio. Accogliendo nella vasta memoria le particolarità storiche e aneddotiche di tutte le età e di tutti i paesi, egli ne evoca la figura, che più gli arride, nella sua verità intima ed estrinseca, e col magico soffio

---

[1] Ristampati in Firenze, nel 1859 in un volume, edit. G. Barbèra.

della sua eloquenza la avviva e ce la rappresenta tanto
precisamente quanto appena fu scorta da'coetanei. Quel
suo stile è un suono misto, direbbe Shelley, di aure e
di rivi; le *aure fresche ed alme* dell'Ariosto, che ristorano e incantano; e a noi pare che non abbia punto
del rettorico, se non come ne ha Quintiliano nel suo
rapido e ammirabile giudizio degli scrittori greci e
romani. Il Carlyle, altro ritrattista di Johnson, è un
Macaulay raffinato, e sottilizzato al possibile, ma con
poco guadagno dell'imagine complessiva dell'uomo,
ch'egli prende a ritrarre; sibbene con singolare spicco
di alcuni suoi lineamenti ora veramente caratteristici,
ora di poco rilievo. Quel ritratto del Johnson è della
sua prima maniera; se si può dire che il Carlyle ne
abbia più che una, ch'egli ha di mano in mano esagerata, finchè è divenuta quasi intollerabile nella sua
opera sopra Federigo II di Prussia. Nella sua *Ico-
nologia* egli era veramente tratto all'esagerazione;
perchè voleva introdurre il culto degli eroi dell'umanità, e in ciascuno incarnare un sublime principio,
secondo poi fece dietro a lui l'Emerson. Dotato di
una dottrina singolare, di acutissimo spirito, e di viva
imaginazione, egli abbaglia ne'suoi primi lavori con
lo scintillamento perpetuo dei concetti, il più arguti
e nuovi. Ma a lungo andare stanca, e si passa volentieri da'suoi libri a que'racconti spezzati e alla buona
del Boswell, che, mettendo Johnson al tormento con le
sue perpetue interrogazioni, ne trasse cose più belle che
quegli non iscrisse mai, e che al parere degl'Inglesi è
il primo biografo di tutte le letterature.
    Un incremento alla biografia boswelliana è venuto
dall'essersi ritrovato nella nuova Gallia del Sud il manoscritto di un viaggio a Londra nel 1774 attribuito
al reverendo don Tommaso Campbell irlandese, che

conobbe Johnson e il suo circolo, e ne dà parecchi curiosissimi accenni, tra i quali ne troviamo alcuni che si riferiscono al Baretti, ch'era in molta grazia del gran vocabolarista inglese. Nel genere della biografia mista di buono e di cattivo, confusa, e quasi diremmo incondita, citano ora quella che Ciro Redding dettò del poeta scozzese Tommaso Campbell, l'autore dei *Piaceri della speranza*, che tuttavia così per gl'incidenti della vita, come per la qualità delle sue poesie, avrebbe sotto al pennello del Carlyle dato un'immagine efficacissima dell'alta gloria letteraria funestata dai più strazianti dolori della vita. Che pittura avrebbe egli fatto di quel povero padre, che fuggiva lo sguardo troppo fiso del figlio, colpito nell'intelletto da una mania trasmessagli dalla madre! di quella moglie che il poeta adorava, ma che celandogli il male ereditario di sua famiglia gli aveva procreato la sventura, assisa sempre al suo focolare! E d'altra parte le corse equestri del timido poeta che aveva poi preso cuore in Africa per non iscomparire coi Francesi avrebbe dato materia di un bozzetto comico al Carlyle, che eccelle nel riso amaro come nel compianto e nell'ira! Tuttavia il libro del Redding, che dieci anni stette col Campbell, contiene di buone cose e rilevanti agl'Inglesi; i quali trovano anche più confusa e illeggibile la vita che Emilio Palleske scrisse di Schiller, e che in questi bollori schilleriani lady Wallace tradusse e intitolò alla regina Vittoria. Ma come il Meyer direttore del teatro di Mannheim sentendo recitare allo Schiller col suo accento svevo e con la sua perpetua enfasi la sua nuova tragedia di *Fiesco* chiedeva a Iffland se quegli era veramente l'autore dei *Masnadieri*, così leggendo certe vite male descritte, si domanda se siano la vera effigie dell'uomo che pretendono dimostrarci. Tuttavia, checchè ne dicano gl'Inglesi, ci sono di gran

belle cose in questo lavoro del Palleske, e tra l'altre
la scena della morte del gran poeta, che nel suo farnetico lamentava il suo non finito *Demetrio*, che sorridendo e con gli occhi levati al cielo, chiedeva quasi ad
angelo che gli stesse sopra: « È questo il vostro inferno,
è questo il vostro cielo? » e che all'ultima sera volle
vedere il tramonto del sole, quasi figura del suo. Questa
scena è benissimo pennelleggiata, e non si legge senza
viva tenerezza pel cuore più umano che s'accoppiasse
ad uno dei più alti genii apparsi fra gli uomini.

AUTOBIOGRAFI.

BROFFERIO. — NORBERTO ROSA.

La vanità dei letterati non mi fa ormai più paura,
ed io posso rincorrere anche questi trent'anni in com-
paguia d'un vecchio gazzettiere. Infatti le sue rimembranze letterarie, artistiche, storiche e politiche appartengono più a Milano che a Torino. L'autore fu uno
di quei letterati piemontesi che trovavan già l'aere
più spirabile in Milano, o almeno più saturo di principii letterarii. Egli sciorinò la sua prosa sicura e
invidiabile, secondo la chiamò un valentuomo, in una
certa gazzetta; combattè con censori, romanzieri e
poeti; illustrò in versi i monumenti, i prodotti delle
arti milanesi; cantò le felicità dei principi e le glorie
dei popoli; ed ora, ripatriato e invecchiato, va ritro-
vando le sue orme, e con una vista lincea le scopre
dove altri non vedrebbe nulla. Così un don Giovanni
in ritiro tra i fiorenti visi della gioventù scopre certe
relazioni con le sue grinze, che altri, che non lo ha
veduto giovane, metterebbe volentieri in ridicolo. Pa-
ternità non bene sicura, se non al tutto ideale. Non
si nega che questo o quello scritto firmato da voi non
fosse vostro; si nega che sia stato di qualche momento

alle sorti della letteratura e del paese, e si ride del
mercante di carbone che, vedendo volare per le guide
la vaporiera, si crede partecipe della gloria di Watt, e
de' suoi seguaci.

> « Ma perchè pria del tempo a sè il mortale
> Invidierà l'illusïon, che spento
> Pur lo sofferma al limitar di Dite? »

Perchè impedire che altri razzoli nei cimiteri del giornale o tra le ferravecchie dei librai e ne tragga qualche
frammento per rifare un sè, che abbia apparenza di
persona, e appicchi e reintegri con la cera le reliquie
della sua defunta attività? A molti parrebbe bene con-
tentarsi dell'ingegno che si sentono ad un dato istante,
cavarne tutto il costrutto possibile per giovare a sè o
ad altrui, e lasciar che altri cercasse nelle catacombe
della stampa qualche cosa del loro passato; il che non
manca, se la memoria dell'universale è rimasta impressa
di qualche nostra idea o invenzione; a molti non piacerebbe tornare tra le rovine di Troja e gridar Creusa,
Creusa; ma altri hanno care anche le loro spazzature;
conservano in un'ampolla il tumore cistico che il coltello chirurgico ha loro strappato. È un gusto come gli
altri, e non c'è che ridire.

Intendete sanamente. Io non voglio inferire che il
signor Arturo non sia un uomo dabbene, e che non abbia
anche ragione di dire che a lodar quello che altri ora
maledice, o a maledir quello che altri oggi esalta, fosse
già conceduto ai poeti; le licenze poetiche, che salvano
le storpiature grammaticali, deon anche salvare le dis-
formità del galateo italiano. La poesia è come la pelle
fenicia, che si stira tanto, da farle anche cingere una
città. Io non voglio inferire che il signor Arturo manchi
proprio al tutto d'ingegno, e che, misurato al braccio
di certe meschinità contemporanee, non possa passare

per prosatore e poeta. Ma confesso che mi è profondamente antipatico il veder raccogliere le fronde sparte del proprio ingegno, e che in letteratura io amo la sentenza evangelica: « Chi pon mano all'aratro, e si guarda dietro, non è degno del regno dei cieli. »

Tuttavia, se lo scrivere di sè ha un fine d'insegnamento civile o morale, come ne' *Miei tempi* d'Angelo Brofferio, o in qualche capitolo del *Mio Individuo* di Norberto Rosa, io fo la pace eziandio con la vanità, massime se si è strisciata a qualche cosa di grande, se è stata il sale che ha conservato memorie, le quali sarebbero altrimenti andate in dissoluzione.

Il settimo volume dell'autobiografia del Brofferio (*Torino, Biancardi*, 1859), narra l'ingresso dell'autore ancor giovinetto nella capitale subalpina, ch'egli doveva empir della sua fama, divertendola col suo spirito e appassionandola con la sua eloquenza. Il ritratto ch'egli fa del vecchio Torino, lo mostra, senza ch'egli v'abbia pensato, come una scena apparecchiata alla sua solerzia, al suo spirito, ai suoi trionfi. Tutti quegli originali, che il Nota non sapeva ritrarre, tutti quei pedanti, a cui la critica adattava le sue zucche o gonfiotti perchè non andassero a fondo, tutti quei tirannelli d'un altro secolo, cui lo spessore dell'Alpi impediva di sentire i passi dell'incivilimento, aspettavano un fotografo, un giudice, un castigo; ed ecco il giovane astigiano giungere a tempo, perchè tutta questa originalità o stupidità o nequizia fosse ritratta ed eternata prima di trasformarsi o sparire per far luogo alla coltura ed alla giustizia dei nuovi tempi.

Piazza Carlina, Via d'Angennes, prime dimore del Brofferio, son sempre là coi loro brentatori o comici francesi e italiani; mescono sempre il lor vino pretto o sofisticato nelle brente e nel dramma; la casa Merina,

che accolse l' emigrante famiglia, sarà ancora testimone
delle vanità e delle miserie, eterno retaggio dell'uomo;
ma da quel tetto, ove abitava il poeta, qual nuovo e
strano spettacolo! La città, monotona nella vita come
nelle vie e negli edifizii, è quasi il campo ove cresce
una gènte forte, animosa, spirante dalla fronte altera e
lieta una nuova vita, un nuovo battesimo! O beato chi
vedrà sorgere le nuove mura!

Norberto Rosa conosce non meno bene del Brofferio
il vecchio Piemonte, e sa dipingerlo a meraviglia; ma
egli è un procuratore, non avvocato, pertanto meno ciarliero; visse quasi sempre in provincia, e non si trovò mescolato alle vive lotte della letteratura, della politica e
della tribuna. È un fatto che per riuscire nelle memorie
bisogna avere qualità che ti accostino ai sommi, e t'ini-
ziino nei grandi maneggi o studi; e qualità quasi don-
nesche, la curiosità, il pettegolezzo. Il Brofferio con-
tempera a meraviglia cotesti requisiti affatto opposti.
Egli trilla la salace canzon piemontese negli allegri
convivii, affila nel giornale l'epigramma, o dà fuoco al
motteggio; sfolgora i clericali alla Camera, o salva il
reo dalla morte con la forza, con la passione e le lagrime della sua eloquenza. Egli percorre facilmente tutta
la gamma dallo scherno plebeo all'altezza delle imaginazioni e tradizioni poetiche. Norberto Rosa scrive più
versi del Brofferio; ma è meno poeta; o, per meglio
dire, è poeta più circoscritto. Egli è arguto, piacevole,
così nella sua prosa come nelle sue rime. I capitoli
autobiografici che va pubblicando nella *Gazzetta del
Popolo* sotto il titolo *Il mio Individuo*, e l'ultima
sua poesia *L' Arco di Susa* (*Torino* 1859) hanno
tutti un'impronta. E la stessissima impronta hanno le
note archeologiche e critiche, ond'egli ha corredato il
suo poemetto bernesco sopra quel monumento eretto

da un re Cozio ad Augusto, e ch' è il principal decóro di quella vecchia città.

Dopo scritte queste parole (1859) morirono a grande intervallo il faceto ed ottimo poeta di Avigliana, ed il vivace oratore. Non sappiamo se Arturo sia morto. Se è vivo, si consoli, ritorcendo contro noi il biasimo inflitto ai rivilicatori dei propri scritti.

PAESISTI.

GIUSEPPE TORELLI.

———

Giulio II facea lavorare il suo monumento da Michelangelo; buona precauzione contro l'incuria dei superstiti, suggeritagli non tanto dagli esempi dei Faraoni, quanto dall'invincibile istinto dell'immortalità della nostra memoria sopra la terra. Gli scrittori moderni che non hanno eretto un proprio monumento con qualche opera insigne, fanno lavorare alla loro gloria un editore, raccogliendo tutti i sassi o marmi che possano servire ad un tumulo che simuli un mausoleo. Di qua tante esumazioni di articoli di giornali e di riviste, che sebbene nuovamente stampati e rilegati nelle più vivide forme, sembrano più vecchi ed ombratili che i ritratti dei nostri bisavoli. L'improvvisazione del giornale invecchia come la musica. Le antiche melodie hanno alcunchè d'oltretomba che ci attrista. Si sente come un gelo e serpere per la vita i vermi del sepolcro. Mozart e Gluck, che si sentono con un entusiasmo la cui energia consta per una metà d'invidia e d'izza contro i maestri viventi, ci sono ancora molto vicini, e furono poi gli Omeri dell'arte. Ma come persuadere al morente cantore che le arie che gli furon tanto applaudite, e ove si perigliava con tanto onore la sua ardita maestria, sono irrevocabili, e richiamate farebbero ridere? Egli muore col nome del suo idolo in bocca; come quell'eroe dell'Ariosto non può nemmeno finirlo, ma crede che l'eco, che l'ha tanto udito risuonare, s'incarichi di finirlo e di ripeterlo agli avvenire.

È passata appena una generazione, dice alcuno a sè stesso; forse neppure; e gli scritti non sono poi come le foggie del vestire. Or come avviene che i contemporanei mostrano non raffigurarmi, non riconoscono la mia voce, non colgono le mie allusioni, non gustano le mie imagini, trovan strano il mio stile? Ma Voltaire, Goethe piacquero anche canuti; e Nestore, ben più vecchio, piaceva sempre ad Agamennone co'suoi eterni discorsi. Ed io appena grigio, rimbiondito anzi da Michel Lévy o da Le Monnier, sembro, alle meraviglie di costoro, aver almeno cent'anni! Io mi rileggo, e mi piaccio anzi più che non faceva nello stesso ardor del comporre. Or come costoro, ai miei libri, fanno il viso del fanciullo dell'Ariosto (le citazioni sono il paracadute dello stile), quando trova putrido e guasto il maturo pomo ch'avea riposto?

Anche gli articoli dei grandi freddano. I bellissimi e veramente usciti di vena, del Diderot, sopra Terenzio e Richardson, paiono anch'essi di dì in dì meno fervidi. Per contrario le lettere non freddano, ove non siano ricopiate pel pubblico come faceva Plinio il giovine e talora il Giusti, ma uscite dall'abbondanza del cuore come quelle della Sevigné e di Voltaire. E fa per noi l'esempio di Johnson, le cui conversazioni raccolte da Boswell son vive e paion dette ieri, e i suoi libri tanto elaborati smontano di colore. E se si fossero raccolte le conversazioni di Diderot, dicono che sarebbero più vive di tutti i suoi libri.

Questo preambolo non si riferisce che negativamente al signor Torelli, i cui *Paesaggi e Profili,* testè raccolti forse in parte da vecchi giornali e riviste, son tutt'altro che archeologia letteraria. Non neghiamo però che le nostre prime parole ci furono suggerite da alcune frasi e allusioni e da alcune forme di stile, che ci ricordano un' altra età letteraria. Ma queste rughe sono rarissime, e solo forse, come diremo, nei *Profili.* In generale l'idea e lo stile di questo libro sono di quella buona lega di metallo che l'uso fa più lucente.

Tra le accuse che ci fanno gli stranieri, nell'interminabile processo che hanno instituito per diminuire il debito che tengono col nostro genio e col nostro incivilimento, si è che noi manchiamo del sentimento della natura. Noi, a lor detto, siamo indifferenti alle magnificenze naturali che ci attorniano, e ci ravvolgiamo nella vita artificiosa e gretta della città, e foggiamo la nostra poesia a questa norma. Sospettiamo che quest'accusa non sia senza fondamento; perchè Humboldt, sì benevolo a noi, che va a cercare il sentimento della natura sin nel Bembo, ne trova scarsi e deboli echi negl'Italiani. Eppure siamo sì ricchi di poesie descrittive. Ma parecchi dei nostri presero le descrizioni a cottimo; le murarono regolarmente; non si lasciarono andare al genio che dà una nuova e singolar forma ad antiche impressioni lungamente meditate e idealizzate nell'animo. Anche il ben descrivere vuole, oltre la realtà dell'impressione, una lunga meditazione. Dice Enrico Conscience nelle sue rimembranze di gioventù: « Ce ne sont pas mes excursions postérieures dans la Campine (*d'An-versa*) qui m'ont donné le sentiment des beautés de la bruyère; non, ce fut dans un moment que je sortais de l'enfance, que j'appris à ressentir toutes les impressions qu'elle m'a fait éprouver à compter les herbes

et les humbles fleurs qui font sa parure, à recueillir
ses bruits, à pénétrer ses secrets, à l'aimer, à la chérir,
comme si mon berceau se fût trouvé dans ces plaines
vierges et solitaires. » E le impressioni dell'adolescente
si riverberarono più tardi assai bene nelle sue *Pagine
del libro della natura.*

L'amico dell'Azeglio pare che gli abbia rapito il
segreto de'suoi paesaggi. La sua tavolozza è il calamaio;
ma a quel tale che intitolò un suo romanzo; *Ce qu'il
y a dans une bouteille d'encre* si potrebbe rispondere,
come Siéyes ad un altro quesito: Tutto e niente. Il
Torelli ci trova bei paesi; ma non solo sa bene foto-
grafarli; egli o li anima con la presenza di viventi, o
li consacra con leggende antiche. Non sono quelle descrizioni che in molti paion tratte dagli *Esempi di bello
scrivere,* e appiccicate lì con lo sputo. Sono scene naturalmente appropriate ai giuochi della fantasia, agli ab-
bellimenti della tradizione, e alla originalità dei costumi
e del viver presente. Ci pare perfetta *La Madonna
del Sasso,* ed è poi squisitamente scritta. In questo genere gli esempi non abbondano — e il Torelli può valere
d'esempio.

I *Profili* sono altresì belli e svariati: ma troppo ricchi di notizie biografiche. Il *profilo* dee dare la fisonomia morale e letteraria dello scrittore, spiegarne
brevemente le linee con la vita, ma non entrare in
troppi particolari; se altri va troppo pel minuto,
non fa più opera d'arte, ma d'erudito; e l'erudito è
quasi sempre certo di vincere l'artista che si fuorvia
pe'suoi tragetti. Giulio Alberoni è ben ritratto nelle
più importanti caratteristiche dal Torelli; ma volendo
farci penetrar tropp'oltre nella sua vita, mostra di non
conoscere i recenti lavori, tratti da fonti inedite accen-
nate primamente da Guido Cinelli nella *Rivista Ligure*

gazzetta letteraria, che Enrico Galardi avea fondata a Genova, e non male, se non pienamente usate dal signor Stefano Bersani, nella sua recente *Vita* del gran Cardinale. Nè solo non conosce questi documenti, ma dimentica alcuni punti importanti dell'attività amministrativa dell'Alberoni, come, per esempio, la Legazione di Bologna ove Benedetto XIV lo avea mandato con istraordinario favore, che mano mano si dileguò. Le azioni del cardinale a Bologna furono notevoli al solito nè gli mancarono i dissapori, massime per essere creduto favorevole agli Spagnuoli, che esercitavano la guerra cogli austro-piemontesi sui territori neutrali del Pontefice. E v'hanno lettere di lui assai belle; e tra l'altre intorno alle sue relazioni col re di Piemonte Carlo Emmanuele III e col ministro d'Ormea, nelle quali tocca delle acclamazioni onde i Bolognesi festeggiavano l'arrivo dei soldati italiani, che facevan già tralucere l'onore delle milizie nostrali tra gl'invalidi pontificii. Così il Castelvetro, critico arguto ed atrabiliare, ci par meglio ritratto nella vita che ne dettò Lodovico Antonio Muratori; non diremo solo per la copia delle notizie, ma anche per la più reale rappresentazione dell'uomo, de'suoi tempi, de'suoi studi. Il Castiglione ci pare ben tratteggiato, e troviam nel vero uno dei migliori cavalieri del mondo come lo chiamò Carlo V a'suoi cortigiani, quando ne seppe la morte; il maestro autorevole di *cortesia*, il cui libro fu il manuale di tutti i cortigiani d'Europa, come il *Principe* fu il manuale di tutti i politici. Se non che il cortigiano appartiene ora alla paleontologia e non si trova forse che nei terreni terziarii di qualche piccola corte d'Alemagna; onde il libro del Castiglione è un po' antiquato; e lo scriver latino ov'egli prevalse è ora poco in pregio e quasi punto in uso. Tuttavia l'amico di Raffaello, che ne cer-

cava la sapienza e l'erudizione ad aiuto ed ornamento
di *quella certa idea* del bello *che gli veniva alla mente* è
una effigie durevole; degna della collezione del più difficile numismatico. Di Byron e di Franklin il Torelli
tocca assai bene, ma qui lo scrittore ha a competere
con le vive impressioni lasciate nel lettore dell'autobiografia di Franklin,[1] non diremo della vita scrittane dal
Mignet, e con le memorie di Byron pubblicate da Moore.
Anche del Goldoni abbiamo belle e vivaci Memorie;
ma il Torelli ne riassume bene i punti essenziali: e
meglio ancora è narrata la vita del Frugoni, torrente
di versi che passò con gran fracasso, ma senza lasciar traccia di sè, se ne levi, secondo vuole il Torelli,
alcuni sonetti e alcuni sciolti, che vanno precipitando
anch'essi nelle catacombe della storia poetica d'Italia.
Torrente di versi fu Byron; ma sì copioso, ricco e di tal
veemenza, che formò fiumi di poesia, più belli e famosi
che i *laghi* de' suoi rivali. Byron e Frugoni, il cosmo
e il nulla. Il Torelli gli accenna bene tutti e due.

Ettore Santi è un racconto non finito e si vorrebbe
vedere in fondo *sarà continuato*. È un carattere singolare, ritratto con molto e agevole garbo. Nelle migliori
pagine di questo e degli altri racconti, si sente la
avventurosa influenza del Manzoni; l'evidenza, la con-
venevolezza, l'ironia. Il Torelli ha scritto quando l'impressione dei *Promessi Sposi* era recente; e il tempo
della imitazione felice è allorchè l'esempio è nuovo e
maraviglioso, e continua la temperie in cui è nato e
fiorito. Allora gl'ingegni che accorrono alla sua luce,
s'accorgono delle sue vie, e possono seguirle. Quando
l'ambiente è mutato, l'imitazione è più difficile, e riesce

---

[1] Vedi la Versione che ne ha fatta Pietro Rotondi sopra l'ultima
vantaggiata edizione di Filadelfia, procurata da Bigelow ambasciatore
degli Stati Uniti a Parigi. — Firenze, G. Barbèra, 1869.

spesso una fredda pedanteria, il che spiega in qualche punto la ricchezza letteraria di certi secoli. — I minori sono l'atmosfera solare; danno materia ai gran luminari e ne ricevono vita.

Ettore Santi è l'autobiografia di un giovinetto, che narra gli anni passati al collegio di Sondrio. Noi vediamo crescere la sua anima alle prime lotte col sapere e con la vita, e la abbandoniamo al punto che illustrata dal sole, getta tutt'aperta il primo profumo d'amore. È un lavoro delicatissimo di psicologia, avvivato a quando a quando da tratti d'amore schietto, ma squisito, e da caratteri curiosi come quel vecchio mobile d'osteria, ch'era stato in Francia ai tempi della prima rivoluzione, e avea conosciuto Carlotta Corday e Théroigne de Méricourt, maestre di ben diverso amore, e pertanto credeva potere sentenziare d'innamorati e far cuore al trasporto giovanile di Ettore per Clara.

L'ingegno del Torelli è essenzialmente analitico; ma la sua potenza d'analisi si estende così alle passioni come ai caratteri, e alle bellezze della natura. Senzachè questa potenza ha intensità ed elevatezza; onde al lavoro ne viene non minutezza, ma precisione; non diffusione, ma energia; non sgranamento, ma concisione efficace. L'analisi che coglie il caratteristico, l'importante, e l'aduna in un forte complesso, s'avvicina alla sintesi dei grandi ingegni.

Il Torelli mostra sotto nuovi aspetti luoghi noti e famigliari, e ci rende famigliari i non conosciuti. Ameremmo che questo suo valore di rappresentare, di esprimere e, secondo il proverbio arabo, di far occhio dell'orecchio, si potesse volgere a paesi e uomini stranieri. La gran letteratura che cominciò a Goethe e finì in Manzoni si rinnovò di colorito e di forme per due vie; o mediante l'appropriazione scientifica e poetica dei

migliori prodotti dall'uman ingegno in ogni secolo e
in ogni terra come fecero principalmente gli Alemanni;
o mediante l'avvivamento dell'ingegno per viaggi, e
avventure, come fece principalmente Byron. Tra noi il
Cesarotti entrò trionfalmente nella prima via, e il suo
Ossian dette leva alle fantasie e allo stile. Altri lo seguirono con non lieve gloria; ma nella seconda via entrarono ancora pochi; ed è da dolere; perchè vediamo
stranieri con ingegno minore dei nostri riuscire perchè
hanno cresciuto il numero dei colori alla lor tavolozza,
o delle corde alla lira.

I compatrioti di Colombo hanno cantato il mondo
ch'egli conquistò; ma forse non è nulla del nuovo mondo
nei loro artificii. Come i pittori di seconda mano copiano
nelle pinacoteche, così parecchi poeti copiano nelle librerie. Pertanto sarebbe da avvivare lo spirito d'avventura nelle lettere; i deboli, i fragili perirebbero nell'impresa; i gagliardi ne uscirebbero più valenti e più
ricchi di gloria.

ROMANZIERI INGLESI.

ANTHONY TROLLOPE.

———

Come nelle razze, così nelle rappresentazioni del romanzo e del dramma vi sono i caratteri puri e i caratteri misti. Nella razza anglo-sassone, sebbene pudica e tutta ritirata in sè stessa, tuttavia, per essere tanto sparsa pel mondo e indotta agl'incrociamenti, i caratteri sono più svariati ed originali. La eterogeneità fondamentale delle razze nelle stesse Isole Britanniche contribuisce in gran parte a quella varietà e spiccatezza di caratteri, di cui si vale felicemente il romanziere o il drammaturgo inglese, che abbia punto d'ingegno. Le fisonomie sul Continente vanno confondendosi in un tipo unico e triviale; il conio inglese è quello che serba ancor più, nel morale come nel fisico, qualche cosa di distinto e d'originale.

Uno de' romanzieri più simpatici ed elettamente fecondi è Anthony Trollope. Il suo romanzo *Barchester Towers* è una di quelle pitture della vita clericale, che sono ora tanto in voga in Inghilterra. Il clero protestante attraversa, come tutti gli altri ceti della società, le prove dell'amore e della famiglia; e deve tuttavia differenziarsi dagli altri per una certa gravità e sussiego. Basterebbe questo destino fattogli dalla Riforma, per produrre una lunga serie d'inconseguenze e di originalità. Ma esso è inoltre diviso in mille sètte, in mille varietà di dottrine e di disciplina; è agitato da una inclinazione sempre più spiccata al romanismo. E tutte queste lotte interne ed esterne variano e come affaccettano la sua vita ai giuochi di luce dell'osservatore e dello scrittore.

Fu parlato da molti delle *Scene della vita clericale* di Eliot, nome famoso. Egli narrò, fra l'altre, una semplice, ma dolce e poetica storia d'amore di cui l'eroina è una giovane di sangue italiano. Anche nel romanzo del Trollope, è una Inglese italianata, e si sente dappertutto in bene e in male l'influsso di quel cielo, che impressiona tanto gli uomini del Nord, dall'ingegno sublime di Goethe fino allo spirito più distratto del ricco *touriste*.

Barchester Towers racconta le rivalità clericali della città di Barchester. Comincia con la morte del vescovo Grantly, alla cui agonia assiste l'arcidiacono suo figlio più pensoso del come succedergli, che addolorato del perderlo. Ma il successore è un dott. Proudie, sotto cui il vescovado *tombe en quenouille*. Tirato da un lato dalla moglie, dall'altro dal suo dotto cappellano Slope si dà in ultimo in preda alla moglie, che, perdute le battaglie il giorno, si ricatta la notte tra le cortine. Questo vescovo *uxorio* è un argomento in azione a favore del celibato dei preti, rispetto al quale poi ve ne sono tanti altri contrari.

Un elemento del romanzo è questa lotta pel dominio fra la moglie del vescovo e il cappellano; la lotta per le proposte di lui rispetto alla più rigorosa osservanza della festa e per l'introduzione delle scuole domenicali; la lotta per la nomina al posto di direttore di un ospizio, a cui egli, secondo i suoi interessi, caldeggia, ora uno, ora altro candidato; ma il più attraente si è il suo doppio corteggiamento di una vedova bella e ricca, Eleonora Bold, e di una signora, Maddalena Vesey Neroni; Alcina, che alle solide bellezze inglesi unisce il fascino di cui il nostro cielo l' ha irraggiata.

Maddalena, figlia del reverendo dott. Vesey Stanhope, era venuta in Italia in sui diciassette anni. La sua maravigliosa bellezza aveva fatto gran colpo nelle conversazioni di Milano, e tra le ville che gremiscono le rive del Lago Maggiore. Ella era celebre per avventure, in cui non aveva precisamente perduta la sua reputazione. Aveva trafitto il cuore di parecchi cavalieri senza che il suo fosse pure sfiorato. Per lei s' erano battuti, ed ella ne aveva gusto. Si diceva che, una volta fra l' altre, avesse assistito a un duello travestita da paggio, e veduto soccombere il suo amante.

Come spesso avviene, ella aveva sposato il peggiore de' suoi pretendenti. Ella aveva scelto Paolo Neroni, uomo di bassa mano e senza averi, semplice capitano della guardia del papa, venuto a Milano come avventuriere o come spia, di aspra tempera e di modi stomachevoli; di aspetto triviale, villano e così bugiardo, da esser colto in fallo ad ogni momento. Perchè lo sposasse, è inutile ora il dirlo. Forse alla stretta dei conti non poteva far altro. Infine egli divenne suo marito; e dopo una protratta luna di miele sui Laghi, andarono a Roma, avendo il capitano cercato invano di lasciarla co' suoi.

Sei mesi dopo, ella tornò a casa del padre, spogliata di tutto, storpia, e con una figlia ch' ella chiamava l' *ultima dei Neroni*. Ella era caduta, diceva, nell' ascendere una rovina, e si era fatalmente guasto i tendini del ginocchio. Aveva perduto otto pollici della sua sta-

tura ordinaria; onde decise di non stare mai in piedi
e di non muoversi mai. Conservava però la sua bellezza;
il fiore della carnagione; la magia dello sguardo. Aveva
ingegno, spirito, e pochi potevano resistere a questa *Madonna della seggiola.*

L'infermità fu per lei una civetteria di più. La pietà
che ispirava, cresceva il potere della bellezza. Ella se ne
valeva a meraviglia. Doveva esser portata a braccio nelle
conversazioni e avervi un posto apparecchiato per lei.
Sicchè ella era aspettata, e quando vi compariva, aiutata
specialmente dal suo fratello Etelberto, grazioso carattere di artista spensierato e buono, tutti gli sguardi
le si volgevano, e tutti credevan debito raccoglierlesi
intorno; ed ella allora con lo sguardo, col sorriso, con
le dolci e spiritose parole empieva di feriti e di morti
il campo di battaglia, e come diceva il duca di Laval
della Récamier: *Si tous n'en mouraient pas, tous en
étaient frappés.*

Il povero Slope fu preso, e la scena d'amore ch'egli
ebbe con lei dopo le prime visite è un capolavoro. Anche l'avversario di Slope, il severo dottor Arabin, altro
prete, fu abbagliato dall'impudente italiana, come la
chiamava la moglie del vescovo. Ma lo Slope, che cor-
teggiava lei e la vedova Eleonora, è costretto dai sar-
casmi dell'una, e da uno schiaffo dell'altra a ritrarsi;
l'una continua a bruciare l'ale di tutti coloro che le
si appressano, l'altra sposa il dottore Arabin.

Il dottor Arabin è il favorito dell'arcidiacono Grantly,
cognato di Eleonora; del prete Harding, suo padre; perchè qui siamo in piena chiesa; e la stessa profana Vesey
Neroni è, come notammo, figlia d'un ecclesiastico un
po' mondano, innamorato del Lago Maggiore, dove finalmente ritorna.

Ma l'intreccio e gl'incidenti di questo racconto non

hanno nulla di singolare; sono i caratteri di cui ammiriamo l'espressione; e tra gli altri ci paiono notevoli questi due tipi dell'antica aristocrazia provinciale inglese, i padroni del luogo dove ha la sua cura il signor Arabin, e dove dà il primo bacio ad Eleonora, i Thorne di Ullathorne.

« Wilfredo Thorne, Esq. di Walthorne, era un uomo in sui cinquant'anni, celibe e non poco altero dell'esser suo. Egli però si studiava principalmente di spiccare nel mese o nelle sei settimane che passava a Londra; e nel suo circolo n'era non poco beffato. Egli possedeva molte cognizioni letterarie a modo suo e sopra certe materie. I suoi autori favoriti erano Montaigne e Burton, e nessuno forse, nella sua contea o nelle vicinanze, conosceva sì a fondo gli scrittori di Saggi del secolo passato. Egli possedeva le serie complete dell'*Ozioso,* dello *Spettatore,* del *Ciarliero,* del *Tutore* e del *Vagabondo,* e discorreva per parecchie ore alla fila intorno alla superiorità di quegli scritti rispetto a qualsivoglia saggio uscito nell'*Edinburgh* e nella *Quarterly Review.* Era poi molto innanzi nelle questioni di genealogia, e onorava altamente l'antichità e nobiltà del sangue. Quanto a' suoi antenati, andavano un pezzo in su innanzi alla conquista; e, come Cedric il sassone, avevan potuto mantenere loro stato senza bassezze, tra i baroni normanni. Uno poi de' suoi antichi aveva difeso gloriosamente il suo castello ai tempi del re Giovanni contro un Gioffredo di Burgh, ed egli serbava gelosamente la storia dell'assedio, scritta in velino con belle miniature, in un idioma che nessuno intendeva, e ch'egli solo sapeva spiegare in inglese corrente.

» In politica, il signor Thorne era un inflessibile conservatore. Egli riguardava quei cinquantatré Troiani, che, come il signor Dod ci dice, censurarono il libero

scambio nel novembre 1852, come i soli patrioti rimasti
tra gli uomini politici d' Inghilterra. Quando arrivò
quella terribile crisi, quando l' abrogazione della legge
sui cereali fu procurata da quegli stessi uomini ch'egli
aveva tenuti fino a quel punto pei soli possibili salva-
tori del suo paese, egli rimase alcun tempo come in
paralisi. Il suo paese era perduto; ma questo era il
minor male; era perduto per l' apostasia de' suoi amici.
La fede aveva, come Astrea, abbandonato la terra. Egli
s' era dato alla malinconia e alla solitudine; fuggiva il
consorzio dei suoi intimi; non gustava più le caccie
che erano già il suo più grato sollazzo, e solo a poco
a poco si riebbe e tornò alle vecchie consuetudini.
Credeva poi che le *leggi abrogate* vivessero di una vita
mistica, e sorrideva udendo dire che erano assolutamente morte.

» La sorella, più vecchia che lui di dieci anni, era
sì imbevuta de' suoi pregiudizi e sentimenti, che poteva
dirsene la caricatura vivente. Ella non apriva mai una
rivista moderna, non voleva veder giornali mensili nel
suo salotto, e non si sarebbe sporcato le dita per
cosa del mondo con un foglio del *Times*. Parlava di
Addison, Swift e Steele, come se vivessero ancora;
teneva de Foe pel più rinomato romanziere inglese, e
considerava Fielding come un novizio ancor giovane, ma
benemerito nel campo del romanzo. In poesia non conosceva altri nomi dopo Dryden. Solo si era una volta
lasciata sedurre a leggere il *Riccio rapito;* ma considerava Spenser come il più puro tipo di poesia inglese.
La sua favorita mania erano le cose genealogiche. I
nomi inglesi moderni le parevano egualmente ignobili.
Hengisto, Horsa e altri tali le solleticavano dolcemente
l' orecchio. Se non fosse stata sì buona, avrebbe mala-
detto nei nomi di Mista, Skogula e Zernebock; pint-

tosto benediceva, ma in così strani modi sassoni, che non la capivano che i suoi contadini.

» In politica, Miss Thorne era stata così stomacata della vita pubblica per codardie molto anteriori alla questione della legge dei cereali, che la sua abrogazione non le aveva fatto gran senso. — Al suo parere, il fratello era stato un giovane dabbene, trasportato dall'ardore soverchio del temperamento a tendenze democratiche. Ora l'esperienza dell'iniquità del mondo lo aveva ritirato per ventura a più sane idee.

» In religione Miss Thorne era una pura druidessa. Non vogliamo già intendere, che a questi estremi giorni ella assistesse a sacrifizi umani, o fosse in fatto ostile alla Chiesa di Cristo. Ella aveva adottato la religione cristiana come una forma più mite dell'adorazione de'suoi antichi, e si valeva di questa sua condiscendenza per dimostrare, che ella non era contraria alle riforme, quando le riforme erano salutari... Ella era una druidessa in questo, che desiderava non so che negli usi e nelle pratiche della sua Chiesa. Ella parlava spesso e pensava sempre di buone cose che più non erano, senza avere la più lieve idea di ciò che quelle cose si fossero. Ella s'immaginava, che in antico fosse esistita una purezza, ora scomparsa; che i nostri pastori avessero una pietà e il nostro popolo una semplice docilità, che forse la storia non conferma.

» Ella usava parlare di Cranmer, come del più saldo e sincero dei martiri, e di Elisabetta, come se la pura fede protestante fosse stato l'unico pensiero della sua vita. — Sarebbe stato crudele disingannarla, se fosse stato possibile; ma sarebbe stato impossibile farle credere, che l'uno era un prete che serviva ai tempi, e avrebbe fatto qualunque cosa per conservare il suo

posto, e che l'altra era in suo cuore papista, con la
sola condizione d'essere ella il suo proprio papa.

» E così Miss Thorne andava sospirando e rimpian-
gendo, retroguardando al diritto divino dei re, come
alla norma del secol d'oro, e serbando nei penetrali
del cuore un caro tacito desiderio della restaurazione
di qualche esule Stuardo. — Chi vorrebbe negarle il
lusso de' suoi sospiri e la dolcezza de' suoi soavi rimpianti? »

Ma questi caratteri bisogna vederli in azione; vedere
lo *Squire* ai piedi della Neroni, e Miss Thorne in mezzo
alla festa ch'ella dà in Ullathorne dove lo Slope riceve la correzione, che gli fa perdere ogni speranza
della vedova e delle sue molte lire sterline di rendita.
Bisogna vedere tutti gl'intrighi clericali, contrariati e
favoriti dal *Jupiter* giornale preponderante; sentire
tutto il pettegolezzo donnesco e clericale di Barchester.
— Vi sono scene degne del *Leggìo* di Boileau, e l'impressione generale che resta non è punto favorevole al
clero anglicano, come la lettura dei libri del padre
Bresciani non giova molto al buon concetto che si dovrebbe avere del clero cattolico.

Un altro romanzo di Antonio Trollope, *Richmond
Castle*, si potrebbe intitolare « Una storia d'amore nel-
l'anno della fame in Irlanda. » È la carestia che fece già
di tutta l'isola la torre di Ugolino, con scene non meno
pietose e strazianti che le dipinte da Dante. Tra quegli
errori, che i generosi sforzi del governo e dei nativi fa-
coltosi cercavano mitigare, nella *tregua di Dio*, che
accoglieva insieme a consiglio e ad aiuto i ministri
protestanti e i preti cattolici, dianzi e poi sì nemici,
il cuore dei giovani non s'inteneriva solo di compassione, ma batteva d'amore; affetto invincibile, che tra
le sventure e tra gli eroismi fiorisce in romanzo ed in

poesia, e che invano si vuol far tacere dalla sover-
chianza del cannone, o dalle disperazioni del feretro:
affetto supremo, nel quale si raccendono gli altri più
nobili di scienza, di virtù, di patria, quando la tirannide gli ha spenti. Tutto l'uomo non è nei dispacci
telegrafici; ma chi non lo trova che in quelli, guardi
pure d'alto in basso tutti i sofismi, che non formano
il tessuto dei *Primi Milano,* schernisca tutte le novelle,
che non sono ammannite dalle *Corrispondenze particolari,* e chiuda gli occhi al dramma che dal cuore
dei giovani traluce nel loro sembiante. Noi, per nostra
parte, prestiamo volentieri l'orecchio al loro pianto
ed al loro riso, come gli stessi nostri arrabbiati politici, nel più bello di una discussione alla Camera,
levan gli occhi, per consolarsi del discorso di tale
o di tal altro, a qualche angelo che splende nelle
tribune.

Può anzi avvenire che quando lo straordinario e
l'eroico sono nei successi del mondo, altri cerchi nelle
fizioni il semplice e il tranquillo della vita. Il romanzo
storico non fu mai più in voga che all'abbonacciarsi
della tempesta napoleonica. Il romanzo campestre della
Sand sbocciò, come la pianta del loto, nelle alluvioni
della rivoluzione del febbraio. Così Robespierre nell'idillio d'un amor popolare si distraeva dal sanguigno del
Comitato di salute pubblica. Quando tutta l'Inghilterra
sonava d'armi, si amava meglio il romanzo che rappresentasse la vita ordinaria. Il Trollope narra facetamente
come l'agente di un editore rifiutasse, senza leggerli,
tre volumi di storia sofisticata, e gli chiedesse racconti
della *daily english life.* Egli si scusa di essersi trasferito
in Irlanda, in un distretto ove s'abboccano le contee
di Cork e di Kerry, ma non esce dai casi del giorno
e dagli affetti ordinari della vita.

Castle-Richmond, Hap-House, Desmond-Court, residenze signorili, ecco la triplice scena, in cui si svolge questo dramma casalingo. Il castello è abitato da sir Thomas Fitzgerald, ricchissimo; che ha un figlio, Èrberto, e due figlie da una donna, ch'egli trovò abbandonata da un Mollet, suo primo marito, amò, e fatto sicuro della morte di lui tolse in moglie. — *Hap-house* suona del romore delle gozzoviglie e delle cacce di Owen Fitzgerald, il più prossimo parente di lui, che con sottili entrate sa vivere lietamente e s'innamora in Clara, figlia della contessa Desmond, a cui la povertà tempera l'orgoglio del grado. Caro a lei, e ad un suo giovanetto figlio, Owen è escluso, come ha palesato a Clara il suo affetto, ricambiato con l'assenso del giovenile rossore e di commosse parole; ragione principale e aperta, il non esser atto a pareggiare la lautezza del vivere alla dignità del nome; motivo accessorio e occulto, il capriccio che avea di lui la contessa.

Invece i corteggiamenti di Erberto, ricco e possente, sono accetti a lei ed a Clara, che, a forza di pensare al vivere disordinato e pazzo di Owen, era riuscita, se non a cancellare il primo amore, a scrivervi sopra almeno il secondo. Owen protesta, ma la contessa consacra le nuove promesse. Se non che il vecchio Fitzgerald viene a chiarirsi che il Mollett è vivo; e tra per le minaccie di costui e d'un suo figlio, e per scrupolo di coscienza, annunzia ad Erberto che il retaggio del suo stato e del suo titolo passa in Owen. Questi, avvertito, rifiuta, e non chiede altro compenso se non che gli sia resa Clara. La contessa, cambiate le condizioni, prende a favorirlo: ma la giovane, compatendo generosamente alle sventure del suo fidanzato, rivolge la pietà in amore, e rifiuta la libertà ch'egli le ridona. Se non che, riconsiderato il caso, si scopre che il Mollett aveva già un'altra moglie, quando tradì lady Fitzgerald; onde Erberto è restituito nel suo grado e titolo, sposa Clara, e Owen abbandona il paese.

Questa storia, che pare attinta dalla Collezione dei processi famosi, ricca fonte ai romanzieri, è narrata con vivezza e brio dal Trollope, saviamente parco nella riproduzione dei minuti incidenti e del ciarlìo della vita cotidiana, che sono pur la zavorra della maggior parte dei romanzi inglesi. I personaggi non sono ambiziosamente ritratti, ma fatti vivere ed agire con spontaneità reale. Bellissimo è il colloquio di Clara con Owen, quando a lui, che vuol credere di non essere più amato, disconfessa l'amore, e l'altro in cui la contessa vedendolo vicino a partire, gli dichiara, senza speranza e senza frutto, il proprio amore.

Il Trollope, tra gl'Inglesi, arieggia un poco, per la facile e copiosa vena del racconto, al fare di Dumas figlio. Egli non ha l'appassionato della Brontë, il fantastico profondo di Dickens, l'arguta intuizione del Thackeray.—Non vorrebbe forse avere il mistico fervore dell'Hawthorne, che conservava sempre le tracce del suo passaggio tra le fiamme puritane, e il fuoco di Moloch del socialismo. Il Trollope, che ha vissuto molto a Firenze, s'è svestito di quella certa grettezza, che si trova negli scrittori inglesi di second'ordine, quando o col grande animo non hanno abbracciato tutta l'umanità, come Shakspeare, o convertito a virtù i difetti nativi, come Swift.

BULWER.

Il meraviglioso, che si voleva proscritto dall'epica, invade il romanzo. Edgardo Poe l'aveva già con terribile efficacia introdotto nella novella; ora il Bulwer lo introduce con bizzarra metafisicheria nel romanzo. *Una strana storia*, lavoro mirabile per molti conti, è una narrazione che tende a mettere in rilievo il senso, la mente, e l'*anima* dell'uomo. Il senso e la mente abbracciano il mondo reale e pratico; l'anima, il mondo invisibile, il mondo degli spiriti, col quale comunicano i puri, e i predestinati da una particolar tempera di cervello.

Un medico materialista, noto già per un libro sul *Principio vitale*, Allen Fenwick, succeduto nella clientela del suo amico e fautore dottor Faber a L***, città delle primarie d'Inghilterra, vince di ragione, d'ironia e di beffe un dottor Lloyd, suo collega, che chiama in aiuto della scienza medica gli oracoli della chiaroveggenza. Il Lloyd se ne muor di dolore; ma all'estremo chiama, sotto specie di consultarlo, il suo antagonista, e mostrandogli dal suo letto di morte la famigliuola derelitta, lo maledice come autore di danno non solo a lei, ma altresì a quegl'infermi, a cui i farmachi ordinari non potevano sovvenire, ed egli col lume delle sue sibille magnetiche riparava. Questa maledizione che apre il romanzo non ha altro fine che di ben caratterizzare il genio del dottor Fenwick, e mostrarlo ribelle alla fede di un soprannaturale, nelle cui fila si contessono i misteri dell'essere, le illusioni dell'imaginativa, e le gherminelle dell'impostura.

Il Lloyd risorge pel Fenwick in due nuovi entusiasti di scienze occulte, in Filippo Derval e in Margrave, che le ubbie occidentali infoscarono vieppiù coi vaneggiamenti dell'Oriente. Il Derval si trova erede di molti libri di una specie di mago, di Forman, ricoveratosi in antico da una acerba persecuzione in sua casa, e maestro a uno de' suoi antenati. Invogliatosi di magia, va in Oriente, e conosce Harun, famoso per avere scoperto il principio della vita, e possedere i mezzi di ristorarlo quando gli organi che servono alle sue funzioni non siano irreparabilmente guasti. Harun possiede una farmacia tutta sua, riposta in un forzierino simile a quelli in cui serbano le loro ampolline gli omeopatici, e con quei rimedii guarisce mali insuperabili all'arte medica ordinaria. Mentre Derval si fa discepolo a Harun, eccoti comparire un altro inglese, Luigi Grayle, fuggito già d'Inghilterra per un mal combattuto duello, disfatto ora dall'età e dalle malattie, e assetato non solo di salute, ma di lunga vita. Ricchissimo, ha molto seguito; e tra gli altri una donna araba, Ayesha, e un indiano di forza atletica, Juma, della setta fanatica degli strangolatori. Grayle chiede ad Harun ristoro a' suoi mali, ed all'esausto principio della sua vita; chiede le stille di un elisire, che quegli, racchiuso in una boccettina, porta in petto. Harun mira per entro ai pensieri di Grayle; vede l'anima di lui straziata dai rimorsi delle colpe commesse, e paurosa delle altre più atroci che il suo spirito si apparecchia a commettere; e non sperando la vittoria dell'anima contro alla mente e al senso, consente a risanarlo, ma rifiuta di protrargli una vita, che sarebbe dannosa altrui. In questo, scoppiata la peste a Damasco, Harun vi manda Derval con la cassettina de' suoi rimedi per guarire gli appestati, e gli fa tralucere come al ritorno non lo troverebbe, correndo rischio di perire per mano violenta mossa da un animo scellerato. Di fatti Derval, dopo miracoli di guarigione in Damasco, tornando, trova Harun morto, probabilmente strangolato, e Luigi Grayle sparito. Egli sospetta che Grayle sia l'autore del misfatto; ma la gente è sì lontana da questo pensiero, che crede anche Grayle ucciso per frode dell'avida Ayesha, e per violenza del fanatico Juma.

Questo Luigi Grayle è tutt' uno con Margrave, o il padre di lui, che l'ebbe d'amore? Fattostà che quando noi scontriamo Margrave in questo romanzo, egli è ricchissimo, giovane, bello, attraente, invaghito di scienze occulte, appassionato dell'elisir di vita, e letto a caso il libro del dottor Fenwick s'innamora di vederlo, e va a trovarlo a L**. Egli pensa valersi della scienza del medico al ritrovamento dell'elisire. Il medico incredulo, non rifiuta gli sperimenti, ma per curiosità mera, non già perchè se ne prometta effetto di sorta.

Questa città di L** era divisa in due parti: l'alta e la bassa. Nella città alta, o in *Abbeyhille*, dimoravano le migliori e più antiche, se non più ricche famiglie; nella bassa la gente nuova. L'alta era come governata dalla moglie del colonnello Poyntz, arbitra del gusto, delle mode, e anche dei matrimoni. Ella, indovinando che il dottor Fenwick è innamorato della Lilian Ashleig, figlia d'una sua amica, conduce le cose in modo che ella si fidanza al dottore, e rifiuta un suo parente, Ashleigh Sumnern, che sposa poi una figlia della Poyntz. Margrave, informatone da costei, adocchia Lilian, come mezzo di poter volgere a suo senno l'animo dell'innamorato dottore a' suoi fini di vita, e come soggetto acconcio a fargli da Pitonessa, a scoprir l'elisire.

« Se voi, diceva Margrave a Fenwick, nell'esercizio della vostra arte vi abbattete ad una giovine, ignara.

ancora di tutto il male del mondo, che abbia a noia
tutte le sollecitudini comuni e gli uffici del mondo,
che dal primo albeggiare della sua ragione abbia amato
starsi in disparte e fantasticare; innanzi a' cui occhi
sfilino non provocate le visioni; che conversi con chi
non abita sulla terra, e miri nell' aria paesaggi cui la
terra non riflette...

» — Margrave, Margrave, di chi parlate?

» — La cui organizzazione, sebbene squisitamente
sensibile, sia pur sana e disposta in modo da non ricono-
scervi principio di morbo; il cui animo abbia una veracità, che sappiate non potere ingannarvi, e una semplice
intelligenza troppo lucida da ingannare sè stessa; che
sia mossa ad un grado misterioso da tutti gli svariati
aspetti della natura esteriore; — innocentemente allegra,
e inesplicabilmente mesta — quando, io dico, vi abbattete in tal essere, informatemene, ed è più probabile
che la vera Pitonessa sia trovata. »

Lilian (da *Lily*, giglio) avea narrato a Fenwick che
dalle prime pagine del libro della sua memoria ella
trovava come talora un lieve velo, qual bruna nuvo-
letta, si alzava tra la natura e lei; che quel velo mano
mano si apriva; ed allora le si affacciavano strane par-
venzo, quasi in visione; che da pochi mesi le imagini
delle cose a venire le si riflettevano chiaramente nel-
l' aere in cui mirava, come in uno specchio — che avea
veduto lui nelle profondità dell' aria, e che il s to cuore
n' era stato singolarmente commosso; e che vicino a
dove la sua imagine emergeva dalla nube, a ea scorto
il padre, e udito la sua voce, non nell' or chio, ma nel
cuore, sussurrandole: « Voi avrete bisogno l' un dell'altro. » Ma allora, d' improvviso, tra i miei occhi levati
e le due forme che avevo innanze, sorse dalla terra,
oscurando il cielo, un vapor vago, fosco, ondeggiante,

— e ravvolgentesi come un serpente, senza certa forma
e figura; sennonchè era una parvenza spaventosa, un
lampo uscente da due occhi di bragia, una giovane testa, come quella di Medusa, cangiautesi più rapidamente che io non avrei alitato, in un teschio che mi
agghiacciava ghignando. Allora il terrore mi fece chi-
nare il capo, e quando lo rialzai, tutto era svanito. »
Da questo tratto si vede che le speranze di Margrave
e le inquietudini di Fenwick non erano vane.

In questo, Derval arriva a L** per regolare certi
suoi interessi e cercando appunto di Luigi Grayle, che
egli credeva ringiovanito con l'elisir rubato ad Harun,
e trasfigurato in Margrave. Appena giunto, combina il
dottor Fenwick a una festa da ballo, in casa del sindaco, gli ricorda che al collegio esso Fenwick gli salvò
un parente per nome Strahan, gli comunica i suoi dubbi
su Margrave, e lo prega che trovandosi anch'egli alla
festa lo acconti con lui. Fenwick tira Margrave in una
stanza appartata. Questi si accorge di Derval e si turba,
e mentre Derval fa ardere al lume una certa polvere,
Fenwick si trova levato ad un rapimento di spirito, in
cui vede Margrave in forma di un vecchio fiaccato e
grinzoso, come Ruggiero vide Alcina, rotto l'incanto.
La guerra comincia tra Derval e Margrave, che crede
trovare sopra l'antico discepolo di Harun il prezioso
elisire. Margrave si mostrava già lieto e altero della
vittoria. Fattostà che una sera Fenwick, tornando da
una visita, trova Derval sulla via steso morto di ferite.
S'inizia una inchiesta che non riesce a nulla, e Strahan
entra in possesso dei beni e della casa di Derval.

Strahan invita Fenwick al suo palazzo, e gli comunica un manoscritto del morto. Egli credeva che senza
più fosse il prezioso deposito dei segreti naturali posse-
duti da Derval, e Fenwick si confidava inoltre trovarvi

qualche rivelazione intorno a Margrave, ch'egli sospettava autore e motore dell'omicidio. Ora, mentre Fenwick scorre il manoscritto, e segue con ansietà i cenni che si riferiscono ad Harun e a Luigi Grayle, gli apparisce in lontananza la figura di Margrave, e in quell'apparizione lo sorprende un sopore, cessato il quale, il manoscritto è sparito. Strahan non crede allo sparimento, sibbene ad un furto, pensandosi che il dottore volesse giovarsi e farsi bello dei discoprimenti di Derval; e questa presunzione rende plausibile l'accusa di averlo ucciso, che piomba addosso a Fenwick, il quale viene arrestato in casa di Strahan, sopra la denunzia di un preteso americano, che aveva raccolto alcune parole di una conversazione tra Derval e Fenwick, parole che sonavan minaccia, se quei non gli cedeva la cassettina dei rimedi miracolosi. A corroborar l'accusa, nello studio del dottore, studio a terreno, e separato dal corpo della sua casa, e la cui porta-finestra restava aperta il giorno, si trova il forzierino e un pugnale con macchie di sangue. Tutti credono il dottore colpevole; solo Margrave lo difende, specialmente innanzi alla sua fidanzata; il che dà stupore e gelosia a Fenwick.

La notte, nel carcere entra un gelo per l'ossa a Fenwick, ed ecco apparirgli di nuovo l'imagine di Margrave, in forma di quell'ombre splendenti che gli Scandinavi chiamano *Scin Læca*. Gli dice lui solo poterlo salvare; il patto essere ch'egli non dia retta nè sfogo a' sospetti ch'egli ha concetto a suo danno nel caso di Derval. Ad una seconda apparizione s'accordano; e Margrave riesce a provare che il denunziatore era un pazzo, fuggito dal manicomio di una città d'Inghilterra, ove stava rinchiuso per la sua monomania omicida, e che si credeva ministro di Satana ad assassinii, ch'eseguiva come un dovere, e che confessava come una gloria. Il pazzo, che il soprantendente del manicomio, chiamato a posta, riconosce, confessa di aver egli ucciso Derval, e di aver posto il forzierino e il pugnale nello studio del dottore, che aveva trovato aperto.

Fenwick è assoluto e liberato, e Margrave, secondo l'accordo, parte da L**. Ma non volendo renunziare alla sua Pitonessa, esercita di nuovo il suo fatale influsso su Lilian. Lilian, in preda ad una delle sue illusioni, crede veder l'imagine del suo fidanzato muover da L**, e le va dietro, incamminandosi, per forza dell'incanto, al luogo appunto ove Margrave aveva tutto preparato per imbarcarla a bordo d'un yacht e condurla seco in Oriente. Fenwick, saputa la fuga, la insegue e la trova presso al luogo ove Margrave la aspettava; al quale, rapita una verga magica, le cui particolarità sono curiosissime e che poi scioccamente seppellisce in un lago come Orlando l'archibugio di Cimosco, s'impone signore, e liberata la sua fidanzata, la conduce al suo paese nativo e la sposa Ma il dì delle nozze, una lettera anonima che poi si sa essere venuta da una Miss Barbazon, che vecchia e cadente avea gettato invano le reti per pigliare al suo amore il Fenwick, la informa dello scandalo della fuga, a cui ella s'era abbandonata inconscia. Ella ne perde la ragione; di che Fenwick, per vedere di guarirla, imprende un viaggio in Australia, ove lo chiama il dottor Faber. Anche in Australia lo sopraggiunge Margrave, e lo induce ad aiutarlo a trovar tra le vene dell'oro l'elisire, onde crescerebbe anni a sè e vita a Lilian, ch'è in fin di morte. In questa operazione muore Margrave, e Fenwick, scampato dalle mani di Juma, che d'ordine del suo signore lo attendeva al ritorno per strangolarlo, trova Lilian fuori di pericolo, riavuta in senno, e con lei vive consolatamente, ed ella coi baci gli terge le lagrime, ora di gioia.

Questo abbozzo imperfetto può dar idea appena dell'intreccio, non già della bellezza della narrazicne, della spiccatezza dei caratteri, e della profondità delle discussioni filosofiche. La società di L** è curiosamente tratteggiata; così quella ch'è sotto il governo della tirannica moglie del colonnello Poyntz, come quella che l'ammira e la invidia nel basso della città. Fa riscontro a questa descrizione la pittura della vita nuova dell'Australia. Lo scienziato materialista, perplesso per inesplicabili misteri fisiologici collegati agl'interessi del suo cuore, e tirato giù per doppio sforzo dall'alto del suo orgoglio scientifico, è vivamente espresso in Allen Fenwick. Margrave, carattere e vita impossibili, fa appunto l'effetto di uno di quei misteri di cui egli andava in cerca; l'intelletto non li crede, ma ne è sorpreso ed attratto. Lilian è una creazione eterea; i suoi rapimenti e le sue estasi la angelicano, per usar il verbo dantesco. Le discussioni filosofiche sono un poco lunghe e sforzate; ma belle.

Non è da negar tuttavia che queste discussioni, che si salterebbero a piè pari, se non fosse la curiosità di veder giustificato il maraviglioso del romanzo, ailungano e freddano la narrazione. Il fare del romanzo un instrumento a provare una tesi metafisica o politica è assunto pericoloso; e non riuscì neppure a George Sand. Certo il maraviglioso di Cagliostro, di Mesmer e di Puysègur è attraente; e se ne legge volentieri pur la semplice relazione; ma il raccogliere faticosamente le loro visioni o imposture, e discuterle coi filosofemi di Maine de Biran, di Hamilton, di Flourens riesce noioso: tanto più che dopo lette e pesate le azioni e le ragioni dei personaggi del romanzo, il velo non è punto levato nè diradato, e si è invano posto una indulgentissima dose di credulità a disposizione del narratore senza co-

strutto di sorta. Noi vediamo, come Lilian, molti spettri nell'aria; ma la magia del narratore non riesce a
farceli poi riscontrare nella realtà della vita.

Edgard Poe non discute; ci stordisce o ci sgomenta.
Anch'egli crede; e veramente l'ebbrezza, a cui si abban-
donava, popolava di sogni la sua mente. Ma il Bulwer
è mente fredda e sincera. Chiama la scienza in suo
soccorso, ma piace meglio leggere i filosofi che trattano
queste materie, come, per esempio, Alfredo Maury
nei suoi due libri sulla magia e sui sogni. Se non
che il genio dell'autore spicca, come dicemmo, nella
delineazione di caratteri singolari, ma bellissimi, nella
pittura dei sentimenti reali dell'animo e soprattutto
nelle scene di fantasmagoria. Sono vapori, ma dipinti
stranamente dal sole. Sono anzi le figure aeree che
si diceva apparire dalle Azore e dalle Canarie assai
prima che Colombo scoprisse il Nuovo Mondo; e che,
secondo Humboldt, non solo ne prefigurarono, ma ne
promossero la scoperta.

DOUGLAS JERROLD.

Il nome di Douglas Jerrold sornuota. Neppure la
biografia scrittane dal suo figlio Blanchard e qualche
centinaio di articoli critici non hanno potuto sommer-
gerlo. I critici, anche lodando, fanno de' libri quello
che il Galvani facea delle rane. È il vero che tentano
trovare il principio del vero e del bello; e qualche
scorticamento è lecito per sì bel fine. Ma non so
come avvenga, che, anche de' buoni, dopo quel lavoro,

all'Apollo, passa la voglia del leggerli. Pochi sono i Sainte-Beuve, che ridestino i più svogliati allo studio.

Ognuno ricorda i begli articoli di Guglielmo Guizot sopra Sidney Smith; uno dei begli spiriti più famosi dell'Inghilterra. Un sì felice pennello non toccò a Douglas Jerrold, bello spirito non meno famoso ma più acerbo e rotto, come quello che non era addolcito o rattenuto dall'abito dei consorzi aristocratici. Ma Jerrold non solo coniava motti che servivano ai bisogni della circolazione dei saloni e dei gabinetti; egli volgeva e diffondeva altresì il suo ingegno alla satira degli abusi sociali e degli eventi politici. *Il Punch* raccolse i suoi schizzi, che sono per avventura lo stillato della sua potenza epigrammatica. Più facili e gustabili agli stranieri sono i suoi *Men of Character*, galleria di originali, tra i quali spicca Jack Runnymede fanatico della *Magna Charta* e delle libertà del popolo inglese, e che avendole sempre in bocca e celebrandole a tutto pasto, per una serie d'incidenti perfettamente legali, passa per la prigione, l'arrolamento forzato nella marina, la flagellazione, e per tutte le avanie che un governo despotico può far temere ad un cittadino.

Nè, come radicale, si restrinse a notare quanto v'è di assurdo ancora e di pericoloso alla libertà negli ordini politici o legali della Gran Brettagna, ma elevandosi allo studio delle ineguaglianze sociali, ne mostrò il corso e gli effetti nelle Vite parallele di un lord e di un figlio del popolo. *St. Giles e St. James* è un romanzo che tocca l'anima, in quanto fa vedere i facili contatti della povertà col vizio e col delitto. È un quadro che verissimo in Inghilterra, non lascia d'esser vero per ogni dove.

Non ci par giusto il rimprovero che la *Rivista d'Edimburgo* fa al Jerrold, che il suo spirito non prova nulla. Egli non voleva provare sillogisticamente, ma riformare descrivendo o satireggiando. Egli faceva la storia or sentimentale or comica˙de' mali e degli abusi sociali; creava negli animi il pensiero delle riforme, e la migliore disposizione ad accettarle. Se la Rivista non intende che de' suoi scherzi pel *Punch*, tanto peggio. Non si domanda allo *Charivari* e al *Pasquino* che provino, ma che emendino divertendo.

Egli era un *sentimentalista* (dice la *Rivista*), scriveva per appagare le sue simpatie e antipatie, e non per trarre in luce il vero. Ma questa impressionabilità dell'artista corrisponde alla capacità dell'ingegno polilatere del filosofo. È un sentir le cose per le loro qualità ed effetti molteplici e diversi; e la sensitività morbosa che rende l'anima più acuta, quasi orecchio d'infermo, a udir le voci che sorgono dalla natura e dall'umanità, e l'imaginazione che tenta renderle, e per lo sforzo cade talora nel *grottesco*, sono appunto caratteri dell'artista: quei caratteri che lo fanno amare dal popolo, come l'uomo che dà una favella alla sua mutolezza, e una interpretazione letteraria alla sua mente incolta e balba.

> « Virtute andava intorno con lo speglio
> Che fa veder nell'anima ogni ruga. »

disse l'Ariosto a proposito di non so quali battaglie. Quello specchio è lo stile dei satirici, e prova abbastanza quando ci fa meglio conoscere noi stessi e ci stomaca del vizio, e ci fa arrossire de' nostri difetti.

Certo gli schizzi del Jerrold sono spesso caricature; ma si tareggiano facilmente dal lettore, che gode del vero che adombrano, e dello studio a cui è aguzzato per accertarlo. E spesso sono più utili che le esagerazioni dei declamatori scientifici intorno ai progressi del nostro secolo, il quale, come diceva Coleridge, è già troppo disposto a cavarsi il cappello, quando parla di

sè, e quei piacentieri gli vanno ai versi, e lo gonfiano
di una vana opinione, che quand'egli aggiorna le notti
col gas, divora le distanze col vapore, e le annulla col
telegrafo ha raggiunto la cima del progresso umano.
Costoro provano meno che i satirici. Espongono lo stato
dell'incivilimento, direm così materiale; ne ascondono
le mancanze e i pericoli; tacciono degli scapiti e rele-
gano nelle tenebre esteriori l'elemento morale, ch'è
il principio e il fondamento d'ogni progresso.

A questa razza di piacentieri miopi appartiene
Roberto Kemp Philp, scrittore di una storia del progresso nella Gran Brettagna. Egli lo va riscontrando
nell'agricoltura, nelle strade, nei trasporti di terra
e di mare, nell'architettura civile, nelle costruzioni
navali, nella navigazione e nelle scoperte geografi-
che. E quando registra senza più i fatti, è diligente
ed utile; ma quando s'inebria del suo tema, e va esal-
tando smisuratamente la felicità de' nostri tempi, egli
cade a false conclusioni per gli sdruccioli d'una falsa
rettorica. Nota assai bene l'*Economist* che le ferrovie
e i telegrafi sono mezzi neutrali. Possono essere così
gli strumenti del progresso morale e civile dell'uomo,
come del despotismo che lo condanna e lo soffoga. Dichè
queste riviste somigliano a quegli apparati militari o
festivi di certi tiranni, che con lo spiegare le lor forze
e le pompe dei loro piaceri tentano d'illudersi o d'il-
ludere sul cancro che rode la vita dello stato e la lor
vera potenza. Ora la vita e la potenza sono fondamen-
talmente nell'*animo*; e il progresso morale è non solo
la causa, ma il regolo del materiale.

I satirici sono il sale della terra. Se l'Italia avesse
ora un Giusti, non se ne gioverebbe più che del suo
perpetuo scambiettar ministri?

NOVELLIERI.

VITTORIO BERSEZIO.

Uno dei veri eroi della presente letteratura d'Italia è Vittorio Bersezio. Fecondo e svariato, egli passa dal romanzo al dramma, dalla critica letteraria alla controversia politica, inventando e insegnando, senza mai farsi l'eco dell'opinione corrente, senza ripetizioni o noie. Emilio di Girardin passò dalla polemica al dramma; Vittorio Bersezio vi scese dalle cime più elevate dell'arte; e non vi rimise della sua vena. I suoi trionfi sono nella memoria e nella bocca di tutti, e l'annoverarli, inutile. — Meglio vedere i principii di questo felice ingegno, e secondo che noi li raccontammo nel *Crepuscolo* all'apparire del *Novelliere*.

Il primo volume del *Novelliere contemporaneo* di Vittorio Bersezio sembrava rivolto a quella corrente di letteratura depravata, in cui campeggia Alessandro Dumas figlio, letteratura che vuol dare risalto ad un ordine di persone che si può bene in generale compiangere, e in particolare si può bene talora aver ragione di adorare od esecrare, ma che non si deve proporre del continuo agli occhi, nè ridurre a poema eroico o tragico dei loro facili amori, perchè a mano a mano si sciupi ogni fiore‑ d'onestà, e si fomentino in quello scambio gl'istinti men fecondi di bene. Dall'altro sembrava che lo stile fosse un intriso di toscanesimi abusati e d'erbacce de'campi de'romanzieri francesi. Non si negava l'ingegno, avvegnachè balbuziente con la lingua non bene presta, nè l'affetto, avvegnachè traviato a seguire false parvenze di bene.

- Nel secondo volume che ha per titolo *La Famiglia,* il progresso è grande e visibile. Già siamo fuori al tutto dalle pestilenziali maremme del vizio, e respiriamo l'acre sano delle virtù e delle affezioni della famiglia. Già lo scrittore, più disviluppato dalle imitazioni forestiere, osserva co' propri occhi e studia di trovare una espressione propria ed originale alle sue osservazioni.

Quell'uomo sì sapiente di Mommsen, nel secondo volume della sua bella Storia Romana, dice che in un'età letteraria simile a quella in cui i Latini non ebbero tra molti mediocri che due ottimi scrittori, Caio Gracco e Caio Lucilio, non toccò ai Francesi tra infiniti uomini,

« Vôti d'ogni valor, pien d'ogni orgoglio, »

di possedere che due valenti, Courier e Béranger. Egli deve intendere dello spazio che corse dallo scorcio dell'Impero alla Rivoluzione di luglio, tempo in cui si fermò l'operosità del poeta, e s'agitò a un di presso quella del prosatore, soldato, ellenista, e bizzarro come il nostro Foscolo. Certo la sentenza d'un tanto giudice non è da prezzarsi poco; essa però sembra eccessiva. Ma così per quello spazio di tempo come pel susseguente il Mommsen non è solo a pensare che

« Son come i cigni anche i poeti rari,
   Poeti che non sian del nome indegni; »

e altri ricorda come il Cousin, in una lettera all'Hegel, facesse strame di Lamartine. Pensa degli altri. Egli è certo che i più di coloro che ci paiono un gran che, e che noi imitiamo, anderanno dimenticati assai più presto di quelli che Boileau a' suoi tempi immortalò uccidendoli. Tuttavia tutti costoro stampano un'orma nella cultura del loro paese, ed eziandio nella nostra. Quando parecchi tra i nostri non traducono, il che piace più agli editori, contraffanno. I Francesi rispetto agli stranieri rifanno, e val meglio; il Bersezio, come dicevo, si va disviluppando dalla letteratura del *demi-monde*, e corre all'acquisto d'una forte originalità di pensieri e di stile; ma non è già che non sia attaccato ancora per molti lacci alle scuole francesi. Anzi egli ondeggia tra la scuola del *buon senso* e quella del *realismo*. Nel realismo s'inchiude, è vero, anche la letteratura del *demi-monde*; ma l'eroe di questo genere bastardo e dannoso, il giovine Dumas, ha qualità superiori al gretto e nudo realismo: vena abbondante, facile e chiara di racconto, maneggio efficace d'affetti, gruppi d'incidenti che prendou l'anima, vizii idoleggiati a virtù. Il Bersezio ha abbandonato questo genere, che per ventura non ha ancora tra noi sì largo riscontro nella realtà come a Parigi. Egli sta fra il Ponsard e Champfleury, e, se si vuole, segue la penultima fase di quella letteratura della Sand, che gli avversarii della illustre autrice chiamano *berrichonne*. Ma egli, ripeto, è nello spogliarsi gli abiti d'accatto, e anderà poco che apparirà in foggia nuova e sua.

Il libro è un intreccio di novelle che compiono insieme una storia d'amore, e ciascuna per sè illustra un carattere o un modo d'essere della famiglia. Romualdo, tornato al suo villaggio dopo gli studi di legge fatti a Torino, assiste pietosamente all'ultima infermità ed alla morte del padre, che, prima di chinder gli occhi, gli fa promettere di sposare la figlia del suo medico Stradio, la bella ed avvenente Camilla, e al medico di concedergliela. Se non che la fanciulla aveva riportato da una visita fatta a Torino un altro amore, e lo palesa a Romualdo, che si dà pace, e non ha poi altro pensiero che di scoprire se il suo felice rivale è degno d'una giovine ch'egli pregia e della figlia d'un uomo ch'egli ama. Torna a Torino, e per le sue antiche conoscenze si trova dall'un lato introdotto nel bel mondo, ove conosce un grazioso giovane, Ernesto Crespi, l'amante di Camilla, gran vagheggino, l'eroe delle danze, giuocatore ardito e male avventurato, e destro maneggiatore di cavalli; e dall'altro lato ficca l'occhio nella squallida casa della scaduta e ignota famiglia di quel favorito della moda, e vede una madre e tre sorelle che logorano la vita nel lavoro e la stentano nel disagio per nutrire il lusso e salvare le follie dell'adorato figlio e fratello, voragine ove sono andate a perdersi ad una ad una le poche reliquie della passata agiatezza. Romualdo va esplorando naturalmente se il Crespi ami Camilla, e scorge sotto l'intonaco delle vanità e dei facili attaccamenti mondani qualche cosa di reale e di passionato. Ma il capogiro della vita galante tira all'ultimo precipizio lui e la sua famiglia, ed egli non trova altro scampo ai rimorsi di averla fatta così mal capitare che il suicidio. Egli domanda la chiave della camera d'un amico, che un solo assito divide da quella di Romualdo. Il vapore del carbone è incaricato dell'esecuzione della sentenza di morte. Romualdo sente dalla sua camera le mortifere esalazioni, gli par d'udire i gemiti di chi sta per soffocare, entra rompendo ogni ostacolo nella camera del morente, e lo salva. Il Crespi muta vita; diventa segretario del Comune, ov'è medico il dottore Stra-

dio, e lo troviamo alla fine del libro, dopo otto anni
di vita coniugale, avventuroso padre di cinque figli e
proprietario diligente e benefico.

Questa è la trama generale; resterebbero a vedere
gli scompartimenti del lavoro ed i ricami che lo distinguono e svariano.

La prima novella narra l'infanzia di Romualdo, le
dolcezze della famiglia, e la morte dei suoi genitori.
L'infermità della madre è descritta con infinita tenerezza, e benissimo espresso quello strazio del sentirsi
morire quando il frutto delle proprie viscere sembra
ancora bisognoso di cure, e lascia solo indovinare la sua
bellezza e il suo profumo.

« Ed ella pure, poveretta, sentendo forse in sè stessa
il suo destino, molte e molte volte, quand' eravamo soli,
mi sogguardava con sì pietoso sorriso di tenerezza e
insieme di dolore da commovermi, me bimbo, che non
poteva ancora capire tutta la mestizia di quel muto
linguaggio: e poi mi chiamava a sè, e mi abbracciava
piangendo, e si compiaceva tenermi stretto più del-
l'usato fra le braccia e baloccarmivi, e scompigliarmi
abiti e chiome, e tutto rassettarmi di nuovo ed appa-
garsi di lunghi baci e di ripetute parole d'amore. La
sera poi, dopo avermi fatto pregare, la mi adagiava
nel mio lettuccio; quindi, inginocchiata presso di me,
pregava ancor essa, e tratto tratto mi volgeva uno
sguardo pieno d'affetto così che io sotto la dolcezza di
quelle occhiate ed all'alito della sua preghiera, m'ad-
dormentavo tranquillo, sempre prima ch'ella fosse, non
che partita, rialzatasi da terra. »

E qui segue l'affettuoso racconto, ove sono tratti
delicatissimi, e citerò senza più la scena della morte
di lei:

« Il parroco stava da una parte dell'inferma, mio

padre dall'altra, mia sorella inginocchiata presso il padre col volto nelle mani, mio cognato a piè del letto; piangevano tutti ed in silenzio, fuor che lei... Oh! come era smunta... e 'pur bella di sublime e sovrumana beltà in quella pallidezza di morte! Quel volto, qual era in tal punto, io lo rividi poi tante volte ne' miei sogni! E' mi s'impresse nella mente bambina per guisa, che anche adesso io lo ricordo e mi par di vederla... La si volse a me appena fui entrato, e mi sorrise... M'accostai al letto col cuore serrato e quasi tremante. Mio padre mi prese dalle mani della fante, mi condusse allato della sorella e mi pose innanzi a sè. La moribonda allungò a stento la mano, e la pose sul mio capo, sembrò volere colle scarne dita accarezzarmi le chiome e non poterlo... mosse le labbra, ma non udii suono di parole! certo mi benedisse! balenò tutta d'un riso, che parve la illuminasse dall'alto!... »

La seconda novella descrive una disgrazia immedicabile di famiglia, un figlio idiota. Il padre di Camilla, il dottore Stradio, si allieta breve tempo del sorriso intelligente del suo unico maschio. Una sera chinandosi sulla sua culla, lo trova trasformato. La serva lo dice stregato. Ella consiglia di porre a bollire in un paiuolo tutti i panni del bimbo; chè la mattina poi la indozzatrice sarebbe costretta a venirsene a picchiare all'uscio, ed a sciogliere la malia. Veramente un caso d'idiotaggine non pare subbietto troppo acconcio a novella, e gl'incidenti in cui l'idiota fortemente scosso sembra risentirsi, neppur l'ultimo d'un incendio, in cui egli salva il padre, bastano a far leggere con affetto quelle prolisse carte. Tanto meno giovano le lunghe disquisizioni intorno ai fenomeni dell'intelligenza a proposito dell'idiota, e sul mondo sovrasensibile a proposito dello stregamento. Tutti questi episodii di nuovo genere, appiccati con un po' di cera al racconto, se ne vanno col primo caldo che sentono, e la novella, saltandoli anche nel leggere, non iscapita punto; senzachè quei certi raziocinii non paiono sempre di coppella, e se l'ingegno non vi si desidera mai, spesso, massime nei particolari, si vorrebbe maggior nettezza e precisione, senza danno di quelle imagini che danno vivezza al dire, e che sogliono rivestire tutte le riflessioni dell'autore. Così, non crediamo che i frenologi, a proposito dell'idiota, troverebbero bella questa frase: « Checchè ne sia, Gigi non si riebbe più mai. Fu come se l'organo principale della sua intelligenza, venuto ed esplicatosi sino a quel punto, si fosse rotto ad un tratto ed avesse lasciato disertata la mente. » Ma, abbandonando queste minuzie, il caso è che l'idiota non può far effetto. Il *Giornale d'un Medico* di Samuele Warren, così ben rifatto, checchè ne dica il signor Pichot, da Filarete Chasles, mostra che bel costrutto si possa cavare dalle malattie dello spirito; ma chiunque abbia mai posto il piede in un manicomio, non avrà riportato dalla sua visita alle sale degl'idioti che un gelo al cuore, o meglio uno sdegno di stomaco. Le altre sei novelle hanno pure alcune belle parti; ma nulla di molto peregrino. Non è già un realismo alla Courbet; ma non sono neppure quadri di genere ben intesi e vivi. Nella terza si descrivono i corteggiamenti di Romualdo ed il rifiuto di Camilla. V'è molta naturalezza, anzi troppa in questo quadro; ma non s'esce dal comune, e la dichiarazione d'amore fatta alla giovane, mentre coglieva l'insalata, può darne un'idea. Così nella descrizione di quella sartina divenuta moglie d'un dottore, e in quella d'una madre pinzochera, v'è molto di vero, ma nulla che tiri a sè il cuore del leggente; mancano le catene dell'eloquenza dell' Ercole Gallo; v' è il frasario sbiadito d' una conversazione stanca, in cui lo sforzo di ravvivarla con lo spirito riesce come appunto all'accasciato infermo il levarsi da quella seggiola ove ricade col peso della materia.

Sono però belle alcune digressioni. Veramente maestrevole quella sull' architettura e la vita del vecchio Torino:

« Se la nostra capitale non ha monumenti antichi, si è perchè il popolo piemontese non fu mai poeta. La nostra architettura, ritraendo dalla popolazione, ha scritto le sue pagine solide in prosa rimessa senza slanci di concetti arditi, e senza seducente armonia di linee; mentre il soffio dell'arte correva e suscitava vampo di poesia estetica per tutto il resto d'Italia, nessuno è venuto a piantare su d'una nostra piazza un poema in marmo, un' ode cesellata in bronzo da cantarsi agli occhi, per tutta l'eternità della materia.

» Colla rigidezza delle sue linee, col bruno delle sue tinte, col suo esagerato amore della retta — *ah potessi dire del retto!* — Torino, non ostante ogni suo matto sforzo per ricopiare le città estere, ha la sua propria impronta; mostra lo stampo del suo popolo, parla continuo, a chi la sa capire, le idee e le attitudini del piemontese. »

È pure piena di brio la descrizione dei balli e dei ballerini. La danza, in Piemonte, gran parte dell'esistenza popolare. Il più magro suono del più scordato organetto, galvanizza tutte le gambe, e non solo sui fioriti prati, ma in tutte le vie un po' larghe s'intrecciano balli e scuotonsi le membra intorpidite dal clima umido e freddo e dalla inerzia disciplinare. Questa passione aggentilita, ma non attiepidita, ferve nelle famiglie e nelle liete brigate, e il Bersezio la dipinge graficamente e con molta bravura di stile.

Ora si dovrebbe entrare nella questione della lingua
e del dettato, e seguir l'orme di quella critica faccen-
diera, sprezzante, lincéa solo ai difetti particolari, e
raccozzatrice di tutti i nêi che scorge per mostrare con le
lunghe filze di errori e d'improprietà ch'ella ha veduto
molto. Il Bersezio ha di che acquetare il rovello dei
maligni; ma è bene ricordarsi quella Perugina di pelo
rosso ed accesa, che, a detta del Boccaccio, malediceva
all'infedeltà delle mogli, mentre aveva il bel garzone
sotto una cesta da polli. Chi può in coscienza mettersi
fra i lapidatori? Ma, se pur si vogliono alcune poche
appuntature, eccole, e siano l'offa in gola a Cerbero,
perchè non latri.

« Quando si è in letto con qualche coppia di salassi
in corpo, pag. 129. Me ne accorgo bene: non è a me che
arriverà a dare lo scambio (non la darà a intendere
a me), 137. Il povero padre si sarebbe trovato con quel
suo stupendo mantello di fantasticaggini senza le spalle
alle quali metterlo, 74. Rimpiazzare con gli scritti i
colloquii parlati, 133. Regnava un silenzio più disgustoso
d'una querela, 216. Tagliava dentro ne' panni delle più
onorate signore (ne dicea male), 246. Se in lei non è
ripugnanza a far più stretto ed amorevole quel domestico usare che è già invalso tra di noi, 146. Le simpatie femminili son come Torricelli dicea della natura,
hanno orrore del vacuo, 324. » Arroge alcuni modi poco
delicati; alcune sentenze e argutezze non bene riuscite.
« Il giuoco è il frutto della scienza del male morsicato
di continuo per tentazione del serpente dalla cupidi-
gia dell'Adamo elegante del bel mondo, 140. Quella
che fa venire la pelle d'oca, voglio dir la pelle degna
di loro, a tutti gli adepti della polizia, 326. Uno dei
semidei dell'Olimpo della moda, in cui comandano non
i numi ma i nummi, » ed altri bisticci trapunti sul *ca-*

navaccio dello stile (*canevas*) com'egli dice, che ricordano il *barbieri* e il *barbadomani* del *Galateo* di monsignor Della Casa, che già derise acconciamente queste freddure, le quali sono ora le delizie di certi ingegni che ricordano che il Shakspeare n'è pieno, e non si ricordano in bocca di chi le mette.

Le osservazioni minute non saranno poi al tutto inutili trattandosi d'un *libro di testo* per le donne amorose. Il linguaggio dell'amore è mutabile come gli andazzi musicali. I migliori libri d'amore d'alcun anno fa, non possono più valere di *segretario galante* a quei cuori che vanno ogni dì nascendo all'amore. Ogni generazione ama; ma l'amore si atteggia variamente, e così il linguaggio che deve esprimerlo. *L'Aminta* e il *Pastor fido* ci fanno ridere rispetto a quello che si ricerca ora nei *pistolotti d'amore*, come li chiamava il Caro: ma quelle filze di madrigali e madrigalesse erano il breviario degli amanti a quel tempo e furono lunga pezza di poi. I romanzi della Scudèry, ora intollerabili, furono il pascolo di tutti gl'innamorati d'Europa, e coi nomi da lei trovati corteggiano anche le belle inglesi, e con le sue carte si navigava sul fiume *Tendre*. Ed al presente, notava non so chi, non si troverebbe più una damà, la quale avesse ordinato il cocchio per andare all'opera, e lasciasse sbuffare e scalpitare i cavalli tutta la notte, non sapendosi spiccare dalla lettura della nuova Elòisa. Ma un romanzo della Sand avrebbe fatto il miracolo alcun anno fa, ora non più. Lo farà forse il giovane Dumas. Così molti poeti eroici sono dimenticati, e qualche strofetta del Prati l'udimmo gorgheggiare, coi debiti storpiamenti, a mense vicine, da qualche signora dalle camelie. Cosi il Bersezio sarà ora saccheggiato e pésto, Dio sa come, da tutte le fanciulle che aspettano la rivelazione d'una lingua per isfogare la piena dei loro affetti. Fortuna che non toccherà a qualche suo buon padrone, sia pur maestro di stile, che, non avendo la dolcezza d'amor divino di Fénélon, nè l'ardore di affetto terreno di Saffo, delude e le anime spirituali e gli spiriti mondani, e deve arretrarsi fino alle sepolte matrone del secolo decimottavo, che dormono accanto ai loro cicisbei.

Il terzo volume del Novelliere vince d'assai i suoi fratelli maggiori di limpidezza e disinvoltura di stile. Non è già che nei vocaboli e nei modi di dire non vi sia ancora da appuntare; ma il dettato in generale è franco e spedito, e qui sta il punto di maggior momento. I vocaboli e i modi, o falsi, o impropri, o sgraziati, si levano facilmente; i difetti della testura dello stile sono immedicabili; fanno argomento di una concezione perversa, e come le mani di lady Macbeth non tornano mai bianchi. Uscendo dallo stile, si ammira nel Bersezio una non ordinaria fecondità, una naturale e viva eloquenza, molte doti che ricordano il suo compatriota Bandello, ed una grande disposizione alla satira, di che davano già segno i suoi *Profili parlamentari*. Il Bersezio è nato e cresciuto alla vita civile e letteraria nei tempi prossimi alle riforme dello Stato, del loro avveramento e del loro sviluppo, e s'è mantenuto sempre quel desso. Tale egli fu scolare, tale è egli ora cittadino e scrittore. Egli non diede lo scandalo delle apostasie e neppur quello delle conversioni bugiarde; egli non rovinò i suoi librai; non burlò i suoi soci; non fece mercimonio aperto di lodi, o contrabbando di vituperii. Egli è un uomo dabbene, e delle infamie e viltà del mondo si meraviglia. Felice lui! E veramente nel suo stile nulla si scorge d'invido e d'amaro; ma solo lo sdegno di un animo onesto, il quale si faceva a credere che le istituzioni rappresentative dovessero mutar gli uomini, e che l'Arimane sociale potesse essere convertito da uno statuto. Ma, ohimè! l'Arimane è eterno, e solo il Montanelli potè credere alla conversione del diavolo e cantarla nel suo poema. Onde il Bersezio stupisce e s'adira della trasformazione, non altro che di abiti e di sembianti, dei personaggi dell'antica società. Tartufo getta il fazzoletto a coprire il seno di Dorina e mette la mano sulle ginocchia d'Elmira secondo la congiuntura dei luoghi e dei tempi; ma è sempre Tartufo. Il Bersezio descrive stupendamente gli ipocriti di certi partiti, e noi ci rallegriamo col giovine scrittore, che in mezzo all'agitazione di questa società trasportata dalla bufera degl'interessi economici e politici sa restare di sangue freddo, e prendere le più curiose vedute a nostro ammaestramento e diletto; e talora, abbandonando le stente pianterelle di questa povera aiuola, puntare il suo telescopio nel cielo.

Ci si perdoni la compiacenza di essere stati giusti ad un ingegno che dovea sorpassare le promesse della sua giovanezza, e far poi ricercare con curiosità le sottili sorgenti di un ricchissimo fiume.

EDGAR POE.

La giovane letteratura anglo-americana è già tanto ricca, da dover fare il riscontro e il catalogo delle sue ricchezze. Parecchi storici letterari sono già sorti, notevoli per la minuta e quasi seccagginosa diligenza inglese. Tra i lavori di questo genere è da notare l'*Enciclopedia della letteratura americana*, o *Ragguagli della vita e delle opere degli scrittori dell'America del Nord, con saggi dei loro scritti, dai primi principii ai nostri giorni,* per Evert A. Duyckink e Giorgio L. Duyckinck. Gli autori cominciano da Giorgio Sandys, che tradusse Ovidio, e scendono fino all'autore del canto di Hiawatha. Eglino dividono la storia della loro letteratura in tre epoche: coloniale, rivoluzionaria, presente. La prima abbraccia gli scrittori della scuola puritana della Nuova Inghilterra: teologi, cronisti, scrittori di saggi e di versi; la seconda, inaugurata da Franklin, fu notevole per la maggiormente diffusa coltura; la terza produsse Channing e i suoi competitori in teologia e filosofia morale, Calhoun e Webster nella scienza politica, Marshal, Kent e Story nella giurisprudenza, Irving, Cooper, Bancroft e Prescott, Bryant, Dana e Longfellow. Noi non vogliamo parlare a un tratto di questi illustri, ma toccar senza più le opere scelte di Edgar Allan Poe, stampate testè a Lipsia (Leipzig, Alphons Dürr, 1856), e trarre dalla bella memoria di R. W. Griswold alcune notizie intorno a quel forte ingegno che, nei lucidi intervalli di una vita accorciata dall'intemperanza, seppe scrivere versi e novelle che abbuiarono i suoi errori ed eternarono di pietà e di gloria il suo nome.

David Poe, uscito d'una delle più antiche e reputate famiglie di Baltimore, voltosi dagli studi della legge agli amori teatrali, fuggì con un'attrice inglese, Elisabetta Arnold, che lo aveva invaghito piuttosto con la sua bellezza e vivacità, che con l'eccellenza dell'arte. Poco stante, sposatala, si diede anch'egli al recitare, e sei o sette anni si avvolsero insieme pei teatri delle principali città degli Stati Uniti. Morirono poi l'uno appresso all'altro, lasciando tre figli. Enrico, Edgar e Rosalia, senza un bene al mondo e senza inviamento.

Edgar era nato in Baltimore nel gennaio del 1811.[1] Bellissimo, e d'ingegno precoce, mise compassione di sè in Giovanni Allan, ricco e generoso mercante ch'era stato intrinseco de' suoi genitori, e non avendo figli, lo adottò e lo allevò con somma indulgenza. Caro alla signora Allan, ch'egli amò ed onorò più costantemente che il marito di lei, egli visitò con loro la Gran Brettagna, e passò poi quattro a cinque anni in una scuola a Stoke Newington, presso Londra, e di quella scuola e della vita che vi menò egli fece una viva pittura nella sua novella intitolata: *Guglielmo Wilson*. Nel 1822 ripatriò, e stato alcuni mesi in una scuola di Richmond, entrò all'università a Charlottesville, ove fece progressi mirabili negli studi, e spiccò per altri pregi più cari ai giovani; gran nuotatore, schermidore perito, pronto e bel favellatore. Dalla madre aveva eredato il gusto del recitare, e declamava efficacemente. Se non che egli si diede al bere, al giuocare e ad altri vizi, e pagava i debiti fatti al giuoco con tratte sopra il signor Allan. Questi ne rifiutò alcune, e mosse ad ira il Poe, che gli scrisse di male parole; ed essendo espulso dalla università pe' suoi disordini, e in urto col suo protettore, se ne venne in Europa, ove non si sa che facesse e dove dimorasse, se non che circa un anno dopo lo troviamo a Pietroburgo, arrestato per le sue ebbre scapigliature, e liberato per gli uffici del ministro americano Enrico Middleton, che gli diede il modo di tornare agli Stati Uniti. Dove si rappiastrò con l'Allan, il quale lo aiutò entrare nell'accademia militare di West Point; ma ricaduto a' suoi usati errori, dopo dieci mesi fu casso. Intanto era morta la signora Allan, e il vedovo consorte aveva a 46 anni sposato una miss Paterson.

---

[1] Il Baudelaire afferma che il Poe si diceva nato nel 1813.

Questa donna non andò a grado al Poe, che tornato a Richmond, si fe beffe delle nuove nozze, si bisticciò con lei, e uscì per sempre di quella casa. L'Allan morì nella primavera del 1834, a 54 anni, e partì le sue sostanze ai tre figli avuti dalla seconda moglie, senza lasciare un dollaro al suo figlio adottivo.

Il Poe, abbandonato West Point, aveva stampato a Baltimore un piccolo volume di versi, composti tra i 16 e i 19 anni. Non dispiacque. Egli prese a scrivere ne' giornali; ma vedendo non farsi gran conto de' suoi scritti, entrò semplice soldato nell'esercito federale. Quando i suoi amici e fautori davano opera a fargli avere un grado, seppero ch' avea disertato. Tornato alle lettere, mandò il suo *Manoscritto trovato in una bottiglia* al palio d'un premio costituito alla miglior novella dal proprietario del *Saturday Visiter* di Baltimore. Tra i giudici, v'era Giovanni P. Kennedy, lodato scrittore. Sogliono costoro bere ottimi vini alla salute del liberale donatore, senza leggere i manoscritti. Premiano a caso, e lasciano poi fare gli editori che sanno ben far valere il lodo, e all'esca di que' nomi attraggono il pubblico. A questa volta avvenne che uno de' giudici gettò l'occhio sopra un libriccino scritto in bellissimo carattere, e tentato a leggerne poche pagine, fu preso, le mostrò ai compagni, che di pari consenso deliberarono doversi il premio assegnare al *primo de' geni che avesse scritto leggibilmente.*

Quel libriccino era del Poe; e conteneva, tra le altre cose, la novella che noi citammo. Fu stimato degno del premio, e, non avendo ancora toccato il denaro, fu presentato dall'editore al signor Kennedy. Era magro, smunto, squallido, abbottonato fin sotto il mento per non far vedere che non avea camicia, mal calzato: il ritratto della disperazione. Ma negli occhi splendevano l'intelligenza e l'alto sentire; e la voce, il parlare e i modi eran così soavi, che il Kennedy ne restò vinto. Lo condusse ad un negozio di abiti fatti, lo rivestì, lo provvide di biancheria, lo mandò al bagno, e con due canne di panno rosato, per dirla con Cosimo il Vecchio, il Poe,fu uomo dabbene, o, secondo la frase inglese, tornò gentiluomo.

Lo stesso Kennedy lo introdusse nel *Southern Literay Messenger,* fondato in Richmond da T. W. White, allo scorcio del 1834. Egli v'inserì tra le altre cose, l'*Hans Pfaall,* storia che per molti rispetti s'aggiusta assai al famoso ragguaglio del Locke intorno alle scoperte dell'astronomo Herschell nella luna. Mandava i suoi articoli da Baltimore, dove rimase fino al settembre del 1835, e secondo il giudizio del suo protettore dava a divedere un'alta immaginazione ed una certa propensione al *terrifico.* Senonchè, ito a dimorare a Richmond, e trovandosi meno a disagio di danaro, ricadde ne' suoi vizi; e toccato un dì la paga del mese, s'imbestiò nell'ubriachezza tutta una settimana; onde il White lo licenziò. Messisi di mezzo alcuni amici, il White gli scrisse che volentieri l'avrebbe ripreso, se lasciava il vino e i suoi compagni d'ebbrezza. Il Poe promise, tornò, ma signoreggiato dal mal abito, trascorse al bere, e nel gennaio 1837 uscì finalmente dalla compilazione di quella Rassegna. In quel mezzo egli aveva sposato Virginia Clemm sua cugina, amabile ed avvenente, ma povera quanto lui, che non guadagnava allora più di 500 dohari l'anno. Tornatosene a Baltimore, e di colà passato a Filadelfia e a Nuova York, entrò a scrivere nella *New York Review,* ma dopo un primo articolo critico lasciò. Egli stampò una storia marittima, cominciata nel *Messaggiere letterario* con questo titolo: *Racconto di Arturo*

Gordon Pym, di Nantucket, ove si parla di un ammu- *tinamento e di un atroce macello a bordo del brick ame-* *ricano* Grampus, *durante il suo viaggio ai mari del* *Sud,* ec. È la sua maggior opera, e con la semplicità dello stile, con la minutezza delle descrizioni nautiche, e la particolarità delle circostanze, și studia di dare alla narrazione quell'aria di veracità, ch'è il principale attrattivo del racconto di sir Edward Seaward e di Robinson Crusoe; ma non tien punto dell'amenità di questi romanzi. La storia del Poe, continua il signor Griswold, è piena di prodigii come Munchhausen, di atrocità come il libro dei pirati, e ricco di stragi e di stomachevoli orrori come mai fossero i libri di Anna Radcliffe e di Giorgio Walker. In sul finire del 1838 il Poe andò a stare a Filadelfia, ove scrisse nel *Gentle-* *man's Magazine* di Burton, d'attore fatto giornalista, nel *Literay Examiner* di Pittsburgh, e compose parecchie delle sue più curiose novelle, e tra l'altre *La ca-* *duta della casa di Usher* e *Ligeia.* Ligeia è la donna adorata e rimpianta, non obbliata nell'affetto e nelle bellezze di una seconda moglie. Quando questa muore altresì, e lo sposo veglia nella camera ov'ella posa sul suo funebre letto, il cadavere dà di tratto in tratto alcuni segni di vita, e finalmente si leva, va verso lui, e al suo gettarlesi ai piedi, nel delirio della visibile resurrezione, ella trae il capo dal sudario che l'avvolge, e profonde all'aria i capelli neri come l'ala del corvo, e scopre gli occhi neri, strani, irresistibili di lady Ligeia! Il plauso del pubblico lusingava l'autore e lo stimolava a crescere la sua fama con nuovi studi, e questa sollecitudine vinceva le seduzioni dell'ebbrezza; ma non era finita la state, ed egli cedeva di nuovo al suo male. Pertanto trasandava la Rassegna di Burton, che quando egli era attorno, non si poteva bene assicurare che avesse ad uscire. Tornato una volta in città, trovò il numero, che doveva già essere uscito, non finito ancora, e il Poe così guasto da non potere scrivere. Lo finì egli e metteva mano al nuovo, quando il Poe gli scrisse per racconciarsi con lui, e il Burton assentì, pregandolo solo di smettere quella severità, che, a detto del Poe, piaceva tanto alla canaglia. « Io sono meno sollecito, gli diceva egli, di fare romore, *a monthly sensation*, che d'essere onesto. Voi dovete lasciare di mostrarvi così malevolo agli autori vostri confratelli. Voi credete che il pubblico ami lo strazio; io credo che ami la giustizia. » Tornò a scrivere, ma non durò gran tempo. Egli era divenuto il principal editore di quel Magazzino nel maggio 1839, e nel giugno 1840 ne uscì. In questa rottura, secondo il Griswold, vi sarebbe stato maggior peccato che l'ebbrezza. Assente il Burton, il Poe avrebbe lasciato la stamperia senza originale, apparecchiato invece il prospetto di una rassegna propria e sottratto notizie dai libri dei socii e dei conti dell'editore. Come che sia, nel novembre 1840 la *Miscellanea* di Burton si unì al *Casket* di Giorgio R. Graham, e nella nuova Rassegna che s'intitolò: *Graham's Magazine* il Poe scrisse parecchie delle sue più belle novelle, delle sue più taglienti critiche, e i suoi celebrati articoli intitolati: *Autografia* e quelli sulla Crittologia e le eifere. Nei primi svolse un'idea di Lavater e tentò d'inferire la natura e i costumi degli uomini dal loro scritto; e nei secondi sostenne che l'ingegno umano non può trovare nessuna arcana maniera di scrivere che dall'ingegno umano non possa essere diciferata. Egli riuscì a diciferare parecchi difficili crittografi che gli furon mandati, e per questa via venne ad alcune di quelle sue novelle congetturali (*tales of ratiocination*) che tanto crebbero la sua reputazione. Le stesse ragioni che l'avevano guasto col White e il Burton lo guastarono col Graham, e non lasciarono attecchire la Rassegna *The Stylus* ch'egli fondò in suo proprio nome. Un anno e più dopo che si partì da Graham, egli scrisse lo *Scarabeo d'oro*, che riportò un premio di cento dollari, e nell'autunno del 1844 andò a stare a Nuova-York.

Egli aveva ora scritto le sue più acute recensioni e le sue più maravigliose novelle. Due volumi n'erano usciti nel 1840 col titolo: *Tales of the Grotesque and the Arabesque*, e di mano in mano erano seguìte le altre, e passato l'Atlantico, penetrate nelle appendici de' giornali francesi *Le Commerce*, *La Quotidienne*, *La Démocratie pacifique*, ed altri. *La Revue des deux Mondes*, che adempie mirabilmente al suo ufficio di far conoscere l'un mondo all'altro, avea rivelato Poe all'Europa. Ora due volumi a un franco, le storie straordinarie tradotte da Carlo Baudelaire lo rendono popolare tra noi, e noi faeciam motto della sua vita, perchè il traduttore francese, idolatra del suo autore, astia il Griswold, che lo ha dipinto troppo brutto, e ne cava per ira il minor costrutto che può.

A Nuova-York il Poe stampò la sua celebre poesia: *Il Corvo*, e la sua *Rivelazione Mesmerica* o l'ultima conversazione tenuta da un sonnambulo, in sul morire, col suo magnetizzatore, e l'altro studio simile: *Il vero intorno al caso del signor Valdemar*, ove è in iscena un soggetto mesmerizzato *in articulo mortis*. Poco stante, a istanza del signor Willis e del general Morris, scrisse nel *Mirror*, e varcati sei mesi, si congiunse col signor Briggs a condurre il *Broadway Journal*, del quale diventò assoluto padrone nell'ottobre del 1845, dove dettò fra l'altre cose un discorso sui plagi, mirando specialmente a ferire il Longfellow, il che gli tirò addosso le ire dei Bostoniani. L'ultimo numero di quel giornale fu pubblicato il 3 gennaio del 1846, ed egli subito mise !uano agli articoli intitolati : *I Letterati di Nuova-York*, usciti nel *The Lady's Book*, in sei numeri, dal maggio all'ottobre. Nell'autunno del 1846 viveva a Fordham assai miseramente, sette miglia lontano dalla città, e per giunta perdè la moglie diletta. Il 9 febbraio 1848 lesse alla *Society Library* di Nuova York intorno alla cosmogonia dell'universo, e questa sua lezione, che durò due ore e mezzo, fu poi pubblicata sotto il nome di *Eureka*, poema in prosa. « Io intendo di parlare, egli dice, dell'universo fisico, metafisico e matematico; dell'universo materiale e spirituale, della sua essenza, della sua origine, della sua creazïone, della sua presente condizione, e del suo destino. L'idea direttiva che io mi studierò di far valere nel corso di questo libro si è che nella unità originale della prima cosa è riposta la causa secondaria di tutte le cose, insieme al germe del loro inevitabile annichilamento. »

Egli amò e cantò una delle donne più famose della Nuova Inghilterra, e correva voce che dovesse sposarla, tanto che una signora se ne congratulò con lui. Egli rispose che non era vero. « Come, signor Poe, ella soggiunse, se ho sentito che fu detto in chiesa. — Io non nego, replicò egli, che voi l'abbiate sentito dire, ma tenete per fermo che io non la sposo. » La stessa sera lasciò Nuova-York, e il giorno dopo andò tafferugliando per la città ove dimorava la signora che aveva ad essere sua moglie, e la sera che dovea precedere alle sponsalizie, imperversò tanto alla porta di lei, che fu forza chiamare la polizia. Per questo nuovo modo uscì d'impacci.

Un giorno d'agosto nel 1849 lasciò Nuova-York e si trasferì nella Virginia, e trovati in Filadelfia i suoi antichi compagni, si rituffò nell'ebbrezza. Finito il denaro, passò a Richmond, entrò in una società di temperanza, e pareva rinsavito. Riamicatosi con una signora che aveva conosciuto da giovane, fermò sposarla. Il quattro ottobre mosse verso Nuova-York per adempiere ad un impegno letterario e far gli apparecchi del suo matrimonio. Arrivato a Baltimore, diede la sua valigia ad un facchino con ordine di portarla ai carri che dovevano partire tra un'ora o due per Filadelfia. Entrò intanto in una taverna a ristorarsi, e trovò conoscenti che lo invitarono a bere. Dimenticati ad un tratto i suoi proponimenti e obblighi, venne in poche ore a tale stato da doverlo portare allo spedale, dove la sera di domenica del sette ottobre 1849 morì in età di trentott'anni.

Il Poe scrisse pochi versi; alcuni in giovanissima età; tutti impressi di una forte originalità; alcuni, si può dire, perfetti. Egli non ne fece veramente professione, come il Longfellow, e pure talvolta non gli cede punto nella maestria del verso, come al certo lo supera nella vivezza e spontaneità della prosa. Il Longfellow è troppo artifizioso e leccato nel suo *Hyperion* (che pure è un bellissimo libro), e sente troppo degli esemplari tedeschi. Il Poe tiene anch'egli del fare germanico; ma il suo scrivere è un tal misto di sottigliezza inglese, di fantasia tedesca e di enfasi americana, che con picciol volume fa scuola da sè. In poesia egli non scrisse nulla che possa appareggiarsi per la mole e per l'importanza all'*Evangelina* e al *Canto di Hiawatha;* ma ha qualche cosa della monotonia e di quel ripetìo, a dire così, che annoia tanto nella ultima opera del professore di Cambridge e che fu ora assai bene parodizzata nel canto di Milkanwatha.[1] In prosa egli

---

[1] *The song of Milkanwatha, translated from the Feejee, By Marc Antony Henderson, D. C. L.* Cincinnati, Sickel e Grinne (data e nome forse supposti).

mostra ora una penetrazione ed una sagacia maravigliosa nel deciferare gli enimmi dei delitti, dei caratteri e della vita; ora un fantasticare quasi premedi-
tato, com' egli narra di quel suo Dupin, che chiudeva
di giorno le imposte e accendeva i lumi per istraniarsi
dal movimento della vita parigina e raccogliersi a' suoi
pensieri; ora i fantasmi di una mente esaltata naturalmente od eccitata dal vino. Ogni poco ch' ei ne bevea,
bastava a perturbargli l' intelletto, dicono i suoi apo-
logisti, una signora di grand' ingegno ch' egli amò, la
Osgood, e il Willis; e se non cercava, secondo alcuno
mostra di credere, di eccitarsi con l' uso de' liquori a
nuove creazioni, forse le strane parvenze vedute a certi
momenti d' ebbrezza hanno tinto de' lor colori qualche
parte de' suoi racconti. Come che sia, l' acume del cal-
colare le probabilità, del far congetture, del sottilizzare
sul sistema del mondo si unì di rado a tanta singolarità d' inventiva; e si potrebbe dire che il Poe per
questo canto avesse qualche parentela col Fourier: se
non che questi si ridea della scienza, e il Poe si piccava, non di contradirla, ma di superarla. Il Poe, con
tutti i suoi pregi, è tuttavia un poco informe, come in
generale gli scrittori anglo-americani, che non si conten-
tano di batter le vie più trite della letteratura materna.
Il Carlyle è forse il solo scrittore inglese a cui s' accordano, e come lui trasfondono nella loro energica lingua
la vita ed il sangue dei grandi scrittori tedeschi, al cui
esempio, più che gl' Inglesi, vanno appropriandosi (ancora un poco sformatamente) il bello e il singolare
delle altre letterature europee, delle orientali, e, secondo
è naturale, rinsanguano anche delle inspirazioni delle
Indie native.

GÉRARD DE NERVAL.

———

« En fait de Mémoires on ne sait jamais si le public s'en soucie, et cependant je suis du nombre des écrivains dont la vie tient intimement aux ouvrages qui les ont fait connaître. » — Queste parole di Gérard di Nerval sono vere, ed a leggere il suo ultimo capolavoro, *Aurelia, ou le rêve et la vie*, si sente già quel capogiro che precede il suicidio.

Gérard de Nerval narra che egli riconosceva l'esser nato da un cavallo scappato a traverso d'una foresta. Quel cavallo fu smarrito dal suo avolo, che rimproveratone fieramente dal padre, riparò ad un paesetto posto tra Ermenonville e Senlis presso gli stagni di Châlis, vecchia residenza carlovingica. Quivi dimorava un suo zio che dicevano disceso da un pittore fiammingo del secolo decimosettimo; gli entrò in grazia aiutandolo a coltivare il suo campo, e ne fu rimeritato patriarcalmente colla mano della sua cugina; e questo avvenne forse un poco prima della rivoluzione. « Oggi, dice Gérard de Nerval, il mio avolo riposa con la sua donna e la sua più giovane figlia in mezzo al campo ch'egli già coltivava. La sua primogenita è sepolta assai lontano, nella fredda Silesia, nel cimitero cattolico polacco di Cross-Glogaw. Ell'è morta a venticinque anni per gli strapazzi della vita del campo, d'una febbre che prese attraversando un ponte carico di cadaveri, ove la sua carrozza fu a un pelo di ribaltare. Mio padre, costretto di raggiungere l'esercito a Mosca, perdè più innanzi le lettere e i gioielli di lei nell'onde della Beresina.

« Io non ho mai veduto mia madre, continua Gérard de Nerval; i suoi ritratti andarono perduti o rubati; solo io so che ella somigliava ad una stampa di quel tempo, incisa sopra un disegno di Prudhon o Fragonard, che si chiamava la *Modestia*. La febbre ond'ella morì mi ha colto tre volte a' tempi che formano nella mia vita, divisioni regolari, periodiche; sempre a cotai tempi io mi sentii lo spirito percosso dalle imagini di lutto e di desolazione che hanno attorniato la mia culla. Le lettere che scriveva mia madre dalle rive del Baltico o dalle sponde della Sprèe o dal Danubio m'erano state lette tante volte! Il sentimento del maraviglioso, l'amore dei viaggi lontani nacquero certamente in me da queste prime impressioni, come altresì dalla dimora che io ho lungamente fatto in una campagna isolata in mezzo alle selve. Abbandonato spesso alle cure dei domestici e dei contadini, io aveva nutrito il mio spirito di credenze bizzarre, di leggende e vecchie canzoni. Questo era tanto da fare un poeta, e io sono senza più un fantasticatore in prosa.

» Io aveva sett'anni, e giuocava, spensierato, all'uscio della casa di mio zio, quando comparvero tre ufficiali; l'oro annerito delle loro uniformi traluceva appena dai loro cappotti soldateschi. Il primo m'abbracciò con una tale effusione, che io esclamai: — Mio padre!... tu mi fai male! — Da quel giorno il mio destino mutò. »

Venendo a' suoi studii e a' suoi amori, l'autore dice così: « Io studiava ad un tratto l'italiano, il greco e il latino, il tedesco, l'arabo ed il persiano. Il *Pastor Fido*, *Faust*, Ovidio ed Anacreonte erano i miei poemi e i miei poeti favoriti. Io aveva sì buona mano di scrivere, che io rivaleggiava talora di grazia e di correzione coi più celebri manoscritti dell'Iram. Ci mancava che l'amore trafiggesse il mio cuore d'una delle sue freccie più ardenti! La trasse dall'arco delicato del sopracciglio nero d'una vergine dall'occhio d'ebano, che si chiama Eloisa.... »

Noi vorremmo dare la storia de' suoi amori con Eloisa e lo strano esito del loro scontro apparecchiato con inutile indulgenza da una buona vecchia italiana, ma ci pare aver detto abbastanza per invogliare quelli che non conoscessero Gérard de Nerval a leggere il resto.

In questo volume pieno di visioni e di bizzarrie vi sono pure alcuni gravi frammenti di una Memoria che il De Nerval indirizzò all'Accademia francese a proposito d'un concorso sulla *Storia della poesia nel secolo decimosesto*. Notevole è che il Sainte-Beuve concorse anch'egli e fu scartato. Il premio fu diviso tra Filarete Chasles e Saint-Marc Girardin. Il Sainte-Beuve si consolò facendo coronare dal pubblico la sua *Histoire de la poësie française au seizième siècle,* e Gérard de Nerval dice di sè:

« Je fus cependant si furieux de ma déconvenue, que j'écrivis une satire dialoguée contre l'Académie, qui parut chez Touquet. Ce n'était pas bon, et cependant Touquet m'avait dit, avec ses yeux fins sous ses bésicles ombragées par sa casquette à large visière: Jeune homme, vous irez loin. — Le destin lui a donné raison, en me donnant la passion des longs voyages. »

V'è assai del buono in questi capitoli critici, come altresì nei frammenti tratti dall'*Artiste* (1844-1848) intitolati: *Il Teatro Contemporaneo*. Ma il bello è veramente nei racconti fantastici, come quello che ha per titolo: *La main enchantée*, dove un povero borghese uccide con la mano incantata da uno stregone un cugino della sua moglie, militare, di cui era geloso, e batte con la stessa mano le gote del luogotenente civile a cui s'audava raccomandando; onde viene impiccato senza redenzione, come quello stregone gli aveva predetto, e quando la testa gli fu spiccata dal busto, la mano, che sempre guizzava, tagliata dal carnefice, a cui dava degli schiaffi, corse verso la casa del mago; e inerpicando il muro, v'entrò per la finestra. Così le leggende *La Reine de poissons*, *Le Monstre vert* sono piene di attraenti fantasticherie, e ricchi di umore i capitoli *Mes prisons, Les nuit d'octobre, Promenades et Souvenirs.* — Belle le sue impressioni di viaggio in Francia, dove gl'incidenti più comuni sono trasfigurati in modo maraviglioso. L'Italia è ricordata con più amore e intelligenza della sua vita e poesia, che con cognizione perfetta delle minuzie filologiche. E sebbene vi sia alcun che di faceto, noi non taceremo un passo in cui egli volle dar lezione d'italiano ad un torinese, Montaldo, e il maestro e il discepolo non parvero gran fatto innanzi. Questo Montaldo, mostratore della *Femme mérinos ou de la femme aux cheveux de mérinos*, fu scontrato da Gérard a Meaux. Ma lasciamo parlar lui:

« La représentation a commencé à l'heure dite. Un homme assez replet, mais encore vert, est entré en costume de Figaro. Les tables étaient garnies en partie par le peuple de Meaux, en partie par le cuirassiers du 6me.

» M. Montaldo, car c'était lui, a dit avec modestie: « Signori, ze vais vi faire entendre le grand aria di Figaro. »

» Il commence: *Tra de ra la, de ra la, de ra la, ah!*

» Sa voix, un peu usée, mais encore agréable, était accompagnée d'un basson.

» Quand il arriva au vers: *Largo al fattotum della*

città! je crus devoir me permettre une observation. Il prononçait *cita*. Je dis tout haut: *tchità!* ce qui étonna un peu les cuirassiers et le peuple de Meaux. Le chanteur me fit un signe d'assentiment, et quand il arriva a ce vers: « Figaro *ci*, Figaro là.... » il eut soin de prononcer *tchi!* — J'étais flatté de cette attention. Mais, en faisant sa quête, il vint à moi et me dit (je ne donne pas ici la phrase patoisée): On est heureux de rencontrer des amateurs instruits.... ma ze souis de Tourino, et à Tourino nous prononçons *ci*. Vous aurez entendu le *tchi* à Rome ou à Naples?

» Effectivement. »

Gérard de Nerval tradusse la prima parte del *Faust,* e Goethe si piacque di rileggersi in quella versione. Aveva di fatti alcunchè del genio germanico: una esaltazione, che gli faceva presentire molti misteri dello spirito e del mondo: ma così ombrati, che seguendoli incespicava nella follia; alla quale aggiungendosi le spinte delle disperazioni della vita, traboccò nella morte.

CERTE LETTERATURE.

VISIONE.

Ripensando ad una visione del Mamiani, e volendo *fuggire* le dolcezze di questa specie di estasi, per usare la .parola d' un letterato poppante di mia conoscenza, cominciai dal mettermi panni reali e curiali come faceva il Machiavello, i manichini di Buffon, ed a calzare i coturni dell'Hardy, poeta tragico, tutti spogli che serbo nel mio guardaroba, e nomino poeticamente, per non dire un mantello spelacchiato, dei polsini conciati d'inchiostro, e sandali *ridenti* e da evangelista. Desiderava anch'io evocare qualche ombra illustre, avere un dialogo almeno con uno de' piedi del mio tavolino, fosse anche con quello che zoppica, quando sapeva che un mio caro amico avea a sua posta nel suo lo spirito di Democrito: ma per quanto stralunassi gli occhi, e cercassi di dare al pensiero quel guizzo che porta al sovrannaturale, al maraviglioso, non poteva trarre il cervello di muffa, e solo dopo molti stiramenti e scongiuri mi apparve l'ombra di Giovanni Francesco Rustichi, scultore ed architetto fiorentino. Lo raffigurai subito, perchè era pretto e sputato lo stesso volto che io aveva veduto in una vecchia edizione del Vasari, e senza tanti

proemi mi cominciò a dire: — Tu sai ch' io era di nobile famiglia, viveva onestamente del mio, e facea l' arte
più per diletto e desiderio d' onore che per guadagnare;
tu sai che per finire le figure di bronzo allogatemi dai
consoli dell' arte de' mercatanti da mettere sopra una
delle porte di San Giovanni, ebbi a vendere un podere
di mio patrimonio, che avevo poco fuor di Firenze a
San Marco Vecchio, e che, quando d' un lavoro, che non
meritava meno di 2000 scudi, n' ebbi solo quattrocento
per giudizio d' un artefice legnaiuolo e per malignità
d' uno de' Ridolfi, mi ritrassi alla vita solitaria e agli
studi d' alchimia procacciando di congelare il mercurio,
e attesi anco alle cose di negromanzia, mediante la
quale feci di strane paure a' miei garzoni e famigliari.
Sai come io teneva i denari in un paniere, ed era così
amorevole de' poveri, che non ne lasciava mai partire
da me niuno sconsolato, e come ad uno che espresse il
desiderio d' avere tutto quello che v' era dentro, che
n' avrebbe bene acconciato i fatti suoi, glielo votai tutto
in un lembo della cappa. Sai finalmente che, andato in
Francia a quel magnanimo Francesco I, n' ebbi in dono
un palazzo, del cui fitto all' ultimo sottilmente viveva,
quando, morto lui, il figliuolo Arrigo lo donò a Piero
Strozzi, che pietosamente mi ricoverò in un luogo del
fratello e mi fe onoratamente provvedere e governare
fino alla morte. Ma non di queste cose io intendo par-
larti, sì di quelle mie inventive della compagnia del
Paiuolo e della Cazzuola, che tu hai lette e con molto
gusto ed ammirazione dell' ingegno che i vecchi artefici
italiani impiegavano anche ne' loro passatempi, i quali
non erano mai senza qualche gentil fantasia e erudizione
o ricordo delle loro dilette arti. Tu vedi il mallo senza
più, e non hai gli spicchi della noce; ed io, poichè sei
divoto della nostra arte e dei nostri nomi, voglio aprir-

tene il vero. Io in quella inventiva del Paiuolo ch'è
tutta mia, e in quell'altra della Cazzuola a cui parte-
cipai, volli figurare i profanatori e corruttori degli studi,
coloro che li coltivano per guadagnería e non per amore
di gloria. E ch'io dica il vero, vieni meco e vedi la mia
brigata. — Parevami che il buon vecchio mi prendesse
allora per mano e mi conducesse in una stanza della
tesoreria ove io vedeva i suoi undici compagni e i qua-
rantotto invitati stare dentro ad un grandissimo paiuolo:
« e parea che fossino nell'acqua della caldaia; di mezzo
alla quale venivano le vivande intorno intorno e il manico del paiuolo che era alla volta faceva bellissima lumiera nel mezzo, onde si vedevano tutti in viso guardando intorno. In questo uscì del mezzo un albero con
molti rami che mettevano innanzi la cena, cioè le vivande a due per piatto; e ciò fatto, tornando a basso,
dove erano persone che suonavano, di lì a poco risorgeva
di sopra, e porgeva le seconde vivande, e dopo le terze,
e così di mano in mano; mentre attorno erano serventi
che mescevano preziosissimi vini. — Qui le mie imagini dilavandosi, e la forma di Giovan Francesco facendosi
sempre più aerea, mi pareva che l'albero fosse quello del
bilancio, e che i mangiatori del paiuolo prendessero volti
noti di letterati già stati al mondo e vissuti dei favori di
principi e gran ministri. Ciascuno, come sapete, aveva
portato una vivanda in varie e strane guise accomodata,
e la caldaia del Rustico, fatta di pasticcio, dentro alla
quale Ulisse tuffava il padre per farlo ringiovanire, mi
aveva l'aria di una storia degli Etruschi e degli Aztechi
scritta da due dottissimi autori; solo le due figure che
erano capponi lessi in forma d'uomini, non mi parevan
cambiate. Il tempio a otto facce e posto sopra colonne,
di Andrea del Sarto, non era mutato; solo si chiamava:
« Tempio enciclopedico di scienze, lettere ed arti. » Il

pavimento era un grandissimo piatto di gelatina con spartimenti di vari colori di mosaico; le colonne, che parevano di porfido, erano grandi e grossi salsicciotti, la base e i capitelli erano di cacio parmigiano, i cornicioni di pasta di zucchero, e le cattedre erano di quarti di marzapane. Nel mezzo era posto un leggio fatto di vitella fredda con un libro di lasagne che aveva le lettere di granella di pepe, e quelli che recitavano al leggio erano tordi cotti col becco aperto e ritti con certe camiciuole a uso di toghe fatte di rete di porco sottile. Non vi parlerò degli altri presenti che nel parapiglia delle mie idee alternavano le loro parvenze; ed ora quei letterati avevano in mano libri di poesia, di storia, di politica, ed ora si convertivano loro in pietanze e manicaretti che eglino divoravano, e del libro restava appena la guardia che si mutava talvolta in un biglietto di mille franchi. Alzato l'occhio alla lumiera, vidi che la correva una striscia di luce, in cui si spiccavano facilmente certe lettere che dicevano: *Letteratura ufficiale.* Allora tornò a farmisi chiara e distinta la figura di Giovan Francesco, e dissemi sorridendo: — Questo è il truogolo dei servitori di penna, e degl'impresari di letteratura. Ma vieni all'inferno degl'indipendenti. — E così dicendo, mi condusse a quella veglia della compagnia della Cazzuola, che figurò la cena di Plutone e Proserpina. Entravano gl'invitati per una bocca orribile di serpente, e si trovavano in una « gran stanza di forma tonda, la quale non aveva che un assai piccolo lumicino nel mezzo, il quale sì poco risplendeva che a pena si scorgevano. Ad un tratto fu dato fuoco ad uno stoppino che, accendendo alcuni lumi chè v'erano, mostrò le bolgie del regno de'dannati e le lor pene e tormenti, cessati un istante, per non turbare la cena, d'ordine di Plutone. Serviva a tavola e trinciava un

bruttissimo diavolo col forcone. « Le vivande di quella
infernal cena furono tutti animali schifi e bruttissimi in
apparenza, ma però dentro, sotto la forma del pasticcio e coperta abbominevole erano cibi delicatissimi e di
più sorte. La scorza dico e il di fuori mostrava che fossero serpenti, bisce, ramarri, tarantole, botte, ranoc-
chi, scorpioni, pipistrelli ed altri simili animali, e il di
dentro era composizione d'ottime vivande. Un altro diavolo mesceva con un corno di vetro, ma di fuori brutto
e spiacevole, preziosi vini in crogiuoli da fondere inve-
triati che servivano per bicchieri. Finito l'antipasto, e
saltate tutte le vivande, si venne alle frutta e confe-
zioni, che non erano altro che ossa di morti sparse giù
giù per tutta la tavola; e queste frutte e reliquie eran
di zucchero. Intanto Plutone annoiatosi e volendo andarsi a riposare con Proserpina, ordinò che le pene
tornassero a tormentare i dannati; onde da certi venti
furono in un attimo spenti tutti i lumi e uditi infiniti
rumori, grida e voci orribili; se non che levato via ad
un tratto il doloroso e funesto apparato, e venuti i lumi,
vidi in cambio di quello un apparecchio reale e ricchissimo e con orrevoli serventi, che portarono il rimanente
della cena che fu magnifica e splendida. » Qui Giovan
Francesco rise della mia meraviglia, e risi anch' io vedendo che tutti i convitati erano poeti mesto-rubicondi,
atletico-tisici, digiuni per vomito, i quali io conosceva e
che dicevano di prendere a cantare in quei brevi momenti
che l'inferno li lasciava tranquilli, che vestivano le loro
poesie di quelle orribili figure di serpi, e le empievano
di suoni e di lamenti infernali, e quando il pubblico era
andato a letto, tutto commosso delle lor sofferenze, si
davano a stravizzare e a trionfare, lasciando l'inferno
ai veri poveri e diseredati della terra. Non credere,
disse Giovan Francesco, che nelle due Sodome non vi

sian dieci giusti; ve n'ha di più; ma vedi la viltà e la falsità di queste schiere che

« In eterno verranno alli due cozzi, »

e che fanno della letteratura un postribolo ed un inganno. Qui si sciolse la mia visione.

LA VITA SPIRITUALE NEL SECOLO XIV.

GIOVÁNNI COLOMBINI. [1]

Il Padre Cesari, di cui non si possono dimenticare i meriti singolari verso la nostra favella nè lasciar da banda gli scritti, rimise in onore, fra gli altri testi di lingua, la Vita del Beato Giovanni Colombini da Siena, dettata da Feo Belcari. Dopo i *Fioretti*, dove si piacque il pio e gentile spirito d'Ozanam, non v'ha, tra gli ascetici, libro più soavemente scritto. È quasi istmo fra gli ultimi aggentilimenti della lingua per opera specialmente del Petrarca, e la barbarie latinizzante del secolo decimoquinto. Il Colombini fu un santo italiano, e come un'eco affievolita di san Francesco. Non aveva il grande animo nè il valore del taumaturgo d'Assisi; non aveva la profonda carità che s'affratellava gli stessi bruti; non le estasi divine in cui quegli si segnò delle stimate; non la larga potenza nei popoli, non l'ardimento in faccia ai principi, nè il fàscino della santità anche sull'animo degl'infedeli

« Nella presenza del Soldan superba
   Predicò Cristo e gli altri che il seguiro. »

---

[1] *Le lettere del Beato Giovanni Colombini da Siena*, pubblicate per cura di ADOLFO BARTOLI. — Lucca, Tipografia Balatresi, 1856.

Non era un santo cosmopolitico: era un beato, un santo casalingo che per le terre di Toscana si contrapponeva col dispetto della persona alla crescente corruzione del lusso, e con la fede vivace allo scetticismo della novella dei tre anelli, scetticismo che i viaggi, i contatti con altre religioni, e le tradizioni rinascenti della coltura pagana insinuavano tra noi. Era uno degli ultimi sprazzi di quegli ordini mendicanti, che nel crescente incivilimento dovevan far luogo ad una milizia più ordinata e sapiente. Il mondo che sorgeva aveva una cappa più carica di sofismi che quella dello scolare del Passavanti; era inquisitivo, ironico, incredulo alla carità, e i Gesuati non dovevano fare gran prova. Ma tuttavia è tanta soavità nella vita, nell'opere e nelle parole del Colombini, e la carità è così bene di tutti i tempi, che non senza molto diletto si leggono le sue lettere, scritte forse con minor dolcezza che la *Vita* di Feo, ma esprimenti con maggior vivezza la sua indole ed i suoi studi. Queste lettere sono dirette il più alle donne del monastero di Santa Bonda, e porgono un bel testimonio della purità delle relazioni spirituali in quell'età, non calunniata al tutto dai novellieri, perchè il nemico, come dicevano, s'eleggeva sempre qualche lato alle sue perdizioni, ma ricca d'infiniti refugi di santità e di devozione. Quel monastero ch'era di tal fama, che *ogni femina tocca da Dio voleva esservi*, fu altresì il refugio spirituale e il sostegno del Colombini nelle traversie della religione ch'egli veniva ordinando. Quivi i poveri frati trovavano quel fervore e quell'energia che essi talvolta smarrivano tra gli scherni e i dubbii del mondo. La donna che presiedeva a quelle sante vergini era d'alto animo, e il Colombini le scrisse, tra l'altre, una lettera fervida d'adorazione; e pure mai si vide così bene quanto largamente si diparta la carità in Dio dall'amore terreno; il calore è il medesimo; ma la fiamma quivi è eterea, e nell'altro è torbida e impura. Duole veramente di non aver lettere di lei; neppur quella che doveva esser letta al Papa, secondo che ci narra il beato Giovanni. Il valente editore, signor Adolfo Bartoli, che ci ha dato questo bel volume, dovrebbe trovarcene alcune di devote e beate italiane, al tempo che, per dirla col Cesari, tutte le carte menavano oro, e si riscontravano insieme due tesori, che appena al dì d'oggi son reperti nei pargoletti, la purità e la castità della favella. Umili com'erano, questi poveri fraticelli sentivano altamente della lor vocazione. « Veramente, diceva il Colombini, isperiamo che Cristo ci ha eletto di far grandi cose in onor suo e della santissima Chiesa. » E l'instrumento principalissimo di queste grandi operazioni era la carità. « Carità, carità, carità, » ripeteva egli con la triplicazione energica di molti simili motti. « Lasciocci per testamento il dolce e amabile Cristo l'amore; non ci lasciò molti incarichi; solo a uno ci strinse, cioè all'amore; perocchè chi ha l'amore, ha esso Cristo amore; però che esso è fuoco d'amore; dunque chi ha lui, ha tutte le virtudi. » La carità che scaldava le loro parole convertiva le intere popolazioni. « Semo stati e semo a Montalcino, egli dice, e improviso, così ragionandoci del nostro diletto Cristo, tutta la terra si mosse a tanto fervore e tante lagrime e pianti, che sarebbe troppo a scrivere ogni cosa. E per la infinita bontà di Dio molti uomini e donne hanno forte mossa vita, e sono poi che ci partimmo da voi, assai venuti al grado dell'alta e ricca povertà, lassando ogni lor bene e rendendo paci ed isciendo di ismisurati peccati, et anco tutto dì ne rifiutiamo. » Pisa pare abbondasse di quel tempo, come crediamo faccia al presente, di devozione. Il Colombini la prepone a Siena. « Sono molte donne, egli dice, che si terrebbero beate se potessero abbandonare i loro mariti e figliuoli, ed bacci dugento donne ed uomini, che portano asprissimi cilicii e fanno tante e tagli cose, ch' è una meraviglia; unde dico che da una parte avemo tutto da ringraziare al nostro Santissimo Salvatore, il qual pur ha anco de' suoi servi e serve più che non credevamo, ispezialmente in Pisa. Acci gentilissime donne che sono tanto disprezzate, che vanno iscalze e con miseri sottanegli, tutte vigli e dispette; ora si vergognino le nostre dilicate ispirituagli da Siena, chè una di queste vale quante in Siena ne sono. » Se il Signore aveva cotali fedeli, la potenza umana aveva anche i suoi adoratori in quella città. « Tornò missere lo Vescovo ersera e disse che era essuto a Pisa, e narrò che 'l Signore di Pisa, ch' è uno popolano, istà come uno Dio e continuo gli stanno innanzi da trenta conti e cavaglieri, e' quali gli mirano tutti alle mani; che a ogni vivanda, che gli va innanzi, ogni gente si rizza e si trae il cappuccio; e vescovi e arcivescovi gli stanno innanzi o a' piè riverentemente. » Questi cultori di Baal vedevano pertanto a malocchio la prevalenza a cui venivano i nuovi predicatori della povertà, e come alcuni alti dignitari ecclesiastici li mettevano in sospetto al Papa, così il volgo talora si sdegnava del veder volgersi a Dio quegli spiriti e quelle forze che parevano dover essere più utili nelle cose secolaresche. Onde talvolta invece de' pianti e del frutto delle conversioni, conveniva ai fraticelli non solo iscuoter la polvere dai sandali e voltar le spalle alle città ostinate, ma fuggirsene a corsa. « Sappiate che questi gattivi, quando giugnemmo a San Giovanni d' Asso su per lo terreno e possessioni, ch' io già miseramente tenni, sì mi spogliaro, poi mi scoparo per tutti e' borghi del castello...

E così per grande tempo mi menaro col canopello in gola a ricorsoio... E siam qui a Monticchiello; e acci molta dura e ostinata gente, intanto che molto hanno auto a sostanere questi cristianegli.... » Ma i trionfi erano più frequenti che le sconfitte. Il modo dell'arrolamento spirituale è notato con molta curiosità. « Sappiate che sabato si scalzò Giovanni d'Ambrogio, che fu compagno d'Adoardo e mio, ed ha abbandonato il padre e frategli e la casa e stassi con noi. Scalzamolo dalla fonte del Campo con molta divozione e mortificazione, e tutto il mondo vi si raccolse dattorno. » Quest'altro caso è più notevole: « Sappiate che a me venne un figliuolo di Nicolò di Verduso, giovane di più di venti anni e tocco molto da Dio con molto fervore; disse di volere fare ciò che noi volessimo e di essere nostro fratello in Cristo, sicchè, abreviando, volendo vedere se veniva con tanta verità che bastasse, dissi che volevamo iscalsarlo alla fonte del Campo, e anco ispogliarlo e vestirlo; disse come d'un corpo morto di lui facessimo. Onde che noi andammo al Campo, e detto le venie alla Madonna andammone alla fonte, et ine el feci iscalsare a certi giovani, e puoi andammo alla Madonna del Campo e spogliammolo e vestimmolo più vilmente et ine cantammo il Boccia et io una lalda e poi il menammo in mezzo e andammone a duomo. Or pensate che gran parte della città vi si raccolse, e così gli facemmo per amore di Cristo questa mortificazione e questo vitupero. Disse che patì tanta pena che la morte non è più; ma il buono Jesù come ratto gli diè il pagamento, che la notte se gli diè tanto Iddio, che per superchia allegrezza non potè dormire e fece in lui Iddio singulari cose e grandi rivelazioni... Madonna gli disse: dimmi se tanto ami Cristo quanto dici, e che per suo amore faresti? Rispose: ogni cosa del mondo comandate; allora gli disse Madonna: va' di sotto e spogliati innudo, e per tutta Siena va' gridando il nome di Jesù Cristo; per vedere se parlasse in verità! Unde subito fu mosso e spogliato e con molto fervore esciva fuore; ma, come mi disse, Madonna fecesegli dinanzi e fecelo tornare a dietro.» Questo chiamavano quei fanatici «impazzare per Cristo;» e non meraviglia che la plebe in tali casi li salutasse più co' sassi che co' baciamani. V' era alcunchè di quell' epidemia morale che si riscontrò nei convulsionari francesi. «El nostro Agustino appena può udire ricordare alcuna cosa di Cristo, che subito *se gli dà* il fervore con grandissime strida, e la sua donna fa il simile.» Maggiore prova fecero questi altri: «Non mi potei risquotere che un giovane, ch' era nel castello, non mi venisse dietro, dando ogni sua cosa per Dio. Poi sostenne che 'l menassimo per Montalcino in camicia, colla coreggia in gola, e facemmogli molti strazii, ed è con noi. Giovanni e Conte hanno menato uno d' Arcidosso, chiamato a Roma a tenere l' albergo: accostossi a loro e vennero qua, e colla grazia di Cristo crocifisso ha dato tutto il suo a' poveri che valeva bene ottocento libbre, tutto l' ha dispensato, ed è ora con noi povero. Era uomo carnefice e micidiale.» La sete del sangue si placava col mite lavacro della carità e della fede. «Lorino è molto tocco da Dio, sin tanto che per la grazia di Dio nella presenzia del padre nostro messere lo Vescovo esso rendè liberamente pace a questi tre de' Piccogliuomini della morte di messer di Lorino suo zio, la quale non avarebbe renduta per migliaia di fiorini, secondo che esso disse» ... «Anco ci concedette Iddio che per le nostre mani ad Arezzo si fece pace d' una briga mortale.» Anche scriveva: «Molti lodano e magnificano il nome di Cristo che prima il maledicevano; molti ren-

dono pace eziandio delle morti. Li avari danno le limo-
sine, li schirani e lupi rapaci si diventano agnelli, sì
che non credo che fosse buono *a intanare per le celle*
e lassare tanto onore di Cristo.» Così rispondeva al
consiglio d'uno de'suoi; e veramente in quell'età v'era
da fare troppo bene al mondo perchè altri dovesse rin-
tanare e restringersi alle preghiere solitarie. Senzachè
la potenza piacque sempre ai frati, che si gloriavano
di vincere non solo i semplici e gl'idioti, ma e gli
scienziati. Messer Domenico così scriveva al nostro Giovanni: « Per la vostra lettera ben conosco palesemente
che tutte le scienze naturali, etiche, politiche, metafi-
siche, economiche, comediche, tragiede, croniche, liberali, meccaniche, ugualmente ogni scienza scettica, sud-
dita ad intelletto, ovvero a speculazione o a sensualità,
e' son una nube tenebrosa dell'anima, e come dice la
scrittura: *Vanitas vanitatum, et omnia vanitas.* Però
ch'io ho letto tutto el Vecchio e Nuovo Testamento,
Vite e Collazioni de'Santi Padri, quasi tutti li scritti
di Deonisio, el Compendio della sagra Teologia, la
Deosoebia, l'Arlogio della Sapienza, il Testo della mistica teologia ed altri molti libri teologici, e mai non
compresi in me tanto lume di verità dell'amore uni-
tivo, quanto l'ho compreso per la vostra lettera, e sono
sì forte invilito che mi pare essere un animale bruto,
considerata la mia miseria e la mia ignoranza.» Quest'uomo che aveva tutto studiato dal cedro del Libano
fino all'isopo, dalla Bibbia all'Arlogio della Sapienza,
si dava per vinto alla parola del fraticello, che per altro non era chiuso all'attrattivo della poesia e della
musica, quando erano rivolte a utilità spirituale. « Ca-
rissimi in Jesù Cristo, scriveva egli a'suoi fratelli di
Pisa, sentendo el vostro santo desiderio e fervore, noi
vi mandiamo questa lalda, che ha fatta un nostro fra-

tello, la quale contiene tutta la Passione. Per la fretta non l'abbiamo ben corretta; teniamo che lo scrittore non vi abbia fatti falsi. Il modo del canto vi manderemo notato, però che è molto bello e devoto; non dubitiamo che a voi e a' frategli vostri darà grande consolazione; nella nostra Compagnia assai ne dà e quasi altro non si canta. » Quel messer Domenico temeva che questa vita di volontaria povertà, di vagheggiati disprezzi, di entusiasmi popolari, di ascetismo fanatico potesse riuscir sospetta alla Chiesa, che per le continue e ripullulanti eresie era costretta a star sull' avviso, ed aver l'occhio più agli errori nascenti dalla semplicità e da un fervore traviato, che agli stessi alteramenti degl'ingegni sofistici e mal contenti. Questi, è vero, corrompevano le scuole e viziavano il sacerdozio; ma davan tempo e modo a chi volesse combatterli; mentre gl'incendii della carità erano così repentini e irrefrenabili, e l'età imaginosa e devota vi si gettava sì volentieri e pareva sì odioso il punire l'eccesso dell'amore e il fanatismo della fede, che i sommi pontefici assai si sentivano a disagio con queste schiere tumultuarie d'entusiasti, che alla fine organizzavano, per salvarle dai trascorsi del loro zelo, in corpi disciplinati, che non davano più o mirabile edificazione ad alcuni, o scandalo ad altri, non mettevano più a pericolo i dogmi e le discipline ecclesiastiche, ma venivano ad adorare il Signore e a coltivare e spander la fede sotto il freno e la scorta della Chiesa universale. E il Colombini avvertito pensò, come si suol dire, a mettersi in regola con Roma. « Noi parlammo con misser lo Vescovo delle parole di misser Domenico, e che esso ci dicesse se noi faccivamo neuna cosa, la quale per neuno modo fosse contro a neuna decretale, o per neuno modo potesse essere sospetta, e se gli paresse che mandassimo al

Cardénale per neuno brivileggio. Del tutto rispose che
neuna cosa ci era che contraria o sospetta fosse, e che
no gli pareva in neuno modo che noi procurassimo nè
brivileggio nè neuna cosa, ma che fossimo poveri, puri
e semplici senza neuno impaccio, e lassassimo fare a
Dio. » Ma questo lasciar fare a Dio non poteva bastare, e crescendo i sospetti e gli avversari doverono
andare a Viterbo al Papa a giustificarsi e chiarirsi. Il
popolo e molti prelati e personaggi di conto eran per
loro. « Cristo benedetto, dice il Colombini, ha permesso
per lo camino mirabili cose, che tanto onore ci è stato
fatto, e tanto semo stati volontieri veduti in ogni parte,
e singularmente nel terreno della Santa Chiesa continuo la roba traboccata, aggrappati e tirati al dì e la
notte per le case de' buoni uomini, e mirati come
santi; e questo è a noi grande confusione. Jeri giun-
gemmo a Viterbo con tutta la brigata co lalde e con
grande festa. Prima visitando la chiesa maggiore, poi
ponendoci su la piazza a mangiare, et ove fummo at-
torniati di grande moltitudine d'uomini dandoci tanta
roba, che fu una meraviglia, e tanta divozione che vi
si pianse molte lagrime. Lo nostro Santo Padre non è
anco venuto; ratto ci si aspetta... » Anche riscrive:
« Poi appressandosi la venuta del Santissimo Padre, el
Cardinale venne a Corneto, e noi amenduni con grande
parte de' povaregli venimmo simile con lui; qui fummo
veduti volentieri. E poi appressandosi il tempo del venire sì n'andammo al mare, ove si fece grande apparecchio per ricevere il Padre Santo e Cardinagli... Andammo a fare la camera del Santo Padre, el letto suo
e lo letto de' Cardinagli facemmo noi... Il vedemmo venire e con lui sette Cardinagli, e fu la più bella e devota cosa che mai si vedesse. E vedemmolo uscire dalla
nave, e veramente parendo santo. Noi tutti cogli ulivi

in capo e in mano, con gridare sempre : laldato Cristo, e viva il Santo Padre; e tutto el campo con lalde e con cose mettemmo a rotta e a festa... Francesco e io Giovanni di Piero gli baciammo il piè e più altri povaregli, e recaro due povaregli un pezzo d'aste del palio suo che aveva sopra a capo. Poi giunto nella terra iscavalcò con grande galdio e festa ai frati di Santo Francesco; noi con gli ulivi assai li fummo appresso, e disse che avea volontà di vederci e confortarci. Poi tanta è la pressa de' forestieri e di inbasciatori e d'altri baroni, che non c'è stato modo. Avemo parlato col cardinale d'Avignone suo fratello carnale, il quale è come un agnello ed è buono uomo, e fece singulari vezzi a noi povaregli, e molto ci ammaestrò in conseglio... Molta gente ci ama; e pensate che in tutta questa santa festa non è stata neuna novità notata quanto la nostra, e pensate che per la più parte della cristianità questa cosa si spande ed è tenuta mirabil cosa. Ma pensate che tante so le resie delle genti, che non si può credere che noi siamo netti nè puri per molti... » Ond'egli prevedeva grande battaglia, ma si confidava della vittoria. Vide finalmente il Papa, e ci si perdoni quest'altro passo grafico delle lettere del Beato:

« Quando venne da Corneto a Toscanella, ne venimmo col Santo Padre, venendone quasi correndo intorno a lui, ed esso più volte ci faceva dire per discrezione, che venissemo a nostro agio. Et io volendo ubbidirgli dissi: el mio agio è di venirgli appresso, e udirlo e trovarlo; e fu tanta la sua benignità quando m'inginocchiai per baciargli el piè, che stette fermo e ritenne il pallafreno, cioè per la via; e due volte al passare l'acque gli presi e' panni e tennegli alti... » Il Colombini fu chiamato e ammesso il primo al Papa: « Quando giunsi là ove era il Santo Padre, come entrai all'uscio posi el mantello in terra e fui inginocchiato, ed esso mi chiamò e andai presso a lui e inginocchiammi. Esso mi domandò che vita era la nostra, e che ci mosse e come vivevamo, e questi pezzi non gli piacevano, e che voleva vestirci, e che portassimo e' cappucci, e che dello scalzo era contento.... » Il Colombini rispose a sesto, e s'ebbe poi sessanta gonnelle pe' suoi, e denari per altre cinque per giunta, e i volontarii stracciati ebbero uniformi decenti cucite per divozione dalle donne della terra. Non par una delle scene romane del 48, e le schiere di Ciocciari lacere e scalze rivestite a nuovo per la guerra santa?

« Chè non pur sotto bende
Alberga amor per cui si ride e piagne. »

Lasciam di riferire l'entrata trionfale del Papa (Urbano V) in Viterbo, avvenuta la mattina del mercoledì del 9 giugno 1367. Molti dubitavano per gl'inganni passati, onde da loro ricevevano grandissimi rammarichi; da altri onori e cortesia. Il Santo Padre volle farli disaminare tostamente dal Cardinal di Marsiglia, ch'era de' frati Predicatori. « E fummo co' lui e co lo 'nquisitore, ed ebbono un notajo col foglio bianco, e sottilissimamente ci disaminaro, e missere lo Cardinale di Vignone non voleva per amore di noi e per paura. Ma Cristo, che sempre si serba in tutti e' bisogni, soccorse, e fececi rispondere per sì fatto modo, che 'l Cardinale ci fece tanta festa che ve ne maravigliereste e neuna cosa iscrisse..... » Questa disamina fu tanto solenne in terra quanto quella di Dante in cielo per gli apostoli Pietro, Giacomo e Giovanni; e com'egli fu assunto alle visioni celesti, così essi furon ricevuti nel grembo della Chiesa militante, e dovevan esser messi nel palagio il dì che il Papa aveva a dire la solenne messa, « ch' è una delle cose di Paradiso. »

Non ci parve inutile raccogliere da queste lettere le testimonianze dell'apostolato e delle fatiche del beato Giovanni Colombini, siccome quelle che svelano tutto un lato della vita spirituale attiva di quell' età. Se questi e pochi altri passi son di momento alla storia esterna monastica e civile, tutte le lettere sono assai da pregiare per la storia interiore dell'anima invasa dall'amore divino. Le vicende e le forme dell'amor divino nelle diverse età e nei diversi popoli meriterebbero di esser narrate; ma a ciò si richiederebbe la penna di Silvestre de Sacy, poichè quella dell'Ozanam fu rotta da morte, e quella dello storico di Sant'Elisabetta si volge sempre più agli ardori delle polemiche civili. La temperanza del genio italiano si dimostrò anche nell'amore in cui l'eccesso è merito, l'amore di Dio. Rare volte trasmodò, e fu, come dicemmo, specialmente nel culto della povertà, reazione al lusso crescente e corruttore del secolo. Da queste lettere spira l'amore soavemente come la luce d'entro un vaso d'alabastro. Lo stile è chiaro, trasparente, efficace. Gl'idiotismi senesi ne crescono il brio più che non ne scemano la purezza. Il signor Adolfo Bartoli ha raccolto e spiegato sempre con molto ingegno, e spesso assai felicemente, i più notevoli di questi senesismi, non sempre indegni di esser ricevuti nella lingua comune. Troviamo *abbraccicare* per *abbracciare*, *acclinare* per *inclinare*, *accolta* per *accoglienza*, *affettazione* per *affetto*, *anco* per *anzi*, *bastreggiare* per *bistrattare*, *drusciolatoio* per *luogo sdrucciolevole, pericoloso*; *garacità* per *alterco o gara*, *malatasca* per *demonio*, *piazzesi* per *gente di piazza*, *roggire* per *arrossire*, *sforgiato* per *sfoggiato*, ed altre voci parecchie assai curiose. Alcune son belle, e acconce.

Lasciamo i noti tramutamenti di lettere e le forme proprie del dialetto senese. Lo stile è temperatamente
illuminato di figure, il più appropriate, ed ha un certo
giro oratorio che fa fede di una lingua già bene adulta
e destra. Certo queste lettere non sono noiose e non
paiono viete e grinze come avviene delle lettere ama-
torie più eloquenti, le quali sembrano in breve sfiorire
come la bellezza mortale che n'è l'obbietto. Gli stessi
increduli si lasciano trasportare a questa dolce corrente:

« Ripæ ulterioris amore. »

Questa riva se non è la fede, è l'idea; è la stella
che seguiamo, filosofando od amando, nel cammino di
nostra vita.

DEL FATO DEI LIBRI.

P. MANTEGAZZA. — F. PARLATORE.
F. COLETTI.

I Romani empievano gli atrii delle case delle imagini dei loro antichi; noi le nostre biblioteche di vecchi libri. Nuovi soltanto per la data e per l'eleganza della stampa, sono spesso come quel cadavere di donna, di cui racconta la leggenda che Carlomagno restasse sempre innamorato finchè fu sciolto l'incanto. Con meno spirito dei fossaiuoli d'Amleto i nostri eruditi, imberbi o canuti, vanno cercando nel cimitero qualche vecchio cranio, e se ne fanno tazza ai vaghi delle bevande eleganti. Senzachè, per non uscire dall'antico, vanno poi rivangando nello Zeno e nel Mazzuchelli qualche biografia, che rimpannucciano a lor modo, e con quei littori esce il Console e si fa far largo. Intanto un ingegno originale peregrina pel mondo reale o per quello delle idee, fa osservazioni, scoperte, ce le comunica con la vivezza e con l'energia delle cose vedute e sentite; ma noi abbiam le orecchie otturate dalla polvere classica e non ce ne addiamo. Così Filippo Parlatore ci riferisce un bellissimo viaggio nelle contrade settentrionali d'Europa, ed è men cercato che i sonetti dell'Alamanni; il Dandolo ci racconta le sue peregrinazioni per la Nubia e l'Egitto, e si leggono meno che le Commedie del Cecchi; il Mantegazza ci trasporta per l'America del Sud, e si conosce meno del Reggimento de' Principi di Egidio Colonna.

Così noi vediamo molti affannarsi a raccogliere gli scolii dei gramatici perfin sui margini dei libri, pescare nei vecchi certi atteggiamenti di voci non ancora notati, giuocare al *Torto e al Diritto del non si può*; e se un profondo intelletto va analizzando la parola ne' suoi principii e ne' suoi moltiformi sviluppi ed influssi, nessuno vi bada. Molti non badano al dott. Paolo Marzolo, valente ingegno, sommo illustratore della parola, che noi vogliamo per ora inchinare, e che non vorremmo stendere sul letto di Procuste d'un paragrafo, quando egli stesso nel *Politecnico* ha in alcuna parte adombrato le sue idee per gl'infingardi, e pei solerti lascia tanti ricchi volumi.

Tornando ai viaggi, sarebbe degno che i più recenti dei nostri Italiani, de' quali abbiamo ora toccato alcuni, si raccogliessero in una serie elegante e si diffondessero a lettura grata e instruttiva dei giovani. — Un acuto ingegno cercò le cause per che la letteratura italiana non sia popolare in Italia; egli accennò principalmente quelle che provengono da difetto degli scrittori; e sorvolò l'altre che consistono nella pessima organizzazione del nostro commercio librario, e nei pregiudizii del nostro pubblico, il quale crede non trovar diletto che nei libri stranieri, o sta contento all'adorazione inattiva dei Classici. Certo è che di libri leggibili e piacevoli ne uscirono parecchi in questi ultimi anni, e non si tratta che di farli conoscere e gustare. Fra i più nuovi sono le *Lettere Mediche* del dott. Mantegazza.

Lo studio delle malattie d'un paese costituisce un capitolo essenziale della sua completa monografia. Quest'idea giustissima del Mantegazza ha governato per modo il suo lavoro, che noi non abbiamo solo la storia medica delle contrade d'America da lui percorse, ma la loro intera e ricca descrizione, di cui la storia medica è parte, e parte favoritissima per la speciale professione dell'autore, ma associata alla geografia, alla botanica, all'etnografia, alla storia ed alla politica. Nè la parte medica è tecnicamente incomprensibile e noiosa ai lettori profani. L'ingegno filosofico dell'autore si slancia fuori, per ogni adito che trovi aperto, dal cerchio definito della sua scienza. Fra le stesse passioni e degenerazioni della materia, egli studia gli abiti e gli sviluppi dello spirito umano. Così, entrando nella nosografia dell'America del Sud, narra tutte le superstizioni della medicina popolare; di quella medicina, da cui Plinio dice esser nata la magia. La lotta del *facultativo*, medico approvato da una facoltà, coi *curanderos* e con gli altri usufruttuarii dell'ignoranza popolare, adombra la grande e lunga lotta onde la scienza delle cose naturali ha mano mano cacciato in esilio le credenze e le pratiche superstiziose, per le quali l'uomo, ancora ignorante e pur conscio del suo destino di dominatore della natura, si provava a soggiogarla.

È da leggere il saggio di terapia speciale americana, che ne dà il Mantegazza. — I denti della puzzola e del cane si sospendono al collo dei bambini per facilitare la dentizione. — Contro l'oftalmia si cerca il sangue di negro. — Quando il parto è difficile, si fa una croce sul ventre delle donne col piede d'un uomo che si chiami Giovanni. Se la placenta è trattenuta, si pone sotto il letto della partoriente il teschio d'un cavallo, badando però che il muso sia rivolto verso i piedi. — L'epilessia si guarisce, sputando ogni giorno allo svegliarsi nella bocca d'un cane turco. — Alcuni **furoncoli** della faccia si guariscono toccandoli col dosso della mano di un bambino morto. — Per sospendere la secrezione delle mammelle in una puerpera che non possa allattare il proprio bambino, si bagnano quattro pezzetti di tela nel suo latte e si collocano sulle pareti della sua camera nella direzione dei quattro venti, incaricati, a quanto pare, della dispersione del latte!

Ma il Mantegazza non si ferma a questa teratologia spirituale; egli passa alla descrizione del vitto, dell'abbigliamento, dei costumi, delle feste, dei lutti, e di tutto quanto infine può attrarre l'attenzione del viaggiatore filosofo. Del Paraguay parla a lungo, e della falsa prosperità a cui fiorì sotto i gesuiti. Il suo ritratto del dottor Francia, tiranno singolarissimo, è vivo e spirante. Solo ci fa stupore che nella sua ricca bibliografia il Mantegazza dimentichi, se ben leggemmo, l'opera capitale del Muratori, *Il Cristianesimo felice nelle Missioni del Paraguay*, opera che gli meritò di essere annoverato tra gli scrittori socialisti.

Gli storici della letteratura notarono che nei lavori giovanili dei grandi ingegni si trovano i germi delle loro susseguenti scoperte e glorie. Quei germi non sogliono essere osservati che quando sono pienamente svolti. Ma il fatto è vero così in Leibniz come in Montesquieu, e in tutti quei pochi che il giusto Giove amò. Parecchi nella tesi di laurea deposero quanto di nuovo doveva fiorire e germogliare il loro spirito; e veramente richiedendosi lunghezza di tempo allo sviluppo del vero e la vita umana essendo breve, i primi lampi devono brillar presto agli occhi degli scopritori. Nè fa caso quel che notò il Saisset, che il Leibniz non costituì il suo sistema filosofico che a 40 anni, il Kant a 57, e via discorrendo; perchè lo sviluppo tardivo non toglie che i germi non fossero apparsi per tempo.

Del Mantegazza non vogliamo nè abbiamo autorità

di fare superbe promesse. Ma egli è certo che nei suoi primi lavori son profusi i germi d'una mèsse gloriosa. A 22 anni egli dettava la *Fisiologia del piacere*, che più maturo ampliò. Ma non contento degli studii e onori ombratili, egli si diede a percorrere l'Europa occidentale e l'America meridionale, intendendo a svolgere quei benigni lumi del cielo che avevano informato il suo ingegno e quei principii scientifici che l'avevano afforzato. Innamorato della natura, egli non istà contento alle sue confessioni volontarie, ma la tormenta per trarne i più riposti segreti. Non è di questo luogo il mentovar le ricerche che gli meritarono la medaglia d'oro nel 1859 dalla Società di scienze mediche e naturali di Brusselles; ricerche che piacciono sopra l'altre al Mantegazza, e che lo avvicinano per questa parte al Maupertuis, non già al suo Irala, eroe del Paraguay

« En esto de la carne desfrenado. »

Noi vogliamo notare soltanto che il Mantegazza ha l'immaginazione scientifica. Alcuno già provò come l'immaginazione sia ministra alle scienze, di che non s'avvedono quei biascicatori di formule, che come il frate Puccio boccaccesco attendono a snocciolare paternostri e avemmarie, mentre in altra parte della casa si dà opera ai fecondi misteri dell'amore.

Ad ogni lettera troviamo non solo nuove serie di fatti curiosi e di osservazioni argute, ma qualche idea luminosa che domina tutti i particolari raccolti, e che mostra come l'autore oltrepassa lo stato presente della scienza ed anticipa l'avvenire. Se egli s'ingolfa nelle cose della statistica, ne determina prima i limiti ed il valore; se entra a coordinare fatti patologici, egli si eleva all'idea di una *Nosologia naturale*, di cui augura, alla medicina, come toccò alla botanica, il suo Jussieu.

Lasciamo le attrattive e la felicità di uno stile, ancora non bene sicuro, ma vivo, splendido e di colori forti e svariati. Il suo quadro delle *Foreste vergini* d'America, mostra lo studioso di Humboldt, ed è bello paragonarlo alla magnifica descrizione che se ne legge tra i lavori postumi d'Alexis de Tocqueville, del quale si cominciò a conoscere l'ingegno poetico e sensibile dopo che la morte l'ha inaridito per sempre.

Il viaggio del Mantegazza ci ricorda a ragione il suo maestro e il suo autore, Humboldt, quel grande scienziato, dal cui nome s'intitolarono due città dell'America, una parte delle coste occidentali della Groenlandia, la corrente dei mari del Chilì e del Perù, e fino un'asteroide, e meritamente, e che pure diceva: *Je ne suis pas un savant.* Quell'uomo a mille anime, secondo dice il Parlatore, navigando pei mari e pei fiumi, errando pei deserti e per le foreste, salendo gli altissimi monti dell'America, illustrò così la temperatura e la forza delle correnti dei fiumi e degli oceani, lo stato e la natura dell'atmosfera, il sorgere, l'occultarsi e lo scintillare delle stelle, come la roccia di granito o di porfido, i vapori dei vulcani, il piccolo insetto, l'informe lichene, la coltivazione dei campi, le razze, le lingue, le usanze degli uomini, i governi, il commercio, i monumenti dell'antica e moderna civiltà; quell'uomo per promuovere gli studii del galvanismo si assoggettò all'azione elettrica per larghi vescicanti, a giudicare meglio delle sensazioni che produceva; confessore glorioso della scienza, che il Parlatore, il quale da lui in gran parte riconosceva l'esser stato nominato professore di Botanica del Museo di Firenze, ha degnamente lodato. È da perdonargli il fare Humboldt ora maggiore di Aristotile, ora minore di De Candolle e di non so quanti altri scienziati; quando egli stesso lo fa iniziatore e

creatore di progressi e nuovi rami scientifici. È da perdonargli il fare Humboldt adoratore di Federico Guglielmo e della vita prussiana. Egli non aveva veduto
che umorismo si celava nella serena fronte del sapiente!
Le lettere a Varnhagen erano ancora inedite. Ma senza
quell'umorismo, Humboldt ci parrebbe minore; e come
tra le stoltizie e bassezze umane avrebbe potuto lasciare
di sdegnarsi e di ridere, un uomo che la contemplazione della natura non sapeva staccare dalla vita, tantochè ei non sentisse simpatia pel bene, pel giusto e
per la libertà umana, annullata nelle corti?

Il Parlatore narra mirabilmente il viaggio e le conquiste scientifiche di Humboldt, e fa amare l'uomo che
è forza ammirare. Piace di veder l'ingegno il quale

«Descrisse fondo a tutto l'universo.»

non dimenticare tra le nebulose e i licheni l'interesse
della dignità umana e della libertà popolare.

Le osservazioni del Parlatore sull'influenza salutare
degli studii di scienze naturali, sulla morale attività
dell'uomo, sono bellissime; ed è notevole in questa parte,
come egli, appuntando l'influenza spesso deleteria del-
l'arte, accozzi Young con Goethe l'uno per le *Notti*,
l'altro pel *Werther*, e accenni un problema importan-
tissimo nella storia letteraria, della influenza straordinaria dei mediocri, non solo in letteratura, come avvenne de' Poemi di Ossian, ma eziandio nella vita, come
delle *Notti* di Young.

Il Parlatore non ha l'eleganza dei successori del
Fontenelle all'Accademia delle Scienze, e neppure di
certi segretari dell'Accademia di medicina di Parigi;
colpa dello scisma che ora è in Italia tra le scienze e
le lettere, e che confidiamo sarà tolto da una più logica instituzione della gioventù. Tuttavia la scienza lo

raddrizza sulla via, quando l'inesperienza, non direm
dello stile, ma del genere, lo svia; perchè il suo Viaggio è in generale benissimo scritto.

Ora, per un passaggio alla Humboldt scenderem dagli astri ai licheni.

Il mondo dell'infanzia è il più difficile a scoprire
e a descrivere. Nel libro della memoria si trovano poche linee che appartengano alla prima età, se già un
amore dantesco non ne abbia scritto le pagine. Nè molti
sanno osservare la natura e lo svolgimento della mente
fanciullesca, onde tante opere destinate ai fanciulli,
che essi non gustano, e tanti eroismi proposti alla
loro imitazione, ch'essi non comprendono — o interpretano a modo di quello d'Alessandro che prendeva il
medicamento dalla mano del medico sospetto, dove, secondo Rousseau, il fanciullo ammirava, non la generosità dell'eroe, ma il suo coraggio a trangugiare gli
amari succhi. — Nè i soppestamenti delle regole della
grammatica latina, nè le sdolcinatezze dei recenti ammaestramenti s'avvengono ai fanciulli, i quali, come
esordii dell'uomo, hanno tutti i suoi istinti; dall'un
lato, la fiamma dell'ideale, e più pura, perchè meno
ravvolti negli interessi del mondo (e la loro passione del
maraviglioso lo mostra); dall'altro, il senso del bene e
del male, del bello e del laido. Servire al primo istinto
senza sviarlo, al secondo per rafforzare le tendenze al
buono e al bello, è difficilissimo; e neppure il Thouar,
che s'è volto più a questa seconda parte, v'è sempre
riuscito. Talora egli idoleggia fatti puerili, che agli stessi
fanciulli paion troppo puerili. — Pure per questa via s'è
messo il Coletti nelle sue commediole, ma in alcune, e
specialmente nelle *Bizze*, egli ha còlto quel comico fan-
ciullesco, che i fanciulli sentono, e riprodotto, se ne al-
legrano. — Tanto è vero, che queste commediole, scritte

CAMERINI.   16

poi nell'idioma di Firenze, si recitano e si ascoltano
volentieri dai fanciulli, che pur talvolta come gli uomini fatti rideranno forse dei difetti del prossimo, non ·
si accorgendo che la favola tocca a loro. E pure, questo libro, e dei migliori, è men noto che certi impia-
stricciamenti toscani di Greci travestiti da Troiani.

Curioso è vedere come gli sprezzatori della lingua
ne siano teneri e ne ambiscano il vanto; curioso è vedere come gli sprezzatori delle eccellenti imitazioni del-
l'antico, ammirino i musaici, che accusano una mano
rude e inesperta. Più bello sarà il vedere scambiati in
trampoli di saltimbanco quelli che ora paiono piede-
stalli d'eroi, e stritolati come figure di gesso quello che
si danno per statue di marmo pario e di mano di Policleto e di Fidia. Più bello il veder tramutarsi Achille
in Margite, e scoprirsi che i bravi delle lettere non son
Garibaldi, ma Boschi. In un secolo che ha Garibaldi,
l'eroe più sincero e puro che forse il mondo abbia mai
veduto, in un secolo in cui ha scritto il Manzoni, l'unico
che si possa metter senza riserbo dopo Dante, in un tal
secolo, abbonda l'affettazione, la ricercatezza, la impostura dello stile e del pensiero. In un secolo di straordinaria fecondità, certi affannosi stillatori di spirito,
certi magri congegnatori d'effetto, si fanno despoti al
popolo più ingegnoso d'Europa, e vogliono il plauso di
coloro la cui piena naturale d'immaginazione e d'affetto soverchia le loro travagliate lambiccature. V'ha
nulla di più spontaneo, di più divino che Firenze e il
suo idioma? Ebbene, alcuno andrà ripescando i riga-
gnoli di tutte le terre di Toscana, e c'imbandirà la
sorra di Corso Donati, invece del famoso desinare che
Biondello aveva prefigurato a quel ghiotto che Dante
condì di fango all'inferno.

POETI E PROFETI.

LENAU E SAVONAROLA.

Un biografo del Savonarola, che scrisse nel 1801,
K. F. Benkowitz, credette conciliare le diverse testimonianze intorno al suo eroe, col dire ch' era stato ambizioso, fanatico e temerario, ma allo stesso tempo dotto,
pio, benigno e amico del bene. Veramente questo giudizio esprime la confusione di quelle testimonianze che
un nuovo biografo, il signor Teodoro Paul, raccoglie e
divide in opposte schiere con moltissima erudizione nella
prima parte di un suo libro sul Frate.[1] Egli però le sor-
passa, e s' attiene a quella di Lutero, il quale pubblicò
in una sua prefazione due meditazioni del Savonarola:
*Meditatio pia et erudita Hier. Savonarolæ a papa exusti
supra Psalmos: Miserere mei, et In te Domine speravi;*
canonizzandolo in nome di Dio, ed asseverando che non
era colpevole d'altro se non d'avere invocato Carlo VIII,
quasi Ercole, a purgare la palude lernea dei vizii romani, e che aveva accettato per la fede la grazia divina in Gesù Cristo, restandogli solo un poco di fango

---

[1] *Jérôme Savonarola précurseur de la Réforme, d'après les originaux
et les principaux historiens.* Première partie. Genève et Paris, Cherbu-
liez, 1857.

teologico attaccato ai piedi. Svolgendo il concetto di
Lutero, il signor Paul mostra i punti essenziali in cui
il Savonarola s' accorda, a parer suo, con le dottrine
della Riforma e lo chiama il precursore, ponendolo in
mezzo a Giovanni Huss e Gerolamo da Praga. Egli è
nostro, egli esclama, per avere raccesa la face della
Bibbia; detto che per lei doveva guidarsi la vita cristiana e fermarsi la fede; egli è nostro, per la .contu-
macia contro all' autorità pontificia; per avere sostenuto
che la Scrittura conduce a Cristo, non ai santi e alla
Vergine; perchè insegnò che i Sacramenti non hanno
per sè medesimi la virtù di produrre la grazia; che Dio
solo può perdonare i peccati; e per altre ragioni che
noi lasciamo raccogliere ai giornali di propaganda protestante, e discutere ai teologi; e invece diremo in che,
secondo il signor Paul, si distingue dagli eresiarchi famosi. Egli si dilunga di gran tratto da un Vigilanzio,
che al V secolo s' oppone formalmente al culto della
Vergine e dei santi, e combatte il celibato dei preti;
non può tenersi per discepolo di quei Valdesi che da
parecchi secoli rifiutavano di riconoscere la supremazia
papale, rigettavano le preci pei morti, predicavano il
sacerdozio universale, ed una forma di società più pura
di quella che il Savonarola voleva instituire a Firenze;
non considera, come *Béranger de Tours*, il pane della
Cena, qual puro simbolo del corpo di Cristo; non ha lo
zelo iconoclastico ed anticerimoniale d' un Claudio da
Torino; non insegna apertamente come i Lollardi, come
Giovanni Wessel, che il papa non è il capo della Chiesa,
che la confessione, il purgatorio, la messa, la consacrazione dei tempii e l' invocazione dei santi sono inven-
zioni del diavolo; non ha l' ardire d' un Wiclef, *stella
mattutina della Riforma!*, che non riconosce nessuna gerarchia, che abbatte l' autorità dei preti, rigetta la

presenza reale, dice che l'instituzione degli ordini mendicanti è contraria allo spirito del cristianesimo, e finalmente non accetta nessuna prescrizione, nessuna dottrina che non sia conforme alla Santa Scrittura e non
ne derivi; ma il Savonarola esalta come costoro la parola di Dio, combatte per la speranza vivente che ha
in Dio per Cristo, predica la rigenerazione e il rinnovamento interno per la fede, la speranza e la carità,
revoca il clero alla disciplina evangelica e i suoi contemporanei ad un culto purificato. Finalmente, come
la maggior parte degli avversari di Roma, difende, a
costo della sua vita, contro i preti e il papa i diritti
della coscienza e l'autorità della Santa Scrittura. Come
si vede, il signor Paul è un ardente protestante, e questo fanatismo, se altera il suo giudizio, infervora la sua
parola.

Ma ancor meglio che gli storici, un poeta ha indovi-
nato l'anima del Savonarola. — Udiamo dunque Lenau.[1]

Il poema di Lenau è una leggenda semplice come una
storia di santi o gli atti di un martire, eterea come un
dipinto dell'Angelico. Al primo canto Elena, la madre, si
querela che la notte e il mal tempo non le tornino a
casa il figliuolo che sta orando nella foresta. Il marito la conforta con le ricordanze e le speranze della
pietà ed eloquenza di lui. Al mattino, Elena, non rive-
dendo il figliuolo, lo cerca per la foresta, illuminata
dal sole nascente che succede ai nembi notturni; ad
ogni figura d'uomo che vede, crede ritrovarlo, e restando ingannata, si lamenta e chiama a gran voce il
nome di lui e non le risponde che l'eco. Tornata in
casa, il padre le porge una lettera, in cui il giovane
santo narra ch'essendo in orazione sotto un arbore

---

[1] *Savonarola*, Ein Gedicht von NICOLAUS LENAU. Cotta, 1853.— Vedi
su Lenau la mia *Rivista Critica*, a pag. 167.

della foresta, il folgore la percosse e schiantolla, lasciando lui illeso; che quel lampo lo ferì cavaliere del Signore, e che il patto tra Cristo e lui durerebbe eterno. Elena si lascia appena consolare dalle parole del marito e dal profumo di cielo ch' esce dalla lettera di Girolamo. Ella resta pensosa ed ansia: ella si profonda in tetre fantasie; e quella lettera le trema in mano come l' ultima foglia dell' albero inaridito a cui manca ogni decoro di frondi e dovizia di frutti. Ella dice: « La Chiesa celebra oggi la festa di san Giorgio Martire. Me misera! Oh! non s' avveri il presentimento che mi stringe il cuore. » Intanto Gerolamo va a Bologna, picchia al chiostro de' Domenicani, gli è aperto, trova il priore nel giardino che annaffia i fiori, e dopo le prime e liete accoglienze, si lascia andare alla sua vaghezza, e gli dice: « Il mio animo s' allegra ne' fiori, e spia volentieri i misteri di queste meraviglie che ci si approssimano tanto per la fragranza e il fiorire, e ne sono sì lontani pel loro silenzio; quando io passeggio tra le belle aiuole, al fresco della sera, e soavemente fantasticando riguardo alcun cespuglio o gruppo di fiori, mi pare che la ridente famiglia, sotto alla volta del cielo, si spanda pel mondo come una gran religione. Non vivono essi in *voti?* Non sono *casti* e puri? amici più che rassegnati a *povertà,* contenti alla rugiada ed alla luce del sole? *obbedienti* alla voce della primavera, non sorgono eglino a rallegrarci con le lor vaghe tinte e col loro profumo? » Così diceva il venerabile vecchio, e intanto un nembo di fiori gli scendea sovra la fronte e la mano, quasi a ringraziarlo coi loro baci. Voltosi poi a chiedere a Girolamo che si volesse, questi risponde voler rendersi frate e sacrarsi fino alla morte a quei tre voti ch' egli aveva, gentilmente scherzando, prestato ai fiori.

Ora Girolamo è novizio e si lega di santa amistà con Domenico, che doveva essergli compagno

«In fino al cener del funereo rogo;»

si profondano e s'immergono in divine meditazioni ed estasi, pensano a Giovanni Huss e a Girolamo da Praga, e all'ora che la disciplina del chiostro richiama i religiosi ai loro doveri, il priore è costretto, passando la mano su quelle giovani fronti, richiamar loro la mente dai divini pellegrinaggi. Girolamo è priore al convento di San Marco in Firenze; non solo i cittadini, ma tutti i popoli dattorno accorrono alle sue ardenti predicazioni e le vanno già aspirando nell'aere, come ai peregrini del deserto pare di sentire quasi il gemito della sorgente che si avvicina e ch'essi poi trovano copiosa e benefica nella oasi. Così i sitibondi della parola s'acquetano come son giunti alla Casa del Signore.

Qui l'autore, a rifar le prediche del Savonarola lo invoca: — «Vieni, benedicimi con la tua presenza, e benedici il suono del mio canto; fa' ch'io intenda il tuo gran cuore e lo esprima inviolato ne' versi. Lascia cadere beatificando nella mia anima un raggio di quello splendore, e fa' che il mio carme sia una lieve eco della tua parola.»

E nella solennità del Natale comincia un sermone sì mistico, sì sublime,

«Che retro la memoria non può ire.»

L'aspirazione terrena di tanti anni in 'Dio, le lagrime, i canti, le preghiere e i lamenti s'incarnarono in Maria, ed essa concepì. Dal dumeto onde fu tolta e tessuta la corona al Salvatore, Asvero, l'ebreo errante, che personifica l'empietà, taglia ogni anno il suo bordone di pellegrino; finchè, vinto l'inferno, quella siepaglia non fiorisce che rose, e l'empietà v'è sepolta

sotto. Idee strane, traviamenti d'una imaginazione che
non ha il freno della scienza della fede che ebbe Dante,
e che pure sono una protestazione sublime contro le
superbe incredulità del secolo.

Qui comincia la lotta dell'umanesimo e. della austerità religiosa, che antepone la ruvidità innocente
alla scienza corrotta. Il nuovo gentilesimo che som-
merge la fede, e adonesta la tirannide, abbaglia per
qualche istante eziandio alcuni uomini sottoposti al
soave giogo di Cristo. Mariano, il frate agostiniano, è
mosso a combattere la crescente autorità di Girolamo;
ed il giorno dell'Ascensione egli, presente tutto il popolo, cerca di abbellire la vita molle, la clientela me-
dicea, splendida d'arte e di fasto, ma già tralignante
in disonesta servitù. — Egli parla di Lorenzo più che
di Dio; della sua potenza politica, dei miracoli del-
l'arte e delle lettere eccitati dalla sua parola. Egli va
rimbalsamando il cadavere del paganesimo, e cerca
rendergli il riso e la letizia della vita. « Dio stesso, egli
dice. non fu rivelato che più effusamente da Cristo. Da
gran tempo già l'uman genere fiorì nella luce di Dio;
il torrente della storia divina non rampollò primamente
in Betlemme. Di colà si versò con la foga d'una cata-
ratta. Ora è una soave corrente. » Mariano crede aver
trionfato. ma al mattino sente lo squillo delle campane
di San Marco; egli già trema al pensiero di una risposta di Girolamo; che farà quando il veggente lo apo-
stroferà dal pergamo dicendogli: « O cortigiano di lussuria e vanagloria, o seduttore del popolo, conosci tu
l'evangelo? Gli ornamenti che dissotterri dai sepolcri
dei gentili non salveranno costoro; le tue lagrime non
sono vere; i tuoi gesti sono acconci allo specchio; i
peccatori non si riscuotono al tuo dire; se piangono o
sospirano, è un guiderdone che la menzogna paga alla

menzogna. Tu non poni i fonti della vita religiosa in
Betlemme! il tuo Cristo è la somma dei concetti religiosi di tutta la umana famiglia. — Non è il re del
mondo sotto il velo mortale, non è la potenza del creatore e la sua luce, la pienezza dell'amore di Dio. Io
conosco te e i tuoi neo-platonici. Cristo non è per voi
l'Uomo-Dio!» — E qui prosegue il Savonarola la sua
veemente invettiva, predice la caduta dei Medici, le
rovine d'Italia e le visite del Signore nelle fiamme
della sua ira.

Bellissimo è il dibattito tra Lorenzo de' Medici al
letto di morte, e il Savonarola, che non vuole bene-
dirlo se non restituisce il gran furto, la libertà fiorentina. Lorenzo, che giace tra gl'iddii della Grecia velati
e il crocifisso, e vede alla rinfusa nel farnetico dell'ultime ore le rimembranze platoniche e le apocalittiche,
fa una grave e forte impressione sull'animo, e si sente
che eziandio i prodigi del genio svaniscono al soffio,
come dice il Lenau. delle eterne etesie. Il simbolismo
a cui ricorre il Savonarola nell'ultimo non mi pare
rispondere all'altezza dei principii. Lorenzo non sentiva gli odori, e il Savonarola spiccata una rosa, e te-
nendola dall'una mano e dall'altra il Vangelo, gli si
appressa e gli dice, che come non sente il profumo del
fiore, così gli fu ignoto quello del Vangelo.

Ora viene in iscena il personaggio più originale della
creazione di Lenau; ma per sventura il fondamento
della impressione che il suo destino dee fare è una di
quelle favole, pascolo della credulità degli eterodossi,
i quali, mentre si spiccavano da Roma per amore della
libertà del pensiero, precipitavano a più strane superstizioni ed a fantastiche inventive contro Roma e i suoi
Pontefici. Questa favola è uscita dalla fantasia di Lenau,
ma risponde alla antica e ora quasi scomparsa ten-

denza dei settentrionali a far del. successore di Pietro
un mostro, un cannibale. Tubal dunque è un ebreo
uscito dallo spedale dei pazzi, che vaga ancor forsen-
nato la notte e nutre un odio immortale contro i cristiani. Egli entra ove un' allegra brigata beve e trionfa,
e solo si duole della taciturna e invincibile gravità d'un
giovane tedesco, che scese le Alpi non già per ·bearsi
dei miracoli delle nostre arti, ma per edificarsi della
parola di vita ch' esce di San Domenico. Tubal racconta
che all'infermo Innocenzo VIII il medico disse non valere altro rimedio che la trasfusione di un sangue giovanile. Ebbene, grida Innocenzo, Tubal ha tre figli, si
uccidano; un ebreo non ha bisogno di figli. — Ed i
figli furono trucidati per rifiorire le vene del Papa del
loro sangue! Favola ridicolissima, a cui la smania di
far effetto condusse un grande poeta. E qui lasciamo
la discesa di Carlo VIII, la rovina de' Medici, la rinnovata repubblica e tutta la trama contro il nuovo
profeta e le pitture di Alessandro VI e de' suoi; perchè, se molte e splendide sono le bellezze di poesia,
non si potrebbero tollerare dal lettore italiano certi
eccessi di sentimenti, e certe novelle che agli stessi eterodossi sono favole anili.

Rivoliamo adunque a quello che v' è di veramente
sublime nel martirio del Savonarola; alla sua costanza
nei tormenti, all' incrollabilità della sua fede, alla santità de' suoi concetti politici. Le sue visioni nel carcere,
donde deve uscire al rogo, sono ben altre da quelle di
Lorenzo, che onusto di gloria terrena moriva sopra un
letto quasi regale. I serafini col vento delle loro ali
temperano il bruciore delle sue ferite; i patriarchi, i
profeti, i padri della Chiesa lo salutano; gli apostoli,
gli anacoreti, e i martiri gli passano, arridendo, innanzi;
Osanna, cantano tutti quegli spiriti beati, e con loro

canta il padre suo; tuttavia lá madre sospira sommessa, e segue ogni passo del figlio. Un angelo le rasciuga le lagrime e le dice consolando che non sarà mai divisa dalla sua prole. Ed allora anche la madre accompagna il canto ed abbraccia il figliuolo che ella ha sì dolorosamente perduto.

Il popolo, ammirato di tanta fortezza, comincia a sentir pietà dell'eroe; lo scambio dei processi fatto da Ceccone rinnova il furore e l'anatema contro il Savonarola. Egli va a morire; egli non ha il dispettoso piglio del fanatico; ma il suo aspetto è composto a quiete; tace, e pare che dal suo labbro si levi la preghiera; si mostra intento, e pare ch'egli ascolti già il suono dei cori del paradiso; gli occhi scintillano; le gote sfavillano di fuoco; è un saluto del cielo che gli lampeggia sul viso. Ma un vecchio di strano aspetto, di stravolto sguardo, lo mira e piange: è Tubal; egli vuol forare la folla, e sclama: Fa' ch'io t'abbracci. Io ti credo. Iddio è teco. Altri non va alla morte sì paziente e beato che pel Messia! Lasciatemi andare a lui. Volete negargli l'acqua da battezzarmi? Mi battezzi nelle sue lagrime; mi benedica col suo sguardo!

Girolamo ascolta quella preghiera, e gli dice solennemente: « Io ti battezzo nelle tue lagrime, e ti benedico con la croce. »

POETESSE.

AGATA SOFIA SASSERNÒ.

Andando un giorno a trovare un'indovina, che gittava l'arte presso alle valli di Pinerolo, e divorando le belle prospettive de' luoghi, che attraversava rapidamente la vaporiera, per non mescolarmi alle conversazioni de' miei compagni di viaggio, io sentiva di tempo in tempo il bisogno di riposar l'occhio sopra due sembianti femminili, che mi stavano di faccia. Nel fondo era una signora, pensosa e nobile in vista, piuttosto fievole per delicatezza di complessione che affranta dall'età. Ella alcuna volta riguardava senza invidia e senza compiacimento una giovane sposa, che le sedeva allato, di fiorente bellezza e con due occhi sì vivi, che pareva le schizzassero dalla testa, avrei detto per fuggire lo stupido consorte, se tutti gli altri non avessero avuto quel non so che d'inameno e di repulsivo che viene dalla polvere delle biblioteche. Ordire un romanzo senza primi amorosi era impossibile; indovinare una vita ai lineamenti del volto era prosuntuoso; ma confesso che, nel rivolgermi che io faceva alla natura esteriore, ero mosso più dal non potere che dalla noncuranza.

Giunto allo scalo, seppi, ai saluti, che la taciturna

signora di maggior tempo e d'un aspetto più intellettuale era madamigella Agata Sofia Sassernò, l'autrice del nuovo libro, *Pleurs et Sourires*. (*Turin*, 1856.)

Questa signora nacque a Nizza — forse l'esser nata di sette mesi la rese così gracile per tutta la vita. Il padre suo fu Luigi Sassernò, luogotenente generale dell'esercito francese ed aiutante di campo del maresciallo Massena.

Nel componimento, ch'ella gli ha consacrato sotto il titolo di *Dictame,* o d'una pianta di dittamo, ch'egli in una delle lor corse campestri le ebbe insegnato, e ch'ella trapose in un testo e venne educando con singolar cura, ella dice così:

« Mon père, je le vois, pâle et mélancolique,
 Vénérable vieillard à l'aspect héroïque,
 Tel qu'il m'apparaissait sous l'épaulette d'or,
 Que le soleil d'Arcole illuminait encore. »

Il vecchio guerriero consolava il suo tramonto delle dolci gioie della famiglia:

« Enfants roses et frais, de nos bras caressants
 Nous entourions son col, baisions ses cheveux blancs.
 Et tout fiers d'essayer son sabre et son panache
 De nos petites mains nous tirions sa moustache;
 Lui, tendre souriait à nos jeux enfantins,
 Et ce cœur de lion, fort aux coups du destin
 S'effrayait à nos cris, se troublait à nos larmes,
 Et nos jeux innocents avaient pour lui des charmes. »

Queste gioie furono presto interrotte: — il padre accecò ed ella, pietosa Antigone, ne reggeva i passi:

« La plus jeune de tous, moi, son enfant chèri,
 Je soutenais ses pas; sa main sur mon épaule,
 Nous allions nous asseoir parfois sur le vieux môle.
 Là, sous les vastes cieux qu'il n'apercevait plus
 Au bruit lent et plaintif du flux et du réflux
 Il nous parlait de bien, de gloire et de patrie. »

Il giorno di San Luigi, onomastico del padre, annunciato dal primo sbocciare del dittamo, era sempre una festa alla famigliola:

« Pour l'étreindre à nos cœurs, nous grimpions tous les trois
Sur son fauteuil de cuir; nous parlions à la fois;
Je bégayais des vers. hélas, enfant poète;
Et sur moi s'allarmait sa tendresse inquiète.
Dévinant mes tourments, à ce funeste don
Tu préssentais déjà mon fatal abandon;
Hélas! et que de fois sur ton mâle visage
Je lus le vague effroi d'un douloureux présage...
Rêve, espoir. avenir. ah! tout s'est envolé! »

Morto il padre e la madre, della quale v'è una toccante commemorazione nel componimento intitolato: *Le 5 Janvier 1855,* la Sassernò venne a Torino, dove non si può dire che viva abbandonata, poichè gli spiriti più delicati l'attorniano e le rendono onore; il rimpianto duca di Genova la sovvenne d'una pensione, e in cambio di questo nuovo volume di versi, il re le donò una scatola d'oro brillantata del valore di duemila franchi. Ella tuttavia desidera la sua Nizza, e nel componimento che s'intitola *Mes vertes collines*, ella con molto impeto esclama:

« Laissez-moi. laissez-moi. je meurs sous ce ciel sombre,
            Il me faut mon soleil,
Mon firmament d'azur que ne voile aucune ombre
            Mon horizon vermeil.
La mer. l'immense mer, et la brise marine
            Dont les baisers de feu
D'une acre volupté remplissaient ma poitrine,
            Souffle emané de Dieu.
Il me faut le vallon obscur et solitaire
            Où j'égarais mes pas.
Et les noirs oliviers pleins d'un vague mystère,
            Mes berceaux de lilas. »

Ella ha veramente ragione; ella. vivrebbe e scriverebbe d'altra forma sotto al suo cielo nativo. I più bei

componimenti di questo volume sono appunto quelli che
si tessono o colorano di quelle memorie. Torino non le
inspira che idee di lutto od apprensioni morali. Ella si
ravviva solo un poco quando villeggia a Miradolo nei
dintorni di Pinerolo, con una sua amica, Giulia Molino
Colombini, poetessa italiana, autrice d'un poema inedito
sulle città d'Italia, donna ancor giovane, la quale consola la sua vedovanza non della sola poesia, ma altresi
d'un figlio diletto. Dopo la Colombini, pare che la Sassernò tra'suoi confratelli prediliga il Regaldi, a cui in-
dirizza una lunga poesia, ove descrive i pellegrinaggi del
vagabondo improvvisatore, e lo fa andare fino dove non
è mai stato, a Cartagine: [1]

> « Carthage, cette fière reine,
>   Qui se drapant dans son manteau
>   Fit une vertu da sa haine
>   E' pure dort dans son tombeau. »

Singolare purità, che io pure passerò alla valente
poetessa, come altresì molti componimenti deboli e
molti pessimi versi; questi, per esempio, parlando della
morte a proposito del duca di Genova:

> « La feux empitoyable a *décimé* le tròne,
>   Comme le bùcheron qui taille un arbre altier. »

O questi altri:

> « Et Nelle en pàlissant tout émue et troublée
>   En avançant la main, d'une *voix étranglée*
>   Murmura doucement. »

Se non che, in quanto allo stile, io posso appostare,
ma non levare la lepre; onde lascerò ai Francesi il darne
sentenza. Dirò solo che la signora Sassernò riesce assai
meglio nelle poesie d'affetto. È un affetto raccolto nel

---

[1] La visitò poi, quando fu professore a Cagliari.

profondo cuore, e che s'espande solo ne' carmi prima
d'andarsi a riconfondere in Dio:

« Je meurs du Veuvage de l'âme,
  Mais mon cœur vierge à Dieu rapporte son amour. »

LAURA BEATRICE MANCINI.

Il visconte di Launay, pseudonimo che rappresentò
sì famosamente quanto v'era di brio conversevole ed
arguto in madama di Girardin, sosteneva che mentre
il greco ha più ingegno della donna greca, l'italiano
dell'italiana e via discorrendo, solo il francese cede
d'ingegno alla francese, se ne levi quei gran poeti che
riassumono in sè le qualità feminee e maschie dell'intelligenza. Se le francesi sono così prosuntuose, non sappiamo se le italiane vorranno essere così umili da acque-
tarsi a questo giudizio, o se piuttosto, lasciando fuor
del conto i genii, come fa il visconte di Launay, non
vorranno sostenere che esse non sono punto inferiori
alle intelligenze di second'ordine. E, per atto d'esempio, le poetesse italiane de' nostri giorni gareggiano
coi nostri poeti minori, e talora li superano. Alleghe-
remo soltanto quella Somerville poetica, la Bon-Bren-
zoni, morta di poco nel fiore dell'età e della fama; ed
ora la signora Laura Beatrice Oliva-Mancini. Nè taceremo che per avventura le donne italiane aspireranno
espressamente solo ai secondi onori, perchè, in virtù
dell'ispirazione che in esse attingono le più grandi
menti, si sentono partecipi dei primi.

Le poesie della signora Mancini ci trasportano nell' *aere puro*. Questa è la prima lode che dobbiamo darle. Il suo amore è l'amore di sposa e di madre, degnissimo di stare allato all' affetto della patria; anzi è da dire che ne sia un elemento come la terra, il cielo, le ceneri e le memorie degli avi. Le poche poesie d'amore che la signora Mancini ha raccolte al fine del volume, sono indirizzate all' uomo che le dette il suo nome, aggiungendo alla luce poetica di lei, il lustro della valentia oratoria e della sapienza politica. Fra queste poesie ve n' è una di Lui. È un *Lui et Elle* piuttosto raro nella poesia odierna, ove il *Lui* non suol essere secondo il Codice, e si scambia poi secondo un altro Codice approvato nelle nuove corti d' amore.

E dacchè parliamo di lui, crediamo che niuno vorrà sorridere che, giovane ed amante, riscrivendo alla sua fidanzata, abbia consegnato la risposta allo stesso procaccia che gli avea recato la lettera. Questo procaccia è una lodoletta. Il giovane che già preludeva sì gravemente all' avvocherie e al professorato, lasciava cadere un raggio di sole sulle dotte carte. La poesia come il sole penetra da per tutto, anche negli studii degli scienziati; cade eziandio sulla polvere della Borsa, polvere che facilmente si muta in fango. Anzi notava Paolina Foucault in casa della Saint-Ovide, bellezza commerciale, secondo il romanzo di Luigi Ulbach, che i banchieri al dì d'oggi hanno più fede nel sentimento che gli artisti. Certo negli artisti questa perfidia è talora un dispetto d'amanti; ma in generale è vero che i sacerdoti dell' arte, come certi sacerdoti antichi, non credono alla religione che predicano, perchè ne sanno troppo o ne fan giuocare le gherminelle. Qualche poeta non farebbe sue messaggiere le lodole come il nostro valente avvocato; egli amerebbe meglio mangiarle.

Lasciamo queste pagine intime e giovanili, e tocchiamo dell' amor materno che ispirò bellissimi versi
alla signora Mancini, nel descriver ch'ella faceva le
bellezze e indoli diverse delle sue bambine Rosina e
Flora, e nel correr con l'anima dietro all'anima d'un
bambino, ripatriato in cielo. A quest'amore s'attiene
la sua simpatia al dolore d'una madre, altera e incon-
solabile della morte di due suoi figli, caduti per Italia,
l'uno sotto Ancona, l'altro a Gaeta. Intendiamo della
signora Olimpia Savio-Rossi, poetessa di nome e d'ardente affetto verso la patria; la cui gloriosa sventura
s'ebbe compianto in Milano, dove si sentono tutte le
carità dell'anima. All' amore materno si attengono i
versi scritti dalla signora Mancini pei bambini dell'asilo
infantile, e per le fanciulle della scuola materna di Torino. È una madre italiana, a cui il cielo ha consen-
tito di dare splendida vita ai gentili come ai forti sentimenti; ai graziosi come agli alti concetti.

Sarebbe forse da dire che questa gentile signora,
questa tenera madre, prevalga nel canto dei martirii,
delle speranze e dei trionfi della patria. La signora
Mancini non è una italiana del *giorno dopo*. Ella si con-
sacrò giovinetta al culto d'Italia, e cantando scorse dal
supplizio dei fratelli Bandiera all' ingresso in Napoli
di Vittorio Emmanuele. Ella sciolse un cantico eziandio al patibolo di Agesilao Milano; il che fece rabbrividire Massimo d'Azeglio, e sclamare Giuseppe Massari.
Ma il tirannicidio si giudica variamente dalla coscienza
popolare, che dubita talora come nel caso di Giulio Cesare, talora condanna come nel caso di Enrico IV, e sarebbe stata forse disposta ad assolvere nel caso di Ferdinando II. Non sappiamo se il plauso della delicata
coscienza d'una donna, e il favore portatole dalla Musa
nel palesarlo, possano essere di qualche peso nella defi-

nizione di un problema, ove san Tommaso è ambiguo
e armeggia Proudhon.

La signora Mancini, imprecato, sotto il cannone di
Castel Sant'Elmo, al tradimento del 15 maggio, andò
poi a raggiungere il marito nel suo esilio in Piemonte;
e qui il pianto tornò in riso, ma non sì che non sentisse dolore dei lutti di Napoli, sua patria, e più ancora della ingiusta fama di codardia che le veniva dal
non potere scuotere da sè il giogo del nuovo Falaride.
Nella nobilissima canzone a Gladstone, primo tra i vindici di quei popoli, ella, sospirando il sorriso del cielo
natio, gli dicea:

« Tu che quel mar mirasti e quella sponda,
Di', potremmo obbliar tanto sorriso?
Erra e sospira l'anima dolente,
Ed ivi ognor, qual mesta aura leggiera,
Dolcemente sorvola
Su' fior, su' colli, e sulla limpid' onda.
Bacia il terreno che le amate spoglie
De' nostri padri accoglie,
Fende l'aer natio vinta d'amore
E a lei novella vita è il vago errore. »

Ma pentendosi di quel sorriso di cielo, ella accom-
miata la canzone in morte di Carolina Poerio con questi versi:

« Avvolta in negre vesti,
Canzon, trascorri pel natal mio cielo,
E all'aure affida tue dolenti note:
Là con funereo velo
Copriti il guardo; il sempiterno riso
Non mirar di natura, e sol co' mesti
Di lagrime furtive, ahi! bagna il viso. »

Dopo ella ripigliava animo pensando che in Napoli
non si piangeva soltanto, ma si fremeva e si arrotavano
i ferri. Agesilao Milano moriva; ma ella irridendo e pro-
vocando, come Muzio, il tiranno, dicea:

« Mille braman ferirti, e un sol n'uccidi. »

Ella fidava nell' animo dei patrioti e nell'ardore delle donne, di cui sentiva altamente il dovere e la virtù nella depressione della patria:

> «. . . . . il ciel ripose
> In noi madri, in noi spose,
> Le sorti liete della patria o il danno:
> Se progenie cresciuta al santo sdegno
> Noi le darem dell' invasor tiranno,
> Se concordi saremo all'alta impresa,
> Bastano i figli nostri in sua difesa. »

Ella sentiva che l'Europa si volgea propizia alle nostre libertà, e vaticinando scriveva nella fonda, a dir così, della peste tirannica in Italia:

> « E tu solleva i lagrimosi rai,
> O mestissima Italia! Intenta porgi
> L'orecchio . . . un vivo sussurrar non odi?
> Come rotte da venti gemon l'onde,
> Tale un compianto asconde
> Lontano mormorio, che intorno intorno
> L'aria percote, e fino a te perviene.
> Commossa Europa in tuo favor già scorgi... »

Il vaticinio si avverava. — Un gran ministro avea condotto le armi francesi in Italia, nuovo caso, per liberarla, e v'era in parte riuscito. L'aiuto straniero non è gran fatto pericoloso quando si ha nelle mani una buona causa, il favore dell'opinione europea, e forze proprie. Napoli tuttavia gemea sotto il non degenere figlio di Ferdinando; ma Garibaldi si levava alla redenzione e la Mancini ne presagiva il trionfo:

> « Una nave coll'ombre silenti,
> Notte amica, proteggi, e t'imbruna!...
> Tace il vento, e d'un velo la luna
> Nel mistero il suo volto copri.
> Quella nave di spirti frementi
> D'amor cela un pensiero divino,
> Eppur muta siccome il destino
> Solca l'onda e dal guardo spari.

Non tremate; ei sicuro s'avanza:
Non tremate; egli passa e non s'ode:
Pria combatte, pria vince quel prode,
Poi la fama ch'ei giunse dirà. »

Liberata Sicilia e Napoli, ella corre col pensiero a
Gaeta, e spaventa di spettri il tiranno che vi si ac-
cova, ma di nuovi spettri; non già delle ombre delle
sue vittime, ma di quelle dell'efferato padre, dell'avo
spergiuro, frementi con diaboliche contorsioni della loro
rovina:

« Del Vesevo entro nube sanguigna
Ei s'innalza, e fremendo di sdegno,
— Questo è dunque (egli esclama) il mio regno,
E gli schiavi ch'io vidi al mio piè? —
Al suo fianco la larva maligna
Pur dell'avo spergiuro s'affaccia,
E sui labbri coll'empia minaccia
La perversa compagna del re. »

Questo concetto è bellissimo e altamente poetico.
Ella poi trova le ombre delle vittime, nel ritorno che
fa alla patria:

« Fia ver? sull'onde rapida trascorre
La nave che mi reca al patrio lido?
E le lucide stelle, il mar diletto,
Il mio limpido cielo, e i monti e i fiori
Che già la mesta giovanezza mia
Confortavan di speme, alfin concesso
M'è riveder. . . . . »

E qui invece di continuar nel riso, si volge al pensiero dei nostri martiri. Veramente dal nostro risorgimento, lasciando anche stare Venezia e Roma, non si
può trarre un riso scevro di pianto....

« Non ci si pensa quanto sangue costa! »

Sebbene l'affetto dell'arte per l'arte sembri tener
l'ultimo loco nell'animo della signora Mancini, tuttavia

la Musa, non gelosa, le arrise, come se lei sola avesse onorata

« Di sacrificii e di votivo grido. »

Concetti elevati, elette ed appropriate immagini, adornano un verso che si muove, a dir così, per un'orbita graziosamente elittica, come astro regolato e soave. Rare negligenze di stile, ma rari ardimenti. Essa attese all'arte nei tempi che in Napoli fioriva la scuola di Basilio Puoti, purista severo, ma ingegno elegante, che innamorò della perfezione classica la viva mente della Guacci, al cui fare crediamo s'attenga un poco la signora Mancini, che ne pianse la morte in una bella canzone. E questa simpatia verso le sue sorelle in poesia si palesa altresì nei versi alla Agata Sofia Sassernò, che vestì di belle rime francesi sensi italiani, e alla valente improvvisatrice Milli. Fra le antiche elesse Saffo, e ne cantò le ultime ore; se non che la Mancini, la quale provò solo le gioie dell'amore onesto, non riuscì forse a ritrarre gli stemperati ardori di quell'angelo del suicidio. Nè, volgendosi ai poeti, essa riuscì a ritrarre perfettamente Béranger, di cui forse non poteva gustare che quelle canzoni che il Chateaubriand chiamava *odi sublimi*, e non quelle, per avventura più durevoli, in cui, come ben notò Giulio Janin, egli tratteggiò così graziosamente quella *vie de Bohême*, la cui essenza fu poi diluita in lunghi volumi. È notevole che, mentre i migliori Francesi, e perfino un Rénan, si accanirono contro la fama del morto poeta, illustri ingegni italiani, Prati, Brofferio, la signora Mancini, lo celebrarono; il Brofferio forse per affinità di genio, e per avere egli, nelle sue canzoni piemontesi, fatto più che altri ritratto di quell'arguzia, che attinge il suo non rintuzzabile aculeo nell'amore della libertà e della giustizia. — Meglio riuscì la signora Mancini nella can-

zone al Leopardi, al quale, vivente, sarebbero bisognate
sì gentili simpatie ad esser meno infelice. Ma ripetiamo
che il meglio degli scritti della nostra poetessa è, al
parer nostro, in quelli che toccano l'Italia; il che è
notevole in donna sì ricca di tutte le doti che possono volgere l'immaginazione a soggetti men gravi.
Belle le sue canzoni sulla morte del Gioberti e del Cavour; Gioberti, grande ingegno politico, ecclissato per
sventura agli occhi del volgo dalla sua fama di scrittore e rannuvolato dal sacerdozio, di cui pur non teneva che la tenacità del proposito, il fervor della fede,
l'alta coscienza dei destini d'Italia. — Cavour, che i
suoi avversari piangono ora più che non fanno i suoi
amici, ai quali pesa tanto il suo retaggio di fatiche e
di gloria, e come dice Plutarco di Pericle, è proseguito
con desiderio dall'universale, la cui gratitudine consuma
la memoria dei lievi difetti dell'uomo e del politico
come *sol vapori*. Ma questa energia di amor patrio non
rende meno gentile e leggiadro il verso della signora
Mancini; solo lo fa più efficace e possente, come le armi
virili accrescevano la beltà di Clorinda.

Pare che Laura e Beatrice, gelose che tutto l'onore
delle parole soavi o sdegnose che dicono nel *Canzoniere*
e nella *Divina Commedia* si attribuisca ai loro amatori,
abbiano voluto parlare da sè, eleggendo a simpatico
medium la nostra poetessa. Sarà un miracolo dello spiritismo; ma certo c'è qualchecosa della dolce severità
di *Laura* e dell'austero amore di *Beatrice* nei versi di
lei. Se non che altri potrebbe per avventura opporre
che vi si vede l'amore e lo studio posto nelle poesie
di quei due immortali amanti, e come il bagliore delle
fiamme del loro affetto; ma questo altresì è un nuovo
onore della signora Mancini.

POETI STRANIERI.

MILTON E L' ITALIA.

L'arte dei paralleli è difficilissima in istoria, e ancora più difficile in letteratura. L'Hallam e il Macaulay tentarono il parallelo di Dante e del Milton, e in parecchi luoghi riuscirono. Si può leggere nelle loro opere, e noi citeremo solo qualche tratto dell'Hallam. Il Milton, dice egli, ha imitato meno da Omero, direttamente, che da parecchi altri poeti. I suoi favoriti erano Sofocle ed Euripide; a questi deve la struttura del suo verso sciolto; la sollevatezza e dignità del suo stile; le sue alte e gravi sentenze; il suo modo di descrivere; nè condensato come quello di Dante, nè sparso e diffuso come quello degli altri Italiani e dello stesso Omero. Dopo i tragici greci, sembra ch'egli seguisse principalmente Virgilio..... Tuttavia egli somiglia più a Dante; anche quando il colorito di questi due grandi poeti è più lieto, è solo il sorriso di una mente pensosa e vaga degli esercizii dialettici. Quando si guarda alla somiglianza delle loro prose, alla coscienza di esser nato a qualche grande impresa, che spira per la *Vita Nuova* e nei primi scritti del Milton, si può dire che erano spiriti gemelli, e che ciascuno avrebbe potuto animare il corpo del compagno, che ciascuno, a dir così, sarebbe stato l'altro, se l'uno avesse vissuto nell'età dell'altro.

« Ciascuno di questi grandi uomini, continua l'Hallam, elesse il subbietto che si affaceva al suo natural temperamento e genio. Come il Milton, curiosa congettura, sarebbe riuscito nel suo primo disegno di verseggiare una storia inglese? Certo meno che nel *Paradiso Perduto*. Egli non aveva il fare rapido della poesia eroica; sarebbe stato sempre sentenzioso; forse arido e grave. Ma eziandio, a considerarli come poeti religiosi, vi sono parecchie notevoli differenze tra il Milton e Dante. Fu giustamente notato che Dante nel *Paradiso* si vale solo di tre idee principali: luce, suono e moto; e che il Milton ha ritratto il cielo con colori meno puri e spirituali. La filosofica immaginazione del primo, nella terza parte del suo poema, quasi purgata da tutte le caligini della terra per lunghe e solitarie meditazioni, spiritualizza tutto quello che tocca. Il genio di Milton era subbiettivo, ma meno di quello di Dante; ed egli ha a raccontare, a descrivere, a porre innanzi agli occhi fatti e passioni. E due cause peculiari si possono assegnare di cotal divario, nel trattare le cose celesti, tra la *Divina Commedia* e il *Paradiso Perduto*; la forma drammatica che il Milton aveva da principio avuto in animo di adottare, e la sua propria tendenza teologica verso l'antropomorfismo, tendenza messa in chiaro dai suoi due libri postumi, *De doctrina christiana.* »

Il Milton non si nutrì solo di Dante, ma di tutti i poeti italiani, e l'essersi scontrato ad un'età in cui le nostre lettere volgevano al basso e la stella del Marini signoreggiava, non lo fece più tiepido alla ammirazione de' nostri. Il Marini non era che un angelo caduto; traviando l'arte italiana, l'aveva più violentata che corrotta. La crescente perversione della politica e degli studi, più che la imitazione de' vizi di lui, precipitò la rovina della nostra letteratura; senzachè a Firenze ed a Roma, città dove il Milton si trattenne più lungamente, fioriva ancora il gusto della schietta eleganza e della sottile erudizione; e la scuola del Galileo dava alle lettere una nuova sostanza, che non poteva supplire veramente alla mancata forza dei principii politici e morali e della vita nazionale, ma bene manteneva l'intelligenza eretta verso il cielo, o confortata della famigliarità coi prodigii della natura. E piace tanto ad ogni spirito italiano vedere i grandi scrittori stranieri intingersi alla nostra coltura, che sebbene il Rolli abbia detto alcuna cosa della visita del Milton in Italia, noi crediamo non inutile toccarne alcuni negletti particolari; lasciando però dall'un de'lati la questione delle origini del *Paradiso Perduto*, e del lume che il suo autore possa aver tratto dall'*Adamo* dell'Andreini.

Il Milton, lasciata l'Inghilterra e visitato Parigi, se ne venne in Italia a vedere le sue superbe città, ed a salutare i suoi dotti.

> « *Hæc ergo alumnus ille Londini Milto.*
> *Diebus hiscis qui suum linquens nidum*
> *Poliique tractum, pessimus ubi ventorum*
> *Insanientis impotensque pulmonis*
> *Pernix anhela sub Jove exercet flabra,*
> *Venit feraces itali soli ad glebas*
> *Visum superbâ cognitas urbes famâ*
> *Virosque doctæque indolem juventutis.* »

Si fermò prima a Firenze, e quei letterati lo introdussero in un'Accademia che si teneva in casa Gaddi, dove si raccoglieva il fiore de' begli spiriti, lo festeggiarono con ogni maniera di cortesia, e i suoi scritti, dice il Johnson, furono accolti con tanto plauso, che se ne esaltò in sè stesso e si confermò nella speranza di fare qualche cosa di durevole, aggiungendo il lavoro e l'intenso studio alla forte propension naturale. Tra gli altri, Carlo Dati scrisse in suo onore un elogio nel tumido stile lapidario (*in the tumid lapidary style*), e Antonio Francini, gentiluomo fiorentino, un'ode, la cui ultima strofa pareva bella e naturale al difficile critico inglese. Il Francini lodava il grande amore e possesso che il giovane poeta aveva delle lingue, delle storie e delle scienze, e l'applicazione di lui alle cose toscane:

> « Quanti nacquero in Flora
> O in lei del parlar tosco appreser l'arte,
> La cui memoria onora
> Il mondo, fatta eterna, in dotte carte,
> Volesti ricercar per tuo tesoro
> E parlasti con lor nell'opre loro. »

E meravigliato dice dell'Inghilterra:

> « Questa feconda sa produrre eroi
> C'hanno a ragion del sovruman fra noi. »

Dicono che a Firenze il Milton s'innamorasse di una signora fiorentina, e forse che in occasione di questo amore scrisse una canzone o meglio ballata, vaghissima, se non al tutto irreprensibile, nella dolce nostra favella:

> « Ridonsi donne e giovani amorosi,
> M'accostandosi attorno: E perchè scrivi,
> Perchè tu scrivi in lingua ignota e strana
> Verseggiando d'amor, e come t'osi?
> Dinne, se la tua speme sia mai vana
> E de' pensieri lo miglior t'arrivi
> (Così mi van burlando); altri rivi,
> Altri hdi t'aspettan, ed altre onde
> Nelle cui verdi sponde
> Spùntati ad ora ad or alla tua chioma
> L'immortal guiderdon d'eterne frondi.
> Perchè alle spalle tua soverchia soma? —
> Canzon, diròtti, e tu per me rispondi...
> Dice mia donna, e 'l suo dir è il mio core...
> Questa è lingua di cui si vanta amore. »

Dopo due mesi di dimora in Firenze andò a Roma, ove fu celebrato altresì con un distico latino da Giovanni Salsilli romano, con un tetrastico dal Selvaggi, e onorato da Luca Holstenio, bibliotecario della Vaticana, il quale era stato tre anni a Oxford, e lo introdusse alla conoscenza del cardinal Barberini, che lo invitò ad un trattenimento musicale, e, con singolare cortesia, lo attese all'entrata della sala, e, presolo per mano, lo presentò ai suoi nobili amici. Quivi debbe aver udito la Leonora Baroni, figlia, secondo il Napoli-Signorelli, di Adriana di Mantova, soprannomata, per la sua rara venustà, la Bella, e dettò in onore di lei parecchi versi latini, tra i quali ci par vaghissimo questo passo:

> « *Aut Deus, aut vacui certe mens tertia cœli*
> *Per tua secreto guttura serpit agens;*
> *Serpit agens, facilisque docet mortalia corda*
> *Sensim immortali assuescere posse sono.*
> *Quod si cuncta quidem Deus est, per cunctaque fusus*
> *In te unà loquitur; cœtera mutus habet.* »

La Leonora cantava a Roma, ma non pare fosse romana, come assevera il Rolli. Di Roma il Milton mosse per Napoli con un eremita, il quale lo introdusse alla conoscenza di Giovan Battista Manso, marchese di Villa, insigne per studi, per lettere e per virtù militare, stato amicissimo del Tasso, che da lui intitolò il dialogo dell'*Amicizia*, e lo pose nel ventesimo canto della *Gerusalemme conquistata* tra i principali cavalieri della Campania:

> « Tra' cavalier magnanimi e cortesi
> Risplende il Manso. »

Il Manso lo careggiò con ogni guisa di finezze, e scrisse un distico latino in suo onore, di tutto lodandolo fuorchè della religione. Anzi gli disse che, senza questa menda, altri onori gli sarebbero toccati. Il Milton nel partire gli lasciò bellissimi versi latini, dove gli ricorda

i suoi amici, il Tasso e il Marino, e sebbene questa
parte sia citata, non tutta veramente, dal Rolli, non
possiamo tenerci di qui riferirla:

> « *Te pridem magno felix concordia Tasso*
> *Junxit et æternis inscripsit nomina chartis:*
> *Mox tibi dulciloquum non inscia musa Marinum*
> *Tradidit; ille tuum dici se gaudet alumnum;*
> *Dum canit Assyrios divûm prolixus amores,*
> *Mollis et ausonias stupefecit carmine nymphas.*
> *Ille itidem moriens tibi soli debita vates*
> *Ossa, tibi soli, supremaque vita reliquit;*
> *Nec manes pietas tua chara fefellit amici;*
> *Vidimus arridentem operoso ex ære poetam.*
> *Nec satis hoc visum est in utrumque, et nec pia cessant*
> *Officia in tumulo: cupis integros rapere orco,*
> *Qua potes, atque avidas Parcarum eludere leges.* »

Non si sa, secondo nota il Rolli, che il Manso abbia
scritto una vita del Marino, come fece del Tasso. Curioso è poi che il Milton difende la fama poetica degli
Inglesi, quasi bisognosa:

> « *Sed neque nos genus incultum, nec inutile Phœbo,*
> *Qua plaga septeno mundi sulcata Trione*
> *Brumalem patitur longâ sub nocte Booten:*
> *Nos etiam colimus Phœbum.....* »

Di Napoli il Milton voleva trasferirsi in Sicilia ed
in Grecia; ma udite le controversie del re e del parlamento, dispose tornare in patria e rifar la via di
Roma, donde i mercanti della sua nazione volevano ritrarlo. Pare che il Milton non avesse seguito il consiglio datogli da sir Henry Wotton in sul partire: « I
pensieri stretti ed il viso sciolto,[1] » e che parlasse alla

---

[1] Sir Henry Wotton era stato ambasciatore a Venezia, e scrisse
una lettera di consiglio al Milton, il 10 aprile 1638, quand' egli era in
sul muovere per l'Italia. Egli narra d'aver conosciuto a Siena un antico
cortigiano romano, Alberto Scipione, già maggiordomo del duca di Pa-
gliano. Il duca era stato strangolato con tutti i suoi, ed il maggiordomo
scampato per miracolo. Chiestogli come un forestiere acattolico potesse

libera delle cose di religione, onde studiavano persuaderlo che i gesuiti inglesi tramassero di farlo mal capitare. Anche pare che avesse visitato il Galileo, fuggito di mano, ma sempre esoso all' Inquisizione. Tuttavia il Milton non badò a quei timidi consiglieri, e veramente erravano, perchè tornò a Roma, parlò francamente come prima avea fatto, e vi dimorò altri due mesi senza alcuna molestia; rivide Firenze, passò a Lucca, origine del suo caro amico Carlo Diodati, la cui morte ei pianse in quella egloga detta *Epitaphium Damonis*; andò a Venezia, poi a Ginevra, e dopo un'assenza di un anno e tre mesi si ricondusse a Londra. Dell'Italia e della sua poesia fu sempre tenerissimo; egli scrisse parecchi versi nella nostra lingua, oltre quei che citammo; ne recò e tradusse nelle sue prose alcuni di Dante, e dell'Ariosto e del Petrarca, e di quest'ultimo il passo dei sonetti contro Roma:

« Fondata in casta ed umil povertade »

male attribuito a Dante in alcune edizioni inglesi, e fu sì altero delle testimonianze fattegli dai letterati italiani, che premise le loro parole alle sue poesie: *The Italians*, dice il Johnson, *were gainers by this literary commerce,* e certo i Salsilli, i Selvaggi e i Francini vivono per essersi abbracciati con la fama del Milton.

L'Italia gl'inspirò altresì un canto di maledizione per la strage fatta in Piemonte dei Valdesi, sì validamente difesi poi dal suo Cromwell: « Vendica, o Signore, egli esclama, i tuoi santi trucidati, le cui ossa sono sparse per i gioghi dell'Alpi. »

« Slain by the bloody Piedmontese that roll'd
Mother with infant down the rocks..... »

---

starsene a Roma senza offesa d'altri o della propria coscienza, Alberto Scipione rispose: « Signor Arrigo mio, i pensieri stretti e il Viso sciolto Vi meneranno sano e salvo per tutto il mondo. »

« Semina il sangue e le ceneri dei martiri per tutti i campi d'Italia, e ne crescano popoli che apparino le tue vie e fuggano Babilonia.....» Ora il Milton, visitando il Piemonte, non esclamerebbe più: *Avenge, o Lord*; egli si rallegrerebbe della eguale libertà dei culti, e vedrebbe, forse con meraviglia, che nè le persecuzioni nè la libertà possono nella nostra terra crescer gran fatto il numero di coloro onde egli dice al Signore:

> « Who kept thy faith so pure of old
> When all our fathers worshipt stocks and stones. »

Che cosa facessero poi gl'Italiani per Milton, cel dicono i traduttori del *Paradiso Perduto*, il Rolli, il Calsabigi, il Pepoli, il Corner, il Cuneo, il Mariottini, il Sorelli, il Martinengo, il Papi e il Leoni, ed ora il cavaliere Andrea Maffei ed Antonio Bellati. Cel dice anche il signor Gaetano Polidori da Bientina, che tradusse in versi italiani il *Comus*, quella favola boschereccia di Milton, che il Macaulay mette sopra a tutte le pastorali del mondo. (Terza edizione. — Parigi, Firmin Didot, 1812.) Nello stesso anno presso P. Didot il maggiore uscì in doppia traduzione italiana e francese, con questo titolo per la parte italiana — *Como, dramma con maschere di Milton, rappresentato a Ludlow Castle nel 1634 in presenza di Giovanni Egerton conte di Bridgewater, lord presidente allora di Galles.* — Un discendente del conte di Bridgewater, Francis Henry Egerton, procacciò questa splendida edizione e cattiva versione. Egli stesso se ne chiama francamente in colpa. « A quest'effetto (egli dice, per istare alla lettera) ho composto delle parole: ne ho fatte anche di nuove. Troverassi che alle volte le versioni non saranno nè puro italiano nè puro francese. » Come che sia, questa lettura è curiosa. L'argomento della favola è reale. Nell'occasione che il conte entrò in carica, erano seco due suoi figli e la sua figliuola, lady Alice Egerton. Questi andarono a fare una visita nella contea di Hereford. Nel ritorno, traversando la foresta di Maywood, furon sorpresi dalla notte, e la lady si smarrì. Fu poi trovata senza ch'ella avesse sofferto nulla, e di quest'avventura il Milton tessè la sua favola

« In mezzo a questa
Spaventosa boscaglia, circondata
Di cipressi dalle ombre, ha sua dimora
Un mago nato già di Circe e Bacco,
Como detto, nelle arti della madre
Più possente e più scaltro, e quivi ei porge
Con seducente inganno allo smarrito
Ed assetato passaggiero il misto
Di bestemmie licor magiche ed empie,
E con tale allettevole veleno
Trasforma il volto a chi ne liba e il cangia
In vil ceffo brutal, della ragione
Cancellando l'impronta. »

Como s'abbatte nella donzella smarrita, la tira nel suo palazzo, e vuol darle a bere il suo licore, e ricusando ella, minaccia di convertirla, col solo girar della sua verga, in sasso o in albero, come Dafne. In questo contrasto, i fratelli, avvertiti da un genio in forma del pastore Tirsi, entrano furiosamente con la spada ignuda, strappano di mano a Como la tazza (la *nappa* dice il traduttore litterale), la quale cade a terra e si rompe. I seguaci di lui vogliono tener la puntaglia, ma son ributtati indietro. Se non che Como, nel fuggire, ha volto la verga e fatto la giovane di sasso: onde il genio rimprovera i fratelli di aver lasciato fuggire il falso incantatore:

« Oh sconsigliati !
Sveller fea d'uopo di sua man la verga
E lui stretto legar; chè se riversa
Pria sua verga non è, se non son pria
Degli empii carmi atti a levar l'incanto

> Con inverso ordin mormorati i detti,
> Questa donzella, le di cui sembianze
> Pietra son fatte, liberar non puossi. »

Se non che il genio ricorda che Sabrina, ninfa del fiume Saveno, ha virtù di scioglier l'incanto. Invocata, ella sorge dall'acque, e libera la donzella ch'è ricondotta al genitore. Il *Comus,* dice il Macaulay con soverchia sicurtà, è tanto superiore alla *Pastorella fedele* di Fletcher, quanto la *Pastorella fedele* all' *Aminta,* e l' *Aminta* al *Pastor fido.* Qui l'adorazione di Euripide traviò bene a suo uopo il nostro poeta. Egli intendeva ed amava la letteratura della moderna Italia; ma non la teneva in quella venerazione che le sacre reliquie della poesia ateniese e romana. Senzachè i difetti de'suoi predecessori italiani erano di un genere da cui la sua mente fieramente abborriva. Egli amava lo stile semplice e talora ignudo, ma non poteva patire l'orpello. La sua musa poteva acconciarsi ad un abito rusticano, ma aveva a schifo il lusso del Guarini, sfoggiato e misero come i cenci di uno spazzacamino nel primo giorno di maggio! Egli, prosegue il Macaulay, non lottò contro il difetto di quel genere di componimento, d'essere in sostanza più lirico che drammatico. E i passi più belli riescono quelli che sono lirici così nella forma come nello spirito.

Ma torniamo al *Paradiso Perduto* ed alla traduzione che ne ha condotto Antonio Bellati.[1] Il Bellati è ben noto per un Saggio di poesie liriche alemanne pubblicato prima nel 1828 presso Vincenzo Ferrario, e di nuovo nel 1832 presso Antonio Fontana. Senza rimpiangere che l'elegante versificatore si sia tolto dal campo della poesia tedesca, ove è tanto da mietere, e passato all'inglese, abbia eletto il *Paradiso*

---

[1] Milano, Carlo Branca, 1856.

Perduto già sì famigliare e per assai buone versioni
agl'Italiani, veggiamo di volo com'egli sia uscito dal-
l'impresa. In generale si può dire ch'egli ha saputo
esser fedele e poetico; fedele quasi come il Rolli, e poetico come il Papi. A riscontrarlo col testo, si ammira
la somma facilità e perizia di volgere la frase inglese
nell'italiana senza mutarla di posto, o alterarla nella
sostanza, se non quanto importa la varietà naturale dei
suoni, e talora del colorito. Ch'egli poi abbia reso lo
spirito, la mestizia di Milton, e il colore teologico del
suo stile noi non diremo. Notò il Macaulay che il Milton,
come Dante, parla rarissimamente di sè, e pure nessun
poeta fu più personale. Egli, come Dante, imbeve del
sangue del suo cuore ogni suo verso. Questo carattere
di Milton non s'è trasfuso nel Bellati. Anche il colore
teologico o biblico è in gran parte perduto; colpa forse
del non essere la Bibbia il pasto continuo e famigliare
degl'Italiani; mentre gl'Inglesi hanno i libri sacri e
liturgici a testo di nobile lingua e poesia. E pure nel
nostro trecento lo stile biblico si è trasfuso non solo
nella *Divina Commedia,* ma in tutti i nostri prosatori
ascetici: se non che i moderni, gustando solo a caso di
quell'alimento precipuo dei sacri poeti delle nazioni
cristiane, non ne apparano più che tanto, e al bisogno
si trovano freddi e sprovvisti a quelle ispirazioni profonde.

GOETHE E GLI AMORI.

Quella scuola, che volatilizza in miti gli amori dei
nostri antichi poeti, non è avvalorata dalle analogie della
vita dei poeti od anche delle poetesse della presente età.

Lasciando Byron, nato alle tempeste delle passioni, quel glorioso il cui genio fu pure comparato da uno dei nostri ad una notte di verno stellata e fredda, Goethe, ebbe Ghita, Annina, Federica, Lili, ec., come la Sand ebbe Giulio Sandeau, Chopin, Alfredo di Musset, ec. Se codesti amori fossero puri, è una ricerca più stupida che villana. I grandi spiriti volano sopra la materia, come Camilla sulle cime delle spighe. Essi passano Stige *con le piante asciutte*, vestiti, come sono, e non carichi della nostra umanità e fralezza.

Cesare Balbo aveva ragione di versarsi contro coloro che per un giuoco d'arguzie facevano sparir Beatrice, e rendevan bianche le pagine della *Vita Nuova*. Beatrice, idealizzata nella sublime visione, è viva e spirante in quelle confessioni di una fede e innocenza quasi infantile. V'è la spontaneità dell'anima semplicetta; v'è una naturalezza d'affetto che, dopo tutte le squisitezze dei trovatori, fa stupire; è lo sviluppo energico di un sentimento, che sbocciando rompe l'involucro delle convenzioni e delle sottigliezze, in cui prevalevano i Dante da Majano e quegli altri dottori d'amore che l'Alighieri pur consultava.

L'espressione dell'amore ha però quasi sempre alcunchè di convenzionale, onde suol corrugarsi e appassire quasi così presto come il volto di bella donna. Chi può leggere le lettere amorose del cinquecento? Il Caro stesso è intollerabile. La *Nuova Eloisa*, che fece vegliare e piangere tanti begli occhi, in molte parti, come già notammo, è spenta; e la poesia del Petrarca, sì vero e fedele amatore, è detta dal Macaulay la frigida musa d'un più frigido amore.

Quanto al Petrarca, io non consento. Egli pare ricercato, freddo, sol quando si legge correndo. Per un singolar privilegio l'espressione del suo amore, come la sua lingua, è sempre giovane. Il suo più frigido sonetto, preso e fuso nel crogiuolo della mente, si trova essere l'espressione di un movimento delicato dell'anima, l'analisi di uno di quei mille tenui fatti psicologici, onde si contesse l'amore, ed a cui i non innamorati alzan le spalle. Allora si sente un ardore che, come il sottile fuoco di Saffo, si propaga acremente e ricerca ogni fibra. E quelle sottigliezze, quelle antitesi, quelle figure un po' stiracchiate sono proprie degli amanti. Goethe l'avvertì nel *Werther*. E pare non consenta al carattere delle passioni. Ma l'impeto, la foga, il concreto, a dir così, dell'espressione sono propri della passione sensuale; la passione pura, intellettuale, distilla il sentimento; è un'alchimia dell'affetto; e l'iniziazione è necessaria alla sua intelligenza.

Ma il cercare le qualità reali, l'essere vero di questi ideali dei poeti è egli a proposito? e non si corre un rischio contrario a quello di Semele, di non essere già arso dalla divina maestà dell'amante, ma di perderne l'ammirazione e il diletto? Quando massimamente, come Goethe fece nel Werther, s'idoleggiano i propri affetti sotto sembianze i cui lineamenti non son tutti del poeta e della vaga, perchè mettere lo scalpello in quel raro organismo, e trattarlo come un corpo morto, che infine poi non rivela alla indagine il mistero e la voluttà della vita? Veramente col processo analitico ed anatomico si perde più che non si guadagna; ma con una ispirazione eguale a quella del poeta si vedono le prime linee, i semi della sua idealizzazione. Io, per esempio, vorrei conoscere, e non crederei perdere per conoscerlo, l'esempio onde il Dominichino trasse quella Sibilla Cumea, che il Bulwer ritrova nella sua Nina di Raselli. « Ella è bruna, e il suo volto ha un taglio orientale; la vesta e il turbante, per quanto sfoggiati, si oscurano al vivo e trasparente roseo delle gote; i capelli sarebbero neri, se non che un aureo fulgore gli addolcisce ad un colore e ad una luce, rara ancora nelle terre più sorrise dal sole; i lineamenti, non greci, ma senza menda; la bocca, il ciglio, il giro delle forme mature e squisite, tutto è umano e voluttuoso; l'espressione, l'aspetto, è qualche cosa più; la forma è forse troppo piena, perchè sia perfettamente graziosa, e risponda alle proporzioni della scoltura, alla delicatezza dei modelli ateniesi; ma quel lussureggiare, se pur pecca, ha maestà! »

Ma quai risultati ha dato l'analisi degli amori di Goethe? Il dottor Lehmann nel suo libro *Amore e Poesie amorose di Goethe*,[1] recapitola le rivelazioni finora ottenute. Annina, che diede origine al *Die Laune des Verliebten*, è Anna Caterina Schönkopf, figlia del mercante di vino Christian Gottlob Schönkopf, la cui moglie, nata Hank, era d'una famiglia patrizia di Francoforte. La semplice o piuttosto amabile Federica è Federica Brion, e suo padre era Giovan Jacopo Brion e sua madre Maria Maddalena Schöll, zia dello storico Federico Schöll. La sorella si chiamava Maria Salomo; ma Goethe, pazzo allora del *Vicario di Wakefield*, la ribattezzò col nome di Olivia. Una terza, di cui Goethe non fa motto, aveva ricevuto al sacro fonte il nome di Sofia, e non in ossequio a Goldsmith. Una maggior sorella era morta prima. Lili, altra abbandonata, è Anna Elisabetta Schönemann, figlia di un ricco mercante di Francoforte, ed era nata il 23 giugno del 1785. Ma Ghita (*Gretchen*), il primo amore, l'oggetto della adorazione della fanciullezza del poeta, non è scoperta ancora del velo, in cui egli l'avvolse. Quanto a Federica

---

[1] *Göthe's Liebe und Liebesgedichte, bei Dr. T. A. O. H. Lehmann.* Berlin. Allgemeine Deutsche Verlags-Anstalt.

egli fuggì un parentado sconveniente; quanto a Lili,
fuggì quello che gli pareva una *mésalliance* in lei; ma
chiunque non abbia innanzi all' animo le poesie di Goethe si sarà già recato a noia questa lista di nomi volgari, o non farà caso più che tanto di questi amori
puerili, o eleganti platonismi di un poeta di corte, che
gli diedero taccia di animo freddo e volubile, d' uomo
che scherzava con l' affetto ; dovechè non era altro che
un' alta ragione, la quale si sottometteva il talento e
finiva idealmente e puramente le avventure, che altri
avrebbe finito con scelleratezza e vergogna. — Così, egli
dice nella sua bellissima autobiografia, cominciò quella
tendenza, a cui aderii tutta la mia vita, di ridurre ogni
cosa che mi piaceva o tormentava od altrimenti occu-
pava la mente in un quadro o poema, e di trarla a con-
elusione nel mio animo, affinchè io potessi così correggere le mie proprie nozioni delle cose esteriori, e tran-
quillarmene. — Questo passo spiega il modo della composizione del *Werther*. Werther nella prima parte è Goethe; Carlotta è la moglie di Kestner : ma nella seconda
Werther è il giovane Jerusalem, che si uccide per amor
disperato non della Kestner, ma della donna del segretario d' ambasciata del Palatinato. Egli trae a conchiu-
sione il suo amore per correggere le sue nozioni delle
cose esteriori e comporvi l' animo. Di Carlotta, che non
era bene svelata, e di tutta la storia del Werther si
hanno ora piene notizie nel carteggio di Goethe pubblicato testè da A. Kestner, e che ha fatto tanta impressione.[1] Quell' amore fu purissimo, e fa una viva impressione il sentir Goethe esclamare al Kestner, forse
geloso : — Oh quando io mai t' invidiai nulla di terreno in Carlotta? — Così il Petrarca diceva a Laura:

---

[1] *Briefe Göthe's meistens aus seiner Iugendzeit mit erläuternende"
Documenten.* Stoccarda e Tubinga Cotta.

Nè altro Volli da te, che il sol degli occhi tuoi. E forse
Goethe poteva con lui aggiungere: *Oh quant' era il peggior farmi contento!*

Il dottor Lehmann ha pubblicato pure un libro della
lingua e dell'ingegno di Goethe (*Göthe's Sprach und
ihr Geist*), e si è posto allato ai Viehoff, ai Jahn, ai
Düntzer e ad altri amorosi ed instancabili illustratori
del grande scrittore, i quali sono a lui quello che i
grammatici di Alessandria erano ai poeti dell'antica
Grecia.

Il Düntzer manda fuori regolarmente ogni anno un
libro sopra Goethe. Un recentissimo pubblicato dal Cotta
dà le tre prime dettature, dirò così, dell'Ifigenia, ag-
giuntevi due dissertazioni intorno alla storia ed alla critica comparativa del dramma.[1] L'autore dà prima la
più antica dettatura prosastica dell'Ifigenia, scoperta
nella biblioteca di Berlino, poi i frammenti d'un'altra
in versi, e finalmente una terza dettatura pure in prosa,
che sottosopra è eguale a quella che si trova nelle recenti edizioni dell'opere di Goethe. La prima dissertazione è una relazione frammentaria e nuda di fatti,
conversazioni e lettere che hanno qualche relazione al-
l'Ifigenia; la seconda è un confronto puramente verbale delle varianti, quasi sul modello di quello che fece
il De-Capitani delle due dettature dei *Promessi Sposi.*
Lavoro minuto e superstizioso, che ha qualche utilità,
quando, fatto che sia, non si pone tutto innanzi al
lettore, ma se ne trae il più notevole ad affinamento
del giudizio, e ad illustrazione dell'arte.

---

[1] *Die drei ältesten Bearbeitungen von Göthe's Iphigenien,* ecc. Stutt-
gart, Cotta'scher Verlag, 1854.

VITTOR HUGO.

———

LE MEMORIE.[1]

Hierro, ferro, stampò Vittor Hugo nei biglietti di favore che egli distribuì a' suoi amici per la prima rappresentazione di *Hernani*. Egli non poteva meglio simboleggiare la sua natura. *The iron duke* gl'Inglesi chiamavano Wellington; chiamerebbero Vittor Hugo *The iron baron*, poichè Vittor Hugo è barone.

Il padre, il general Hugo, non fu più attivo e intrepido contro Fra Diavolo e l'Empecinado, o costante nel difender Thionville contro l'invasione straniera, di quello che il figlio fosse animoso e fermo contro i sostenitori della vecchia letteratura, che non vogliam comparare ai *briganti*, sebbene come i briganti pretendessero i santi motivi della legittimità della fama acquistata e dell'inviolabilità del gusto alle accanite battaglie contro alle novità letterarie che portava nel suo seno il giovine poeta, e come i briganti la dessero per mezzo a tutte le scelleraggini lecite fra i letterati per isprofondarlo. Fu una vera guerra, poichè vi furono gli unici campi di battaglia reale della letteratura, i teatri, ove i trecento combattevan contro i mille e mille, inscienti o sviati. Da *Ernani* ai *Burgravi*, se ne levi *Lucrezia Borgia*, che neppure ne andò netta, furon fischi, urli, accenti d'ira, bestemmie dei dannati della vecchia letteratura, a cui il maggior tormento era la luce serena e quieta del trionfante Dio.

---

[1] *Victor Hugo, raconté par un témoin de sa vie*, 1802-1819. Paris, 1862.

Vittor Hugo nacque e crebbe col secolo, ond'egli doveva esprimere il rinnovamento morale e poetico. In politica si chiudea la rivoluzione, cominciava Napoleone,

« Déjà Napoléon perçait sous Bonaparte, »

saliva fin al cielo, cadeva per risorgere alla sconfitta: seguiva l'incubo del restauramento borbonico; il succubo della monarchia di luglio; la breve comparsa della repubblica; la serie divergente del due dicembre. A meglio sentire questi mutamenti politici Vittor Hugo nasceva di padre repubblicano e guerriero, e pertanto in fin de' conti un po' imperialista, e d'una madre vandeese. In letteratura aveva Ossian, Chateaubriand, Goethe, Schiller, Walter Scott e Byron a modelli e Lamartine a rivale. Soprattutto, Shakespeare, svelato in parte da Letourneur, annacquato da Ducis, ma gustato da lui nella sua vera natura e nella viva rappresentazione inglese. La lirica di Vittor Hugo fu la voce del secolo, forte, penetrante; mai più bella e commovente che quando fu la voce del suo cuore ferito per la morte di sua figlia; il dramma di Hugo richiamò in vita il passato, ma in modo che il bene e il male portavano sulla fronte la corona o la condanna; il romanzo di Hugo richiamò l'antico nella sua grandezza, ma assai meglio preconizzò l'avvenire nella sua alta libertà e umanità profonda, combattendo le picciolezze e le atrocità del presente.

Il vero capo della rivoluzione letteraria in Francia è Vittor Hugo. Certo nella rinnovazione ideale, e nella trasformazione dello stile gli precorsero Chateaubriand e la Stael, e s'accordarono poi con esso lui, più o meno felici, parecchi suoi coetanei; ma il capo vero, effettivo è Vittor Hugo, perchè produsse le più grandi opere della nuova evoluzione, e le scritte con maggior

arte. Il Lamartine, per non parlare che del sommo
de' suoi rivali, ebbe l'istinto, non già la premeditazione
dell'innovare; fece a fidanza con la lingua e con lo
stile, mettendosi al disopra delle leggi della favella.
Vittor Hugo fece, a dir così, una rivoluzione legale. I
suoi avversari lo potevano trovare strano, ma non barbaro. Così i nostri trovarono strano il Marini, e spesso
barbaro Melchiorre Cesarotti. Se Hugo ebbe questo
vantaggio da Lamartine, s'avvantaggiò dalla Stael e da
Chateaubriand con lo scrivere in versi; e lo stesso Chateaubriand diceva esser la poesia in una regione assai
più alta che la prosa; e di fatti la mossa dell'innova-
zione suol venire dai grandi poeti, a cui si vanno poi
più o meno felicemente aggiustando i prosatori. Senzachè Vittor Hugo volò com'aquila sopra tutti, perchè
innovò e fu eccellente nella drammatica, genere di poesia il più alto e felice di tutti in Francia, e forse il
più efficace per ogni dove. Il *Mosè* di Chateaubriand,
e il *Toussaint Louverture* di Lamartine non contano, ed
il possente drammaturgo Dumas, che gareggiò nel nuovo
arringo con Hugo, non gli sta neppure a' piedi per lo
stile. Vittor Hugo ai primi saggi si diede a divedere
maestro. Si legga come saggio di prosa descrittiva, il
racconto del viaggio in Isvizzera; come primo tentativo
drammatico, l'*Ines di Castro*, e si vedrà di tratto il
valore dello scrittore; in cui l'imprevisto è grande, ma
s'assetta in un *quadro* precisamente calcolato e disposto. Egli scrive di vena e anche con furia; ma la stessa
foga della sua potente imaginazione è retta da un
freno, a così dire, geometrico. Così velocissimo è il muovere dei pianeti, ma quel moto obbedisce alle leggi di
Keplero e di Newton; e veloce e geometrico fu l'ingegno di Dante.

La natura conferì quanto lo studio all'eccellenza di

Hugo, anzi lo studio non fece che svolgere le sue doti naturali, che non si creda, come pare ad alcuni osservatori superficiali, che il pregio d'Hugo sia un giuoco verbale. Una qualità ch' egli ebbe forse comune con Dante si è quella che la narratrice chiama *memoria degli occhi*. Ogni oggetto di natura e d'arte, ogni

« . . . . . . pastura
Da pigliar occhi per aver la mente »

prontamente si dipingeva con vivacità di colori e precisione di contorni nella sua retina, e non usciva più dalla sua memoria: onde la evidenza delle sue descrizioni; il suo gran senso dell'architettura; senso essenzialissimo al costruttore di grandi epopee, si chiamino poemi o romanzi, come dimostrò Dante nel congegno della Divina Commedia. Forse in Vittor Hugo la visione è talora esagerata, o spiccata tanto da colpire troppo i deboli avvezzi alle sfumature. Oltre questa eccellenza della virtù visiva, egli ebbe l'eccellenza del ricordarsi con l'animo, aiutandolo con una diligenza scrupolosissima, che non lo lascia scattare tantino dal vero. Egli portò dalla Spagna le impressioni incancellabili della adolescenza; ma tuttavia, ne' suoi soggetti spagnuoli, la ristudiò a nuovo ne' suoi libri e ne' suoi monumenti, onde in lui non è una Spagna fantastica, come talvolta in Alfredo di Musset, ma la vera di Cervantes e di Lope de Vega, e per quanto sia poco cambiata, con qualche tratteggio di alcuni dei nuovi aspetti di lei. In questi volumi non solo abbiamo le origini di certe scene e di certi personaggi de' suoi drammi e ne tragghiamo diletto ed ammaestramento grande, ma noi vediam l'indefesso ed acerrimo studio onde Hugo venne ad esser insieme architetto e scultore, pittore e cesellatore; Bramante e Bernino, Guido Reni e Cellini. Questi materiali ricchi e sicuri della memoria furono a posta di una delle imaginazioni più elevate e più vive che si sian vedute nelle lettere ; onde quella perpetua novità di concepimento, di riscontri, di modi, quel creare tutto di suo, sdegnando fino i propri parti se anche andavan sull'orme di un Walter Scott. La ragione, come accennammo, s'agguaglia in Hugo all'imaginativa; nè è minore il sentimento, come provano per noi singolarmente le *Contemplazioni* nella lirica, i *Miserabili* nel romanzo, e nel dramma tanti vivi caratteri e scene strazianti.

Altra dote dell'anima di Hugo è il sentimento dell'umanità e del divino, che del pregiudicato figlio della vandeese, pregiudicato in favore del governo regio, pregiudicato contro la religione, perchè la madre era sinceramente regia e volteriana, fece un alto pensatore che giunse a comprendere e ad amare la repubblica e il cristianesimo. È curioso il notare com'egli dall'avversione del Bonaparte salisse pian piano alla glorificazione di Napoleone il Grande, per ridiscendere poi all'esecrazione del piccolo. Era forse la prima conversione che gli bisognasse per esser pienamente francese, per amar la Francia in tutte le sue glorie, e anche ne' suoi delirii; non potendosi scriver nulla di buono senza il delirio dell'amor del proprio paese. Se non che il poeta, meglio che il politico e meglio forse che lo stesso filosofo, può dal concetto amoroso della patria sollevarsi al gran concetto amoroso dell'umanità; e Vittor Hugo comunicò veramente con l'anima europea, anzi dell'umanità; e tra le prime sue lodi più belle ed onorate, è la guerra alla pena di morte, guerra che fa più arrossire di vergogna i giudici, ch'essi non fanno di sangue i patiboli.

Coloro che fischiavano il carnefice nelle tragedie di

Vittor Hugo, lo volevano sulla scena reale della vendetta sociale, e andavano a vederlo operare le sue alte opere, e se non credevano col De Maistre che fosse creato per un *fiat* della onnipotenza divina, lo avevano per un nume tutelare della famiglia e della proprietà. Giurati, deputati, senatori, ministri non davan retta al poeta-filosofo; si commovea talvolta un re, scosso dal pensiero della morte de' suoi; talora un popolo, scosso dall'idea filosofica che rendeva malauguroso l'impiecato, da cui la superstizione cercava già fortuna. È straziante la lotta di Moncharmont col carnefice, più ancora straziante la rassegnazione di Tapner, che aiuta, contro sè, ma invano, il carnefice; è spaventosa quell'imagine offerta ai marinai di Guernesey del vento che arriva loro dopo aver comunicato con l'assassino,

« Che lasciò sul patibolo i delitti. »

Che orribile pittura di quel cimitero degli uccisi dall'uomo! Che scena dantesca di quei morti che portando pèsolo il capo con mano vanno a gridare alla giustizia: « Omicida! »

Hugo ha esaltato sopr'ogni altro l'anima umana. Il gran trovatore e maestro di forme belle e squisite non ha in sostanza lodato che la forma invisibile che le avviva. Egli ha mostrato la signoria e indipendenza dello spirito nella deformità del corpo e nell'abbiettezza dello stato; egli ha mostrato, nella stessa deformità morale qualche principio che la salva, e la rende per certi conti degna di pietà. Egli non solo ha creato tipi singolarissimi, ma gli ha animati e dotati di un'eloquenza che non ha pari.

La rivelazione del suo ingegno nei *Miserabili*, è stata la più vasta e la più profonda. Egli vi ha raccolto ed espresso le qualità non solo dei più grandi epici, ma dei più grandi genii della patria e della religione. L'idillio di Cosetta e di Mario è l'accento più soave e puro del primo amore. L'episodio delle barricate è un canto d'Omero. Nella esplorazione del campo di battaglia di Waterloo è la pietà della donna sassone che va a cercare il corpo di re Aroldo caduto ad Hastings sotto i colpi degl'invasori normandi. Che diremo di quel Valjean ch'egli prende dalla galera e lo conduce a tal santità che al letto di morte gli lambe il capo un fulgore divino? Egli rinnova i miracoli della fede giovanile del cristianesimo. Il santo trova un lebbroso, se lo reca in collo, stringe le guancie alle sue carni purulente, lo posa in sul letto, lo consola; torna; non trova più altro che una fragranza di paradiso. Il lebbroso era Gesù Cristo che volea provare il suo fedele.

Vittor Hugo era avvezzo a questi miracoli; egli aveva fatto piangere di Triboulet, e venir pietà di Lucrezia Borgia. Egli aveva frugato nel cuore umano, e trovandovi la più lieve favilla di vita morale, l'aveva col suo spiro fatta divampare, e purgato la corruzione e la colpa.

Che vita ricca! otto volumi di liriche; dieci drammi; sei a sette romanzi e altre opere diverse; e per ventura la mente di Hugo è ancor nel buono della sua potenza creativa. E di questi infiniti volumi non una linea gettata a caso. Ogni linea è improntata del suo suggello, e si riconoscerebbe fra mille. Anche la sua grave parola si riconosce in queste pagine dettate dal più affettuoso e soave testimone della sua vita; spesso si sente fra le graziose e tuttavia severe confidenze della donna l'accento dell'uomo, che le ha solcato l'anima della sua idea e del suo affetto, e vi ha lasciato qualche raggio della sua luce.

Ci piacque sommamente il ripassare su queste pa-

gine la vita del secolo nella vita di un uomo la cui
luce si distingue nel più etereo degli eroismi e studii
presenti,

« Che parve fuoco dietro ad alabastro. »

Egli progredi col secolo nelle sue idee; e quando il secolo, per un subito sgomento, nascose, come fanciullo,
il capo nel seno della tirannide, egli si causò e cercò
ed amò l'*isola* come dicevano i latini per esilio quando
il furore degl' imperatori aveva *pieno il mare d'esilii*.
Trasea libava il suo sangue a Dio liberatore; Vittor
Hugo gli liba la sua anima. Il sagrificio di Trasea, per
la sventura dei tempi, liberava la persona e non l'umanità; il sagrificio degli eroi del pensiero e della parola
romperà l'incanto che incatena nel sonno e nell'abie-
zione i presenti uomini, e per dirla con Dante nostro:

« . . . . . . anciderà la fuia
E quel gigante che con lei delinque. »

LA LEGGENDA DEI SECOLI.[1]

In una giostra tra Ibli, o il male, con Dio a chi
creerebbe la più bella cosa coi materiali dati dall'altro,
Dio somministra all' avversario l' elefante e lo struzzo,
e l'oro per indorare il tutto, e quanto hanno di più
bello il cammello, il cavallo, il leone, il toro, la tigre
e l' antilope, l'aquila e la biscia; e l'avversario ne trae
fuori una locusta: egli porge a Dio un ragno, e Dio ne
fa il sole. Questa strana leggenda di Vittore Hugo rappresenta assai bene il suo modo di concepire e di metter
in atto la creazione. Egli è ora Ibli, ora Dio; ora dei
più bei materiali fa locuste; ora di un ragno fa un sole.

---

[1] *La légende des siècles* par VICTOR HUGO. Bruxelles, 1861.

Questo libro di Vittor Hugo non mostra l'ingegno del poeta sotto un aspetto nuovo o improvisto; ma sempre più abbandonato ai suoi pregi e difetti insiti. Egli lo ha rivolto all'epopea, ma senza trasfigurarlo in altro che per una maggior dose di belletto.

Volendo narrare l'umanità nei vari stadi del suo progresso a traverso i secoli, e per via dei personaggi reali o leggendari che più scolpitamente la rappresentano, non crediamo che avesse bisogno di darci gli spiccioli d'un'epopea; egli poteva fare un poema in cui i tipi dei vari tempi fossero riprodotti. È il vero che sarebbero mancati certi accessorii, certi segni estrinseci, che danno una tal quale realità alle sue figure; ma i vantaggi dell'unità d'azione gli avrebbero prestato maggiore efficacia e splendore. Senzachè lo stato dell'umanità è vario pei diversi popoli e paesi e si possono in una data età tracciare tutte le sue vie e tutte le sue *tappe,* dallo stato selvaggio ai più sottili raffinamenti della civiltà. L'Ariosto ci raffigurò bene in· sulla stessa tela i Mori d'Affrica e di Spagna, i cavalieri di Francia, i principi cristiani d'Oriente; e seppe far convergere tutte le grandezze, tutti gli eroismi e tutta la mitologia del medio evo, alla gloria di Casa d'Este.

L'autore di *Notre Dame de Paris* avrebbe potenza di creare un poema unico, immenso. Egli ha ingegno e imaginazione d'avanzo, e tutte le difficoltà dello stile sono da gran tempo state vinte da lui. La parola lo segue docile a tutte le audacie del pensiero. Ma egli ha, diremo così, il vezzo delle fissazioni poetiche; egli, quando studia un'età, od un personaggio, non ama osservare che un punto alla volta. Questo punto, come nella sua leggenda di Caino, è l'occhio che gli sta sempre innanzi e lo cova co'suoi raggi. Quell'occhio a Caino è il rimorso; a Vittor Hugo è l'idea parziale che lo ha colpito. Non solo nelle sue liriche, ma nei suoi drammi è visibile questa sua tendenza ad affissare un tratto alla volta. Egli riduce scientemente il dramma a una tesi, ch'egli prova per sillogismi, i cui termini sono personaggi; e di qua viene in gran parte che egli eccede nei caratteri, eccede nel dialogo, eccede nel lirico; ed è un paradossista poetico, anzichè un poeta. Che gli manca nello stile, per accostarsi molte volte a Shakespeare, se non l'abbandono che sembra far rampollare l'idea e l'imagine dalla natura? In Vittor Hugo tutto scende logicamente dal suo punto di vista; e tutto richiama i principii aridi e gli assunti parziali della sua tesi. Non diremo con alcuni critici ch'egli manca di spontaneità; diremo piuttosto ch'egli costringe la spontaneità a regola; egli vuol dirigere a suo senno il possente succhio del suo pensiero, e questo costringimento deforma spesso lo sviluppo delle sue creazioni.

L'ingegno di Vittor Hugo è geometrico. Così era, come già dicemmo, l'ingegno di Dante, che prese il compasso, e con sottigliezza euclidea commisurò i tre regni; il che parecchi settentrionali gli apposero a grettezza. Ma la geometria non guasta la poesia. Dio è il sommo geometra e il sommo poeta. Se non che Dante poeteggiava uomini e credenze vive. Hugo poeteggia la storia, geometrizza la fantasia; e riesce più freddo. Ma alcuni accenti ispiratigli dall'ira contro il due dicembre, o dal dolore della perduta figlia, mostrano che cosa egli possa quando l'affetto ruba il freno di mano a quella sua ragione calcolatrice, analitica, che non lascia uscire un verso di cui il concetto non sia misurato come le sillabe.

Questi frammenti appartengono ad un poema, che si potrebbe intitolare, come l'ideato da un poeta italiano: *Dio e l'umanità*. Prendono e danno vivamente l'impronta del profilo umano di data in data, da Eva

alla rivoluzione, ma non si restringono a riprodurre i
successivi cambiamenti di fisonomia dell'umanità, sibbene tendono a mostrare come essa vada svolgendosi
e di grado in grado salendo dalla servitù alla libertà,
dalle tenebre all'ideale, trasfigurando seco l'inferno
della terra in un paradiso. Dante fece per la redenzione
dell'uomo quello che Vittor Hugo tenta per l'umanità;
l'uno intese più particolarmente alla redenzione psicologica, l'altro alla storica. Vittor Hugo è un Condorcet poeta. Non è già che non abbia molto degli splendori di Herder; ma non ha, nè potrebbe avere per ora,
essendo l'opera non compiuta, la forza dimostrativa di
un Bossuet, o di un Vico, o d'un Hegel. Vivendo del più
alto pensiero del nostro secolo, egli ne riverbera qualche
sprazzo; e lo stesso assunto mostra la generosa ambizione
della sua mente. Ma si dubita sé le infinite curve della
storia che la filosofia dura fatica a far convergere a' suoi
fini, non appariranno più salienti nelle amplificazioni poetiche, e se i due poemi che ne saranno lo scioglimento
e la corona, *Satana* e *Dio*, varranno a dar più che il
valore d'*impronte* a questi per altro magnifici quadri.

Nè il male verrebbe dall'avere il poeta descritto
l'aspetto storico e l'aspetto leggendario del genere
umano, considerato come un grande individuo collettivo
che compie d'età in età una serie d'atti sulla terra,
nè di avere ricostruito un personaggio od un'epoca da
un rudimento impercettibile sperso nella cronaca o nella
tradizione, come il naturalista ricostruisce il mostro, la
cui razza è perduta, dall'impronta dell'unghia o dal-
l'alveolo del dente. Il nostro secolo, che ha ridotto a
leggenda o a mito tanta parte di storia, non ha per
questo scemato l'importanza del vero che adombrano;
e se il poeta, mettendosi veramente ai fonti dei secoli,
ne avesse disceso la corrente fino al loro sbocco nel-

l'oceano dell'eternità, avrebbe potuto poeteggiare un suo sistema di filosofia della storia, che, se non altro, avrebbe lampeggiato molte divinazioni del genio; ma questo lavoro di frammenti, che, secondo dice l'autore, quando siano aggiunti agli altri ch'egli apparecchia, *vagamente disposti in un certo ordine cronologico, potranno formare una specie di galleria della medaglia umana,* questi frammenti, a parer nostro, non avranno che un valore poetico. Certo, vi si vedrà il tentativo di riverberare, com'egli dice, *il problema unico, l'essere sotto la sua triplice faccia, l'umanità, il male, l'infinito; il progressivo, il relativo, l'assoluto;* ma, secondo egli pur conclude, il poema compito sarà senza più « un inno religioso a mille strofe, avente nelle viscere una fede profonda, in sulla cima un'alta preghiera; sarà il dramma della creazione illuminato dal volto del creatore. » Saranno pagine che rifletteranno il concetto che una profonda immaginazione si fece del corso dell'umanità; che talora renderanno visibili i caratteri degli uomini e delle cose obliterati dai secoli, ma non ne uscirà la spiegazione del problema dell'Essere, a cui altamente tende il poeta.

Intanto egli va (1°) da Eva a Gesù svolgendo le tradizioni bibliche ed evangeliche, che trasformano Roma, di cui descrive (2°) la decadenza, di fronte alla quale sorge poi oltre la vincitrice religione cristiana la credenza e la forza dell'Islam. Questo (3°) trova riscontro alle sue invasioni nell'eroismo cristiano, che oltre questo aspetto glorioso, ha nobili ardimenti e vergognose ferocie secondo che difende o offende la giustizia nel proprio seno della cristianità; onde (4°) il ciclo eroico cristiano, e (5°) i cavalieri erranti. Per il quale laceramento di sè stesso lascia venir su e fiorire i troni barbarici d'oriente (6°): da cui solo per l'astuzia e non per la scelleraggine si distinguono i signori feudali. e n'è

esempio Ratberto (7°). Noi potremmo con questi arti-
ficiali legamenti continuare a connettere al resto: (8°) il
Risorgimento o il paganesimo; (9°) la Rosa dell'Infante,
che è un presagio dello sterminio dell'invincibile ar-
mata di Filippo II; (10°) l'Inquisizione, (11°) la Canzone
degli avventurieri del mare, (12°) i Mercenari; (13°) Al
presente; (14°) Secolo ventesimo; (15°) Fuor de' tempi;
ma faremmo opera più ingegnosa che utile o necessaria, concedendo lo stesso autore che questi frammenti
non possono ancora ben collocarsi in quel certo ordine
cronologico ch'egli s'è prefisso.

Nella prima parte il *Sacre de la femme* che dipinge
il mondo nascente resta molto indietro dalle meravigliose visioni del Milton. Quelle sommesse e soprappo-
ste, per dirla con Dante, a modo d'un drappo turche-
sco, guastano l'effetto; una tinta abbaglia l'altra; è
una soprapposizione plastica anzi che pittura. Lasciando
la stranissima leggenda dei *Leoni di Daniele*, che non
lo offendono perchè ciascuno vede in lui l'abito e come
la rappresentanza della sua patria (deserto, foresta,
monti, spiaggie del mare), troviamo assai belle le leggende di Ruth e di Lazzaro; ma non così semplici e
pure come l'*Anno nono dell'Egira*, o la morte di Mao-
metto, che in questo genere è un capolavoro. Il *Cedro*
al contrario che Omero, sceicco dell'Islam, fa viaggiare
dalle rive del mar Rosso a Patmo per coprire della sua
ombra san Giovanni che dormiva, è una leggenda poco
efficace, se non fosse già per le parole dell'Evangelista
quando si sveglia e sente dal cedro come andò la cosa:

> « Alors Jean oublié par Dieu chez les vivants,
>   Se tourna vers le sud et cria dans les vents
>   Par-dessus le rivage austère de son île;
>   Nouveaux venus, laissez la nature tranquille. »

Nelle leggende divote, semplici, pietose, come ne

scriveva san Girolamo e ne scrive Montalembert, si può dire che Hugo è riuscito, ma assai meglio nelle tradizioni del maomettismo che in quelle del cristianesimo.

Dov'egli è veramente meraviglioso di esattezza nel costume e negli abbigliamenti, di energia descrittiva, e di potenza fantastica, è il ciclo eroico cristiano. È stupendo il *Parricida* ove si vede Canuto uccidere il vecchio padre dormente, prender la sua corona, portarla con gloria straordinaria, e morire esaltato e rimpianto. Se non che la sua anima carica di quel delitto non posa. Va al monte Savo, e tagliatosi un mantello nella sua eterna neve s'incammina verso Dio; e in questo cammino per l'oscurità dell'infinito scendono stille di sangue sul suo manto, e quando è giunto alle porte della luce, non osa entrarvi perchè tutto quel candore s'è volto in sanguigno. La battaglia di Orlando con Oliviero, battaglia che finisce col matrimonio del gran paladino con la costui sorella, Alda, è descritta con valore ariostesco. *Aymerillot,* paggio schernito che si fa forte di espugnar Narbona e riesce, è un racconto che ha trovato grazia innanzi ai più difficili o avversi giudizi. *Bivar* è una graziosa scena che mostra il Cid passar con eroica disinvoltura dalle grandi battaglie agli ufici servili, dalla spada alla stregghia. *Il Giorno dei re* è il quadro degl'incendii e delle rapine di quattro re di Spagna, che sazi di sangue e di preda si rintanano nei loro monti. E l'occhio che li osserva e li giudica è un mendicante sprezzato come idiota e che al fine scaglia queste parole:

« . . . . . . Alors, tragique et se dressant,
Le mendiant, tendant ses deux mains décharnées
Montra sa souquenille immonde aux Pyrenées
Et crïa dans l'abime et dans l'immensité :
Confrontez-vous. Sentez votre fraternité,
O mont superbe, ò loque infame ! neige, boue !
Comparez, sous le vent des cieux qui les secoue,

Toi, tes nuages noirs, toi, tes haillons hideux,
O guenille, ò montagne; et cachez toutes deux
Pendant que les vivants se traînent sur leurs ventres.
Toi les poux dans tes trous, toi les rois dans tes antres.»

Enorme paragone, che è forse uno dei più notevoli esempi della stravaganza del genio antitetico dell' Hugo.

Due esempi di giustizia cavalleresca sono a lungo e mirabilmente narrati nel *Piccolo re di Gallizia* e in *Eviradno*. Il primo è salvato dalla spada di Orlando, che uccide gli zii i quali si consigliavano di farlo monaco, o gettarlo in un pozzo per godere il suo regno. L'altro salva Mahaut, gentile donzella, erede della Lusazia, che un re e un imperadore, Ladislao e Sigismondo, adorni pure dei doni della musica e della poesia, vogliono trucidare per partirsi le sue spoglie. Ella deve, secondo l'uso della terra, sul prender la corona cenar sola in un castello, spaventoso per le memorie e le reliquie di umane stragi che vi furon commesse. Ella vi va accompagnata dai due principi, che le si finsero due menestrelli. Dopo aver cantato e sollazzato un pezzo, ella alloppiata s'addorme e coloro pensano di precipitarla in un trabocchetto, che è nell'impiantito di quella sala, ove attorno attorno sorgono sui loro cavalli e nelle loro armature le immagini degli avoli di lei. Se non che Eviradno, sorprese le parole dei due tiranni, li aveva preceduti nel castello, e levata una di quelle armature, postosi a cavallo figurando l'imagine di un morto. Onde quando essi sono in sul dar effetto al loro divisamento, egli scende da cavallo e uccide Ladislao; e poi, non avendo altr'arme, col costui corpo lotta con Sigismondo armato e lo atterra, facendo cadere nel trabocchetto i corpi dei due scellerati. Questa storia è vinta in orrore da quella di Ratberto, ove piacque al poeta raffigurare l'Italia. Ratberto, che si

dice re d'Arles, si libera del conte Omfredo, che si diffida di lui, col veleno, e del marchese Fabrizio d'Al-
benga, vecchio eroe, che si fida, col fargli tagliar la
testa; senonchè al cadere di quella, cade anche la testa di Ratberto, e si vede poi un arcangelo asciugare
la spada alle nuvole. Il marchese Fabrizio ha una nipote Isora, fanciulletta di quattr'anni, ch'è suo amore
e delizia. Ora il tiranno lo fa porre ai tormenti perchè gli sveli il ripostiglio de'suoi tesori; ma le più fiere
torture non valgono a trarre un gemito dal petto al-
l'eroe; ma quando gli presentano il cadavere d'Isora,
egli si scioglie da' suoi tormentatori e le fa sopra un
pianto che spezza l'anima. Certo Vittor Hugo fu più
felice in altri discorsi; chè niuno portò forse più oltre
di lui l'eloquenza poetica; ma questo pianto dell'eroe
in mezzo a tanta ferocia intenerisce e consola; è un
alito di paradiso tra il puzzo dei morti che egli am-
massa con troppa predilezione.

Queste storie di cavalleria ci riescono stucchevoli
per la monotonia del maraviglioso e della prodigalità
delle stragi. Non vi sono più stranezze o barbarie che
nell'*Orlando furioso*. Ma lasciando stare che nell'*Orlando* l'angelico dell'umana natura campeggia più largamente, v'è un rimedio alla monotonia nell'interseca-
mento delle narrazioni, che sono cominciate, interrotte,
riprese, e mescolate in modo da generare piuttosto desiderio che sazietà. Quell'andare a salti del divino fer-
rarese fu in prova e per arte finissima. Egli sapeva
che lo spirito è ghiotto del maraviglioso, ma che, a
volere non lo stanchi, bisogna dargliene a tratti. L'Hugo
avendo un solo subbietto alle mani va sino in fondo, e
spesso conviene posare un poco per rinvogliarsi.

I ritratti dei principali personaggi sono finitissimi,
e non sapremmo ove trovarne migliori. Al contrario le

rassegne degli uomini che lor fanno corona, sebbene trattose e belle, non ci piacciono tanto come al Montégut. Queste rassegne sono necessarie e stanno bene agli epici, perchè quei re e capitani, quelle schiere di fanti e cavalli hanno a figurare nel corso del poema, e il lettore deve farne conoscenza per tempo a volere intendere le loro lotte; ma in Vittor Hugo sono per lo più oziose, e facendo fede di una diligenza erudita e poetica non operano nulla, e si potrebbero lasciare senza gran danno.

Noi non troviamo nel *Satiro* l'idea del risorgimento del secolo XVI, che il poeta pretese figurare; ma forse non l'abbiamo appieno gustato. Così non ci pare gran fatto felice la doppia apostrofe dell'aquila austriaca e dell'aquila delle alpi agli svizzeri mercenari, leggenda che fece stridere qualche critico elvetico. Ma vi sono versi che meglio che le deliberazioni dei Càntoni ratterranno i mercenari da quel soldo scellerato che ancora sanguina degli eccessi di Perugia. Onde noi benediciamo la penna che sa suggellare con tai versi le infamie delle capitolazioni in favore della tirannide.

Un lato dell'ingegno di Vittor Hugo è la potenza del comico, traente forse un po' troppo al grottesco. Un esempio sono *Le ragioni del Momotombo*, vulcano americano che non si lasciò santificare con la croce dagli spagnuoli, secondo era loro usanza, e ne allega per iscusa che l'inquisizione non valeva meglio che la vecchia idolatria antropofagica degl'Indiani. E questa potenza si esprime anche nell'epigramma, e quando egli vuole scendervi, gli dà un giro tutto suo, un cesellamento celliniano; di che ecco un esempio bizzarro:

« Le divin Mahomet enfourchait tour a tour
  Son mulet Daïdol et son âne Yafour;
  Car le sage lui-même a, selon l'occurrence,
  Son jour d'entêtement et son jour d'ignorance. »

Les tableaux riants son rares dans ce livre; cela tient à ce qu'ils ne sont pas fréquents dans l'histoire, dice Vittor Hugo nella sua prefazione, e veramente questi canti sono un corso di patologia. Messo per tal via, egli descrive i mostri con amore, seguendo tutte le leggi dell'estetica del brutto. Nelle profondità della sua intelligenza gli elementi dati dalla storia si elaborano in qualche cosa che stomaca più che non inorridisce. Ma egli tende all'ideale della tirannide e della barbarie, e non posa finchè l'abbia avverato.

Da queste fissazioni poetiche procedono le sue esagerazioni di concetto o di stile. Nella seconda epopea egli descrive la decadenza di Roma con tratti che Tacito gl'involerebbe, e in sul finire mostra l'anima umana in sull'ale per fuggire un mondo sì corrotto; ma tuttavia in forse, specula un rifugio, e non trova altro se non il corpo di una bestia; il pietoso leone d'Androcle:

> « Ton œil fit, sur ce monde horrible et châtié,
> Flamboyer tout-à-coup l'amour et la pitié,
> Pensif, tu secouas ta poussière sur Rome,
> Et l'homme étant le monstre, ò lion, tu fus l'homme. »

Nella pietà del leone d'Androcle, in mezzo a tanta corruttela e barbarie, egli non fa che dar forma poetica ed esagerativa alla voce popolare che degli uomini guasti o cattivi dice esser peggiori che bestie; ma oltre il lione d'Androcle, Roma ebbe petti santissimi e pietosi che rischiararono della lor luce anche i fieri dipinti di Tacito; dichè il tratto ordinato a compiere il quadro della decadenza di Roma, essendo una falsa raffinatezza, ne guasta tutto l'effetto. Così venendo ad un ordine superiore di concetti, la pia fede cristiana ritiene che i buoni sospiri del colpevole, indugiati anche in fin di morte, lo salvino dalla dannazione eterna.

Or che fa Vittor Hugo di questo divino pensiero? Egli ci mostra un sultano Mourad, tutto fradicio di sangue innocente, che tra l'altre barbarie rinchiude ventimila prigionieri in una cinta senz'altri spiragli che quanti ne occorrevano a godersi i loro gemiti. Ora questo Sultano trova un dì un porco straziato a morte, e lasciato al sole; dove le mosche gli danno noia. Intenerito, lo trasporta all'ombra, e il porco spira, volgendogli uno sguardo di amorosa riconoscenza. Ora il Sultano muore in su questa buona azione, e quando compare al tribunale del Signore, le voci della terra straziata e insanguinata da lui gli gridano contro; ma un grugnito si leva in suo favore, e nella bilancia di Dio pesa più che tutto il pianto degli uomini:

« Du côté du pourceau la balance penche. »

Un lampo di pietà fa questo miracolo:

« Un seul instant d'amour rouvre l'Eden fermé
Un pourceau secouru pèse un monde opprimé.
Viens, tu fus bon un jour; sois à jamais heureux. »

All'esagerazione si può ridurre la riprova di un concetto vero per la moltiplicità degli esempî. Così nel turco *Zim Zizimi* si fa ad otto sfingi che circondano il suo trono, alla coppa ove egli beve, alla lampada che illumina la sua mensa cantare la stessa canzone della vanità delle grandezze del mondo. All'esagerazione si può ridurre l'accumulazione delle immagini per ispiegare la stessa idea. Così nell'ultimo canto, *Fuor dei tempi*, la *tromba del giudizio* è ritratta in cento modi, che sono le variazioni di un tema unico. Pare che l'autore non creda aver mai imbroccato il giusto, e vada ammassicciando tinte sopra tinte senza alcun effetto. Sarebbe meglio che talora per disperato get-

tasse sul dipinto come il greco pittore la spugna carica
di colori: e lasciasse al caso accertare la simiglianza.

All'esagerazione altresì si reca la parte prominente
che egli concede agli animali. Niuno gli farebbe colpa
di aver dato luogo nei suoi poemi a questi nostri compagni della creazione. Ma quando egli ci rappresenta
l'asino che torce il suo cammino per non calpestare
un rospo, che alcuni fanciulli in mezzo al riso degli
adulti avevano straziato e gettato semimorto sulla via,
non esagera egli in modo ancora più strano quella superiorità che già nel *Leone d'Androcle* diede alle bestie sull'uomo? Al contrario in *Ratberto* mettendo in
contrasto la gioia nel castello del buon Fabrizio che si
apparecchia a lietamente riceverlo con la gioia degli
animali di rapina fuori del castello, che presentono il
banchetto che loro si apparecchia, fa moltissimo effetto.

Ma come esaurire la poesia tesoreggiata in questo
libro? Ogni verso è un insegnamento o della potenza
o degli errori di un grande ingegno. Più vivace ed efficace esempio non v'ha della vicinità pericolosa del
bello e del barocco, del sublime e dello strano. Il bello
e il brutto sono con pari accuratezza scolpiti. Vittor
Hugo non lascia cader un verso senza averlo al possibile azzimato. Di che, quando esprime un pensiero giusto, il suo verso ha l'efficacia di un proverbio; e
quando riassume un carattere vero, o una situazione
d'effetto, s'incide incancellabilmente nella memoria.

Io ho voluto piuttosto ombreggiare l'idea e la materia del libro che darne sentenza. Sarebbe ingiusto
giudicar l'opera dalla sinfonia, perchè, come egli dice,
la sinfonia ne contiene appena i barlumi. Ma dalla ricca
mèsse che c'è posta innanzi, si può argomentare che
non avremo dall'Hugo il grande poema dell'umanità.
Saranno frammenti di una insigne scoltura che lo sta-

tuario sarà andato preparando senza fini ben certi
esemplati in un esatto modello; asteroidi in cui un
maggior astro s'è spezzato, ma che non formano insieme una gloria di luce. Nè come poesie filosofiche
staccate avranno grande valore, non rilevandosi da esse
concetti definiti e grandi; se non che i volgari di progresso umano espressi magnificamente, sebbene talora
assai stranamente, come nel penultimo canto, *Ventesimo
secolo,* ove nella rovina del *Leviathan* si figura il disfa-
cimento del vecchio mondo, e nelle ascensioni aeree
s'idoleggia la palingenesi umana:

> « Où va-t-il ce navire ? Il va de jour vêtu
>   A l'avenir divin et pur, à la vertu,
>   A la science qu'on voit luire,
>   A la mort des iléaux, à l'oubli généreux,
>   A l'abondance, au calme, au rire, à l'homme heureux;
>   Il va ce glorieux navire, »

> « Au droit, à la raison, à la fraternité,
>   A la réligieuse et sainte verité
>   Sans impostures et sans voiles,
>   A l'amour, sur les cœurs serrant son doux lien,
>   Au juste, au grand, au beau . . . — Vous voyez bien
>   Qu'en effet il monte aux étoiles. »

Questa fede di Vittor Hugo è la fiamma delle sue poesie, e ne placa, a dir così, le sanguinose ferocie. Egli
come quel suo arcangelo

> « Plonge profondément . . . . .
>   Du pied dans les enfers, du front dans les étoiles »

e non si può aver la misura del suo ingegno piglian-
dolo a un solo punto della scala di fuoco ch' egli sorvola. Quanto ai difetti e ai peccati di gusto, che abbondano più in questo che negli altri suoi volumi di
poesia, mi rapporto.

FILOSOFI E POETI.

CARO E HEINE.

Nella giovane scuola spiritualista francese il Caro ha saputo in brevi anni levarsi ai primi seggi. A studi profondi egli accoppia una fede energica ed una viva eloquenza. Egli non ha punto di quell'enfasi che nel Cousin faceva tralucere talvolta l'attore, o la coscienza accattata del causidico: ma detta d'abbondanza di cuore, come un uomo sapiente e convinto, con la schiettezza piena di scienza, d'immaginazione e di efficacia del Malebranche.

Gli *Studi,* suo primo lavoro,[1] rispondono assai bene al loro titolo. Divisi in due categorie, Studi filosofici—Studi letterari, il loro fine è comune; difendere il vero spiritualismo nella filosofia, nella letteratura e nell'arte; ed eguale altresì è la forma del dettato, grave, riflessiva, bellissimo temperamento di serietà filosofica e di amenità letteraria. L'autore sostiene che lo spiritualismo è la filosofia razionale dei Francesi; che eziandio quando nella seconda metà del secolo decimottavo mostravano più dilungarsene, vi si raccostavano pei loro aneliti di

---

[1] *Études morales sur le temps présent,* par E. CARO, professeur à la Faculté des lettres de Douai. — Paris, Hachette et C., 1856.

libertà, di progresso e pei loro spiriti di tolleranza e
d'umanità: aver poi, continua egli, ripreso al tutto il
disopra; ma non doversi dormire, perchè molti pericoli
lo circondano.

Lo spirito positivo del secolo tien gli animi fissi alla
terra. Una filosofia, che n'è sorta, il *positivismo*, mescola del continuo l'ateismo matematico che relega Dio
tra le ipotesi inutili ed un misticismo sentimentale. Moribondo, come instituzione e come culto, il positivismo
di Augusto Comte vive e vivrà forse gran tempo come
dottrina o almeno come tendenza di dottrina — il suo
doppio carattere di realità scientifica e di utilità industriale attrae molte intelligenze, impazienti di sapere e
di gioire — i parziali del sansimonismo e del fourie-
rismo vogliono rendere i suoi diritti alla carne, troppo
mortificata dallo spirito del cristianesimo — romanzieri
e poeti incarnano questa filosofia nel loro stile pieno
di sensualità e di corruzione.— Proudhon e gli heghe-
liani radicali finiscono col negare ogni religione ed ogni
bontà morale — i filosofi critici, spiriti curiosi d'eventi
metafisici, anime avide d'emozioni intellettuali, ai quali
la vita, la religione, la filosofia non sono che un
vasto fenomenismo, ai quali il tutto è un perpetuo
divenire, e il solo infinito, a cui l'uomo possa venire,
è il finito perfezionato, purificato, ampliato. V'è inoltre la scuola che vorrebbe far rivivere il filosofismo del
secolo XVIII e distruggere la metafisica e la religione,
che al suo parere n'è l'eco; rovescio di quel laicato
teologante, che spaventa co' suoi eccessi molti spiriti
rispettivi, cui l'insegnamento della Chiesa attrarrebbe.
V'è Giovanni Reynaud, che fonda un materialismo poetico, uno splendido panteismo e pretende rinnovare, al-
largandolo, il cristianesimo. V'è il *tradizionalismo*, che
origina dal De Bonald, e sostiene che l'uomo vive solo

per la tradizione, che egli riceve tutte le sue idee dalla società e dall'insegnamento di lei, mediante il linguaggio, diretta rivelazione di Dio, e viene poi a confondersi con la testimonianza della ragione generale del Lamennais. Da queste sètte che il Caro descrive con grande eloquenza, e specialmente dall'alleanza dello spirito d'industria e del materialismo, egli argomenta i pericoli dello spiritualismo, e per conseguenza dell'uomo e della società; imperocchè, egli dice, quando il senso del divino periclita, la regola morale tentenna nell'anima, il livello dell'ideale si abbassa nell'arte, il principio disinteressato delle grandi affezioni si snerva nelle anime, la dignità s'accascia, la volontà libera abdica, la sensazione trionfa e s'esalta; finalmente la pura idea di Dio s'intorbida e si spegne grado grado sulle sommità dell'intelligenza. La filosofia dee adunque provvedere a riconfermare gli spiriti, a convincerli per ragione dell'esistenza di Dio e della spiritualità dell'anima, ed a scorgerli sicuramente al conseguimento del loro destino. Noi epiloghiamo i principii del Caro; non li giudichiamo, nè diciamo inappellabili tutte le sue pronunzie. Egli è, per esempio, ingiusto a Bentham quando dice: « Pour Bentham et son école, les hommes ne sont pas des frères; ce sont des unités; un homme n'est pas une àme; c'est un rouage dans le mécanisme universel. » Ora non v'ha scrittore di cose sociali che abbia tenuto conto quanto fa il Bentham de' sentimenti, dei piaceri e delle pene degli uomini; solo l'averli recati a forma materiale di statistica può far travedere alcuno. Ma checchè si possa dire dei giudizi particolari, una critica filosofica e letteraria che muove da questi principii non può non essere altamente morale, e noi crediamo che il Caro sia chiamato ad esercitare una benefica influenza sugli studi contemporanei.

Un tal critico non può essere indulgente a Stendhal
o ad Heine; e veramente egli resiste alla corrente che
trasporta il primo al Pantheon, e di Heine vede il bene
e il male, lo squisito profumo rinchiuso entro un'imagine di Sileno. È difficile poter dare un giudizio assoluto e riciso sopra quest' autore. Quando le sue piace-
volezze senton troppo della scurrilità rabelesiana e non
disarmano col riso, eccoti lampeggiare a un tratto qualche concetto profondo, appassionato che ti riconcilia al
poeta e ti fa credere che le sue sconee facezie siano
solo una forma dello spasimo del dolore --- quand'egli
con le sue fantasie ti solleva al cielo, e ti bea nell'eterea serenità dei puri affetti e dei santi pensieri, un
disonesto scoppio di riso ti scioglie l'illusione, e vedi
il fauno che si beffa di te, che credevi alle sue inve-
nie. Egli è quell'etiope che un santo vedeva in capo di
uno de'suoi discepoli assorto apparentemente in orazione — quel nero omunculo stava a spiare ogni spi-
raglio che s'aprisse tra una preghiera e l'altra per dis-
trarre la mente dell'orante ad oscene idee, a voglie
perverse, e per condurre la traviata anima alla perdizione. Tra alcune verginali poesie del *Buch der Lieder*
e alcune contorsioni diaboliche del *Romanzero*, quale
distanza! e tuttavia sono i due elementi del genio di
Heine che prevalgono a vicenda, e, allorchè non si fondono bene, n'escono i più bizzarri contrasti. E di vero
Heine prevalse per l'amore e per l'odio, per l'entusiasmo e per la beffa; e quando, essendo tutta l'Alemagna vinta e disfatta dalla noia, corsero le acque limpide dei suoi versi, e il torbido e mefistofelico liquore
de' *Reisebilder*, tutti s'affrettarono a tuffarvisi, e il vecchio Gentz, come notava un tedesco, scriveva delle prime
a Rachele Varnhagen von Ense: «Je me baigne des heures
durant dans ces eaux si douces et mélancoliques.» Heine

fece scuola; la giovine Alemagna fu sua. Neppure quando seppe ch'egli era stato provvisionato da Luigi-Filippo ella si potè spiccare in tutto da lui. Ella raccolse con amore tutte le voci ch'egli profferiva dal letto di dolore, ove una incurabile tabe lo inchiodò nei lenti ultimi anni della sua vita; ella lo piange ora, e lo pone alla sinistra di Goethe, alla cui destra sta Schiller. Questo fantastico, questo pazzo, questo svergognato di Heine ha scritto poesie di sì dolce suono, di sì soave affetto, che altra voce non vuole a sfogare il suo cuore il popolo alemanno; quelle poesie sono immortali come il popolo che le ama, come la lingua di cui raccolsero ed espressero tutto il fiore.

La *Rivista d'Edimburgo* chiamò Heine il *Sans-culotte* del secolo decimonono. Veramente allo spirito di Voltaire unì un cinismo che questi non raggiunse neppure nella *Pucelle*. La lubricità di Voltaire non è allegra come quella dell'Ariosto, nè arguta come quella di Heine che ha di quelle avventure e sorprese che fecero morire dalle risa l'Aretino. La lubricità di Stendhal è troppo metafisica. Un filosofo di spirito elevato e puro come il Caro non può acconciarsi a far la cerna del celeste e dell'abbietto di Heine, nè soddisfarsi della corruttela psicologica di Stendhal.

POETI ITALIANI.

PRATI E LE GRAZIE.

Le grazie son morte, quelle divine, a cui Platone, sì gran nemico dei poeti, consigliava sacrificare; Aglae, Eufrosine, Talia, sono state sacrificate da Satana, d'ordine del Prati. Io credevo che, asceso all'Olimpo e divenuto signore ed arbitro degli dei e degli uomini, il bizzarro poeta si contentasse di rinnovare il giuoco fatto a Vulcano, e di precipitare dal cielo quegli intrusi, che sono i più gran nemici della sua vita, i non ciondolati ed i critici; ma, sazio dei sorrisi di quelle soavi fanciulle, che con tutti i suoi tradimenti gli tenevan fede, egli non solo le dannò a morte, ma, secondo la legge romana che di vergine non si potesse prendere il supplizio de' triumviri, le trattò come Tiberio l'innocente figlioletta di Sejano, le fe prima disonestare dal carnefice, macchiarsi di sangue, infamarsi di spionaggio. Egli ebbe dispetto della lor giovinezza e castità. Omero diede marito ad una sola, chiamandola Pasitèa; il Prati le maritò, più o meno legittimamente, tutte tre; egli oscurò il lor riso; sciolse per forza le mani conserte onde menavano a tondo le lor liete danze; stracciò la

lor vesta sciolta e trasparente, e le diede ad uccidere
a Satana:

> « Ma Satàn col sommo
> Le toccò delle larghe ale di foco,
> E in brandelli stridenti a cener vile
> Cadder disfatte.[1] »

Il poeta professa di aver fatto un tentativo nuovo
nella letteratura italiana, l'accoppiamento dell'elemento fantastico al reale, contessendo la narrazione al-
l'azione, e crede essere riuscito se l'elemento reale
assunto da lui appartiene agli ordini più profondi
della coscienza, del sentimento e del pensiero umano,
e se l'elemento fantastico è dipinto sì al vivo e con
tali gradazioni, vincoli ed armonie, che l'imaginazione
di chi legge lo compenetri senza pena nè sforzo con
la realtà, e a lei paia di assistere a un vero dramma
della vita, quantunque molti lati di esso propriamente
non le appartengano. La prefazione, il prologo e la licenza non dicono altro del concetto del poeta. Sono
un tessuto d'ingiurie a'suoi critici ed avversari, tra'quali
si notano due giornalisti lombardi, due toscani, due
piemontesi, che ad un tocco della verga della musa
escono da un cespuglio in forma di topolini, *ritti sui
piè di dietro, con farsetto indosso, cappello in testa,
penna sull'orecchio, coda arricciata e fogli di carta in
saccoccia*, ecc. e che ad un altro tocco della verga sono
maciullati da un enorme gatto d'Angora, che sbuca
fuori da quello stesso cespuglio; e due di questi giornalisti e un poeta ritornano poi in campo in certi
versi ch'è bello il tacere:

> « Le fornaie son use
> Proverbïarsi, e non le sacre muse. »

---

[1] *Satana e le Grazie.* Leggenda in quattro canti con prologo e licenza.
Pinerolo, 1855. Tipografia di Giuseppe Chiantore.

Questo vago motto d'Aristofane citato dal Davanzati, non è più vero, dacchè le Grazie son morte. Le muse si sono sbracciate, succinte, e lotteggiano in pien mercato. Nerone la notte si travestiva, e andava per Roma tafferugliando; i nostri poeti in pien meriggio prendon la cesta, l'empion di fango e se lo gettano al viso. Che letteratura gentile! La penna non sa più ritrarne l'opere; si fa scambiare dalla matita del caricaturista. I nostri fasti si descrivono giorno per giorno nelle *Scintille*. Quivi due pugna, che si avventano l'un contra l'altro, sono la divisa dei poeti del giorno. Nè crediate che realmente Torino sia divisa in fazioni, come già i romani ai giuochi del circo. Il circo ride, e *preme* volentieri *il pollice*, perchè i nostri poeti vivano per non finir di ridere. I veri amici delle lettere ridono anch'essi. A che gioverebbe l'ipocrisia d'una gravità impossibile? Ma poi si lamentano dell'abuso dell'ingegno e dello strano desiderio che l'invade di rendersi vile agli occhi del volgo. Veramente lo scrittore non è lasciato vivere, ma egli ribatte accuse con accuse, ed aizza maggiormente i critici ad entrare nella vita e ne' costumi. Sdrucciolo pericoloso. È morta anche, ultimo segno di frenesia, la pietà di sè stesso.

Lasciando tutta questa poesia satirica, che non manca di acutezza e di vigore, ecco in breve l'ossatura del poema. Satana, irato alle virtù di Mario prete, di Eraclito magistrato, di Ermano soldato, induce le Grazie, sotto promessa del regno della terra, a sedurli. Talia si trasmuta in Eva, Eufrosine in Luce, Aglae in Nella; e come hanno avvinto con le loro lusinghe quegl'infelici, a sommossa di Satana, gli spingono ad uccidere il conte Aroldo, sotto cagione che le avesse assai vilmente beffate. Gli omicidi restano occulti, e non hanno altra pena che i loro rimorsi, quando Satana impone alle

Grazie, che vanno a chiedergli il guiderdone promesso,
di denunziarli alla giustizia, se vogliono guadagnarlo
davvero. Esse rifuggono dal ladro ufficio; ma Venere,
mostrando loro la rovina dell'Olimpo, e che altra via non
avevano a rilevarsi, le persuade. Accusano gli omicidi;
sono arrestate con loro; ma all' ora del supplizio, crescono l'ale alle Grazie e volano al cielo, dove Satana, dopo
averle fatte assistere al supplizio dei loro amatori, le pone
a morte. Cotale è l'innesto dell'ideale e del fantastico,
cotale è lo strano guazzabuglio, che le reminiscenze delle
bibliche tentazioni e insidie di Satana, della uccisione di
Valentino, della carcere di Margherita, della evocazione
d'Elena, ecc. hanno inspirato al Prati. Se il tentativo
risponda alle condizioni espresse dal poeta, se sia nuovo
nella nostra letteratura, se la bellezza del verso possa
salvare la vanità del concetto, io lo lascerò al giudizio dei più discreti.

Eppure, a malgrado di tutti i difetti di fondo e di
forma, io lessi e rileggo con diletto *Satana e le Grazie.*
Come i collegiali si nascondono a rugumare qualche
libro vietato, così io mi nascondo da' miei amici prato-
fobi a rileggere quelle lascivie d'idee e di stile. Vorrei
avere il coraggio di darle alle fiamme; ma un certo
fàscino di poesia dolce e voluttuosa mi trattiene. E se è
lecito non perdonare, favellando di poeti, alle ricordanze
poetiche, mi sovviene dell'intenerirsi dell'amante d'Isabella sopra il destinato amante d'Angelica:

> « Stese la mano in quella chioma d'oro
> E strascinollo a sè con violenza;
> Ma come gli occhi a quel bel volto mise,
> Gli ne venne pietade e non l'uccise. »

L'innamoramento d'Ermano è descritto così...

> « In gonnellin d'ispana zingarella,
> I poveretti cembali picchiando,

Lanciossi Nella nel fulgor d'un ballo,
E le note cantò d'una sirventa
Andalusina. Il piccioletto piede
Con nova leggiadria mosso alla danza,
Le snelle forme, il lungo arco del collo,
Qual di colomba che d'amor sospiri,
La fean tutta un incanto. Ella le palme
D'Ermano aperse, e gli cantò sui segni
Misteriosi la gentil ventura:
« Si congiungono in te Venere e Marte
Mirabilmente, o pròde. Il tuo destino
Non è sol d'armi, ma d'amor tessuto.
Ama, chè il dolce april passa veloce;
Ama, chè il Verno della vita è amaro;
Ama, chè trista è senza amor la morte. »
Così dicendo, dileguò. Le rotte
Musiche ripigliàr. Simili a nembo
Di rose e gigli, giovinetti e donne
Si lanciàr novamente entro la ridda;
Ma da profondi palpiti commosso,
Il soldato seguia sotto la luna
La fantastica vergine fuggente.

Le voci del popolo dopo l'arresto degli omicidi non
mi paiono mal rese :

          « Nella città straniera
Ferveano intanto i romori del volgo,
Le acutezze dei savi, il conturbato
Dolor de' pochi, e il furioso e stolto
Abbominar de' mille. A quei tre capi
S'imputava il fallir dell'universo.
Eran vipere occulte. Ognun sapea
Cose arcane di lor. Su quelle destre
Quante male rapine e quante frodi!
Chi sa qual altro sangue era grondato!
Vituperio a chi nacque di lor seme!
Vituperio a chi sorge in lor difesa!
Vituperio a chi pio piange per loro!
Alle forche ! Alle forche !   .
                    E così il mondo
Si vendicava degl'inganni suoi,
Eleggea di parer gabbato e sciocco

Per esser crudo orribilmente e vile.
La gentil carità della sventura
Non è cosa del mondo! »

Mai non furono più dolci i vizi del Prati, poeta moltiforme, più o meno felice nelle effusioni del suo genio, ma sempre ricco e di vena.

ARNALDO FUSINATO.

Il Giusti nei *Due Brindisi* segnò i due diversi modi e indirizzi della poesia faceta in Italia; l'uno lieto, epicureo, che non vuole mummie ammonitrici di morte alle mense geniali, l'altro che dallo stesso fonte della voluttà sente sorgere alcunchè d'amaro, e prende il Carnevale a quell'ora che è per trapassare nelle Ceneri. Il Giusti mostrò che sapeva trattare tutti e due i generi, ma s'attenne, come il suo genio e i tempi portavano, piuttosto all'iperbole mordente e irata di Giovenale che all'arguta ironia di Orazio, o meglio (tanta era la squisitezza della sua coltura e del suo gusto), vestì anche le più fiere invettive della castigatezza e perfezione oraziana. Il Guadagnoli non alzò il volo sopra al genere più umile, allegro e burlevole. Alla scuola dell'aretino appartiene il Fusinato:

« E là disteso sulle molli piume
La pipa accendo come sono avvezzo,
E d'un modesto lanternino al lume
M'inebrio ai versi del cantor di Arezzo.
La pipa in bocca e il Guadagnoli in mano,
Mio ben non cape in intelletto umano.
O Guadagnoli, o mio duce e maestro,
O dettator della gioconda rima,
M'ispira un soffio del tuo facil estro,.. »

Questa simpatia cominciò presto nel nostro Arnaldo,
perchè ci assicura che quando era studente, standosi a
letto, aveva il codice sopra le lenzuola e il Guadagnoli
sotto. Non già che anch'egli non si desse, nei primi
anni dell'amore, a canti più seri e teneri:

> « Un giorno anch'io mi compiacea sovente
> D'andar vagando per la notte bruna,
> Ed alla cara che mi stava in mente
> Scriver romanze al chiaro della luna. »

Tradito poi dalla vaga, narra nei *Tre ritratti,* ove
dipinge sè e i suoi due amici e concittadini di Schio,
i dottori Fioravanti e Sartori, ch'egli voleva uccidersi;
se non che a vent'anni, e coi lieti doni dell'ingegno e
del buon umore, i facili amori, o i miraggi, per meglio
dire, dell'amore, si consumano e dileguano nell'energico
sentimento di una fervida vita.

Il Fusinato, guarito di questo male, menò lieti i
suoi dì cantando e dilettando col suo canto tutti gli
amici della festevole poesia; se non che al suo cuore
s'apprese poi un altro male, il male del paese; male,
di cui gli animi generosi non guariscono mai. Egli si
sentì invadere a poco a poco da un fremito di più alta
vena; un fremito che scendeva dal sommo della croce
a cui sono appesi sopra questa terra gli uomini e le
nazioni. Egli non trovò più i facili modi che gli fiori-
vano spontaneamente sul labbro; sentì volgersi in ama-
rezza lo scherzo, e corrompersi la gioia, e trovò voluttà
nel dolore.

Nel secondo volume egli non è più desso; il discepolo
di Guadagnoli s'accosta, non ancora per lo stile ma per
le tendenze, alla parte più accessibile della poesia del
Leopardi. *Le due fiammelle amorose,* leggenda ligure
tratta da un pietoso racconto di Pietro Giuria, hanno
luce e calore. Nelle due novelle, *Il buono operaio,*

Il cattivo operaio, si sente quella poesia morale popolare, che sola è buona; non quella poesia che si studia d'esacerbare le miserie troppo reali del popolo esagerandole e contrapponendole alle sognate serene felicità delle altre classi; non quella poesia che suona a stormo per la guerra civile, ma una poesia che mostra come l'industria, l'onestà, la virtù possano consolare ogni condizione di vita, e i lor contrari disertarla. *Suor Estella* è di un genere fra il fantastico e l'appassionato: ma non lascia di far molta impressione nell'animo del lettore. Anche ci piacque il canto delle *Due Gemelle:* l'una cede il suo amante all'altra; e quando questa si sposa all'uomo, quella si disposa al Signore.

Nelle diverse espansioni del suo genio il Fusinato dee piacere ai più. Egli ha molta facilità, molta naturalezza, senza raffinamento di sentimenti, o isquisitezza di stile. I giudici troppo severi potranno appuntarlo di qualche rilassatezza nell'ordito e nella tessitura del suo lavoro; potranno dire che il suo maestro Guadagnoli affila più sottilmente l'arguzia, o cura più amorosamente la frase; che nelle poesie gravi dovrebbe meno abbandonarsi all'agevolezza del suo genio che nelle facete; ma il Fusinato non sarebbe più lui, se avesse tanto ad azzimarsi e rimbiondirsi; egli si allieta più dello sparto riso o delle lagrime femminili, che del sorriso, non sempre schietto, degli aggrinzati critici.

Nè si creda che il Fusinato sia al tutto discepolo del Guadagnoli; egli ha scritto sotto la dettatura del suo genio e sotto la sferza del fervore giovanile. Quando il mondo non è al tutto tenebroso di calamità e di tirannidi, quando il travaglio di un rinnovamento sociale o il lutto dello sterminio del proprio paese non incanutiscono e piegano il biondo capo giovanile, la disperazione di Werther e la tetraggine di Renato restano allo stato sporadico. Non divengono un contagio. Onde la gioventù si lascia andare alla allegria come l'usignuolo al canto. Di che crediamo che certi canti del Fusinato non invecchieranno, come quelli che ritraggono il ridente aprile della vita. Gli studenti di Padova studieranno forse più che al tempo che il Fusinato era anch'egli all'Università; saranno più gravi di costumi e più alti d'intenti; ma come il peso delle sventure s'allievi, torneranno gli studenti dipinti egregiamente dal poeta di Schio. Noi non accettiamo per nostro conto l'atto di contrizione ch'egli fa per averli dipinti così al naturale; e se alcuno dei nostri lettori non avesse ancor letto quel poemetto, lo confortiamo a cercare la splendida edizione del Cecchini di Venezia con le illustrazioni di Osvaldo Monti, dove vedrà ancora ad ogni pagina il capo *un po' pelato* e la fisonomia aperta e cordiale del valente poeta.

GIUSEPPE REGALDI.

Voi, come il vecchio Booz, avete sentito qualche cosa a piè del letto, e, impietositovi, lo faceste adagiare al vostro lato. Questo qualchecosa è la poesia, abbandonata e dispetta, a cui paiono dolci i vostri stessi rimproveri rispetto all'altrui trascuranza. Qui o non si gusta o si strazia, e si crede aver aria d'uomo sodo a farsene beffe. Eppure ella è un prodotto sì spontaneo del nostro spirito e tanto amato dal nostro terreno, che cresce

a dispetto degli accigliati filosofanti, e trova chi la cerca
o l'accoglie come i vaghi fiori del campo.

« Giovani vaghi e donne innamorate
Amano averne e seni e tempie ornate. »

E non solo cresce e si coglie e serve al diletto e all'ornamento instantaneo, ma si conserva orrevolmente e
si fanno edizioni bellissime di versi, i quali vivranno
più che gli arzigogoli e gl'indovinamenti politici. Vedete la quarta dispensa del Regaldi che ha tardato
tanto da sembrare una nuova pubblicazione. Che nitore
di tipi, che splendidezza di margine, che singolare correzione! Ad aprirla si desidera che i versi sieno belli,
e questo desiderio è pago. Le stesse poesie, che s'attengono solo a qualche filo del ciuffo della fugace occasione, sono linde e rassette e reggono assai bene al più
sofistico esame. Dell'altre non è a dire se siano azzi-
mate. Il Regaldi espia le sue improvvisazioni. Sfoghi
irrefrenabili dell'ingegno giovanile, scatti di poesie ai
battimani di leggiadre donne, straripamenti di copiosa
ma ineguale e torbida vena poetica, ove siete iti? Ecco
qua questo nuovo trappista, che nella sua cella fa penitenza, e più diffida dove il mondo fu più prodigo del
suo sorriso e il cielo della sua luce. Egli pesa, misura,
analizza i versi più belli che gli caddero dal labbro,
e che non li guasti talvolta io non istò pagatore. A
vedere l'intervallo percorso dal Regaldi, si confronti *La
casa del Poeta*, scritta dieci anni fa a Napoli, prima
ch'ei visitasse l'Oriente, in un'umile stanza, che aveva
il Vesuvio di faccia, il mare al piè,

« E giganti montagne in lontananza, »

e tutta lieta dei sorrisi delle amistà e delle speranze
della gioventù, col suo ultimo canto a *Michelangelo*
stillato tra la politica e l'aritmetica genovese. L'artefice

ha veramente più correzione di disegno, più finitezza
di lavoro, più sapere, ma meno entusiasmo. Egli, dieci
anni fa, non eleggeva o studiava i suoi argomenti ; il
primo nome che gli suonava all' orecchio, improvvisando,
era come il foco a cui s'accentravano i raggi del suo
pensiero, e il primo affetto che sentiva, traboccava fervido e inspirato dal cuore. L'Oriente ha fecondato l'ingegno di Regaldi ; lo ha anche messo in più intima
comunione con la natura esteriore. Vi si trovava disposto dall'iniziazione del cielo sicano. Ma tuttavia non giu-
rerei che non gli abbia appiccato un poco del suo genio
sofistico, del genio delle logomachie, ch'è un lato dell'ingegno orientale. Anche l'età e questa vita antipoetica
piemontese debbono averlo un poco freddato. Se non che
gli ultimi canti hanno bellezza da ristorare amplamente
quel diminuimento di fervore che a me pare di notarvi.
E se ne levi i canti industriali o politico-ufficiali, che
sono le sirti della poesia, io trovo negli altri soavità
di numeri, finezza di stile, e sanità di concetti, non
iscompagnata dalle dolci attraenze dell' imaginazione.
Anche le prefazioni ad alcune poesie, e singolarmente
quella alla *Disfida di Barletta*, mostrano che il Regaldi
ha veduto e osservato, seguendo gli esempi danteschi
e byroniani ; chè in vero Dante e Byron espressero nei
loro scritti molte impressioni reali ed effettive, come
dell'uno insegnano le sue annotazioni, e dell'altro gli
altri suoi libri, e forse Shakespeare è il poeta che vide
più con gli occhi dell'intelletto,

« Nè vide me' di lui chi vide il vero, »

nè forse v'ha verità più vera di quella dell' intelletto.
     Coloro che ridono della poesia, mi dicano se ella
abbia conferito poco a dare un'eterna giovanezza a quel
bastardo di Federico, che andava la notte per le vie

mescolando le armonie del cuore e dell'ingegno alle armonie di una natura incantevole:

« Biondo era e bello e di gentil aspetto,
Ma l'un de'cigli un colpo avea diviso. »

Questa cicatrice e la piaga a sommo il petto non compiono la magia dell'incisione dantesca e non fanno veder con dolore tramutar le ossa dell' eroe

« *Dal* cò del ponte presso a Benevento »

lungo il Verde sotto gli oltraggi della pioggia e del vento? La poesia imbalsamò la memoria degli Svevi. Erano forestieri di origine, erano scomunicati; e la pietà del popolo verso loro non s'è ancora esaurita. Ogni incidente della lotta ch'essi sostennero, ogni ricordo di quel fiore di poesia, calpestato a Napoli e in Sicilia come il fiore dei trovatori in Provenza, sotto il ferro dei cavalli o sotto lo zoccolo del frate, toccano ancora e spirano per quell' incanto della bellezza che la stessa scolastica non combatte bene se non s'ammanta d'alcuno de'suoi raggi; tanta è, se volete, la viltà terrestre che s'appasta al nostro spirito. Nè dopo la rovina di una schiatta eroica v'ha spettacolo più doloroso che lo schianto e la distruzione di tutte quelle propaggini che la forza di lei aveva seminate pel mondo e la sua autorità difendeva.

Il Regaldi è uno dei rari poeti lirici, a cui sian toccate le acclamazioni della moltitudine e le lodi dei periti. Il plauso del pubblico è ai nostri giorni pei lirici una frase di convenzione e d'effetto e nulla più; perchè plauso non può chiamarsi il batter di mani amiche a qualche lettura accademica o di mani compiacenti alla recita in alcun teatro. Il vero plauso è pel poeta drammatico. Solo l'improvvisatore partecipa un poco della sua fortuna, cimentandosi innanzi a

genti diverse e in varie prove, e attraendo sopra
sè il dubbio affettuoso che nel dramma si divide tra
i personaggi; standosi ansio all'esito della violenza
che l'ingegno fa alla Musa, quasi a donna che, come
quell'amante della figlia di Pisistrato, altri voglia ba-
ciare in pubblico. Il Regaldi tentò più volte la Musa,
e la fece docile e condiscendente alle sue invocazioni.
Egli improvvisò per tutte le grandi città d'Italia, e
piacque soprattutto tra quei meridionali, che mostrano
il genio dell'improvviso nella fervida e abbondante parola; in Grecia, che l'abbracciava come un reduce
da' suoi monti sacri e poetici; in Francia, e da per
tutto ove lo portò la sua errante fortuna.

Achille di Lauzières, con stile rapido e vivo, scrisse
l'Odissea di Regaldi, ma il poema non va oltre il viaggio in Sicilia. Fortuna che lo stesso poeta ne scrisse i
paralipomeni, e così abbiamo la parte più poetica e
feconda delle sue peregrinazioni e dei suoi studii; il
suo viaggio in Oriente. Finora non se ne videro che
frammenti: ma l'ordito è fatto, e quando che sia,
avremo un libro pieno d'originalità, e ricco d'insegnamenti. Il Regaldi cercò le reliquie dell'antichità e gli
esordi della civiltà rinnovata; Tebe e l'istmo di Suez:
i Faraoni e Lesseps; cercò i patrioti e i poeti; Attilio
Bandiera e Dionisio Solomos; gli statisti e i filosofi;
Kossuth e un nuovo Socrate. Egli ha un modo suo
proprio di vedere, che rinnova i soggetti più noti e triti,
e la sua prosa poetica e cadenzata come quella del Sannazzaro, sembra abbracciarli con quelle spire d'amore
onde Alcina stringea Ruggiero.

Il Regaldi, apparso in quello stellato di poeti che
rifulse nel nostro secolo ad accompagnare gli splendori
della guerra e della libertà, non avrebbe da prima attratto a sè gli occhi, se non era la prontezza e, a dir

così, la mobilità dell'improvvisazione. Egli fu notato come un tuoco meteorico, come stella che *tramuti loco*, tra i fuochi eterni del cielo. Lamartine, Hugo mostrarono volerla rattener dal cadere, e desiderarono si convertisse in astro compagno. Bello di giovinezza e d'ispirazione, egli dovea errar lungamente prima di chiedere di assidersi ai loro piedi.

> « Sparso ha il crine ; degli anni più belli
> Ha dipinto l'ardore nel viso,
> Pur gli sfiorano spesso il sorriso
> Le memorie d'occulti martir...
> Erra e canta : le navi e le balze
> Al suo capo son grato guanciale;
> Se le febbre de'carmi lo assale
> Scopre i regni d'un mondo novel...
> Ha nel core la Grecia e l'Oriente
> Questo è il sogno degli anni primieri. »

Dato finalmente posa a' suoi errori e travagli, egli tornò in patria come Ulisse, e trovò la poesia fedele a lui, ed egli la fece sua più che mai, adoperandosi valentemente a liberarla da ornamenti parassiti, e da adulteri corteggiamenti.

Il Regaldi ha forma propria ; se si vuole, non bene scolpita, ma propria. Egli non è uno zecchiere del valore di Foscolo o del Manzoni, che stampano sì belle monete, che, come già i fiorini d'oro, si cercano anche da'barbari. Ma ha vaghezza e attraenza, come una venusta imagine di donna che si vegga un po'di lontano. Il fare talvolta incerto del Regaldi viene in parte da un nuovo principio che informa la sua poesia ; l'umanitarismo. Nel Manzoni è il principio cristiano ; nel Leopardi il panteismo ; nel Regaldi l'umanitario. Noi non intendiamo fare una triade di questi poeti ; ci corre ; ma solo notare i principii diversi che dominano in essi. Ora il principio cristiano ha le sue forme consacrate, e il Manzoni le usò e temperò da maestro. Nel Leopardi il sentimento tutto individuale del dolore soccorse al vago del panteismo. Il Regaldi, dai monti del suo Novarese, irraggiato forse dagli spiriti di Fra Dolcino, e già spregiudicato dal vivere con uomini di varie lingue e credenze, seguì l'umanitarismo, e in religione con ampia tolleranza risolse in Dio le varietà delle adorazioni degli uomini. E nel suo *Bosforo* cantò egregiamente:

> « Tutti materia ed anima.
> Tutti aspiranti al cielo,
> O nel Corano supplici
> O assorti nel Vangelo;
> Tutti noi siamo gocciole
> Che l'egra umanità
> Versa per via di triboli
> Nel mar d'eternità. »

Or questa affettuosità vaga e indistinta nelle cose umane e nelle divine non concede la perfezione dell'intaglio, e le forme restano quasi gemme scantonate o logore.

Nel canto a Firenze il Regaldi non intese competere col Foscolo, di cui era insuperabile l'apostrofe entusiasta nelle *Grazie*, e il ricordo di Santa Croce nei *Sepolcri*; volle piuttosto, con grata reminiscenza destare e armonizzar ne'suoi versi que'suoni immortali. Ma v'è più amore che prudenza in questi richiami, perchè tornano sui labbri di tutte quelle parole, direm con gl'Inglesi, domestiche (*household words*), e il rammentatore ne scapita. Ma le terzine del Regaldi son belle, e sentono della voluttà del cielo di Firenze, ed in generale si può dire che questo è un metro ch'egli tratta assai bene, quasi ei si creda che Dante l'ascolti, e che ad ogni incespicamento non sia per badare alla fraternità poetica, ma gli tratti l'alloro come i ferri di quel fabbro che storpiava i suoi canti: Bello è l'accenno alla gloria della poesia e delle arti, cresciuta in Firenze tra l'ire e il sangue civile:

« Quale dal sen del torbido caosse
Ad un *sol* cenno dell'eterno spiro
La confusa degli enti onda si mosse
　E al suon d'una parola in un sospiro
Di meraviglia per l'aure serene
A muover danze mille mondi usciro;
　Tal emerger vedesti, o etrusca Atene,
Da quella notte di nefandi orrori
Degne *venture* d'onoranza piene. »

Più bello è nel canto di *Amalfi* il lamento sulla sua ruina, opera dei Pisani, e su questa Italia, che rinnovò i *prandj tiestei* delle nazioni:

« Donde venne a prostrarti il pianto e l'ira
Dimmi, Amalfi, se pur voce t'avanza
Nella miseria che il tuo sen martira.
　Non ti prostrò l'oriental possanza
Quando a ruba mettendo *uomini e case*
Ogni santa bruttava itala usanza;
　Non longobarda signoria t'invase
Allor che le repubbliche turrite,
Tue superbe vicine, assalse e rase;
　Non del Normanno le falangi ardite
Nel cingerti d'assedio in suon di morte
Giunsero a smantellar le tue bastite.
　Chi dunque ti arrecò sì dura sorte,
Chi la tua nominanza ebbe derisa,
E snervò de'tuoi prodi il braccio forte?
　No, soldato stranier non t'ha conquisa:
Su te distese i dispietati artigli
Itala Erinni, la sorella Pisa! »

Il Regaldi fece più l'amore che non lo cantò. Egli è castissimo nel verso, il che val meglio e acquista più fede che le scuse di quel poeta, che fosse pura la vita essendo impuro il verso. Cerere non avrebbe pianto per lui. Egli si sarebbe soffermato ad ammirare i fiori colti da Proserpina, anzi che voltarsi a rapirla. Egli

CAMERINI.						21

non fece dell'amore quella *scala del cielo*, che nel Petrarca, sotto pretesto che il cielo è molto in su, non finisce mai. La patria, la religione, l'umanità assorbono il suo spirito; e il suo *Arabo di Gisa*, poema in cui egli stilla l'essenza della sua anima, ne farà fede.

Il Regaldi tentò il fantastico, e non sempre felicemente; il *Cranio* è un bel soggetto di poesia, e quando Amleto piange sul cranio di Yorick è sublime, massime che a momenti arriva quello d'Ofelia. Ma quel cranio di Missolungi, conservato fra i libri in un collegio di Sira, e cantato dal Regaldi, è meno poetico che se fosse lì per lì riportato a luce dalla marra di un fossaiolo. — Il discorso ch'ei gli fa tenere è bello, ma non dà i brividi. Da questo cranio, sebbene d'eroe, a quello di Yorick, sebbene di buffone, ci corre la differenza che dallo spettro nella *Semiramide* di Voltaire a quello del padre d'Amleto o a quello di Banco:

« . . . . . . Se mi tocca un greco,
Mi prende un patrio fremito
E sento che la vita ancor sta meco.
Sento che ancor d'ira potrei scaldarmi,
Al busto mio congiungermi,
E per la Grecia ancor correre all'armi. »

È detto bene, ma i crani non fanno effetto che a certi punti di luce; come alle mense lucenti degli Egizii o alle fiammelle fosforiche dei cimiteri, ove la moltitudine ne accresce l'orrore.

Maxime du Camp scrisse i *Canti della materia* disciplinata a servire all'uomo dalla magia dell'ingegno. E sta bene che l'ingegno batta poi le mani a sè stesso come Archimede, uscendo dal bagno, risoluto il problema, o come l'Eterno Geometra ai successi del creato. Non sono declamazioni, ma inni che l'umanità canta a sè stessa, ed è un inno di tal genere il *Telegrafo elettrico*,

sì ben reso in latino dall'abate Gando. È con eleganza
ombreggiato il principio scientifico come il congegno
tecnico del telegrafo, ma assai meglio è toccato il frutto
morale e civile di tal trovato:

« È lo spirto d'amor che tutto penetra,
Che nella sua parola
Farà del mondo una famiglia sola. »

Il telegrafo sottomarino è ancor meglio accennato:

« Questo fecondo spirito
Coll'indice magnete all'uom risponde,
Trascorre infaticabile
Terre infinite, e lanciasi nell'onde,
E vola e guizza e non lo frena l'impeto
Degli avversi elementi
Mentre le ime viaggia acqua muggenti. »

Questa lirica meriterebbe lungo discorso, e si potrebbe così con illustre esempio dimostrare come sia più
comune il sentimento che l'intelligenza della scienza,
più la meraviglia che l'interpretazione de'suoi trovati.
Non intendiamo già che l'inno avesse ad essere un
trattato di telegrafia elettrica: ma certo dai primi
guizzi delle rane del Galvani ai *metalli parlanti* del
Regaldi abbondavano le idee poetiche e si potea del
Volta dir alcun che di più squisito che i versi seguenti:

« Gloria a colui che provvido
Dell'elettro i misteri al mondo apriva
E con la pila ignifera
Della scïenza i gradi ardui saliva:
Gloria al savio lombardo, a lui che il vigile
Occhio nel buio immerse
Della natura e ignoto ver scoverse. »

Il Gando corresse assai bene gli ultimi

« *Qui suæ fines superavit artis*
Atque naturam speculatus omnem
Edidit, pulsìs tenebris, *amici*
Lumina veri. »

Così il dire al Volta che dall'*ardua stella ov'abita* vigili il buon uso della sua scoperta, perchè non si torca a fini di servitù e di codardia, è vano.

L'*Armeria reale di Torino* è un poemetto in ottava rima, ove il Regaldi idoleggiò la resurrezione delle due sorelle di gloria e di sventura, Grecia ed Italia. Il concetto delle due spade, dell'ultimo Paleologo e di Carlo Alberto, è poetico; l'ottava è generalmente ben condotta e svariata; ma lo stile elaboratissimo abusa senza volerlo di quegli ammennicoli, onde i poeti e le donne provvedono alla pienezza delle forme. Talora, per essere troppo stringato, si usano abbreviature che esprimeranno molto, ma bisogna saper la cifera per intenderle. E queste abbreviature non bene riuscite tornano a quei guancialetti e cerchi che dicevamo. È bene *aerare* lo stile, come fa mirabilmente l'Ariosto, che dà ad ora ad ora nel prolisso, ma non è mai stentato ed afoso come il Tasso. Nelle ottave sul *Museo Santangelo* il Regaldi è più felice, perchè descrive opere divine d'arte ch'egli sente ed ama. Nell'*Armeria* mostra maggiore studio, magistero infinitamente superiore, ma talora sembra che gli sia cascata addosso una di quelle vecchie armadure, e che non sappia, sotto quel peso, bene aiutarsi della parola.

Il Regaldi non seppe solo d'improvvisatore mutarsi in poeta ed in prosatore valente: egli si convertì in professore. Egli lesse storia, or sono due anni, nel Liceo di Parma, e con quanto diritto e valore s'argomenta dalla sua Prolusione, che fa parte di questi volumi, e mostra com'egli si muova e spiri nell'ambiente dei grandi storici moderni. Se il miglior fine e costrutto dell'insegnamento accademico è piuttosto l'accendere gli animi alla scienza e l'orientarli nelle sue vie, che il darne una minuta topografia, è certo che il Regaldi fu un professore eccellente. Egli studiava con coscienza e porgeva con entusiasmo: onde i giovani l'adoravano. Lasciò poi l'umile posto ch'egli col suo ingegno elevava, e ce ne duole; perchè la storia si può concepire ed esporre in molti modi, e tutti plausibili, e il Regaldi la animava con un misto di fantasia e passione che manca al tutto a certi esperti notomisti dei fatti, i quali, non che sappiano far rivivere il cadavere che hanno dissecato, non son neanche atti a rifigurarsi le bellezze onde s'ornava prima che, l'anima fuggendo, l'avesse abbandonato, indegno supplizio, al loro coltello. Un altro famoso improvvisatore, Silvio Antoniano, fu in antico professore a Roma, ed alla sua Prolusione intervennero venticinque cardinali. Egli stesso fu poi assunto nel sacro Collegio. Il Regaldi non fu poi assunto che al sacro Collegio dei cavalieri. [1]

Quando si pensa che tanti versi di lirici famosi

« Di cicale scoppiate imagin hanno; »

che un Guidi dee consolarsi più agli Elisi con Cristina di Svezia, che del suffragio dei viventi; che un Testi va sempre più rassomigliandosi a quel *ruscelletto orgoglioso* che si secca nella state; che un Filicaia vive appena per un sonetto, che morrebbe ora anch'esso se l'ultimo verso non fosse tenuto fermo da qualche filo ministeriale; quando si pensa che vivere è essere nella memoria e nelle labbra di tutti, e non solo dei fanciulli ancor non emancipati, si trema del destino di molti poeti dell'età nostra, che non hanno poi la lindura e la eleganza dei vecchi. Quando passa Manzoni, si sente ch'è uno degli Olimpj che attraversa la terra, e il

« Divino spirar d'ambrosia odore »

---

[1] Il Regaldi tornò poi professore di storia all'Università di Cagliari, e ora splende a Bologna.

ne fa accorti i più stolti. Quando passano certe luc-
ciole, si ride, o si prendono per passatempo. Il Regaldi
può dire del suo canto *Forse non morrà?* Si è egli mangiato il capitale della sua gloria co' larghi sconti dei
plausi dell'improvvisazione? O improvvisando ha egli
avuto ispirazioni immortali? I suoi lavori pensati si confondono ora con gl'improvvisi: tanto egli ha corretto
e limato quel che sgorgò dal suo labbro, da star a paro
con quel che uscì dalla sua penna. Negli uni e negli
altri v'è alito di poesia. Gl'improvvisi a lui riuscirono
vitali, perchè non cantò innanzi ad arcadi, o dilettanti
non d'altro ansii che del solletico dell'orecchie. Egli si
abbattè a tempi di fede e di speranze italiane. Se la
musica, come dissero gli stranieri, cospirò in Italia, la
poesia si può dire che combattesse e vincesse. La prosa
ha l'onta delle fornicazioni con gli stranieri e i tiranni
d'Italia; la poesia si può dir pura, se ne levi qualche
civetteria e debolezza passeggiera.

Nell'anno della battaglia di Lepanto, si notò in Italia che nella stagione invernale la terra non s'era ri-
vestita solo d'erbe e di molta copia di rose, ma, come
se fosse la state, avea prodotto ancora le ciliegie, gli ar-
mellini e altri frutti deliziosi. Parea che si fosse messa
a festa per quella gran vittoria dell'incivilimento cristiano. Nella stagione più nimica alle nostre libertà,
fiorirono i nostri poeti; i Manzoni, i Leopardi, i Giusti;
e non bastando i lor canti divini all'espressione della
nuova vita che ci sentivamo rinascere, soccorreva con
divine creazioni la musica. Tra i poeti che volsero i dolori italiani a virtù d'ardimento e a fede di speranza
è il Regaldi; e qualunque sia il posto ch'egli occupi in
questa *santa milizia,* egli è beato.

LUIGI ALFONSO GIRARDI.

Uno spiritoso francese, percorrendo quel chilometro e mezzo di parapetto coperto di libri, che addottrina i *quais* di Parigi, e squadrando dalle teche a due soldi fino a quelle a due franchi, rimpiangeva gli eleganti e già profumati volumi di poesie scendenti a gran celerità verso l'ultimo limite del prezzo, e si maravigliava comé ancora vi fosse voglia di far versi. Ma egli non vedeva o per amore del paradosso amava nascondere che il pubblico è l'ultimo e il meno importante confidente dei poeti. I poeti amano o sognano amore. *Galeotto fu il libro....* e se talvolta hanno gioito o provato almeno l'estasi dell'amore, *Amen dico vobis, receperunt mercedem suam.*

Quel sussurro di liriche che ti solletica appena l'udito senza penetrare al cuore, è pur l'eco di molti baci; quel colorito impossente è pure un riflesso di due vivissimi occhi, o dell'oro delle chiome all'aura sparse; quegli *ohimè* che ti seccano, sono accenti rapiti ai deliqui dei voluttuosi abbracciamenti. Sotto la rete tessuta dal diabolico zoppo tu vedi la vergogna, il pentimento, le ceneri, a dir così, del piacere; ma il piacere vi divampò. I poeti vogliono ridire a sè od alle amate le ansie e le gioie del cuore. Riescono di rado, massime perchè non sanno farsi specchio di sè medesimi; ma gioirono, gioirono. *Amen dico vobis, receperunt mercedem suam.*

Il signor Luigi Alfonso Girardi è sincero. Confessa d'aver amato, e che amore non perdonò amare alla

donna diletta. A lei intitola le sue rime; di lei son
piene:

> « Solo d'un lauro tal selva verdeggia »

e, cosa rara, forse perchè l'amore è reale, quel colore
di un solo tono non annoia. La veracità dell'affetto
riluce ancora nello stile, sobrio, corretto, onesto e pure
soavemente accalorato. All'imagine della torinese che
lo beò si accoppia l'imagine di Venezia sua patria; e
veramente dove meglio che nel sembiante e negli occhi
dell'amata può l'imaginativa ricrearsi la patria lontana?

> « Chi mai pensato avria
> (Quando con occhi di lagrime pregni
> Ogni cosa più cara e più diletta
> Lasciai con la mia terra)
> Che avrei trovato calma
> Teco nel tuo paese
> Ove il Po con la Dora ampio tributo
> Reca d'acque a' suoi campi? Oh benedetto
> Il di ch'io posi piede
> Ove nascesti, e teco
> Per li ridenti torinesi colli
> Io respirai quest'aure
> Di beati vapor pregne e di vita! »

Bellissimi versi e veri. Le piemontesi donne tersero le
lagrime all'esule, e gli raddolcirono spesso il desiderio
della terra nativa, accogliendone tutte le più soavi memorie nel cuore, e dispensandole, qual farmaco, al-
l'amante nell'ora della desolazione.

Il Girardi, le cui liriche uscite ora (Torino, Cotta
e C., 1858) mi piacciono tanto per una cara soavità di
concetti e di stile, sembra da amore disposto a tutti
i gentili affetti; e tra gli altri componimenti è notevole
l'*Ultima meditazione*, alla memoria di *D... M...* Il giovanetto, perito acerbo, scioglie un canto che ha un

poco della commovente malinconia degli ultimi versi di Millevoye:

« . . . .
Ecco quale divenni
Poichè la tabe mi divora e strugge
Il polmon con la vita!
Quando in petto mi rugge
Con affanno crudel la cupa tosse,
E in vani sforzi m'affatica i bronchi,
La pazienza è in me vinta dall'ira
E vo gridando con lena affannata:
Perchè, morte, non vieni
A trarmi al fin da questo inutil male?
Piange chi m'ode, onde pietà m'assale.
   Lenta febbre sottile
Mi divorò le carni; e l'ossa mie
Numerar si potrièno ad una ad una.
Sono a vetro simile,
Da cui traspar di fuori il chiuso lume.
Non rallegrarti, o terra,
Chè di me resterà piccol volume,
Tal che non erba o fiori
Da lui trarranno vital nutrimento,
Anzi ei da loro assorbirà gli umori. »

La prima stanza è troppo patologica forse, ma vera, e il verso che la chiude è tenerissimo. La seconda finisce con un pensiero, che pare ricercato, e non è. Chi per sua sventura ha assistito alle lunghe agonie dell'etico, troverà il quadro esatto e straziante; e ciascuno poi sentirà la dolcezza di quest'altra:

« Un dì m'affissi in una creätura
Soave come luna, e come sole
Ridente. Alle parole,   ı
Agli atti non parea cosa volgare.
Con gran pianto l'amai nel mio segreto
Senz'altra speme che di pianger sempre.
Il mio stato presente
Le avria fatto paura, e nulla osai,
Or mentre io muoio amor sento più forte
Ardermi, ed ella non lo saprà mai.»

I primi quattro versi son meno felici, ma il resto è naturalissimo ed efficacissimo. Fu detto altre volte, ma di rado cosi bene. Concludo che il Girardi prevale nella espressione dei sentimenti più intimi e teneri dell'anima; che il suo stile è bene attemperato al subbietto e in generale castigato e terso; ch' egli ha maggior valore che la sua timidità non gli lasciò dimostrare; che specialmente nei temi patrii, è stato contento ad accenni, a lampi, che sono solo il filo d'acqua del fiume alla sua sorgente, ch'egli deve lasciarli scorrere e ingrossare a tutta balìa dell'ispirazione; che il piombo ai piedi conviene al prosatore; l'ale al poeta:

> « Ch'io cadrò morto a terra ben m'avveggio,
> Ma qual vita pareggia il morir mio? »

cantava Giordano Bruno; e questo motto deve esser l'impresa a tutto rischio del poeta. Egli deve osare; partirsi da riva; nelle lunghe e intentate navigazioni è il periglio e l'onore.[1]

ANDREA MAFFEI.

I Greci, vinti i Persiani a Platea, spensero tutti i fuochi, come impuri, nella città, e li raccesero con altro puro e sacro mandato a prendere all'altare comune

---

[1] Mentre rivediamo le bozze di quest'articolo, sentiamo che il Girardi, ancor nel buono dell'età, è morto il 4 febbraio in Torino. Fu notato che i destinati a morir giovani ne portano i segni nella fisonomia piena di soave tristezza e come incurante delle vanità della terra. Nei Versi del Girardi era alcuno di questi segni:

> « E compiè sua giornata innanzi sera. »

di Delfo. Gl'Italiani, abbattuti i sacerdoti della falsa poesia, raccesero la vera e grande poesia con fuoco preso all'ara dell'Alighieri. Cominciando dal Gozzi la fiamma fu passata di mano in mano al Monti, il quale, siccome acutamente notò il Manzoni, prese in Dante più il fare del suo *Duca,* che il suo proprio. Il Maffei, al contrario, prese nel Monti piuttosto il suo fare che non si mise per le orme impresse in quei versi da Dante; se non che egli si sposò a quella *Musa boreale* che il Monti aveva maladetta, e n'ebbe una magnifica prole di poemi, che tengono veramente della soavità luminosa del cielo sotto cui nacquero, e come l'*Eneide* del Caro, si potranno tassare di dissomiglianza o d'infedeltà, ma è forza lodare di singolar bellezza ed avvenenza.

Il Caro, vecchio, e non buono a combatter le battaglie dell'ordine di Malta, si ricattava a ripetere in italiano le guerre di Turno e d'Enea, con animo di far un poema di suo. Il Maffei non levò mai sì alto la mira, e quando volle dare un poema, prese il *Paradiso perduto* di Milton. Crediamo ch'egli abbia invidiato a sè stesso una più sublime gloria. Al modo ch'egli traduce, è chiaro che era atto a creare. Bastava porre nella coltura del proprio ingegno una metà delle cure spese nei lavori altrui. Come, nella versione, egli si alzò dagli *Idillj di Gessner* alle mirabili felicità della *Sposa di Messina,* così nell'opera originale avrebbe di gran lunga trapassato i segni del poco che si vide di suo. Egli amò meglio percorrere, ornando, le cose altrui; ma in questa esornazione se le appropriò sì bene, che senti lui da per tutto; massime che elesse i poeti più umani, come Schiller, o i nutriti dal genio latino, come Milton, o i più soleggiati delle passioni meridionali, come Tommaso Moore.

Nelle *Gemme*, leggendo, per atto d'esempio, *Pegaso al Giogo*, e riscontrandolo con l'originale, si ammira la franchezza dell'appropriazione. È una collana d'oro che passa dal collo d'una graziosa bruna al seno d'una avvenente bianca, e fa diverso, ma bellissimo spicco. Nella *Semele* l'appropriazione non è sempre felice:

> « In queste mura
> Una figlia del tempo, una mortale,
> Un atomo di polve osa rapirmi
> Dalle braccia il Tonante? incatenarlo
> Nel poter dei suoi Vezzi? »

Una figlia del tempo è inutile, dicendo *mortale*, e lo Schiller a ragione non ha che *weib*; un *atomo di polve* è poco per l'*ein staubgebildetes Geschöpf*; *rapirmi* è troppo per *smeicheln*, allusingare, sedurre; *incatenarlo nel poter de' suoi vezzi* può parer bello, ma è troppo forte per l'*an ihren Lippen ihn gefangen hält* — lo tien preso e quasi prigione al suo labbro. — Così nel passo

> « A te gli altari
> Ben vaporano incenso, »

ben non risponde a *reichlich*; nè è da lodare il far nascere Venere *dalla vile alga del mare* anzi che dalla *spuma* (*aus dem Schaume*). E via via si potrebbero fare altre appuntature; ma non si proverebbe nulla contro al Maffei, come non provarono nulla contro l'*Eneide* l'Algarotti e gli altri ipercritici. Non importa gran fatto che il Maffei alcune volte fallisca al segno; questo è il difetto del suo gran pregio di far suo il concetto dell'autore, e di esprimerlo con indipendenza e bravura così nei metri, di rado non bene eletti, come nella frase e nella testura poetica.

In un lavoro essenzialmente estetico non si dee far gran caso delle erudizioni onde il traduttore ricerca e addita i fonti delle tradizioni cantate da' suoi autori. Tuttavia è singolare che nè il Maffei, nè il suo dotto editore, Agenore Gelli, abbiano ravvisato nella romanza di Goethe, *Ascoltano i fanciulli e n' han diletto*, la novella del *Conte d'Anguersa* del Boccaccio. E dal Boccaccio, vivo fonte di belle inventive poetiche, trae il Longfellow il suo *Falcone* di Federigo degli Alberighi; il Tennyson la sua *Cena d'oro* o la storia di Messer Gentile de' Carisendi; e lo Swinburne i *Due Sogni* o la pietosa morte di Gabriotto e dell'Andreuola.

Ci pare poi che nel *Nuotatore*, che non sappiamo perchè sia chiamato così, scambio di *palombaro*, o *marangone*, o anche *tuffatore* che si trova ne' nostri antichi, non sarebbe stato fuor di luogo, trattandosi di una tradizione italiana, darne una più distinta notizia, ed era facile trovarla nei *Viaggi alle Due Sicilie* del nostro Spallanzani, il quale dice così: — « È *lepido* insieme e tragico l'accidente narratoci di un certo Colas, messinese, che per rimanere a lungo sott'acqua, aveva il soprannome di pesce. È fama, che Federico, re di Sicilia, venuto a bella posta a Messina per vederlo, sperimentasse d'una maniera generosamente crudele il valor suo, stringendolo a pescare una tazza d'oro, fatta cadere dentro a Cariddi, che stata sarebbe il premio del suo coraggio: e che il valoroso marangone dopo l'aver sorpreso gli spettatori col restar per due volte tuffato lungamente nel mare, la terza più non comparisse, trovatosi dopo il suo cadavere alle spiagge di Tauromina. » Or è da vedere come questa leggenda narrata sì freddamente da un ingegno, che aveva pur tanto di poetico, nel suo alto amore alla scienza, sia trasmutata dallo Schiller, tradotta con

gran valore dal Maffei, al quale pure per certe proprietà di termini, lo Spallanzani, sì buon giudice di
poesia, sarebbe severo.[1]

GIUSEPPE GIUSTI.[2]

Se Giuseppe Giusti avesse voluto riassumere nella
forma data da Marcaurelio a' suoi propri ricordi gli obblighi che teneva co' suoi parenti, maestri ed amici,
avrebbe detto non già con queste parole grette, ma col
suo invidiabile stile: Io debbo al mio avo materno Celestino Chiti, che nell'anno 1799 seguì le parti repubblicane e divise con lo storico Sismondi i pericoli e la
prigionia, l'amore preso per tempo alla libertà; al mio
padre Francesco il non avermi lasciato accomodare la
testa dalla levatrice, il che conferì probabilmente a non
alterare la originalità del mio cervello; e l'avermi per
prima cosa messo in bocca il canto di Ugolino, onde
il mio sollecito affetto all'Alighieri; a Drea Francioni
l'aver trovato amabile ed attraente la faccia della scienza,
che mi pareva stupidamente minacciosa nella scuola del
prete a cui da principio fui dato in cura; a' miei compagni i primi incentivi e conforti allo scrivere; al Manzoni la mia consacrazione poetica; alla Toscana e a Dante
il bello stile; all'Italia tutta il sentimento profondo del
bene e la gloria.

---

[1] Del modo di tradurre del Maffei e delle sue infedeltà agli originali ha ora discorso col suo sapere ed acume straordinario Vittorio
Imbriani nella riVista *L'Umbria e le Marche* (28 febbraio 1870).

[2] *Epistolario di Giuseppe Giusti*. Firenze, Le-Monnier, 2 vol. 1859.

L' *Epistolario*, pubblicato con diligenza ed arricchito di una eccellente Vita dell'Autore dal suo amico Giovanni Frassi, sotto una forma non stoica, ma lieta in generale ed arguta, porge le confessioni più vive e sincere dell'animo, dell'ingegno, della vita, e delle opere del poeta, che vegliò col suo canto a studio della culla della libertà italiana. Per esse si vede come egli fosse degno del ministero politico a cui innalzò la poesia, così per la bontà dell'indole e del costume, come per l'elevatezza e purità degli intenti. Occupato sul serio dell'arte in sè e in relazione a'suoi fini civili, egli non restrinse mai lo spazio lasciato agli affetti ed ai consorzi amichevoli; e quando venne in fama, non si sentì punto mutato verso i suoi primi compagni; solo aggiunse loro i Manzoni, i Grossi, i d'Azeglio, che trattò con pari famigliarità non tanto per il privilegio dell'ingegno, quanto pei diritti dell'amore.

De'suoi primi anni sono pochi e brevi i ricordi, ma attraggono vivamente come indizi e presagi del futuro poeta, e noi non oseremo sciuparli, quando tutti possono leggerli nelle parole sue.

A Pisa passò più tempo all' *Ussero* che in Sapienza ed in Biblioteca. Egli si diffidava a ragione non solo dell'ingegno, ma del cuore di quegli sgobboni, che ponzano il poi e sono il vivaio di quegl'impiegati sterilmente laboriosi e perniciosamente zelanti, che cominciano spesso dall'invidiare e denunziare i loro compagni all'Università, e finiscono col perseguitarli negl'incontri del mondo. Egli vedeva nella scolaresca, un poco meno pienamente, ma meno dissimulatamente, le due correnti del bene e del male che si attraversano poi nel vivere sociale, e trovava, massime in quei tempi, più utile quest'esperienza che le lezioni de'professori. Difatti, se ne levi il Carmignani, zoïlo dell'Alfieri, sottile e imbrogliato

sofista, prima pedissequo del Bentham, poi rappiastra-
tore d'idee francesi e tedesche, ma uomo per altro d'acuto
ingegno e di varia erudizione, e il Del Rosso, professore
di Pandette, dotto ma infingardo, la facoltà legale era
allora una vergogna. I professori di diritto romano seguivano l'Eineccio tale e quale senza accorgersi punto
dei progressi che la scienza aveva fatto in Alemagna e
si erano riverberati in Francia, e fino al Capei ed al
Conticini l'insegnamento non si levò dalle secche delle
dottrine elementari del secolo passato. Non v'era cattedra di filosofia o di storia del diritto. Le scienze aiu-
trici allo studio della legislazione e della giurisprudenza
erano bandite. Di che non meraviglia che il Giusti scri-
vesse poi al Puccinotti, fatto professore a Pisa, che si
pentiva di non avere studiato piuttosto la medicina che
la legge; e invero la facoltà medica era immensamente
superiore per la vastità del giro degli studi, e per il
merito di parecchi professori. Tuttavia da quella scuola
uscirono il Forti, il Tonti e il Montanelli; il cui fuoco
però si accendeva e nutriva alla scienza di Francia, un
poco allora di seconda mano, ma buona; il Conticini e
il Capei studiarono in Alemagna. Il Giusti, portato alle
lettere, e più acuto a sentire il ridicolo delle esagerazioni delle scuole francesi, che invogliato a trarne il
meglio con lunghe meditazioni, si rise giustamente degli
studi legali, nè per altro volle entrare nel cerchio che
si erano tracciato i suoi amici, e dove a molti prestigi
di ciarlataneria letteraria si univa, massime mercè degl'insegnamenti e degli esempi del Romagnosi, molto
di soda e verace dottrina. Egli, traendo dall'ambiente
dell'Università inspirazioni e lumi a' suoi versi, si tuffò
tutto in questi, e nello studio dei grandi maestri del dir
poetico.

Il Giusti si doleva di non sapere il greco, e di non

essere bene a casa sua nel latino. Tuttavia si crede che del primo avesse tanto lume da poter intendere i classici meno difficili; ma, come diceva il Gioberti, che anch'egli fu debole in questo studio, il saperne poco è lo stesso che il non saperne nulla. Nel latino non era certo sì forte come il suo Vannucci; ma gustava le più riposte bellezze dei classici, anzi ne vedeva delle occulte ai più acuti. — Amava sopra gli altri Virgilio e Tacito; il primo, per la divina armonia dei sensi, dei suoni e dei colori; il secondo, per quel suo fare scolpito, evidente, come i bassorilievi effigiati da Dante nel Purgatorio. E veramente egli ebbe una vena dell'affetto del poeta, e dello sdegno e dell'amara melanconia dello storico. Dell'affetto appaiono più rado i segni, per l'indole della sua poesia il più bernesca, per la nausea che sentiva delle affettazioni del sentimento, tanto comuni a quei dì quanto ora le affettazioni di materialismo, e per le delusioni dell'amore, ove trovò più facilità di diletto, che alimento all'anima. Dello sdegno, sebbene i nostri tirannelli erano tali da muovere più stomaco che disperazione, egli trovava in Tacito lampi e folgori, che stavano bene al gagliardo oppressore straniero, di cui coloro erano gli staffieri. Ma in Dante egli trovò fusi Virgilio e Tacito, e la lingua della sua patria, viva e fiammante, come sfavillava dal martellamento dell'incude ciclopica del popolo. A quella s'apprese sdegnando la tiepida cinigia, ammontata al focolare de'letterati. Dante egli si pose a studiare e a fondere nel crogiuolo della sua mente; tantochè non solo ne vide i sensi più reconditi e le più squisite bellezze, ma gli parve trovare il filo del concetto, che percorre la *Divina Commedia* dal primo all'ultimo verso.

I suoi studi sul Dante pare saranno raccolti, e a

ciò si richiederà una mano perita, come quella del Capponi pei *Proverbi.* [1] Egli diceva di aver letto pochi libri, ma d'averli letti bene. E Dante fu quello che ei massimamente studiò. Egli metteva tanto tempo a trovare la giusta interpretazione d'un passo vessato invano dai commentatori, quanto ad una variante dei propri versi. Ei lo riconosceva e venerava come l'autore della sua stirpe, e lo andava illustrando, come un fanatico di nobiltà le pergamene de' suoi antichi.

In tutte le cose letterarie egli era d'acre giudizio. Egli sovra tutti pregiava gli antichi; e dei moderni, quelli che li rinnovavano, come il Manzoni. — Conosceva i difetti dei contemporanei. Ne fa fede, fra gli altri, il suo eccellente parere sul Bini. — Egli dice che sentiva nei suoi scritti un non so che di forestiero, che gli uccideva il paesano. Nè gli menava buoni quei periodi tutti d'un colore, quell'andare tronco e saltellante, quel girare e rigirare in mille modi un pensiero, un'immagine, che andava toccata con pochi tratti o corsa di volo. Egli li prendeva per sintomi di forestierume. Se non che questi non sono veramente difetti essenziali delle letterature forestiere, sibbene delle letterature raffinate. Non gli aveva tra gl'Inglesi Addison, non gli aveva Johnson, nè ai dì nostri il Macaulay; non gli avevano nè Goethe nè Schiller. Gli ebbe in Italia il Marini, le cui *Dicerie* sacre si allivellano alla prosa francese dei nostri tempi. E il Giusti, sebbene quasi classico per la forma, non sentiva anche egli un poco della raffinatura del secolo? La sua *naturalezza,* che egli stesso ebbe a dire soverchia, non si restringeva ai materiali del dire? e il suo modo di metterli in opera non dimostra ch'egli non era mai contento

---

[1] Furono raccolti tra i suoi scritti Vari, ma sono una stilla del suo infinito pensiero.

se non diceva diversamente dalla comune le cose più
comuni?

Fra i segni della vocazione effettiva poetica del Giusti si è il suo studio della metrica. Egli innovando e
rinnovando, come nelle none rime, sudava sangue per
mostrare di non avervi faticato attorno; e riusciva in
modo, che la sua felice facilità allettava gl'imitatori,
dismagandoli in mezzo al mare, come la sirena dantesca. La metrica sugli esempi greci e latini, come tentarono il Trissino e il Tolomei, senza fiato in corpo di
poesia, non riuscì a nulla; e non riuscirebbe forse neppure ai veri poeti, per le povertà fonetiche della nostra favella; ma nei limiti che le sono concessi, lo studio di organizzare i metri, di adattarli al subbietto è
parte del buon successo, e il Giusti riuscì nei più difficili e nei più apparentemente inadorni. Egli poi em-
piva la coppa di vin generoso, e non era la forma e il
cesellamento che di per sè facessero effetto. Le inver-
sioni ardite facevano che i metri non slabbrassero; e
i concetti arguti, le immagini nuove, le finezze sopraf-
fini li rendevano maravigliosi all'intelletto, che talora
non ne afferra subito il senso o la bellezza, ma che
tornandovi sopra, prova il diletto della scoperta.

Dei nostri satirici di maniera, perchè Dante è il
grande satirico di genio, pare che egli amasse più
l'Ariosto e il Menzini, come quelli che tenevano più
dei latini per la condensazione della bile in versi affilati
come un acciaro, in cui la vaghezza del cesellamento
contende col mortale acume del taglio. Ma l'Ariosto
e il Menzini tartassarono bene il mal costume dei potenti; si lamentarono anche di passo dell'Italia fatta
sentina da' suoi rettori e maestri; ma avendo dietro a
sè una nazione assonnata, e che, aprendo gli occhi, si
contentava di ridere e bestemmiare, non poterono le-

varsi all' altezza della poesia politica, come il Giusti,
che sentiva nel moto del suo cuore, e nel consentire
de'suoi amici il risorgere d'Italia. Se non che il risorgimento nazionale avendo bisogno di forti e pure virtù
egli scendeva eziandio alla censura di quei vizi di molle
corruttela, e di quelle ridicolaggini di vita fatua e
melensa, che erano più propriamente il retaggio del
Guadagnoli; ma era come se quel generale romano
avesse tolto dalle bagaglie de' suoi soldati le favole
milesie, senza però intermettere le altre esercitazioni,
i conforti e le preparazioni più importanti alla vittoria.
— Il fine del Giusti era di aiutare coi versi la rigenerazione italiana, e battere, oltre la tirannide e le
arti de'suoi satelliti, i vizi che più direttamente la fa-
vorivano. Egli vinse in altezza Béranger, perchè ebbe
più fierezza di sdegno; e spesso ricorda piuttosto Barbier, e talvolta Alfredo di Musset, quando questi si degna
che la sua divina poesia sacrifichi ai numi della patria.

Il Manzoni in una sua lettera dice al Giusti a proposito di certi versi che gli aveva mandati: « Sono
chicche che non possono esser fatte che in Toscana,
e in Toscana, che da lei; giacchè, se ci fosse pure
quello capace di far così bene imitando, non gli verrebbe
in mente d'imitare. Costumi e oggetti, realtà e fantasie,
tutto dipinto; pensieri finissimi, che vengon via naturalmente, come se fossero suggeriti dall' argomento;
cose comuni, dette con novità e senza ricercatezza,
perchè non dipende da altro, che dal vederci dentro
certe particolarità, che le vedrebbe ognuno, se tutti
avessero molto ingegno; e questo, e il più, in un piccolo dramma popolato e animato, e con uno scioglimento piccante, e fondato insieme su una verissima generalità storica.... » Queste parole danno il carattere·
della poesia giustesca così bene, che sarebbe stolto il

volerlo ritentare con le nostre parole. È un giudizio perfetto come una strofa degl'*Inni sacri*.

Il Giusti si faceva beffe dei verseggiatori in prosa e dei prosatori in versi ; e pure la sua prosa somiglia a'suoi versi. È il vero che la poesia satirica è la più vicina alla prosa; ma chi si dorrà se quella lettera a Drea Francioni per le montagne toscane, che finisce con la mirabile dipintura del ballo villereccio in casa del notaio, è bella come le sue più belle poesie? La rima fa spesso forza ai buoni poeti, e gli astringe ad essere più squisiti; ma il Giusti aveva anche nella prosa quel demone della squisitezza che lo tormentava, ed egli riusciva acuto, epigrammatico, originale come nei versi. Le relazioni de'suoi viaggi son lavorate come un capitolo del suo Montaigne, ma è notevole che anche in questi egli si piace più d'intorno a casa. Di Roma e Napoli, ch'egli visitò veramente più per isvago che per altro, dice poche cose e non molto sopra al comune. Di Milano ricorda più gli uomini, che le cose. La sua Toscana ei dipinge in modo degno di Dante. Forse che il Giusti non era nato alla grande pittura ma solo al miniare e al ritrarre? Non crediamo. Ci pare invece che tutti i germi del suo ingegno non si svolgessero; in parte, per la vita oziosa e un poco inetta che si menava allora in Toscana; per i rari contatti ch'egli cercava con le lettere straniere ; e i nessuni con popoli stranieri, non essendo mai uscito d'Italia ; in parte, per la morte immatura. Egli era come quelle piante, lente a crescere, ma che giungono a straordinaria grandezza e vita. Non aveva che a vivere e ad essere trascinato nel turbine dei viaggi e delle letterature europee per elevarsi alle sfere dantesche nella sovranità delle idee, come vi si era elevato per le finezze dello stile.

Il poeta oggi, e ne sia esempio Byron, debbe essere cosmopolita di scienza come di vita. Dante già lo fu, e Shakespeare pure, meno per ricerche ed istudio, che per esperienza. Il Giusti derideva gli umanitari; ma se fosse vissuto, avrebbe veduto che il rivo italiano andava a metter nell'oceano dell'umanità perfezionantesi e incielantesi. Egli ideava commedie e romanzi; certi passi delle sue lettere, e certe architetture delle sue poesie mostrano tutti i germi del romanzo e della commedia. Ma la morte gl'invidiò il pieno sviluppo dell'ingegno che la palingenesi italiana, ne' suoi recenti progressi, avrebbe operato, come ne' suoi primi passi lo aveva sollevato dalle grettezze paesane alla più sublime poesia nazionale.

L'azione politica del Giusti era cominciata a Pisa ove egli rinfocolava l'entusiasmo dei giovani, nutrendolo con l'esca di un inno, assai lodevole per quel tempo, ma ch'egli non iscambiò con altro più bello e fervido nel 48. Se non che egli amava l'aria aperta e la luce, e non scese mai nei loro segreti conciliaboli, nè si aggregò a nessuna setta. Sentiva levarsi il vento delle rivoluzioni, e credeva doverglisi volger la faccia, e non riporsi per non ne intender più nulla. Egli le aiutava co' suoi versi, moltiplicati mirabilmente, come i pani e i pesci del Vangelo, e senza altro aiuto che la penna, e senza altra custodia che la memoria. La sua *Incoronazione* conteneva i decreti di decadenza dei principi italiani satelliti dello straniero, e il popolo s'incaricò di metterli in esecuzione.

Il Giusti era italiano d'animo, e amico del popolo; ma troppo delicato e fine, da poter accettare la democrazia, eziandio nel paese più delicato e fine d'Italia, in Toscana. Egli se ne andava seguendo dolcemente il corso dell'Arno, che gli pareva bagnar terre popolate

di uomini rigenerati, e non delle bestie feroci o astute
che vi vedeva l'Alighieri. Ma sopravvenendo l'inonda-
zione, si trovò un po' isolato e sgomento. Vide allora
uscir fuori e affaccendarsi visi nuovi e dubbi, udì romo-
reggiar plebi che parevano addormentate, e fervere
entusiasmi più forti e fedi più ardite ch'ei non si era
ideato. Si trovava male a suo agio in piazza, nè molto
meglio si trovò al Consiglio generale, sebbene parecchi
vi fossero suoi amici, e tutti suoi ammiratori. Tuttavia,
quando la vita costituzionale pareva bene avviarsi, e
la fortuna arridere all'Italia, egli ritrovava momenti
di speranza e anche di letizia; ma quando la democrazia cominciò a traboccare ed a sommergere la rappresentanza legale del paese, egli s'imbronciò, e senza
punto rimettere della sua fede nel finale trionfo della
libertà italiana, credette che per il momento se ne dovesse fare il pianto, e prendere il bruno. Egli fu nominato alla Costituente, come alla prima e alla seconda
Assemblea toscana; ma non crediamo v'intervenisse;
e forse era quella in cui lo sdegno gli avrebbe prestato eloquenza; ma nella tacita mente fervevano i
versi, in cui la demagogia era suggellata d'infamia.
Quegli appassionati o stipendiati di ballerine e cantanti
trasformati in Bruti, quei patrioti del dimane che facevano un diavoleto perchè nessuno potesse rincorarsi a
chiedere se erano proprio cambiati, gli movevano ira
e ribrezzo; ma egli confuse troppo i buoni e i tristi;
non vide bene che in fondo avevano ragione, e che il
principato lorenese era giustamente proscritto. Ondechè
non gli spiacque la reazione, che ricondusse il Gran-
duca, e la disse nata dagli eccessi dei volontari livor-
nesi; s'illuse che col principe austriaco dovesse tornare la libertà; vistolo tornar coi Tedeschi, si addolorò
al disinganno. Ma egli ritenne sempre la sua dignità

di cittadino e di scrittore: ma egli rispettò i caduti, quando la stampa codina, ripreso cuore, largheggiò d'insulti e vinse d'impudenza la falsamente democratica, a cui aveva tanto imprecato.

Egli dice che amava il Vangelo repubblicano, ma temeva gli apostoli: era un'illusione. Dice che voleva veder fiorire gli alberi di libertà piantati in Firenze: era una rassegnazione. Quando l'amore di un'idea politica è vero e profondo, non si bada agli agenti che servono a sostenerla o a propagarla. La delicatezza poeticamente aristocratica del Giusti lo rendeva aborrente dai ribollimenti plebei. Abbracciava le plebi volentieri nel canto; ma da vicino, ritirava la mano; nè fa forza che amasse alcun popolano, come quel calzolaio, a cui il nemico degli epigrafai fece una epigrafe da ridere.

Quel caro volto, in cui, a detto del Manzoni, la malizia e la bontà facevan la pace, non è ben reso dai migliori ritratti che ne corrono. V'era nella sua fisonomia qualche cosa di sì curiosamente originale e quasi paradossastico, che, al solo vederlo, non si poteva prenderlo per un uomo ordinario; e come l'arguta parola si mesceva a quel piglio buono ma sarcastico, nasceva il timore di stare a modello innanzi a quell'occhio sottile, ed a quel fiero pennello. Che fosse buono, non dubitavi; che ti avesse a risparmiare, non eri sicuro; ma se non eri un briccone, potevi esser certo che il suo scherzo sarebbe stato leale e gentile, e tale da far ridere anche te che n'eri l'oggetto.

Lo scherzo era in lui una varietà della malinconia. Forse, assai giovane, fu di tempra schiettamente allegra, ed egli narra che pel suo chiasso e le sue pazzie era già tanto noto al paese, quanto fu poi pe' suoi versi. Ma adulto non crediamo che fosse mai sinceramente lieto. Il tormento della creazione poetica, il mal·

corrisposto amore, le infamie degli uomini, le ridicolaggini, dolorose al buono anche quando ne sogghigna, le ingratitudini delle fazioni politiche e le loro calunnie e i vituperii della stampa lo annoiarono successivamente lungo tútta la vita. Arroge le inquietudini delle malattie imaginarie o reali: il timore dell' idrofobia pel morso di un gatto arrabbiato; gl' incomodi intestinali, a cui pose termine una miliare coronata da un trabocco di sangue. Come Molière, il Giusti fece ridere abbreviando le sue gioie e la sua vita. Ma nel suo verso si sente lo strazio interno del cuore, e il dolore è forse il mistero della sua potenza. Pascal non ebbe infelicità più espressa che il Giusti, ma ebbe l'infelicità del Giusti: il non sentirsi mai nelle condizioni normali della vita. Scarron, storpio, poteva ridere davvero, perchè il suo male era tutto fisico. Il Giusti rideva, ma era malato come il Leopardi; ed il suo riso, ben guardato, fa piangere.

UMORISMO E DRAMMATICA.

GIUSEPPE REVERE.[1]

Thalatta! Thalatta! salve eterno mare; sclamava Heine, il tuo murmure mi suona l'idioma della mia patria; lo specchio delle tue onde mi scintilla le visioni della mia fanciullezza; e la innamorata memoria mi narra di nuovo i dolci e bei balocchi, tutti i regali brillanti del Ceppo, tutti i rossi alberi di corallo, i pesciolini d'oro, le perle, le conchiglie screziate, che tu segretamente conservi laggiù nella tua splendida casa di cristallo.

Thalatta! Thalatta! esclama il nostro Revere che dal festoso sepolcro di Torino se n'è ito a vivere a Genova, e in quelle marine ricorda le dolcezze della nativa Trieste. Torino è una di quelle caverne fatate dove si trovano pietre più splendide d'ogni lumiera, dolcezze di palato e di donne; ma è una caverna. Datemi i lontani orizzonti, il mare sconfinato, mostratemi più larghi spiragli, pe'quali lo spirito possa fuggire dalla terra per l'onde e pel cielo.

Come languii nella deserta terra straniera! Il cuore mi s'inaridiva nel seno come un fiore appassito nella

¹ Marine e Paesi. — Genova, LaVagnino, 1858.

scatola del botanico. Parevami, continua Heine, d'essere di verno, infermo, confitto al letto in una buia stan-
zaccia, ed ora ne esco, ed abbagliando mi lampeggia intorno la primavera, lo smeraldo dei campi è destato dal
sole, e gli alberi fioriti stormiscono, e i fiori giovanetti
mi guardano con occhi variopinti e odorati, e un profumo, un susurro, un dolce fiato, un sorriso, e gli augel-
letti cantano allo splendente cielo: Thalatta! Thalatta!

Bisogna esser nato sul mare a poter comprendere
e partecipare il lirismo di Revere. Ecco qua il nostro
amico tirato per un braccio da Anacleto Diacono e per
l'altro da Cecco d'Ascoli, che si sviluppa da loro, si
getta nel Tirreno, e, valente al nuoto com'è, rinnova
amorosamente gli amplessi con l'onde. Egli ama tutto
nel suo amore, il riso e l'ira. E quali marine! Le marine onde già un italiano uscì a scoprire un mondo,
onde navi non meno straordinarie per quell'età che
le moderne anglo-americane correvano per loro i mari,
e portavano il nostro nome e la nostra gloria al lontano Oriente; le marine che ingoiarono Fieschi e tennero a galla il fato di Andrea Doria e delle reliquie
della libertà italiana.

Il Revere ha ripreso dunque l'abbrivo; v'è ancora qua
e là lo strascico di Torino, v'è qua e là la pagina che
ricorda la sua vita sconsolata e deserta, popolata solo dai
fantasmi della mente, v'è qua e là qualche difetto di gusto, che in questa Odessa letteraria esce involontario agli
uomini che più delicato sortirono e più finamente edu-
carono il sentimento del bello. Qui la stampa deve un
po' scorticare per far sentire; e i più sequestrati dalle
lotte cotidiane s'abituano all'acquarzente del volgare
delle effemeridi. Qui la scurrilità non offende; la scon-
cezza fa smascellar dalle risa. Avete letto nel Gozzi gli
amori de' contadini. Si fa a calci, a pizzicotti, a spinte,

come tra i signori delle città a occhiate sentimentali,
a lievi sospiri, a sfioramento di guanti. A Torino, non
perchè qui il popolo sia meno estetico, ma perchè è
nuovo a questa letteratura larga e popolare, si scrive
un po' grossamente, come si fa l'amore in campagna.
Si vuole, si dee scriver cosi per far effetto; gli stessi
scrittori se ne dolgono; promettono a sè medesimi di
raffinarsi mano mano che i volghi si vadano rinnal-
zando; ma i migliori si macchiano di questa pece.

Levati questi strascichi della vita solitaria e fantastica e del fare un po' grossolano del luogo, voi vedrete
che i tuffi dati nel Giordano hanno ribattezzato il nostro Revere. Che storia pietosa è la *Testa di Cecilia!*
Che belle pagine sull'amore di donna! Che vivi richiami
agli affetti di famiglia! Che senno politico nel dialogo
tra i Doria, il Boccalini e il Fieschi! Che graziosa
scena fantastica è quella mai nella Galleria Brignole!
Si credon veri veramente gli ossequi di quelle figure
alla bellissima immagine di Paolina che il Van Dyck
avvivò in eterno del fuoco del suo cuore. Lo stile, dov'è
bello il subbietto, casto, sobrio, trasparente; quasi
punto cicalio; più brevi quelle scuse e giustificazioni al
lettore, che perdona tutto a chi lo diverte, e agli stessi
convenevoli non perdona la noia. Rari quegli spezzamenti dell'anima in tre personaggi diversi, che talora
possono servire a illuminarne tutti i lati, ma che a
lungo andare distraggono con lo stiracchiare una diversità sostanziale che non esiste. Quei contrasti, quei
colloqui interni si vuole sentirli, indovinarli, ma non
si ama vederli personificati, e farne quasi una fredda
allegoria. L'anima che sovrabbonda di vita, che in sè
contiene o riverbera parecchie anime, si versi nel
dramma, o nel romanzo, come fece lo stesso Revere,
e non si crei due scudieri alle sue avventure cavalle-

resche, se già non siano così caratteristici, così vivi, così misti ad altri personaggi o così bizzarri, che adempiano veramente alla necessità della creazione, non ai comodi della fantasia.

Ma che genere è questo? dicono .certi critici. Che cosa sono questi appunti che hanno così poco a dire insieme, queste pagine che paiono più imbastite che contessute? che genere è questo umore senza unità, senza concetto, e che consiste a dir tutto quello che vi salta in capo senz'ordine o vi viene in bocca senza scelta? Sono impressioni di viaggio. Sta bene. Ma anche un viaggio ha la sua unità, e si devono cogliere quei tratti che meglio e più vivamente la rappresentino; anche il vagabondaggio della mente ha le sue leggi, e se ne dee resecare nel dettato il troppo, il vano, stringerne e rilevarne più le attinenze, e svolgere i lineamenti precisi del quadro dagli errori della fantasia. Dall'elezione severa de' propri pensieri, dalla loro elaborazione artistica escono i buoni scritti.

Questi critici hanno torto. Il vagabondaggio, la vita zingaresca del pensiero ha la sua voluttà, e se l'ingegno che pensa è gagliardo, se è maestro di stile, si trova un'unità ne' suoi più sbalestrati fantasticamenti, come nell'*Orlando* dell'Ariosto. Solo io consento che non vi devono esser pagine vuote; che tutto lo scritto dev'essere uno stillato d'idee, un raffinamento di stile. Quando il libro ha un interesse generale di proposito e di ordito, le particolarità richiedono meno squisito lavoro; ma, quando ogni pagina pretende viver da sè, essa dee potere vantarsi di un'esistenza piena, ricca e forte. Vedete Jean Paul Richter! Che foltezza di pensieri! Che fulgore di stile! Non c'è, per usare una frase volgare, da gettarvi un grano di miglio. È un monte di concetti slegati; ma quei concetti sono dia-

manti. Non avete che a chinarvi, e vi recate in mano
un tesoro. A questo forse non provvide sempre il Revere. Egli non condensò sempre a bastanza. Ma, ove
egli ha toccato le ricche vene del suo cuore e della
sua intelligenza, ha scritto pagine belle di luce d'amore.
Luce intellettual piena d'amore, ecco la definizione del
bello di questo libro. Questa potenza si volga, come
l'autore ne promette, ad un soggetto reale e grande,
al sommario filosofico e poetico degli eventi italiani, e
ne uscirà un libro prezioso. La fantasia è più feconda
della realtà; ma ha bisogno anch'essa di esercitarsi e
rafforzarsi ai dati reali. Or quando il cuore d'un poeta
è così avventuroso da battere isocrono al cuore di tutto
un gran popolo, quando sanguina di tutte le ferite di
lui, piange delle sue lacrime, esulta delle sue speranze,
quando gli stessi amori femminili non sono che un raggio dell'adorazione d'Italia, che altro più alto e felice
argomento può egli eleggere ai propri studi?

Del resto, queste pagine sono una confessione di battaglie interne valorosamente sostenute e superate. La
Houri del Divano di Goethe avrebbe ammesso il poeta
nel paradiso. Tu mi chiedi ferite acquistate nelle lotte
dell'eroismo, le dice il poeta; io sono uomo, e uomo
vuol dir combattente. Aguzza le ciglia, penetra questo
petto, vedi le acerbe ferite della vita, vedi le dolci ferite dell'amore. Io mi travagliai coi migliori, a fin che
il mio nome splendesse in tratti di fuoco innanzi ai
più soavi spiriti. Dammi la mano, e lasciami sulle tue
celesti dita contare le eternità.

Dopo averci dato il dramma storico nel *Savonarola*
e nel *Lorenzino*, nel *Sampiero* e nel *Marchese di Bedmar*, il Revere ci ha voluto dare il dramma domestico
moderno. Chiunque ha vissuto la vita italiana non solo

con gli storici e cronisti che la registrano, ma con tutti quegli scrittori di scienze, di morale o di pura lette-ratura che meglio la riverberano e esprimono, non può negare la verità e la vivezza dei dipinti reveriani. La Firenze di Lorenzo de' Medici e del Savonarola, e la Firenze del duca Alessandro e di Lorenzino, sono ri-tratte egregiamente nella loro unità e diversità, l'una in quella austera religiosità politica, di cui non si vide più qualche raggio che nell'Inghilterra di Cromwell, e l'altra negli eccessi insolenti della nuova tirannide, che fa a fidanza con la cadente virtù pubblica, a cui è de-bol sostegno la punta d'un pugnale. Il *Sampiero* ri-trae l'Italia delle braverie e delle vendette in quella parte ove meglio spiccarono, e meglio si mantennero. nei Corsi, lasciando tralucere quanta virtù militare, e qual grandezza d'animo si fosser destate nei nostri per la disciplina del gran Giovanni de'Medici, come altresì l'alto cuore e l'ingegno delle nostre donne, che di vero furono mirabili in quel secolo, non solo in ciascun'arte, ma nei frangenti più terribili della vita. Il *Marchese di Bedmar* pare un frammento del Boccalini. La po-litica di Spagna, mista di astuzie e di crudeltà, d'ipo-crisia e di violenza, i pericoli e le dubbiezze d'uno stato italiano, forte e glorioso, ma già declinante, ap-pariscono da quell'azione meglio che da una storia. E l'illusione è cresciuta da quella singolare felicità del Revere, di rifare la lingua dei tempi e dei luoghi che pinge. Nel *Savonarola* e nel *Lorenzino* odi la loquela dell'Arno, se ne levi il frate che ha la favella figurata, simbolica, ardente e pur lambiccata dei predicatori della sua o meglio di tutte l'età. Nel *Sampiero* senti piuttosto la lingua comune d'Italia, sì pura ancora. Il *Bedmar* rende già il decadimento dei principii del se-colo decimosettimo. E nella *Vittoria Alfiani* v'è la lingua delle nostre conversazioni, qual è, o potrebbe essere, se altri studiasse di esser puro senza affettazione e intelligìbile senza barbarie. Questo dramma valse a smuovere coloro che non vollero fare uno sforzo a comprendere i drammi storici. E veramente, per quanto l'autore ci ponga innanzi vivi e miniati i tempi che son campi all'azione, o in altre parole quanto meno gli ammoderna, tanto è più necessario di trasportarvisi con la fantasia, levandosi dall'età che viviamo. Il che, se è di pochi ingegni educati, non può esser sempre di un pubblico e nell'impressione istantanea della scena. Ma il dramma tolto dalla vita contemporanea è inteso da tutti; è l'eco d'un suono noto alle nostre orecchie; è uno spasimo, a cui consentono le ferite del nostro cuore. Sicchè la *Vittoria Alfiani* piacque universalmente, se ne levi alcuni pochi che dissero: « Se ci piace, abbiamo mentito. »

L'*espiazione* è il titolo che riepiloga il nuovo dramma del Revere. Vittoria Alfiani, ricca dei doni della bellezza, dell'ingegno e del cuore, moglie fortunata ed amante d'un saggio e valoroso signore, è colta, nel turbinio della disordinata vita signorile, da una di quelle vertigini, che danno in balìa d'uno sciagurato, d'un seduttore indegno, la purità d'una vita, l'onore d'una famiglia. Come segua quel fascino, come avvenga quella rovina, non lo sanno le povere perdute. Gli antichi indicavano quello che v'ha d'involontario e quasi d'irresistibile in queste colpe per l'ira d'una dea, o per un decreto del fato. V'ha nature già corrotte, a cui il primo sdrucciolo non è che l'ingresso in un mal luogo, onde la fantasia aveva già esaurito le infami voluttà. V'ha buone e sante indoli, che s'arretrano inorridite al primo fallo, e non se ne tolgono, perchè credono non potersi più riconciliare con la virtù e la buona

fama. Tale era Vittoria Alfiani. Buona, leale, amante,
non sapea più posare la testa sul capezzale, ove Emilio, il marito, la contemplava innamorato e fidente, ove
le sorridea innocente la figlioletta. Ella fugge il rimprovero della perduta virtù, più che non segua quella
larva d'ingannevol passione che la vanità e la libidine
pongono in volto ad Alfredo. Se non che il seduttore,
quando la donna è sua, quando ella non ha che l'amor
di lui, per consolarsi della fama sparita e degli affetti
traditi, la disprezza, la bistratta, si dà ad altri amori,
e precipita a quegli eccessi, che sono l'ebbrezza d'una
vita colpevole. Ove il suo mal istinto si posi, uno scellerato compagno lo sprona, e nella Babele di Londra
trovano da un lato tutti gli eccitamenti al vizio, e dal-
l'altro tutte le facilità alla colpa. Dal lusso alla necessità, dal giuoco alla rovina, fabbricano false cambiali,
e le cedono a lord Douglas, la cui sorella Clarà, vedova
e ricca, è corteggiata da Alfredo, che vuol pagare il
fratello con le ricchezze di lei. Emilio intanto allevia
a Roma le angosce del suo cuore, versandone il soverchio sangue contro ai Francesi, e la vita di Vittoria
si va struggendo nelle pene e nell'abbandono. Mentre
ella nella espiazione della vicina morte vede una debole speranza del perdono d'Emilio, e si rintenerisce e
compiange della figlioletta, a cui rende men bella la
sua corona d'innocenza, il marito ch'aveva avuto intenzione del pentimento di lei, arriva a Londra con
un fido suo amico, dalle infelici battaglie. Si scontra
con l'adultero in casa di Lord Douglas, lo oltraggia;
si sfidano a morte; ma il falsario dee provvedere ad
un altro onore prima di battersi, e il suo compagno
glielo ricorda. Rapiscono Clara, è condotta in casa di
Alfredo; lord Douglas è avvertito, e salva la sorella.
Sa che il rapitore è un falsario, e generosamente bru-

cia le cambiali, lasciando libera la vendetta ad Emilio. Ma Emilio è vinto della mano dall'amico suo, che
sfida e uccide Alfredo. Vittoria muore perdonata nelle
braccia di suo marito. Il personaggio più bello e commovente è Vittoria. La Cazzola lo espresse mirabilmente.
Quante lagrime in quegli occhi, che già hanno tanto
pianto e che l'ardore della febbre non può mandare!
Quale strazio in quella moribonda voce! Quanti affannosi sospiri in quel cuor giovenile, e forse non più che
indovino delle grandi passioni! Veramente una morte
mescolata d'angoscia e d'etisia non era facile a ritrarre, e a produrre non altro sentimento che una
profonda pietà! Ma il dolore era sì vivo, che il malore
non ne parve che un'espressione, e la lunga agonia fu
sì piena di santi rimorsi e di tenerezze divine, che la
colpevole pareva rivestire la candida vesta dell'innocenza e farsi angelo per un mondo migliore! Tutti gli
altri caratteri sono ben delineati, ma con pochi e gagliardi tratti, come Revere sa fare. Egli ha altri due
drammi di questo genere, *Sandro setaiolo* e *Le sventure
d'un pittore*, tuttora non rappresentati e inediti. Egli
facea concetto di drammatizzare l'audace impresa e la
misera fine di Giuseppe Alessi, il battiloro di Palermo....
E ricchissimo di concetti è il Revere, e maestro di stile;
ma egli può dire ora come Napoleone III: *Je n'agis
plus; je regarde.*

SCRITTORI COMICI PIEMONTESI.

DELL' USO DEI DIALETTI
NELLA DRAMMATICA.

È troppo ovvio il giustificare l'uso dei dialetti nel dramma e nel romanzo col fine della imitazione più espressa dei caratteri e delle maniere. La parola, più che lo stile, è l'uomo, ed a bene ritrarlo, conviene non omettere la predilezione de'suoi vocaboli, la peculiarità de'suoi costrutti, la singolarità delle sue figure, la sua voce, il suo accento. E delle varie genti avviene quello che degli uomini particolari. Ma l'imitazione è ella il solo fine della drammatica? Non è fine più vero e immediato la correzione e la gentilezza del costume? Ora, rispetto a tal fine, vale il sofisma ch'è più agevole l'aggentilimento popolare mediante rappresentazioni dettate nel dialetto?

Che un buon piovano parli a' suoi parrocchiani nel loro rozzo linguaggio, fino a un certo punto s'intende, trattandosi di non rendere più spinoso l'insegnamento religioso con le difficoltà dello stile. Così la Bibbia ai popoli barbarici si frange nel loro povero dire. Ma, come in queste versioni si tenta già di dare a quelle lingue informi maggiore regolatezza e qualche elevazione, così nelle catechizzazioni popolari dovrebbe il sermonatore accostarsi al possibile al dettato migliore. Senzachè gl'intendenti del dialetto e della lingua comune vedono di facile i loro infiniti punti di contatto, e come uno scrittore inglese può essere a sua voglia tutto sassone nello stile o in gran parte latino, così un sermonatore potrebbe essere tutto piemontese o lombardo, parlando pure con le forme e desinenze italiane. Ad ogni modo la predicazione nella informe favella popolare non può rispondere all'altezza del concetto religioso, ed è lasciare il popolo a'suoi fetisci il conversare con lui al suo modo rozzo e manchevole. Laddove, sponendogli la divina parola in modo acconcio alla sua intelligenza, ma degno, è fargli salire con Dante i cerchi di luce del Paradiso.

Ma, quanto al romanzo, l'ostentazione dei dialetti è un lusso di filologia inutile e noiosa. Quanto alla commedia, è un rinfranco generalmente dei deboli, avendoli i grandi usati con molta parsimonia; e non bisognando della contraffazione del parlare per dare l'idea spiccata dei vari caratteri. Tuttavia, dove il dialetto è vivo, non pare fuor di proposito concedergli un rappresentante nella commedia, poichè si dà anche alle balbuzie, e ad altri difetti del parlare. Ma le rappresentazioni tutte in dialetto, fosser le *Ciane* dello Zannoni, o le *Baruffe Chiozzotte* e le altre del Goldoni, vale a dire le scritte nei dialetti più vicini al parlar comune, non sembrano utili all'educazione popolare, come da alcuni si pretende, ma valgon solo ad un divertimento non troppo nobile,

« E volere ciò udire è bassa voglia. »

Son note le parodie de'drammi metastasiani o alfieriani in romanesco e in altre lingue d'Italia. Ma il dramma originale in dialetto è una parodia quando ritrae le classi alte e le azioni grandi, e una poco vaga fotografia, quando non esce dal basso dei mercati e dei lavatoi. Nulla di più ridicolo che sentire gli entusiasmi dell'artista in dialetto, o di più noioso a lungo andare che gli alterchi delle trecche e delle lavandaie. Anche l'amore non è molto grazioso in dialetto. Difatti gl'innamorati che sanno e che non sanno leggere, ricorrono spesso al *Segretario galante* per le loro corrispondenze. Tutto quello che per sua natura è ideale e tende ad elevarsi, non si può contentare di una forma rozza e volgare. E quando ad una fiaba o ad uno scherzo in dialetto succede una buona commedia in italiano, ci pare di respirare più liberamente, e di gettar via i cenci, un momento rivestiti, per ripigliare l'abito onesto e civile.

È bella e istruttiva per altro l'esperienza fatta in Torino e ripetuta ora in Milano del dialetto piemontese. Questo dialetto, che sfavillava sì vivamente nelle canzoni del Brofferio, pareva tuttavia a molti troppo ruvido ed imperfetto. Gianduia sollazzava i fanciulli, le serve, e quei buoni militari o popolani che s'immolano per esse. Gli uomini più colti non volevano al teatro che italiano; talora ammettevano il veneziano, indennizzando il dialetto con l'usarlo quasi esclusivamente nella conversazione civile, e anche con non poca ridicolaggine nella discussione letteraria e scientifica. Quando, sopraggiunta la guerra, un valentuomo, il signor Federigo Garello, ad istanza d'un eccellente attore, il Toselli, tentò di dare uno sfogo più libero e più espresso ai sensi patrii con una commedia in piemontese, e con la sua *Guerra o Pace?* cominciò quella serie di allegorie, poco felici al parer mio, in cui gli eventi della patria si descrivono, figurandoli in miniature domestiche. Riuscì oltre ogni speranza, e seguì con la *Partenza dei Contingenti*, breve rappresentazione, ora un po' invec-

chiata, ma più vera, più affettuosa, e con meno stona-
ture; perchè in realtà, nei momenti supremi di passione, la lingua della mamma è quella a cui il cuore in-
volontariamente·ricorre.

Ma due saggi non potevano bastare all'alimento di
una compagnia comica, nata vitale per l'ingegno del
direttore e la felice attitudine dei soggetti, specialmente
delle donne, sebbene non tutte native di Piemonte. Si
ricorse alle traduzioni, per esempio a quella del *Ven-
taglio* del Goldoni; ma con poco effetto, piacendo più
il notissimo originale. Uscì allora un compositore di
stamperia, il signor Luigi Pietracqua, e fece delle fotografie della vita torinese, che riuscirono a meraviglia, e dieder saggio della flessibilità e vivezza del
dialetto.

Le sponde della Dora, Le sponde del Po, Gigina
(*Luisina o Teresina*) *non balla*, ed altri tentativi di questo ingegno uscito dal popolo, mostrano una gran felicità nel cogliere le fisonomie, e nel riprodurre le maniere delle classi medie e inferiori. Gl'intrecci sono per
lo più semplicissimi; i caratteri appena dintornati; ma
la parola vera, reale, quale si sente tuttodì, e che rivela
col solo accento tanta parte del cuore, basta a dare
un'anima alle figure appena sbozzate. Come la statua di
Pigmalione senza il soffio divino non è che un marmo,
così l'imagine che muova gli occhi, o mandi fuori
la voce, rassembra la vita e fa sentircene il fremito.

Questo vantaggio, direm cosi, della tavolozza è a
scapito dell'industria del pennello. Riuscendo l'effetto
con la semplice riproduzione (come è sicuro di muovere
il riso chi contraffà persona nota), l'autore non si stilla
gran fatto il cervello per isquisite combinazioni sceni-
che, per brio di dialoghi, per sceltezza di stile. Una
passeggiata lungo i portici, origliando i diverbi dei fac-

chini o dei rivenduglioli, o lungo le sponde della Dora
e del Po, attendendo alle brighe della povera gente,
basta a dar le fila per uno scherzo, che farà infallibil-
mente furore. Di che il poeta non si mette in ispese
d'inventiva e di studi; lascia andar la penna dietro alla
memoria, e l'arte, già abbassata per lo stile, si abbassa
altresì ne'suoi aneliti e ne'suoi sforzi.

Il diletto è certo, l'utile è incerto e poco; il danno
molto. Ponghiamo che il popolo tenga più facilmente
dietro allo svolgimento di un'azione morale in dialetto:
ma questa azione vi sarà per l'ordinario rappresentata
più debolmente; perchè chi ha grande ingegno drammatico mirerà agli applausi non di una provincia, sì
di tutto il paese, e perchè la povertà dell'idioma particolare non potrà servirgli all'esplicazione perfetta del
suo concetto e de'suoi sentimenti. Senzachè l'effetto è
quello che al popolo non isfugge mai. Egli nella lingua
nobile perderà, come sentivo dire a certe donne del
popolo, una parola qua e là, come succede anche agli
uomini colti quando sono disattenti o distratti, ma non
perde mai l'effetto dell'insieme. Onde per questa parte
il sofisma non tiene, e basta entrare nel primo teatro
ove si rappresenti un'azione tragica e morale per vè-
dere che il popolo si solleva subito pel giusto o contro
il prepotente od il reo, intendendo benissimo la sostanza, se non tutte le belle frasi del drammaturgo.
Ma quello che dee considerarsi, si è, che la moralità,
bellissima al teatro, non è veramente la mêsse più sicura e importante; perchè il dramma in generale ridesta
la coscienza, come una scossa l'uomo bene assonnato che
apre gli occhi un momento e poi li richiude. Il teatro
purgherà, se si vuole, ma non cura e neppur governa le
passioni; cura appena i vezzi e gli andazzi men lodevoli, che spariscono a patto di scambiarsi con altri. Il

teatro aggentilisce, e questo aggentilimento è il fiore
della coltura. La tragedia non valse tanto alla purga-
zione degli affetti con l'esempio dei delitti e delle sventure dei grandi, quanto a dimostrare che la sorte intima e finale dell'uomo è sempre la stessa, qualunque
sia il grado in cui è locato, e pertanto fu un avviamento di democrazia; alla quale giovò pure dando uno
spettacolo più alto, misto di dèi, di semidèi e di eroi,
al cui specchio le plebi potevano comporsi e avanzarsi.
Il dramma, abbassando la tragedia alle classi medie, fu
più straziante, perchè ci torceva il ferro nelle viscere,
ma non così edificante e riformativo. La commedia, ri-
dicoleggiando i vizi e i difetti, non riuscì tanto a cor-
reggerli quanto a dare al carattere generale e alle maniere maggior dignità e finezza. L'azione drammatica
insomma è più giovevole per l'effetto generale di coltura, che per lo speciale di emendazione diretta del
costume. Il costume si emenda meno direttamente, ma
più efficacemente pel raffinamento della coltura.

Ora alla coltura giova il mantenere il popolo anche
momentaneamente, nella sua inferiorità di maniere e di
lingua? Giova l'avareggiargli quella copia di voci e di
modi squisiti, quell'eccellenza di forme, che gl'ingegni
più sottili ed eleganti son venuti affinando? Giova il
lasciarlo nella sua noia cotidiana, nel suo abito da lavoro, nella sua veste e nel suo grembiule, anzichè fargli indossare l'abito civile, e con l'abito prendere il desiderio di una vita più alta? Giova interrompergli
l'ideale della coltura e della vita, quell'ideale a cui
aspira, e la cui estrinsecazione è la favella e lo stile?
Io non lo credo.

Mi parrebbe pertanto che le maschere e i caratteri
si perfezionassero ed avesser posto alle commedie; ma
sempre in contrasto coi caratteri civili e nobili, appunto

come soglion fare Meneghino e Stenterello. Gianduia
entri anch'egli a figurare il leale, schietto popolano piemontese, pieno di buon senso e di cuore; ma non si
cinga di tutte le trecche e di tutte le fornaie della via.
Non renda il teatro la soffitta della pettegola, o la stanza
del portinaio.

Con tale limitazione per l'avvenire dell'arte, mi pare
assai bella e felice la prova del dialetto piemontese nel
dramma. Ha mostrato che non è cosi mendico e inetto
come alcuni credevano, e che non è poi tanto lontano
dalla lingua comune. Meno petulante e arguto del fiorentino, meno aperto alla gioia e al pianto del mila-
nese, ha vigore, brio, disinvoltura. Ha tratti che lo stilista non potrebbe rendere per l'appunto nella lingua
comune o con pari effetto. Ha raccolti caratteri e frammenti d'intrecci locali che non saranno inutili ai com-
mediografi nazionali. Ha sciolto il problema della reci-
tazione naturale, senza studio e senza sforzo, e dato
esempio ai comici che si snaturano per mal dire, come
i musici si eviravano per mal cantare. Di fatti, molti
recitanti italiani corrono a vedere gli attori piemontesi
e riflettono che anche nella lingua comune si potrebbe
riuscire senza cantare e senza esagerare. Anzi si troverebbe più presto con questa semplicità e pienezza la
via del cuore e dell'intelligenza, che, aliando sopra alla
testa dell'uomo con le penne di un'arte fittizia ed as-
surda. Ora il dialetto piemontese, svolto in drammi efficaci, o in ischerzi comici assai graziosi, si fa udire ai
lombardi, che non lo trovano, dopo la prima sorpresa,
così lontano dal loro come per avventura credevano. È un
nuovo ravvicinamento, una fusione della parola. Quando
gli elementi della vita municipale si raffrontano non
per irridersi ma per intendersi, non per combattersi
ma per fondersi, è il più fecondo apparecchio di unità.

È il vero modo di render l'unità piena e possente; perchè i frammenti della vita nazionale sono sparsi da per
tutto, e solo raccogliendoli e curandoli efficacemente si
possono risaldare e fondere in un tutto compito, e dove
tutte le voci dei nostri popoli siano regolate, aggenti-
lite, abbellite, ma si sentano e distinguano come in un
coro di paradiso.

SCRITTORI COMICI FIORENTINI.

GIOVAN MARIA CECCHI.

La commedia italiana nacque col Boccaccio. Nel *De-camerone* sono in germe gl'intrecci, il costume, i carat-teri, il dialogo, lo stile. Tutti i comici italiani, e i più grandi comici stranieri, vi attinsero, e, dato anche che il *Cento Novelle* abbia in gran parte le sue origini in poeti o romanzatori francesi, certo è che in quella finale dettatura delle tradizioni comiche, antiche o nuove, hanno più o meno le loro radici le nostre vecchie com-medie. La prima di tutte, non per reale precedenza, ma per fama universale, la *Calandra*, ha parecchi in-cidenti presi dal Boccaccio e anche talora lo stile, male imitato nella parte ove lo scrittore strascica tragica-mente il periodo, e non dove lo frange nelle repentine vivezze del dialogo. Anzi si può dire che in generale il Boccaccio fosse più e meglio imitato dove predica con Gismonda, che dove berteggia con Peronella; mentre è fuor di dubbio ch'egli prevale a mille doppi di sciol-tezza e di brio nelle dolcezze e nel riso che nella pas-sione e nel pianto.

Le beffe reciproche o le galanterie dei giovani uo-mini e delle vaghe donne, gl'inganni delle cortigiane, le ipocrisie de' religiosi, gli spropositi e gli smacchi dell'ignoranza laureata, tutti i fonti insomma delle strane avventure e dei bizzarri caratteri, si trovano nel libro di quel parigino del secolo XIV, che la venerazione di Dante e l'amistà del Petrarca ribadirono italiano. Tutti lo rubano a man salva; e pure, quando altri ha letto tutti i suoi imitatori, e si reca in mano l'originale, non lo trova invecchiato come avviene di certi scritti moderni quando siano stati sfruttati dagli appendicisti o dai giornalisti politici; ma è sempre più fresco e più nuovo, e si prova a leggerlo lo stesso nuovo diletto che ad una grand'opera di Meyerbeer, |quando se ne era sentito solo qualche aria o passo da alcun dilettante.

Chi tiene meno di lui è l'Ariosto; il quale con quella sua prosa lombardesca e con que' suoi sdruccioli affannati non potè esprimere la venustà toscana, e solo riuscì ad emularla con la naturalezza dell'ottava del *Furioso*. Certo l'Ariosto è più comico nell'episodio di Gioconda che nelle sue commedie. Nelle quali v'è per contro alcun luogo di sì intima e vivace passione, che vi senti lo stesso cuore di chi cantò d'Isabella e d'Olimpia. Chi tiene più del Boccaccio, senza farne le viste, perchè non copia, ma versa della stessa vena, è il Machiavello. Messer Nicia è un maestro Simone, un Calandrino del secolo decimosesto. Fra Timoteo è un tipo che si riscontra in parecchi lati del *Cento Novelle;* eppure è nuovo e del suo secolo; è riserbato, accorto, e appena nei monologhi si lascia andare a scoprire tutto il suo animo. La *Mandragola*, stillato dello spirito fiorentino e di quella arguta malignità del Machiavello, che si accoppia a tanta altezza d'ingegno e generosità di propositi, come in Voltaire il vituperio della *Pucelle* e la difesa dei *Calas*, la *Mandragola*, giuoco d'un grande intelletto tutto occupato di politica, come il *Decamerone* fu il giuoco d'un grande ingegno tutto occupato di scienza, resta forse la più fresca e viva commedia italiana fino al Goldoni.

La commedia toscana si divise principalmente in due rami, la fiorentina e la senese. I senesi fecero accademie o società filodrammatiche di autori-recitanti; sola via di venire in eccellenza in quell'arte, come mostrano Shakespeare e Molière. Essi recarono ad arte lo scrivere commedie. La follia degli uni, la bessaggine degli altri, la purità del dettato davano alimento e vaghezza alle inventive senesi. Poche città furono così conversevoli, e così ingegnosamente conversevoli, come Siena; oltre le loro commedie, il libro de' giuochi senesi del Bargagli mostra qual centro di spirito, di eleganza, di lepore fosse quella città, una delle cento gemme onde si coronava nel secolo decimosesto la regina delle nazioni. I fiorentini si lasciavano un po' più andare al loro genio, a quella spontaneità di spirito che non ha bisogno di concentrarsi per frizzare, ma, concentrato, produce Dante, il Boccaccio ed il Machiavello. Seppero meno il mestiere, ma ebbero più delicatezza; studiarono meno, ma ebbero campo più vasto all'osservazione dei costumi; si azzimarono meno, ma il lepore naturale della loro favella prevalse, e piacque a quegli stessi italiani che più mostravano averlo a schifo, e che, sparlando de' fiorentini in palese, si nascondevano a leggerli come quel nipote d'Augusto a leggere Cicerone.

Degli altri italiani non pochi riuscirono, e il Caro negli *Straccioni* è lepido, ingegnoso, ameno più che molti fiorentini. In tutti si trova qualche lato notevole ed originale delle loro patrie; e ne uscirono poi le maschere della commedia dell'arte, espressione del particolarismo, a dir così, dei centri della nostra socievolezza; perfezionamento delle singolari parti comiche, che dovevano membrificarsi in un tutto nel nostro Goldoni.

L'Italia è la terra degl'improvvisi, perchè in nessuna parte del mondo l'ingegno è più pronto o spedito e la vita meno consunta. I forestieri, che ci vedono taciti, rispettivi, chiusi, a certe età, non sanno a quale rapido scatto si espanda e a quale lussureggiante vegetazione si diffonda il genio italiano, quando certi ostacoli vengon rimossi. Il genio italiano è un poco fatalista, come l'arabo. « Dio lo vuole, » gli vale a rassegnazione di servitù e ad impeto di libertà. I forestieri ridono del leone che posa, dell'italiano che non produce. Ma l'italiano vede che la sua lance, ove pesano gli eroi della poesia e dell'arte, non è ancor punto levata in aria dai pesi che altri pongono all'incontro. I forestieri, vedendo le vampe dell'entusiasmo teatrale, a udir le grida delle piazze, credono che ogni entusiasmo italiano se ne vada in falò. Ma questi impeti non sono che lo sbuffo di generoso cavallo, non dicon nulla del suo aereo corso e del suo ardore nelle battaglie.

L'improvviso è la forma più presta a cui s'afferra un genio, che non ha bisogno di stufe a maturarsi, ma ch'esce di terra pomposo a un raggio del suo sole. Gli uomini di villa in Italia si addossano l'uno a quest'albero, l'altro a quello, e si combattono cortesemente o villanamente a Rispetti. I popolani fanno lo stesso agli angoli di Firenze. Intorno a quella fonte, su quel prato si adagiano a cantare canti, che rampollano nuovi nuovi dall'estro. In una capanna, in un fondaco, in una stanza, si accozzano altri a contraffare fatti e personaggi; scelgono il subbietto, e distribuiscono le parti, recitano; non hanno neppure pensato a quello che devon dire, e dicon cose bellissime da far ridere sgangheratamente, o amaramente piangere. Si profondano nella loro illusione; gl'illudenti s'illudono; e senza gli argomenti di quel greco, che si recava in braccio l'urna delle ceneri del figlio per simular meglio il lutto, trovano nella loro imaginazione i più strani e commoventi fantasmi.

La commedia dell'arte non poteva essere che italiana. Essa fioriva come le rose e gli aranci del nostro molle e dilettoso suolo. Ma la sua stessa agevolezza non lasciava pensare ai soccorsi dell'artificio poetico, come una semplice giovanetta, che sente fiorire le sue bellezze, non va ad acconciarsi allo specchio. Se non che la natura ama anch'ella i donneamenti e le cure; ella vuol essere vezzeggiata, stretta e come Teti legata ed avvinta, prima di abbandonarsi ai fecondi congiungimenti dell'amante. Ove si vede negletta, s'annoia. Talora bisogna tormentarla come gli alchimisti facevano il mercurio ne' loro crogiuoli. E veramente nei paesi, ove la voluttà è più spontanea, non vediamo richiedersi le ebbrezze del suono, le scapigliature della danza ed anche le trafitte di un raffinato tormento a ridestarla?

L'artificio non si trovò fino al Goldoni. Nel cinquecento la materia comica è in pronto; si cristallizza, ma non felicemente. Si dissolve di nuovo e nuota informe nella commedia dell'arte, e solo nel Goldoni prende forma e figura. Non è però ancora quella cristallizzazione piena, intiera, che comprenda tutti gli elementi della socievolezza italiana. Nuovi e grandi centri devono formarsi in Italia; nuovi e grandi studi devono potersi fare, e farsi; nuovo e sicuro linguaggio dev'essere mezzo della conversazione civile, prima che abbiano vera commedia italiana.

I cinquecentisti ebbero, per atto d'esempio, l'*Ipocrita* di Pietro Aretino, i secentisti il *Dottor Bacchettone;* parecchi tipi simili nella commedia dell'Arte; e

solo il Molière fece il *Tartufo*. Così nell' Ariosto, nel
Bentivoglio, nel Lasca, nel Cecchi, nel Salviati si trovano *disjecta membra poetæ*, che si raccozzeranno quan-
dochessia in un tutto. I cinquecentisti non s'assimila-
rono neppur bene gli antichi. Aristofane non era da
loro. Era autore da repubbliche, e le nostre erano allora morte o boccheggianti. Dante l'aveva, a' bei tempi
repubblicani, superato a Firenze. Plauto e Terenzio,
già imitatori, non si comprendevano molto oltre la cor-
teccia; perchè il risorgimento, sebbene latinizzasse tanto, non aveva elementi da capir, come noi, la vita romana. La vita delle piccole corti non dava campo a
grandi esperienze sociali; e se alla morte della libertà
può sopravvivere la commedia, perchè può valere di
protesta e conforto contro ai vizi de' padroni o de' loro
satelliti, non può già ella sopravvivere alla morte del-
l'autonomia nazionale. Chi può ridere quando ha innanzi il cadavere della patria?

Veramente la stessa libertà del Bibbiena e dell'Aretino cessa di mano in mano, e nel Lasca, nel Cecchi,
nel Salviati va smontando di colore. Se avemmo la commedia antica od aristofanesca in Dante, e la media più
o meno libera nel Bibbiena, nell'Aretino, nel Machiavelli, avemmo la nuova nel Goldoni. La media va morendo col secolo decimosesto. La vena comica si trova
ancora nelle Memorie di Benvenuto Cellini. Il vecchio
repubblichista e familiare di Papi e Principi grandi ritiene la franchezza della sua parola, sicura di colpire
come il tiro del suo archibuso e di penetrar a vita a
vita come la lama del suo pugnale. Ne' comici resta
una prosa elegante, fredda, sparuta. Intrecci vecchi, o
di poco innovati; caratteri sbiaditi, spesso a studio; caratteri contigiati o artefatti. Qua lo stiletto del privato;
più là il bavaglio del birro: i ceppi pubblici, i roghi

religiosi; paure interne; paure esterne. Appena qualche libellista osa muover labbro; e rifugga a Venezia
se sa; lo stiletto lo trova, e il Canale lo ingoia.

Tuttavia i comici fiorentini anche più tardi hanno
tanto di studio e di bello stile, e sebbene chiusi e,
com'essi dicevano, infeltrati, son tanto intinti del loro
secolo, che giova leggerli e notare un aspetto dell'antica vita municipale sotto al nuovo principato italiano.
La noia, che vinceva ed assonnava l'età, aggrava spesso
ed alloppia le loro carte; ma anche lo sforzo fatto per
discacciarla è curioso ad osservare; e noi ne farem saggio nelle commedie del Cecchi.

Giovanni Maria di Bartolomeo Cecchi, detto il *Comico*, dall'arte in che s'illustrò, nacque in Firenze
il 1517. La sua famiglia era molto antica, e il Fiacchi
la fa anteriore al 1250. Avevano i suoi per più d'un
secolo esercitato il notariato, professione in quel tempo
assai onorevole, dal 1400 al 1542, ed egli stesso rogò
da quest'ultimo anno fino al 1577. Otto della sua famiglia erano stati notai o cancellieri de' Priori della
Signoria, e tra essi ser Mariano era stato uno de' pre-
scelti del 1415 a riordinare gli statuti del Comune di
Firenze. Giovan Maria era stato due volte proconsole e
procuratore de' maestri del contratto. Aperse, di compagnia con gli Adimari, Segni e Baldesi, un grosso traffico
di lanificio, arte che allora sopr'ogni altro fioriva. Della
Marietta Pagni ebbe tre figli, Ginevra, Niccolò e Baccio,
e per la loro successione e parentadi il suo sangue si
diffuse per le famiglie Tolomei, Baldesi, Nuti ed Ermini.
Morì di 69 anni, mesi 7 e 14 dì, il 28 ottobre 1587 vegnente
il 29 del detto mese, nella sua villa di Gangalandi.

Il Cecchi dice di sè nello *Spirito* essere un omiciatto
nè vecchio nè giovane, non letterato, nè anco senza
lettere, e tessuto alla piana; e nelle *Maschere* si dice

di quel ceppo che non ha mai perduto la Cupola di
veduta, e che questo attaccamento a Firenze si riscou-
trava ogni volta quasi ch'ei *formava proscenio*, e di
18 commedie, ch'egli fino allora aveva scritte, quattordici non uscivano d'intorno al Duomo. Non è già
ch'ei non si levasse di Firenze con la fantasia e con
lo studio, e non si dilettasse di conoscere nuove leggi,
costumi e personaggi segnalati. E un suo libretto, che
si dovrebbe senza indugio stampare, è un compendio
fatto da lui circa l'anno 1575 « *Delle cose della Magna, Fiandra, Spagna e regno di Napoli; con più av-
visi circa le persone di Carlo V imperatore ed altri
principi di quel tempo, e de' costumi e proprietà de' popoli.* » Il Fiacchi ne diede due saggi che invogliano a
leggerlo. È un sunto statistico scritto, quanto allo stile,
da mano maestra; senza maldicenza, crediamo, perchè
il nostro poeta pare effettivamente rassegnato a servitù,
e non deve essersi, come Procopio, vendicato con la storia aneddota delle piacenterie fatte in pubblico al Principe. E veramente nelle commedie è largo di adulazione a Cosimo de' Medici, e questa adulazione si volge
indietro anche agli antenati di lui; onde nei *Dissimili* parla della felicità pubblica sotto il pontificato di
Leone X, e in più luoghi vanta la giustizia del Duca, che
mai·tanta se n'era ministrata in Firenze così al povero
come al ricco; nel che più scusabilmente peccò eziandio il Molière, come in quei celebri versi del *Tartufo*
che cominciano

« Nous vivons sous un prince ennemi de la fraude. »

E lo stesso genere della sua commedia era filo-tiran-
nico, in quanto addormentava e abbassava gli spiriti.
Altre commedie già la tirannide non può tollerare;
onde ben dice il Castelvetro nel suo commentario so-

pra la Poetica d'Aristotile: « La commedia antica, che nominatamente metteva in favola le persone conosciute, non può aver avuto luogo sotto lo stato de' tiranni, dei re o de' pochi, perciocchè o esso tiranno o i re o i suoi cortigiani o i pochi, sì come conosciuti e per la possanza prendendosi ogni licenza di fare e di dire contro le leggi e il dovere, sarebbono soggetto e segno, al quale ferirebbe tuttavia l'arco della commedia. Ma la commedia nuovà è carissima allo stato de' tiranni, dei re, de' pochi, perciocchè non rimprovera loro niuna operazione, nè minaccia loro punizione niuna, nè solleva il minuto popolo, nè il commuove a passione alcuna, essendo l'azioni rappresentate di dispiacere non grande, e mitigato da sopravvegnente allegrezza. »

Le commedie del Cecchi giunsero poi a 21 e secondo un ricordo di Baccio suo figlio, copiato da Mariano suo nipóte, « lasciò libri tre di commedie osservati di sette per tutti, e molte e molte commedie morali, storie del Testamento vecchio e farse di più sorte, più atti scenici e frammezzi innumerabili. »

Le *Farse* differivano poco dall'Atellane, dice il Fiacchi, godendo il privilegio di mescolare personaggi d'ogni specie e dispensarsi dall'unità di tempo e di luogo. Talora si estendevano a tre atti, come il *Samaritano*, e il Cecchi nel prologo della *Romanesca* (1585) le difende così:

> « La Farsa è una terza cosa nova
> Tra la tragedia e la commedia; gode
> Della larghezza di tutte due loro,
> E fugge la strettezza lor; perchè
> Raccetta in sè i gran signori e principi,
> Il che non fa la commedia; raccetta
> Com' ella fosse albergo o ospedale,
> La gente come sia vile e plebea,
> Il che non vuol mai far donna Tragedia.
> Non è ristretta a casi: chè gli toglie

> E lieti e mesti, profani e di chiesa,
> Civili, rozzi, funesti e piacevoli.
> Non tien conto di luogo; fa il proscenio
> E in chiesa e in piazza e in ogni luogo:
> Non di tempo, onde s'ella non'entrasse
> In un dì, lo torrebbe in due e in tre. »

Con queste farse, che dovevano il più drammatizzare le parabole o storie del Vangelo, si confondevano le
storie del Testamento vecchio, che in antico erano dette
Figure, e le commedie morali, che dovevano aver sempre radice o almeno esempio nelle vite de' santi. Questi componimenti sacri e morali erano un rinnovamento
poco felice dei *Misteri*, che avevano dato tanto pascolo
alla fede popolare nei secoli precedenti, e son materia
di tanto studio all'erudizione sagace e paziente nel nostro. I frati e le monache n'erano ghiotte e ne facevano recite nei loro chiostri; mentre i preti più liberi,
come appare dal prologo alla *Moglie*, intervenivano alle
commedie che si davano al secolo. E il Fiacchi cita
bene ad uopo un passo del nostro autore nel prologo
del *Tobia*, ove dice che quei buoni religiosi lo mole-
stavano forte perchè egl'impiastrasse loro delle commedie e delle tantafere; ond'egli doveva servire a due
padroni, al gran pubblico che non voleva *misteri da
Zazzeroni* e sol della paura, egli dice, si grattava il
capo e si contorceva, e alle anime divote. Anche questi suoi Misteri servivano alle confraternite, come la
Morte del re Acab, che fu recitata nella Compagnia del
Vangelista (san Giovanni Battista) nel 1559, ripren-
dendo un uso da gran tempo dimesso, e la *Coronazione
del re Saul* che fu recitata nella stessa Compagnia
nel 1569, e il *Disprezzo d'amore e della beltà terrena*,
e il *Duello della vita attiva e contemplativa* furono atti
scenici fatti per la Compagnia dell'Angelo Raffaello,
detta della Scala. Pare che i più giovani ascritti a

quelle compagnie, incapaci di esercitazioni maggiori, o delle acerbe mortificazioni, solessero adoperarsi in quelle recite. Il Cionacci pone l'età d'intorno ai venti anni; e il Cecchi ne fa sapere che il *Samaritano* fu recitato da fanciulletti vestiti all'ebrea, e facevano riscontro a quegli altri, che, secondo il Castiglione, recitarono alla Corte d'Urbino, quasi premessa alla rappresentazione della *Calandra*, una commedia composta da un fanciullo: « e forse (egli dice) fecero vergogna alli provetti: e certissimo recitarono miracolosamente: e fu pur troppo nuova cosa vedere vecchiettini lunghi un palmo servare quella gravità, quelli gesti cosi severi, e simular parassiti, e ciò che fece Menandro. »

Vittore Le Clerc trovò, a dir cosi, la monade, il principio elementare del dramma in brevi scene dialogizzate, che si trovano all'origine del teatro moderno, così latinobarbare, come volgari. E veramente noi troviamo la monade del Mistero in certi fatti della leggenda dei santi ridotti a dialogo, con lo stesso processo che oggi si riducono gl'interi romanzi a rappresentazioni drammatiche. Fra quelle di Feo Belcari ve n'ha una dove i personaggi non sono che un angelo, san Panuzio ed un sonatore. Il santo vuol sapere da Dio chi gli si appareggi in terra nella vita devota. L'angelo gl'indica il sonatore, stato già ladrone, e ricondotto dal divin lume a miglior via, la mercè delle opere di misericordia ond'egli aveva alleviato il peso dell'infame esercizio. San Panuzio lo visita, lo abbraccia e lo trae seco all'eremo. Da questo semplice inizio a tutta la vita di un santo, a tutta la pietosa rappresentazione della Passione, a tutto il terribile mistero del Giudizio finale, la via è lunga, ma non già più lunga che dalle scene vinolente di Tespi alle meravigliose creazioni di Eschilo e Sofocle. E così è naturale che si sia proceduto, andando l'ingegno, come la natura, per gradi, e potendosi nell'opere dell'arte riscontrare la stessa scala che nel regno animale, ove dal zoofito all'uomo si seguono gli anelli ad uno ad uno quasi spiccatamente. Questi misteri drammatizzavano le credenze, le opinioni degli uomini semplici del medio evo; la cui fervida imaginazione faceva già rivivere ed agire i santi e divini personaggi della leggenda; onde il poeta non avea che a esporre gli atti e la vita loro come meglio sapeva; l'imaginazione popolare faceva il resto, e metteva nell'orsoio le lagrime e le risa che ci mancavano.

Questi Misteri furono non meno benefici che i drammi del teatro moderno. Privo di rappresentazioni drammatiche, il popolo, avido sempre di spettacoli e di emozioni, è più disposto a fare la tragedia e la commedia per le vie. Se non ha grandi personaggi da compiangere o maledire in iscena, è più atto a ire a cercarli e assediarli nelle lor case e a farne strazio. Così, se non ha certi uomini e certe classi odiate da irridere e vilipendere nelle finzioni rappresentative, è più atto a vituperarle e perseguirle per le vie. È facile che il popolo, dopo un'orazione dal pulpito o dalla ringhiera che l'infiammi a disordini e a vendette, la dia realmente per mezzo agli eccessi; è raro che il teatro lo spinga alla violenza. La stessa malignità e virulenza della commedia antica non crediamo che valesse a tanto; e Socrate non morì per le *Nuvole* d'Aristofane. Ma noi veramente intendiamo della commedia morale e temperata, non già della violentemente satirica. Nella commedia morale la catastrofe rimette le cose al segno: il popolo ne esce con l'animo meglio ammaestrato e disposto. Il sentimento ha subito tutte le sue crisi nel corso della sua rappresentazione; e quello che ne porta seco l'animo dell'uditore è un ravvaloramento al bene, e un rattenimento agl'impeti repentini degl'istinti violenti o perversi. Anche quando il dramma sembra volersi fare maestro d'adulterii e di malvagità, è meno pericoloso che i libri o i discorsi lubrici letti o tenuti in camera. L'uomo, ch'è da solo a solo col libro, si sente incoraggiato e rinforzato a' suoi cattivi movimenti; non ha testimoni, non ha autorità che l'intimorisca e rattenga. Nelle letture simpatiche e fidenti si può spesso ripetere con Francesca:

« Galeotto fu il libro e chi lo scrisse. »

Ma al teatro l'aver compagni, l'osservare e l'essere osservati, desta e avviva nell'animo la coscienza, e più i disordini sono palesi e trionfanti, più irritano e stomacano.

Tornando ai Misteri, noi non possiamo credere che in tempi di coltura più pagana che cristiana, di religioni volte a politica, di titubanze dei fedeli, di scandali e di eresie trionfanti, si potesse rinnovare la viva fede e la incantevole fantasia dell'arte del medio evo. Non v'era più un popolo che del destino dell'anima faceva il massimo interesse della sua vita, che confondeva in uno la vita terrena e l'eterna, che si rispondevano per punto come le partite di un libro infallibile. V'era una gente o scredente o solo superstiziosa, e meschinamente e vilmente superstiziosa, che negava o non vedeva la grandezza delle tradizioni religiose. La Chiesa non era più la comunanza dei fedeli; era un ritrovo alla ripetizione abituale e meccanica della preghiera; e vanamente il sacerdozio si studiava di mantenere nella cattolicità della dottrina la nazionalità appassionata delle cerimonie del culto. La nazione era franta, e la religione non trova degno ospizio ed onore tra i frammenti di un popolo. Il sentimento religioso mancava alle moltitudini; si racchiudeva nelle consuetudini pie, ma meno inspirate, delle confraternite; alle quali si scrivevano le rappresentazioni sacre, non più con la speranza di muovere tutto un popolo, ma drappelli staccati di divoti. A queste confraternite, come notammo, scriveva il Cecchi; e veramente le sue rappresentazioni sacre non hanno nulla dello spirito antico. Seguono punto per punto o la Sacra Scrittura, come il *Re Acab*, o il Vangelo, come il *Figliuol prodigo*, ed hanno senza più alcune frammesse comiche; come nel *Re Acab* quella di un vecchio Zorobabel a cui, rompendosi la guerra con Benadab, re de' Siri, è fatto credere ch'egli altresì dee andare al campo, è indotto a ricomperarsi, a comparire per un poco sotto le assise militari che gli piangono addosso. Così al *Figliuol prodigo* è contessuta la storia di una frode servile, e vi si nota altresì l'introduzione del costume e linguaggio rusticale rappresentato fra gli altri da un Tognarino, uno *stiattone*, che s'inurba per la prima volta e inarca a tutto le ciglia, assai meno avveduto che quel figlio di Filippo Balducci, presso il Boccaccio, che vedendo per la prima volta le donne, ne voleva menar seco alcune, sebbene gli fosse detto che fossero una varietà del genere papere.

Le sole innovazioni fatte dal Cecchi, se ne levi l'imbastardimento del Mistero, si era, com'egli dice, l'aver scritte le sue rappresentazioni sacre in versi sciolti, mentre gli antichi le scrivevano in rima, e l'avere aggiunto gl'intermedi. Questi erano o di diavoli congiuranti ed operanti a danni degli uomini o della Corte del Paradiso, dove si risolvevano i loro destini. Nel *Re Acab* in un intermedio apparisce Dio sul trono della maestà con assai angeli d'attorno, e la Misericordia e la Giustizia più basso che combattono innanzi a lui della fine di quel re. Vince la Giustizia, e, rotto il palco, n'escono due diavoli che sono incaricati di eseguire la condanna contro il re e la sua stirpe.

Venendo alle commedie profane del Cecchi, diamo il novero delle ventuna secondo il ricordo di Baccio: 1. *La Dote*. 2. *La Moglie*. 3. *Il Corredo*. 4. *La Stiava*. 5. *Il Donzello*. 6. *Gl'Incantesimi*. 7. *Lo Spirito*. 8. *L'Ammalata*. 9. *Il Servigiale* (*servente d'ospedale*). 10. *Il Medico*. 11. *La Macaria*. 12. *I Dissimili*. 13. *I Rivali*. 14. *L'Assiuolo*. 15. *Il Diamante*. 16. *Le Pellegrine*. 17. *Le Cedole*. 18. *Gli Sciamiti*. 19. *Le Maschere*. 20. *I Contrassegni*. 21. *Il Debito*. Dai richiami che l'autore fa nei prologhi successivi delle sue passate commedie, come i romanzieri inglesi de' loro lavori precedenti nel titolo delle loro *Novelle*, sembra che tale sia l'ordine della composizione di queste commedie, e non comprendiamo perchè il Le Monnier che si accinge a stamparle tutte, se non fosse già per la furia di vincere il palio, abbia mescolato insieme commedie sacre e profane, e datele fuori dell'ordine della composizione dell'autore.

Il Cecchi scriveva assai presto, vantandosi nelle *Maschere* ch'ei non aveva fatto alcuna commedia che vi avesse messo più di dieci giorni, comprese quelle che avevano avuto la calca all'uscio; e le *Maschere* stesse erano state scritte da lui in sei giorni, in tanto tempo quant'ha da santo Stefano a Calen di Gennaio; il che era tanto più da maravigliare, in quanto egli aveva già da tempo intermesso quell'arte. Fecondità solita negli scrittori drammatici, che hanno e debbono di necessità avere un ingegno atto non solo al lavoro estemporaneo, ma a tutti quei ripieghi e a quelle gretole di stile che sono richiesti dal capriccio e dalle convenienze de' comici e del pubblico. Onde niuno ha la mano più agile che essi alle variazioni, alle rimaneggiature, e il Cecchi è notevole esempio, che, come l'Ariosto comin-

ciò fin dal 1498 a scrivere le sue commedie in prosa
e poi le versificò, così egli dettò il *Samaritano* ed altri componimenti in prosa e in verso; senza che ne
rimasero due dettature, quella dei codici fiorentini, pubblicata dal Tortoli,[1] e quella dei senesi, dal Milanesi.

Il Cecchi imitava Plauto e Terenzio, e più il primo,
come più ricco, dicendo di non dar mai fuori commedia che quegli non volesse mettervi la parte sua. Questa
confessione era temperata della speranza di venire pure
in esempio; onde nel prologo della *Dote* in buona parte
cavata dal *Trinummus* di Plauto, egli dice:

« Chi ha in pratica
Terenzio e Plauto, ne sia testimonio,
E dica se da' Greci le lor trassono;
E se poi li moderni hanno cavate le
Loro da quelli, e' potrebbe ancor essere
Ch'altri verrà il qual renderà il cambio,
Alle Toscane. »

Così egli dichiarava che la *Moglie* era tratta dai due
Menechmi di Plauto, convertiti in due Alfonsi; che gl'*Incantesimi* erano tolti dalla *Cistellaria* del medesimo
autore; e che quello c'era di buono nei *Dissimili* che
egli compose assai giovane, l'aveva tolto da Terenzio.
Così del *Corredo* ci dice:

« Il caso è nuovo
Però già accaduto in parte in Grecia. »

E de' nuovi affatto pure egli recò a dramma. Così dice che
tutti i casi del *Donzello* erano occorsi in Firenze dal 1527
al 1550, che lo *Spirito* era veramente un caso seguito in
Firenze, e variato solo per servire alle convenienze:

« Ma s'è fatto vario
Per non tassar alcun, chè troppo rigidi,
Son oggi certi personaggi e vogliono

---

[1] Il volume di commedie inedite del Cecchi pubblicato nel 1856 dal-
l'editore G. Barbèra per cura di G. Tortoli, contiene le commedie seguenti:
Le Pellegrine, L'Ammalata. Il Medico (ovvero *Il Diamante*), *La Maiana.*

> Far le cose e si creda ch' e' non l' abbino
> Fatte; per non far dunque nimicizia
> S' è la verità ascosa in una favola; »

che il *Servigiale* era un caso intervenuto in Firenze pochi anni innanzi; che l' *Assiuolo* era una commedia nuova nuova, non cavata nè da Terenzio nè da Plauto, ma d' un caso nuovamente accaduto in Pisa in dieci ore di tempo tra certi giovani studianti e certe gentildonne. « Nè sia chi creda, egli soggiunge, che questa commedia si cominci o dal sacco di Roma, o dall' assedio di Firènze, o da sperdimenti di persone, o da sbaragliamento di famiglie, o da altro così fatto accidente; nè che la finisca in mogliazzi, siccome sogliono fare le più delle commedie; nè sentirete in questa nostra commedia dolersi alcuno d' aver perso figliuoli o figliuole, nè di dar moglie o maritar persone. » Ritrovamenti e maritaggi, soliti compensi dei drammaturgi. « Ménandre, dice Guillaume Guizot, employait aussi de préférence, même dans des sujets fort divers, certains réssorts dramatiques, comme les réconnaissances et surtout le mariage. Dans la théâtre de Molière nous ne trouvons que trois pièces dont l'intrigue n'ait pas un mariage pour denoûment: *Don Juan*, *Amphytrion* et *Georges Dandin*. Les *Précieuses ridicules*, la *Critique de l'École des femmes* et l'*Impromptu de Versailles* ne sont pas plus terminés par des mariages, mais comme ces trois pièces toutes de critique littèraire n'ont aucune intrigue, nous n'avons cru devoir les citer. » Ma v' ha un' originalità nei componimenti anche più nuovi? Un novello accademico, il signor Légouvé, faceva testè l' elogio dello scrivere a più insieme i componimenti teatrali, dimostrando come tutte le qualità richieste a riuscire non s'accozzano in uno, e che pertanto è bene metterle insieme, come Zeusi accordava in una

sola imagine le svariate bellezze delle donne di Crotone.
E poi soggiungeva che le stesse opere che portano in
fronte un solo nome procedono realmente da molti, e
citava la sua *Medea*, che da' consigli de' suoi nuovi confratelli accademici s' era avvantaggiata tanto da non
parere più dessa. E veramente questa collaborazione
de' vivi coi morti, o con altri scrittori lontani e non noti
di persona, è antichissima nei drammaturgi, i quali, più
che gli altri scrittori, arricchiscono e delle tradizioni e
dei lavori altrui, e non sono mai propriamente originali,
forse perchè l'assioma « Nulla di nuovo sotto il sole » si
avvera specialmente nella vita comune, nei costumi e
negl' incidenti ordinari del mondo. Lo stesso *Assiuolo*,
detto così dal grido *chiù chiù chiù* (contrassegno del
vecchio Ambrogio), e vantato originale, è pieno di plagi
boccacceschi. L'*Oretta*, è la moglie di Filippello Fighi-
nolfi che va ad un bagno per cogliere il marito, e si
trova nelle braccia di Ricciardo Minutolo; la Violante,
che scambia l'Oretta, è la fante della novella dello
Spago. Ambrogio che assidera nella corte, è lo *Scolare*
che si vendica poi sì atrocemente dell'ingannevole vedova. Nel Boccaccio insomma si trovano tutti i germi
di quest'intreccio; il che non importa che il caso non
sia occorso, e che il Cecchi non l'abbia drammatizzato
il primo, ma che l'originalità, come s'intende da alcuno,
non v'è, nè in generale ci può essere.

Queste imitazioni o parallelismi, che noi andiamo
tracciando nell'*Assiuolo*, sarebbe curioso appostare in
ciascuna commedia; o meglio e più pienamente si dovrebbero seguire gl'intrecci, le situazioni, i caratteri
per tutte le loro trasformazioni ne' vari secoli letterari,
come appunto mostrò Filarete Chasles per l'apologo
del cane e dell'ombra nei suoi studi dell'antichità, facendosi dai trovati della fantasia indica fino agli ultimi

raggentilimenti di Lafontaine. Questo studio comparato degl'incrementi o stremamenti dell'idee letterarie per le alluvioni o i dilavamenti dei tempi, darebbe le caratteristiche delle varie età, e il criterio del vero progresso. Noi non possiamo fare questo tentativo sul Cecchi, poichè l'indole e i confini del nostro lavoro non cel consentono; ma un editore degno di questo nome dovrà farlo, per non essere un critico meramente verbale.

Si potrebbero però considerare in sè stessi gl'intrecci, o i nodi o i groppi, come dicono il Machiavelli e il Cecchi, le situazioni e i caratteri. Oltre l'indole generale degl'intrecci, già notata dal Cecchi, si potrebbe vedere con qual arte e con quale felicità sian condotti. Qui si vedrebbero spesso i più bizzarri viluppi del mondo; gli amori moltiplicati in più doppi; e gran parte darsi alle perdite o ritrovamenti di fanciulli, per i vari incidenti indotti dalle piraterie esercitate dai Turchi sulle coste d'Italia, o per gli assalti delle città e gli sperperi delle famiglie per le fazioni e battaglie intestine. Anche gli schiavi, elemento che manca per ventura alla nostra vita civile, avevan parte allora al ravviluppamento o scioglimento dei nodi, e conferivano a far rabbrividire o racconsolare quei poveri borghesi, cui l'empietà e lo strazio delle continue guerre e le varietà dei giuochi della fortuna avevano rintuzzato il gusto ad eventi più naturali. Onde questi viluppi, che ci annoiano e che noi seguiamo a fatica, se lo stile non li sostiene, erano belli e attraenti ai nostri vecchi, spettatori ed esperimentatori di tanti travagli. Nè già vogliamo dire che non ne siano di quelli, che con poche mutazioni non potessero piacere anche a noi; e gl'*Incantesimi*, per esempio, assai meglio che l'*Assiuolo*, sebbene meno probabili, fanno fede d'un ingegno comico che sa destreggiarsi tra le

difficoltà di un argomento complicatissimo. Gl'incidenti
s'addentellano non sempre naturalmente, ma efficacemente, e tengono l'animo eccitato e desto; le situazioni
sono talora veramente comiche, come quella dei due
vecchi innamorati della Violante, a ciascuno de' quali è
fatto credere ch'ella è trasformata per forza d'incanti
nell'altro, e vanno a casa il marito, che, mentre son
all'appiccarsi i primi baci e allo sperare la vicendevole
trasmutazione in femmina, vengono divisi e cacciati a
suon di bastone dal servo presunto marito di quella
giovane. Così è bella la situazione di quell'altro vecchio
che va alla novella sposa, a baciar mano e toccar gota,
come dice il Cecchi, e trova le porte chiuse, e, aperte
che sono, vede lei svenuta e senza sembianza di vita,
e di tranello in tranello è costretto ad abbandonarla.
Così è bella nella *Maiana* quella situazione di un vecchio, che ha in casa l'amasia del figlio, e crede al servo
che la sia la sposa di un suo amico ricoveratasi da lui;
e tutti gl'incidenti che ne nascono, fino al pagamento di un debito che pretendea la cortigiana, sono
curiosissimi. Certo non è l'onestà nè la delicatezza che
fa belli quest'intrecci; nè piacerebbero ai nostri dì, ove
pure son tornate elemento principalissimo e prevalente
le Signore dalle Camelie. È il vero che al dì d'oggi il
vizio si vela meglio, e certe scene della *Calandra,* che
mostrano col dialogo quello che Diogene ancor più
valente osava nelle vie d'Atene, non si potrebbero
tollerare. Ma, quando la società è splendida più che
gentile, raffinata più che veramente civile, la commedia corre alle arti più grossolane e indecenti, e
lusinga le tendenze più basse e brutali dell'umana
natura.

La società in Italia, anche ne' suoi migliori secoli,
fu, per valerci di una frase etnografica, più accampata

che stabilmente locata. Anche nella gran capitale romana, la vicenda dei papi ed il conseguente variar della
vita non lasciava radicarsi il bel costume; senzachè una
società, composta nella sua miglior parte di celibi, poteva prestar poca materia a quello studio e perfezionamento. Le corti avevano belle dame e cavalieri gentili,
ma di dimora generalmente effimera, non davano così
grande e larga materia agli esperimenti, come fecero
poi quelle di Elisabetta e di Luigi XIV. Senzachè le
piccole capitali non somministrano quella dovizia d'originali, che si richiede all'osservazione ed alla elaborazione dei caratteri. Anche nel grande e raffinato incivilimento italiano si manteneva una cotal grossolanità,
frutto in parte delle lascivie della coltura pagana, e in
parte della vita sparsa, divisa, e non bene sottoposta
alle benaugurose influenze del sesso gentile. Anche l'incivilimento era ancora giovane, e privo delle meditate
eleganze dell'età più tarde. L'imperator Federigo, citato
da Dante, dicea che nobiltà è antica ricchezza e bel
costume. Noi diremo che civiltà è antico uso di gentilezza e squisitezza di sentire e di gusto.

La commedia doveva dunque rendere lo stato della
socievolezza italiana, com'ella rendeva la licenza inglese
sotto la vergine Elisabetta; licenza, cui per l'altezza
di parecchi elementi della vita civile e morale degl'Inglesi e per la prevalenza e adorazione della donna si
mescolavano tratti di vera e divina passione, affetti
nobili e generosi. In Ispagna la commedia rifletteva lo
spirito cavalleresco, nato a un corpo col fanatismo religioso, da cui rimase poi sempre indiviso. In Francia
una censura gentile, una galanteria ingegnosa, passioni
composte a civiltà, velate in parte ad essere più belle
e piacenti, non mascherate a nascondere laidezze. Certe
commedie italiane sembrano ritrarre quelle scene di

profanazioni morali che, secondo i Cattolici, si facevano dagli Albigesi a lume spento, e, secondo le calunnie gentilesche, dai primi Cristiani.

Tanto è vero questo carattere della commedia italiana, che, dove è meno lodevole il costume, quivi è più vivo l'intreccio, più spiccati i caratteri, più naturale il dialogo. La *Mandragola*, ch'è la prima commedia italiana, è immorale oltre ogni dire. Dopo il Machiavello, che da certi luoghi delle sue lettere parrebbe che troppo si recasse la cattività a scherzo, il più vivo forse è Pietro Aretino. L'uomo più impudente del secolo decimosesto, che n'ebbe tanti, o almeno il più avventuroso degl'impudenti; l'uomo che scriveva il *Genesi* con uno spirito apparente di vera pietà, e il deuteronomio dei bordelli, ove aveva le sorelle, riesce nelle dipinture dei caratteri e nelle vivezze del dialogo. Solo è poco perito nell'arte; soverchiamente stemperato e lungo; fiacco e rilassato nello stile: s'egli avesse avuto la sobrietà e l'atticismo del Machiavello, andrebbe ora per la maggiore. Così com'è, sarebbe forse il più riducibile a piacere ai presenti. Egli solo in quel secolo fu spontaneo e naturale in tutti i ludibrii del vizio. Il Marini e gli altri che lo seguirono applicarono la tortura dell'arte secentistica anche alle lascivie; onde senti la ricerca e lo sforzo in mezzo anche all'infame abbandono. L'Aretino è ben quello che morì dal troppo ridere ad un quadro di lussuria che riusciva nuovo e meraviglioso anche alla sua fantasia depravata.

Le fonti del riso si traevano in generale dalle burle fatte all'imbecillità dell'età e dello spirito; i parassiti, i servi e i bari si pigliavano l'assunto di servire alle voglie dei giovani, ingannando i vecchi e restituendo così nella famiglia l'equilibrio rotto dall'abuso dell'autorità paterna. Rare volte il vecchio è savio e la vecchia lodevole. Talora, come ne' *Dissimili*, v'ha un vecchio (Filippo), avvezzo a Corte, che conosce il mondo, ed è tutto amore e indulgenza alle capestrerie giovanili. Anche talvolta il vecchio duro e pertinace, vedendo il figlio in vero pericolo di capitar male ed essergli tolto, s'intenerisce, e mostra d'aver viscere per altro che pel denaro. Così nella *Maiana*, il vecchio Cenni, venuto in isperanza di riavere il figliuolo, che per non essergli lasciata sposare una fanciulla di bassa mano s'era partito di casa e non dava più novelle di sè, dice a Bartolo che gli faceva sapere come fosse tornato e si peritasse di farglisi innanzi:

« Diteli,
Diteli, Bartol mio, che non si periti,
Che ciò che io ho, è suo ; piglilo, godilo,
Gettilo via, ch'io non sono per dirgnene
Parola mai ; stia pur a casa, e bastami. »

Così bella è nei *Dissimili* la conversione del burbero Simone, pel riscontro delle due forme diverse dell'educazione dei figliuoli, trascorrendo egli ad una indulgenza e generosità maggiore di quella del fratello Filippo, e il suo monologo a questo proposito è uno dei più belli che si leggano in commedia.

Ma le più volte il vecchio è avaro, volto ad amori sozzi o intempestivi, e il più bel tipo è quello di Niccolozzo, negl'*Incantesimi*, un dolce grappolo, tutto condito di bessaggine sanese, che vecchio s'innamora d'una bella giovane, la Violante, ed accetta di vederla sotto forma del suo vecchio rivale Baldo, per forza d'incanti, ch'egli paga largamente, e racconta al Trinca, che lo beffa e lo bara, le sue valentie amorose e ginnastiche alla sua età. Egli aveva per virtù d'amore fatto balli, fatto mattinate, fatto maschere, fatto feste, fatto giostre, fattosi un mostaccio tanto fatto a quella bella festa

sanese delle pugna, ed erane rimasto con sì gran voglia da volere tornare a Siena per aversi quattro di
que' frugoni prima di morire. E il Trinca bene a proposito si fa beffe di quest'usanza, dicendo ironicamente: `
— Certo che l'è una magnificenza veder que' vostri bab-
baccioni con gli occhi lividi e col viso tutto imbiaccato
andarsene passeggiando per piazze e ragunati per magistrati. — Le vecchie sono rappresentate in generale
caparbie, vogliolose, importune, e le giovani, che si
lodano di bontà, di gentilezza, e che potrebbero abbellire ed allegrare la scena, spesso o non compaiono o
passano senza dir parola, e solo dalla fante o dall'innamorato intendiamo l'animo loro. Questa soppressione
dell'elemento femminile nella socievolezza, e per conseguente nella commedia, non solo rattristò, ma insozzò
ed affievolì gran parte di quell'età; imperocchè la donna
non solo è sorgente di vaghezza e di grazia, ma di
onestà ed eziandio di valore.

La donna degenere, la cortigiana, la lusinghiera
campeggia in queste commedie, come nelle antiche e
nelle odierne; e, come si vede nella *Maiana,* già s'in-
tendevano delle arti più sottili di trar danaro dai loro
vaghi. Onde lo Spagna servo dice a Fulvia:

« Chè se bene il mio Giulio è un bel giovane,
Questa Signora sua, mal di san Lazzero,
Vuol altro che bei ceri, e fa promettersi
Danar, e, se non ha, si fa far cedole
Di lor mano, e poi brava ed egli spirita,
E fa ciò che la vuol, perchè e' ne spasima. »

Nè piccole spese bastavano a tai donne, onde la Rosa
diceva di essa Fulvia sua padrona che, dovunque la andava, voleva seco l'ordine

« E i carriaggi come fanno i principi; »

ed alcuni amanti non rendévano punto, come quel bravo, di cui diceva la stessa Rosa

> « Bazzicò
> In casa ; gran bravate, grossi eserciti,
> Brave fazioni, gran mortalità d' uomini,
> Queste son le vivande di che ha tenuteci
> Pasciute... »

E già le cortigiane finivano come al presente, essendo solito, dice sempre la Rosa che ne sapeva qualche cosa,

> « Di far prima la festa, e la vigilia
> Dopo, e talora scaricare al lastrico. »

Il falso bravo si trova già dipinto dal Sacchetti in quel tale che, credendo piacere a Castruccio, spingeva e spegneva i Fiorentini sul muro dell'albergo; del che poi pagò le pene combattendo in prima fila co'Fiorentini veri e non dipinti, d'ordine del valoroso principe lucchese; nel che fare morì. Ma, lasciamo stare la bravura dei tempi, in cui la milizia era uno scherno, e il valore si scontrava solo nei petti dei cittadini, quando si volgevano per sventura alle guerre intestine. Veniamo ai tempi della milizia risorta per opera specialmente di Giovanni dalle Bande Nere, milizia che risorse dietro non tanto al danno, quanto alla vergogna che sentirono gl'Italiani di veder correre così a man salva il proprio paese dallo straniero, che entrava trionfante le sue città con la lancia alla coscia, e andava diviato a Napoli senz'altro indugio che quello della lunghezza e asperità del cammino. I principi non appresero nulla. Solo i Fiorentini ascoltarono tardi la voce del Machiavello, creando quell'ordinanza, che doveva tanto onorare la caduta della Repubblica. Ma il valore degl'individui si destò e fiammeggiò largamente, e insieme ai veri bravi vi furono naturalmente i bravi contraffatti e a credenza, i quali fecero il più le lor prove in città, e soprattutto per l'osterie. Ferruccio si sentì primamente soldato reprimendo l'audacia di Cuio, e morì pel vigliacco abuso della mal conquistata superiorità d'un altro bravo, di un Maramaldo, punto sul vivo dagli scherni che gli aveano fatto prima i soldati di quel grande italiano.

Il Cecchi ritrae il tipo del falso bravo in quello Sganghero, che vedemmo già vivere dell'amore della Fulvia, nutrendola in quello scambio di millanterie fallaci e incredibili. Ma il Cecchi non è gran fatto nella rappresentazione di questo o degli altri caratteri. Coglie qualche bel tratto, tesse qualche bella scena; ma non sa svolgere un carattere pienamente e con ordine. Il carattere del bravo, nato probabilmente, siccome vuole il Le Clerc, dalla istituzione degli eserciti mercenari sotto i Seleucidi, e gli altri successori d'Alessandro, il *Pirgopolinice* di Plauto, va scadendo anzichè acquistando nel Cecchi. Il Cecchi è un ritrattista, non un pittore, ha talora più di Teofrasto e di Labruyère che di Plauto e di Molière.

Il parassito non mancava alle numerose Corti o alle case signorili d'Italia; ma non era al certo il parassito greco o romano, l'uomo ch'era in tutto alla mercè dei grandi, e che, come il cane, vivea dei rilievi della loro mensa. Gli stessi poeti de'grandi si potevano presso i Romani mettere tra i parassiti: mendicavano apertamente, e l'uso de'doni pubblici faceva meno vituperoso il vivere di sportule. Ma in Italia l'uomo di lettere, negl'intrecciati interessi di tante Corti, nei servigi di cui abbisognavano i principi nostri ed eziandio gli stranieri, che non trovavano uomini ben desti e pratici che iu Italia, solevano impiegarsi piuttosto come segretari e agenti, ed erano costituiti in grado onorato. Le guerre, i commerci occupavano altri ingegni spiritosi ed acuti: onde il parassitismo era piuttosto il vizio del povero ghiotto ed inuzzolito al godere dallo spettacolo delle splendidezze della vita italiana, che un prodotto necessario dell'essere nazionale. Presso gli antichi le reclute dei parassiti si dovevano fare specialmente tra i liberti. La schiavitù è un male, di cui non si guarisce mai bene, e le cicatrici delle sue piaghe rimangono eziandio nello stato franco. Onde non si vede mai nelle commedie italiane il vero parassito antico; ma sibbene l'abbindolatore, il baro, qualche Ciacco che del pesce d'Arno, mangiato invece delle decantate lamprede, si vendica con le pugna, accattate da altri; perocchè il ghiotto è troppo pingue e carico da potersi aiutare.

Il pedante, in tempi di tanta coltura classica, doveva esser naturalmente un tipo comune, e difatti si riscoutra fin dai primi principii nel Fessenio della *Calandra,* fino al Manfurio di Bruno. Lasciamo la mala figura che fanno nelle novelle e i barbari scherzi che loro si accoccavano. secondo l'uso di quell'età intemperante nelle berte; vizio da cui non seppe salvarsi neppure quel gentile spirito di Lorenzo de'Medici; e del trattamento fatto ai pedanti e delle burle di Lorenzo ha esempi il Lasca nelle sue *Cene.* Il pedante era odiatore delle donne, parlava un latino fidenziano, teneva dell'ipocrita, gettava il fazzoletto a coprire il nudo seno di Dorina, e corrompeva poi segretamente la pudicizia giovanile o l'onestà matronale. Il suo slatinizzare lo rendeva venerabile agli sciocchi; e la sua apparente rigidità, non ostante la mala fama della professione, gli concedeva l'entrata nelle famiglie. L'effetto del latino era maraviglioso. Messer Nicia non prima ode le definizioni erudite di Callimaco, si dà per vinto, e crede già avere in braccio il suo naccherino.

Interroghiamo ora più intimamente il Cecchi intorno ad alcuni ceti d'uomini ò costumi del suo tempo. Nel

proposito delle donne, egli rivendica in un luogo l'eguaglianza della moglie e del marito innanzi all'adulterio
a cui dovea esser fomento il lusso sterminato, dove
s'abbandonavano nelle vesti, nelle anella, nelle cate-
nelle, negli addobbàmenti delle camere, nelle balie,
nelle fantesche, nelle mazzocchiaie od acconciatrici di
capo; e questo lusso sollevava anche i servi a dispetto
della povertà a voglie smisurate; onde lo Sbietta ragazzo dice nel *Donzello:*

> «...... Io vorrei un tratto
> Comandare; egli è meglio ire a cavallo
> Che correre alla staffa; oh povertà
> Santa, chi ti vuol t'abbia..... »

Onde quel' proverbio socialistico: *assai, ma mal
diviso;* che nel mondo cioè era roba d'avanzo, ma
dove troppa e dove poca. Nè, secondo il Cecchi, i preti
e i frati andavano netti dai congiunti vizi della lussuria e dell'avarizia; poichè negl'*Incantesimi* li chiama
aiutamariti e nella *Dote* parla di tratti frateschi; chè
sono usi, egli dice, con un « Dio ve lo meriti » a fuggire
le fatiche, e'disagi per l'amore di Dio, e far le guance
grasse alle spese de'balocchi che credon loro. E parecchie
santerelle davano aiuto a questi disordini. Le pinzochere
erano spesso donne, che il mondo aveva abbandonate,
e volgevano l'acquistata esperienza a pro di chi poteva
ancora goderne; e pinzochera era quella Barbera, custode della Violante, ch'ella aveva supposta al capitano
Anguilla da Narni. Avevano propria regola; portavano
un abito particolare di colore scuro (di una pinzochera
bigia fa motto il Cecchi), andavano per le chiese con
una filza tanto lunga di paternostri, biascicando sempre
pissi pissi; poi tentavano nella fede le oneste donne,
e in cambio di presenti promettevano agli amatori,
oltre quei servigi, di fare a lor pro le gite ai martiri od

altre divozioni; ed avendo entratura nei monasteri, sotto coverta di portar panni per quelle rappresentazioni che rompevano talora la monotonia della vita claustrale, queste madonne Apollonie facevano mille faldelle, abusando un nome rispettato agli amori secolareschi. I quali dalle sudicie le cui notti si comperavano con tre o quattro giuli, secondo si ritrae dall'*Assiuolo*, andavano fino agli adulterii patrizi e trascorrevano fino ai sozzi amori, notando spesse volte il Cecchi che l'età garzonile non piaceva meno agli uomini vecchi che la facesse alle donne giovani.

Le due commedie, lo *Spirito* e gl'*Incantesimi*, danno alcuni ragguagli delle credenze e superstizioni di quell'età. Nella prima Aristone greco dice avere studiato sotto un Calavrese, il più sottile ingegno del mondo, ottimo semplicista, stillatore, alchimista, ed ingegnere sopra mano, che, essendo giovane, era ito alla sacra Sibilla sopra Norcia (in que' monti dove nascono li tartufi) e aveva cavato da lei la vera arte e scongiuro degli spiriti, come avevano già avuto Zoroastro e Malagigi, e imparato a far castelli e tante cose; ma non l'usava per non essere arso; essendochè i signori a quell'età non volevano che vi fosse chi sapesse più di loro, e già al bisogno si dilettavano di assennare i troppo franchi scongiuratori di spiriti

« con quei loro articoli,
Dado, corda, stanghetta e simil baie, »

e valevano però meglio di Tiberio, che udiva gli astrologhi in su una casa posta sopra uno scoglio altissimo, e quando nón dicevano a suo modo facea dar loro la pinta in mare: generazione pessima d'ingannatori, che i grandi cacciavan sempre e richiamavano. Della sua età dice il Cecchi nel prologo degl'*Incantesimi*: « La

somma delle somme è il farvi intendere quel che sia in
tutto quell'egregia arte, la quale appresso al volgo
semplice (e sotto a questo nome *volgo* intendesi non
sol la plebe e popolazione ignobile, ma i gran maestri, li
prelati, i principi, che dagl'incantatori lasciano avvol-
gersi come arcolaio, e tal fede gli aggiustano, che manco
assai ne danno allo Evangelio) appresso a questi è questa truffa in prezzo, di sorte che e' si pensano di per-
vertire il cielo e la natura de' loro ordini; e per far
ciò, così la roba gettano dietro a quei che di questa
arte si mostrano periti, che par loro ire a guadagno
manifesto; e i porchetti intanto ingrassano, e dell'al-
trni semplicità si ridono, dando in cambio a danari
bugie e favole. » Ed Aristone, discredendosi col Solletico suo allevato, gli dice tutt'aperto:

> « Credi a me che tutte
> Queste malie, e il saper degli spiriti,
> Oggi son baie ; quell'arte che già
> Ci fu, se la ci fu, è persa, e chi
> Ne vuol mostrare di far professione
> Bisogna che sia astuto, e ch'egli stia
> In su gli avvisi e stiacci il capo a tutti
> E muti luogo. »

Quanto agli spiritati, parlavano in gramatica così,
che un giudice non ne sapeva tanto, e davano nuove
di Roma e di Spagna, e sin dell'Indie ; onde era sventura aver che fare con uno spiritato, se non che mor-
devano e davano ; e si voleva ricorrere ai rimedi, che
erano filatere, caratteri, pèntacoli, suffumigi, intercetti,
e la clavicola ; e a colui che diceva ad Aristone parer-
gli che lo spirito spiritasse di lui, risponde il greco:

> « Adagio: aspetti
> Che gli attacchi alla coda un pentacolo
> Ignito, e alle corna la clavicola
> Di Salomone. . . . »

I medici, gli avvocati, i mercanti, gli artefici sono tutti bezzicati in queste commedie. Dell'empirismo medico o del curare a vanvera si nota nel *Samaritano* d'uno che

> « avea piena
> Una sacchetta di ricette, e quando
> E' veniva uno perchè lo guarisse,
> E' metteva la mano in quel sacchetto,
> E tirandone su una, diceva:
> Dio te la mandi buona. »

E della facilità delle fedi di malattia, dice uno a chi ne aveva mestieri, che egli si assicurava di ottenere in due giorni un attestato di quaranta uomini degni di fede, ch'era stato malato, ed aveva speso 400 ducati in medicamenti, e di avere da uno speziale un conto, ch'è più. Rispetto agli avvocati si dice nel *Servigiale* che

> « i puntigli de' dottor valenti
> Son la pala, con che si volta sotto-
> sopra la roba del mondo. »

De'mercatanti fiorentini si dice nella *Dote*, che andavano fuori in lontani paesi a far la roba per poter poi tornare a Firenze a far la coscienza, e nella stessa commedia si biasima la vanità degli artefíciuzzi che volevano moglie di gran casato per rinnalzarsi; vanità che infettava ogni cosa, e si dimostrava nella divulgazione dei titoli; chè, per atto di esempio, tutti volevano del *messere* che prima si apparteneva solo a' dottori, a' cavalieri, a' canonici, e ogni femina non voleva più esser chiamata « Mona tale, » ma aver della *madonna*, come già soleva la gentilezza francese; il che non ispiaceva poco a molti Pier da Vinciolo di quell'età, i quali arieggiavano a quel personaggio del Cecchi, che diceva

> « il maggior spasso.
> Ch'io avessi mai di donna fu un tratto
> A Orvieto una ch'i' ne veddi ardere. »

Quanto alla coltura generale si ritrae dagl' *Incantesimi* che il latino era appena inteso di quel tempo dal quinto degli uomini, il che poi non era poco rispetto al dì d'oggi; che i libri favoriti dei Filisti di Firenze erano il Fior di Virtù, il Savio Romano e le Vite de' Filosofi; che il popolo aveva i suoi canti e i suoi stornelli, come

« Non è più bello amar che in vicinanza:
Amor amor tu sei la mia rovina:
Venir ti possa il diavolo allo letto: »

il quale ultimo cantava Callimaco altresì col suo liuto, quando, messosi indosso un pitocchino, aspettava che messer Nicia lo acchiappasse; e oltre l'autorità degli stornelli, il popolo invocava a difesa dell'amore Virgilio, che era pure stato macchiato di quella pece, e lo stesso Aristotile (nel *Donzello*)

« Sebbene fosse sì famoso astrologo. »

Delle Nazioni che vivevano o signoreggiavano in Italia si trova fatta menzione degli Ebrei, che chiama capi gialli, pel segno giallo che portavano al capo; e d'una cosa assai desiderata si dice nel *Corredo* bramarsi più che il Messia dai capi gialli. E ne' *Suppositi* dell'Ariosto si accenna come fossero bersaglio ai ragazzi, dicendo Dalio cuoco di Caprino ragazzo:

« Ogni cosa il fa volgere:
S'un facchin, s'un povero giudeo gli viene
Nei piedi, nol terrebbon le catene
Che non corresse tosto a darli noia. »

Gli Spagnuoli erano assai bistrattati, e il duca doveva essere in iscrezio con loro, o condescendeva all'opinione generale degl'Italiani, quando il Cecchi ne parlava sì francamente. Nel *Donzello* si dice ad uno Spagnuolo rispettivo:

« Bisogna esser impronto; ei non par già
Che voi siate allevato da spagnuolo; »

e oltre l'improntitudine, nota la loro vanità; e come tutte le loro grandigie, spesso false, e di gran casati e titoli, congiunte essendo con gran povertà, essi andavano a roba d'ogni uomo. Nel che s'aggiustavano loro egregiamente le spagnuole, onde nel *Corredo* dice Ercole bravo:

> « Ma canchero,
> Quelle spagnuole nel baciar le mani
> Mi succiavan le anella come zingane; »

e a lui risponde il Pecchia:

> « Non maraviglia che ancora gli uomini
> Di cotesta nazion baclan le mani
> E vi sanno trovar sugo. »

Commenda bene la loro unione, che faceva potenza delle divisioni e scisme italiane; onde Lippo dice nello stesso *Donzello:*

> « ...... E' son di stiatta
> D'argento vivo, che cavato fuori
> Dal sacchetto, ogni po' fa palla insieme. »

E Forese gli risponde:

> « Costume da lodarlo, e tanto più
> Quando egli è manco in noi italiani;
> E voi vedete ben, ch' ei si son fatti
> Padroni oggi di tutta Italia. »

E talora sono introdotti a favellare nella lor lingua, e voler essere intesi a forza, e ricevere per risposta, frantesi o burlati, i più strani equivoci e bisticci del mondo; nè solo l' idioma spagnuolo, ma i diversi dialetti italiani rappresentati in Firenze da classi o persone forestiere, e le storpiature di stranieri, si riscontrano nel Cecchi; e i facchini o figli che si distinguevano dal cercine, i zanaiuoli che si distinguevano dalla zana, sono contraffatti nei loro dialetti regnicoli o lombardeschi, e nel *Samaritano* una Marta schiava parla una specie d' italiano inglese.

Gli equivoci, specialmente oseeni, abbondano anche senza appiccarli ai dialetti o alle lingue dei forestieri, massime tra le persone di bassa mano, e nel *Servigiale*, (1, 6) si può vedere un esempio di dialogo tessuto ad equivoci tra Geppo treccone, e Giannicco ragazzo. E l'Ariosto n'è pieno, e nello stesso prologo dei *Suppositi* dice meno onestamente:

> « E bench'io parli con voi di supponere;
> Le mie supposizioni però simili
> Non sono a quelle antiche, che Elefantide
> In diversi atti e forme, e modi vari
> Lasciò dipinte: e che poi rinnovate si
> Sono ai dì nostri in Roma santa, e fattesi
> In carte belle più che oneste imprimere,
> A ciò che tutto il mondo n'abbia copia. »

Ora sarebbe da toccare alquanto della parte meccanica delle rappresentazioni, dei teatri, degli attori; ma il campo è troppo vasto da potersi esprimere con poche linee, e noteremo soltanto come noi co' nostri teatri stabili, belli in vero ed eleganti, non abbiamo idea della pompa e del lusso di quei teatri improvvisati, che già si facevano per la recita di una sola commedia. I migliori artefici di pittura e intendenti di prospettive erano impiegati a ordinare le scene e a fingere i luoghi ove si svolgeva l'evento, come, per atto d'esempio, fu il Peruzzi a Roma quando si rappresentò la *Calandra* in presenza di Leone X e della marchesa Isabella, moglie del principe di Mantova. Si prodigavano l'oro, le gemme, le statue, i dipinti, i fiori; si moltiplicava la luce per doppi ordini di candelabri; e uno o più gentiluomini letterati e di fine gusto erano gl'impresari gratuiti e temporanei. Baldassare Castiglione, l'autore del *Cortigiano,* soprastette alla prima rappresentazione della *Calandra,* o del *Calandro* com'egli la chiama (dallo stupido marito Calandro anzi che dalla moglie Fulvia), in Urbino; egli ne scrisse il prologo non essendo arrivato a tempo quello del Bibbiena, e in una sua lettera al conte

Lodovico di Canossa racconta le maraviglie di quell'apparato. Come dicemmo, una commedia recitata da fanciulletti precedeva alla *Calandra*, e poi v'erano inframmesse di moresche, specie di rappresentazioni mimiche a ballo, di cui davano i disegni i primi eruditi ed artefici; e il Campori pubblica una lettera di Giulio Romano, che narra com'egli ne avesse divisata alcuna alla corte di Mantova. V'erano musiche nascoste di suoni e di voci, e si faceva a questo o a quel personaggio delle moresche esporre il soggetto della rappresentazione, e scusavano cosi i libretti esplicativi dei nostri balli mimici. Oltre quest'aiuto, in antico, alle commedie, prima di cominciare, si dicevano i nomi de' personaggi, al che provvedono oggi gli affissi ed i cartelloni; onde il Cecchi dice:

> « E' m'è piaciuto questo modo loro,
>   Calar la Vela, e mandar gli intermedi
>   Senza far la rassegna di chi dice. »

La vela pare si calasse dall'alto al basso, e non si levasse dal basso all'alto come il sipario; onde la frase *cascar la vela* per *iscoprirsi il proscenio o il palco scenico*. Nè solo si andò smettendo l'uso della *rassegna*, ma crescendo l'intelligenza popolare, e fattasi impazieute di quegli ammennicoli della stupidità, si lasciò anche l'uso di fare l'argomento, quasi cose *da zazzere*. Ai personaggi del primo atto dice il Cecchi nel *Medico* commettersi il peso di fare gli uditori docili ed imprimere loro il già passato della favola, e nel *Corredo* si osserva che non si usava più fare argomento,

> « Send' oggi degl'ingegni cosi desti
>   Ch'e' sanno intender senza turcimanno. »

Queste commedie facevano parte talora delle cene principesche, e la *Cassaria*, come sappiamo da un antico scrittore di cose culinarie, fu rappresentata tra l'altre volte innanzi ad una magnifica cena di carne e pesce

che fece don Ercole da Este, allora duca di Chartres, il
24 gennaio 1529 al duca di Ferrara suo padre e ad altri
principi e ambasciadori. E i comici erano magnificamente
guiderdonati. Così alla rappresentazione della *Calandra*,
che la nazione fiorentina diede in Lione il 27 settembre 1548 ad Arrigo II ed alla reina Caterina de' Medici,
i comici s'ebbero in dono ottocento doppie. Ma torniamo
al Cecchi, e diciamo una parola delle edizioni, che ci furon argomento a sì diffuso e poco ordinato discorso.

Quanto alle due dettature, che abbiamo innanzi, a
noi pare più piena, più regolata quella del Milanesi;
ma di maggiore vivezza e di più vaghe capestrerie svariata quella del Tortoli. Onde anche lo stile di questa
ultima viene ad essere più franco, più spedito, e va più
pei tragetti; il che s'addice assai bene al far comico,
che appunto dee fuggire le vie maestre e parate, atte
alle pompe, e non alle berte e ai passatempi de' viottoli.
Come che sia, noi crediamo che si debba tener conto di
tutte e due, e fare del Cecchi quello che il Bindi fece per
i primi sei libri degli *Annali* e per lo *Scisma* del Davanzati, dare, cioè, tutte le varianti. Anzi, al parer nostro,
le commedie che si trovano in doppia dettatura poetica e
prosastica si dovrebbero stampare a fronte; quelle che
hanno doppia dettatura prosastica, stampate sul testo
migliore, dovrebbero avere tutte le varianti degli altri.
Così il Cecchi sarebbe l'interprete di sè stesso, darebbe
occasione a bellissimi ragguagli di stile e di lingua, e
la tortura de' minuti annotatori sarebbe soppressa.

Il Cecchi è degnissimo di studio. La sua prosa ha
in sommo grado quel pregio che il Salviati e il Buom-
mattei attribuivano all'idioma fiorentino, la dolcezza.
Se altri lo ode leggere da bocca fiorentina è un incanto.
Il suo corso soave come d'un ruscello che passeggi sopra un marmo levigato, e non sia rotto neppure dai

piccoli sassi nel fondo del suo letto. Oltre la dolcezza
ha singolare proprietà, siccome colui che non ha mai
perduto la cupola di veduta e non è punto guasto dal-
l'uso forestiero. Notava il Salvini che le vecchie monache fiorentine del suo tempo parlavano un idioma purissimo oltre ogni altro. Il Cecchi era una monacella,
sotto al cui chiostro eran passati, al tempo dell'assedio, romagnuoli, lombardi ed altri soldati di profferenze
barbariche senza alterare il suo soave idioma e accento
toscano. Inviolato e puro, egli è uno dei custodi del-
l'eterna verginezza della lingua italiana.

E diciamo lingua italiana, perchè non v'ha forse
autore che, rimanendo prettissimo fiorentino, sia pur
tanto italiano. Noi parlammo con italiani di varie patrie, e tutti vi riconoscono i lor diri purgati dalla rug-
gine e dalle svenevolezze dei dialetti. Gentile come il
Petrarca, il Cecchi elesse gli stami più delicati e insieme più tenaci della nostra lingua, unico fiore, di
cui son foglie le varie parlature d'Italia. Ond'è che
il suo stile, con alcuni accorti spezzamenti o semplifi-
camenti, con alcuni rimondamenti di particelle e rav-
viamenti di costrutti, potrebbe ancora piacere ad un
pubblico odierno. Gli stessi suoi proverbi o modi di dire
sono in generale meno strettamente fiorentini, e tratti
piuttosto dalla natura comune e dalle tradizioni nazionali, che dalle locali. Forse in questo raggentilimento
la favella rimette alquanto della sua energia; ma così
portavano l'ingegno dell'autore, e l'indole di una borghesia, che andava perdendo col fervore politico anche
il fervore degli opificii, e si ritraeva alle botteghe e alle
case, adagiandosi nella infeconda quiete delle minute
industrie, e nella vanità dei pettegolezzi privati.

Il verso del Cecchi è l'ariostesco, negletto, ravvolto,
che ravviluppa e intriga nel suo strascico anche la frase.

La quale, battuta all'incudine di una anelante versifi-
cazione, di rado sfavilla e fiammeggia. Con tali esempi
il Castelvetro poteva a buona equità affermare che la
lingua nostra non aveva il verso comico. Ma già il suo
fiero avversario aveva recato a mirabile perfezione lo
sciolto, e datogli quella varietà di numero, quell'elasticità,
quel brio che invano si cerca nell'Alamanni e nel Rucellai. Vôlti alcuni secoli, sorse il Parini che vinse la prova,
e, per dirla col Petrarca, fece davvero *pianger le rime.*

Ora se l'endecasillabo sciolto da rima possa servire
alla commedia di carattere, serbandosi la prosa alle specie più umili, è questione che noi non discuteremo.
Come altresì lasceremo stare l'altro dubbio, mosso dal
Castelvetro, se la nostra lingua sia capace di stile comico. Il Cesari, che abusò tanto delle fiorentinerie, la
disse più ricca per questo conto della latina; e senza
aversi ancora un esemplare perfetto, v'è già tanto da
promettersi che lo stile non sia per mancare, quando
volgano in favore le congiunture e da Dante si trag-
gano i nuovi auspicii a rendere le commedie vive, efficaci
e feconde di miglioramento al costume italiano. Come
l'antica commedia mosse dal Boccaccio, piegando già a
servitù gl'Italiani, cosi la nuova dee muover da Dante
ora che le genti nostre si rinnovano, e sanno tollerare
il sapore di forte agrume della satira nazionale. Il Poeta
della rettitudine c'insegnerà come s'adoperi la scure
del littore a servigio di giustizia; non come si faccia
beffe di Socrate, ma come si onori Catone; come non
si perdoni ai Ciacchi e ai maestri Adami, e si faccia
urlar loro in versi immortali i loro vizi e le lor colpe
a insegnamento e correzione degli uomini.

POESIA POPOLARE.

MARCOALDI. — FISSORE.

Vittorio Cousin disse, che la filosofia non è altro che il senso comune appurato, elevato e conscio di sè. Noi non oseremmo dire che la poesia non sia altro che lo spontaneo canto del popolo, raffinato, svolto, innalzato da ingegni felici. E pure come nelle più dotte opere musicali si trovano di tratto in tratto i semplici motivi delle canzoni popolari, che cullarono l'infanzia od allegrarono l'adolescenza del compositore, così nelle più alte poesie scorgi qualche accento della voce del popolo. E tra le genti più favorite dal cielo, come tra i Toscani, ti abbatti a motivi che sono già perfette poetiche melodie.

I canti popolari vennero ai nostri dì in grande onore, così per l'istinto del secolo che credè ristorare la sua vecchiezza tuffandosi in questa fontana di *Jouvence*, come perchè il popolo, in molti paesi fatto adulto, volse il canto a stimolo e conforto di libertà. Lasciando i rimpasti macphersoniani, si vollero rendere nella loro ingenua purità le voci del popolo; non che già non si fosse tentato; ma l'età nostra lo fece più largamente, più amorosamente, e con ischietta sincerità letteraria.

Noi non ricorderemo tutti i bei lavori fatti in questa materia, auspice quel grande e benevolo letterato del Tommasèo. Essi sono nella memoria o per le mani di tutti. Noteremo però la raccolta che ne ha compilata il signor Oreste Marcoaldi, da Fabriano, nella Marca.[1] In una ben distinta Prefazione il raccoglitore rende conto del suo lavoro: «La più parte, anzi quasi tutti i canti popolari italiani sono di oggetto di amore; pochissimi concernono cose di guerra, di patria-religione, di mitologia, di storia.... Fra i *miei* canti piceni, latini e liguri, parecchi nominano la Turchia; tra quelli umbri due sono contro i Francesi, e *par* dettato ai tempi di Napoleone o poco prima. Uno allude a tradizione religiosa; altro ricorda la famosa acquetta di Perugia e il vino dei Borgia; due discorrono con poca riverenza di persone e cose religiose. In uno si rammenta san Giorgio e brillano sensi generosi e guerreschi d'un amante. Anche tra le canzoni liguri e piemontesi poche si scostano dalla devozione alle femmine. È notabile che in parecchi e parecchi di questi canti ricorre quel papa che radamente, se non mai, e in senso avverso incontrasi nei canti delle provincie a lui soggette. Uno parla di Venezia e del suo maritaggio con Bologna, nè saprei a che epoca storica alluda. Un altro ci attesta l'opinione, che hanno di sè stessi i genovesi marinari, che già furono i più potenti navigatori del mondo. Il restante è tutto amore.»

Se non che l'amore è toccato con meravigliosa delicatezza. La virtù ch'esce dalla vaga fa di gran miracoli. Dove ella va scalza, l'erba fiorisce; dove posa il piede, nascono viole, anzi stelle; che più? la terra dove passa, divien terra benedetta. Quando la va a riposare, in mezzo al letto nasce un fiore; al solo farsi alla fine-

---

[1] *Canti popolari inediti umbri, liguri, piceni, piemontesi, latini, raccolti e illustrati da O. M.* — GenoVa, Tipografia de' Sordo-Muti, 1855.

stra, fa infiorare tutta la campagna; l'acqua stessa con che si lava il viso, ove la butti nel giardino, fa nascere i gigli ed i gelsomini.

L'amante vorrebbe convertirsi nel fazzoletto che la vaga porta al collo, od essere la viola ch'ella si mette al cappello. Così Rousseau pregava che le sue labbra fossero le ciliege che cadevano nel seno della vaga giovinetta. (*Que mes lèvres ne sont-elles des cerises? comme je les leur jetterais ainsi de bon cœur!*) La musica dee farsi mediatrice di amori e di paci. La rondinella dee portar le ambasciate non solo e le lettere alla bella, ma cedere la sua più vaga piuma per iscriverle. Le stelle medesime devono servir di segnale e con le loro fasi di chiarore e di oscuramento far sapere all'amata se l'amante è vivo o morto. Le piaghe d'amore insanabili per valore di medico o virtù di medicina si rammarginano e risanano al tocco della mano della vaga; e la vaga come sia stesa sulla bara in chiesa, venendo il suo bene a piangerla, apre gli occhi e fa bocca ridente.

Vi è poi una casistica amorosa a tôrre gli scrupoli che possono venire dalla religione; ora si narra che un vecchio confessore assolve l'uomo che ha baciato la vaga, dicendo che la bacerebbe anch'egli se l'avesse; ora che un confessore giovanetto risponde ad uno che si confessa d'amore ch'egli pecca dello stesso male; ora che l'amante ito a Roma dallo stesso Papa, e chiestolo se fosse peccato l'amare, averne avuto l'amore esser necessità; solo esser peccato se la donna è brutta; un cardinale de' più vecchi non aver aspettato che rispondesse il Papa, e detto: *Fate l'amor che siate benedetti.* E questa fidanza nell'innocenza e quasi santità dell'amore fa che si mescoli agli atti di pietà, e che la bella, per esempio, pigli l'acqua santa e si segni, e poi guardi l'amante e ghigni. Ma questa sicurtà è stornata talora da alcuna spaventosa visione, come della vaga che bolle in una caldaia all' inferno.

Dopo i rispetti e dispetti vengono alcune canzoni liguri e piemontesi, vere poesie drammatiche. *La prova d'amore*, *La prova d'onestà* (l'onestà scortese), *Il mal signore e la vindice* (la vendicatrice), *La morte di un signore valoroso*, *La parricida*, *L'infanticida*, *Il suicida* reietto dalla terra consacrata e tutto avvampante delle fiamme infernali, son motivi assai belli o ardimenti di viva poesia. V'è moto rapido, v'ha versi d'antica stampa, come alla morte del signore valoroso: *L'urla 'l pu fidu di sò levrè*. — Vi son felici espressioni, come: *Patir per l'onore* per *andare in guerra*. Ma il popolo così gran poeta a tratti, a lampi, non sa svolgere ed esprimere tutto quello che sente; talora toglie il lato volgare, come nella *Infanticida* che chiede alla madre di salvarla per forza d'oro. Si leggano i lamenti e le ultime strazianti parole di Margherita nel *Fausto*. Si leggano in originale, chè non v'ha versione che possa rendere quella verità di querele e di melodie, e si vedrà a qual potenza d'armonia possa elevarsi da un gran poeta il grido di dolore di un'anima tormentata dal rimorso e dal terrore della pena.

Tra queste canzoni come tra i rispetti ne sono parecchie, se non tutte, comuni, salve le varietà dei dialetti, alle diverse provincie d'Italia. Nella stessa *Raccolta* del Marcoaldi vi sono versi nelle diverse varianti dei dialetti. Le migrazioni dei lavoratori o degli operai, i viaggi dei marinai, i cantori vagabondi, sono i veicoli del trasponimento dei canti popolari di luogo in luogo. La canzone di *Donna Lombarda* si canta nella Marca nel dialetto della provincia, e così altre. Varie lezioni migliori potrebbe dar la sicura memoria di alcun marchigiano.

Senzachè è da tener conto, più che finora non si è fatto, dei canti paralleli dell'altre nazioni. Leggendo, per esempio, un libro cosi comune com' è la *Bohème galante* di Gérard de Nerval, trovo al capitolo « Vecchie Leggende » tutta dessa la canzone che il Marcoaldi chiama « La fuga e il pentimento »; ed è la storia di quella villanella che si lascia involare da tre capitani e menare in Francia, ma, accortasi dell' errore, fa tre dì la morta e salva l' onore.

> « A l' è la mezzanotte
>   La fia l' è scappà,
>   A casa di so padre
>   L' è vnia a tambussà.
>   Lo padre si disviglia:
>   Ch' el che picca lì?
>   A son la vostra fia
>   Ch' a j' ho l' onor con mi.
>   S' ho fatt trei dì la morta,
>   L' onor a l' ho salvà. »

La canzone francese chiude pure così:

> « Ouvrez, ouvrez, mon père,
>   Ouvrez sans plus tarder;
>   Trois jours j'ai fait la morte
>   Pour mon honneur garder. »

Così quell' altra pietosa: *Passo e ripasso c la finestra è chiusa,* ec., in cui l' amante trova la vaga morta, ha pieno riscontro in quella di Jean Renaud, che tornato dalla guerra muore, e la moglie dietro a lui:

> « Ah! dites, ma mère, ma mie,
>   Ce qui j'entends clouer ici?
>   Ma fille, c'est le charpentier,
>   Qui raccomode le plancher.
>   Ah! dites, ma mère, ma mie,
>   Ce que j'entends chanter ici?
>   Ma fille c'est la procession.
>   Qui fait le tour de la maison!

> Mais dites, ma mère, ma mie,
> Pourquoi donc pleurez Vous ainsi?
> Hélas! je ne puis le cacher,
> C'est Jean Renaud qui est décèdé!
>   Ma mère, dites au fossayeux,
> Qu'il fasse la fosse pour deux,
> Et que l'espace y soit si grand,
> Qu'on y renferme aussi l'enfant. »

Le varianti non sono poche, ma il motivo è lo stesso. Nella raccolta del Marcoaldi si trova già questa canzone con due lezioni diverse, umbra e picena.

I paralleli più fecondi saranno quelli coi canti popolari dell'Alemagna, quando il signor Giovanni Fissore ce ne darà quella compiuta versione di cui ora pubblica un saggio.[1] Egli lo trasse dalle migliori raccolte che se ne fecero in Alemagna, cominciando da quella di Herder, e proseguendo via via con Uhland, Grimm, Arnim, Brentano, Görres, Wolf, Hagen, Vulpius, Erlach, Wackernagel, ecc., e aggiunse moltissimi altri canti donatigli da Enrico Badati, che li raccolse per le biblioteche dell'Alemagna, ove si conservano nelle loro edizioni del secolo decimosesto e decimosettimo su piccoli fogli volanti, alcuni illustrati da intagli in legno, o *istoriati*, come dicevano i nostri vecchi. Codesti canti vanno dal 1632 fino a Goethe. La piena collezione ch'egli promette comprenderà oltre 280 poeti, e verrà fino ai nostri dì, aggiungendo un cenno biografico a ciascun autore. Il signor Fissore non se ne sta ai prodotti della musa anonima popolare, sia che si possano credere formati per successive accrezioni, sia che, usciti da un poeta inspirato ed ignoto, siano stati accolti dal popolo, e con varianti più o meno essenziali

---

[1] SaVigliano e Torino, 1857.

rimasti nella sua tradizione. I canti dei poeti più culti
e famosi gli parvero appartenere alla sua dizione; e
veramente i grandi ingegni hanno anch'essi le lor radici
nel popolo, ch'è il terreno delle più lussureggianti fioriture poetiche. L'Alemagna, più che altri paesi, può allegrarsi del privilegio di trovare ne'suoi genii un'orma
profonda e viva della ingenuità e verginità dell'immaginazione popolare. Senzachè ogni grande poeta è tratto
ad ora ad ora a pargoleggiare divinamente con lei, o a
simpatizzare con gl'idoli che ella crea, o con le passioni
e i fatti ch'ella vagheggia, e per quegli spiragli la fama
di lui penetra negl'infimi strati sociali; e Dante stesso,
il poeta metafisico e teologo, sebbene s'abbattesse a
cattive mani, fu popolare al suo tempo, e quelle parti,
io credo, che piacquero al Lamartine, e non avevano bisogno della scienza interpretativa dei Buti, dei Boccacci
e dei Benvenuti da Imola, dovettero essere gustati assai;
chè veramente è curiosa la pretesa di parecchi moderni, che si piccano di gustare in tutto gli antichi, meglio
che non facessero i loro contemporanei. Altro è l'ispirazione, altro l'erudizione. L'erudizione, la scienza,
l'arte e la situazione di un grande poeta si vanno meglio
comprendendo dai posteri; ma quello che realmente lo
fa vivere, il sentimento, l'inspirazione, rampolla dal
mondo contemporaneo, che naturalmente lo sente meglio di coloro che lo chiamano antico. Accettato dunque il principio di accoppiare le canzoni della musa popolare e quelle dei poeti famosi, resta a vedere se il modo
di pubblicazione, non saltuario, come nel presente saggio,
ma cronologico ed illustrato biograficamente, inteso dal
traduttore per la sua grande collezione, basti veramente
all'ufficio di editore ed illustratore. Per me non credo.
A me pare piuttosto che in lavori di cotal fatta, oltre
lo studio occulto del traduttore rispetto alla scelta,

alla lezione ed alla retta intelligenza del testo, sia mestieri situare i canti popolari in mezzo alla vita politica, morale e sociale del paese onde sono usciti, perchè
altri possa bene comprenderli e gustarli, e dipoi che si
debbano instituire paralleli dei canti di una stessa nazione tra loro, secondo che escono variamente dalle sue
diverse provincie, e di tutti insieme con quelli delle
altre nazioni, e fare il bilancio comparativo delle espor-
tazioni ed importazioni, e scoprire i fili e le corde elet-
triche che hanno servito al passaggio dei fantasmi popolari. Il che è di tanto maggiore obbligo, quando altri
si travaglia intorno alle opere di una nazione, che va
recando a scienza la storia letteraria.

Un'altra questione si è, se la traduzione prosastica
valga al trasponimento dei canti forestieri nella nostra
lingua. Io concedo che una riproduzione fedele e non
salviniana non si possa fare che in prosa; io concedo
che la nostra prosa può riuscire altamente poetica, e
poetica nacque con Dante e col Boccaccio, con la *Vita
Nuova* e con la *Fiammetta,* sebbene la *Vita Nuova*

« Diretro al dittator sen vada stretta, »

appunto come le poesie dantesche, e l'altra gonfi tanto
le gote, che alle volte par chiami gli schiaffi, come quel
Bernardone del Cellini, che se le lasciava sgonfiare da
una mano ducale. Tuttavia io credo che all'universale
degl'italiani non piaccia questo andar pedestre delle
leggende fantastiche, e che, fiorendo loro naturalmente
sul labbro il numero poetico, si sdegnino di chi non sa
trovarlo ai maggiori bisogni ed alle più felici occasioni.
Le salmodie prosastiche ed invermigliate del Lamennais e d'altri moderni sembrano bastardume ad un
popolo che ha una lingua poetica sì ricca e sì sollevata
sopra la prosa. Io pertanto, starei per le versioni poe-

tiche, le quali vengono ad arricchire veramente la nostra
letteratura, essendo una seconda creazione e pigliando
domicilio stabile nel nostro Parnaso.

Volendosi tradurre in prosa, si potrebbe graduare
lo stile ai vari tempi e caratteri delle poesie, e seguire
le varie fasi del dettato italiano secondo ricerca o riceve la varia indole e forma dell' originale. Se poi non
si sapesse fare, se si volesse dilavare quella varietà
sotto una stessa tinta od intonaco, si dovrebbe almeno
aver cura singolare della proprietà e dell' eleganza; e
qui zoppica alquanto il signor Fissore.

Nel citare che io feci i raccoglitori dei canti alemanni, mi valsi delle parole del traduttore italiano, e
non volli dare un'idea dei lavori tedeschi in questi
studi prediletti, ove credono reintegrare, a dir così, le
funzioni della lor vita nazionale. Io conosco almeno per
fama, poichè le nostre relazioni internazionali letterarie
eran fin qui quasi nulle, molti recenti lavori, e i contributi
testè giunti dalla Transilvania e dall' Argovia al mondo
fantastico e leggendario dell' Alemagna. Uno svizzero,
il Rochholz, ha trovato una vena poetica assai ricca,
dove meno si sospettava, nell' Argovia e nel *paese del-
l' Alpi*, ed i due numeri, che i fratelli Grimm diedero
alle tradizioni dell' Argovia nella loro grande collezione,
sono così cresciuti a cinquecento. Io parlo del mondo
fantastico e leggendario in genere, perchè tale è l'indole altresì dei canti popolari tedeschi.

Gli italiani, a dire il vero, non hanno seguito pienamente il movimento teutonico. L'esempio del Tommasèo non fu bene inteso, e forse il Marcoaldi fu dei pochi che l'andarono bene ormando. Il Tigri, per esempio, ci dà molti rispetti e stornelli che dicono tutti a
un dipresso le cose medesime, e sotto forma popolesca,
o meglio rusticana, non sono talor che le rime raccolte

dal Gobbi e da altri compilatori. Le leggende, le fole italiane non si raccolgono e neppure si ristampano. Eppure noi non dobbiamo, io credo, essere gran fatto indietro, in questa parte, dall'altre nazioni, imperocchè nessun popolo è più imaginoso da sè, e più s'è mescolato per conquiste e commerci con altri, che l'italiano; e gli stessi critici oltramontani fanno i riscontri dei nostri favolatori coi loro, e il cavalier Basile aveva posto nelle prime edizioni della collezione dei fratelli Grimm, prima che passasse anch'egli nel dominio dell'Alemagna, come tutto vi passa per buone e diligenti versioni. Ho citato il Basile; potrei citare Carlo Gozzi e cento altri; lasciando tutte le leggende che vagano intorno al focolare del popolo delle città e delle campagne, e che dovrebbero essere raccolte da qualche Castren, che tra noi si divertirebbe e non avrebbe a sopportare le nevi, le fami e il lezzo dei Samojedi.[1] Nè dee parer puerile, nè temersi che venga danno od offuscamento alla presente luce di civiltà dal raccogliere l'ombre di quegli spiriti, onde i nostri vecchi vedevano gremito o rannuvolato il mondo. Non si tratta di fare una mitologia italiana, come il Simrock fece delle tradizioni tedesche; sebbene, in minor giro, si potrebbe tentare; ma di raccogliere i prodotti della fantasia popolare, e per accorti paralleli dedurre le leggi universali del suo sviluppo, e le tendenze eterne dello spirito umano. Il più gran poema de' nostri giorni, il *Fausto,* si fonda sulla leggenda e sulla tradizione popolare, trasformata, è vero, nella mente e nel sentire di un genio moderno. E questo è appunto l'apparecchio che io vorrei fatto da un'amorosa erudizione al futuro genio italiano; un libro sì pieno e curioso che qualche Dante fu-

---

[1] Questo crediamo verrà fatto ora egregiamente da Vittorio Imbriani nella sua *Novellaia.*

turo leggesse, com'egli già fece, in mezzo alla via e non
sentisse il suono dell'armeggiare fattogli intorno; un
libro che rappresentasse la luce e l'ombra della fantasia popolare. I suoi parti, come dice il Rochholz, ras-
somigliano ai suoi dèi; sono violabili e vulnerabili, ma
hanno dell'essenza divina. Nè questo studio contrasta,
siccome pretendeva un tedesco, allo studio della letteratura universale o dell'antichità classica, che ha nella
poesia incorporato e immortalato tante tradizioni e
fole nazionali. Imperocchè le stratificazioni di quest'oro
si stendono per le viscere di tutta la terra, e la verga
divinatoria dell'erudito ne può trovare gl'invisibili legamenti.

SCORSE LETTERARIE.

PRAGA, BRAMBILLA, RANIERI, ecc.

Tous les vers sont faits, sclamava il retore Fontanes, il favorito di Napoleone e il fautore di Chateaubriand, quando sentì levarsi alto il plauso per le *Meditazioni* di Lamartine. L'elegante lucidatore di Racine non sapca persuadersi che da quella stessa vena d'affetti si potesse trarre una nuova poesia, ed esser tenero come Racine, ma diversamente da lui, dando alla passione un carattere più universale e profondo, al pensiero una maggiore elevatezza, ed alla lingua poetica una dolcezza inusata. *Tous les vers sont faits*, sclameranno i retori al signor Emilio Praga, che non s'annunzia certo come un Lamartine, ma che ha spontaneità, correzione, e quella soave luce di gioventù, piacente come il primo albore del mattino. I cerchi invalicabili si tracciano dai rappresentanti d'una gran potenza come Popilio; non dai pedanti.

Il signor Praga è pittore, e questi versi gli ha trovati sulla sua tavolozza, leggendo tra i colori con la fantasia nei momenti che l'esperta mano incarnava un concetto già svolto e fermato in mente. Non sono rari questi fiorimenti di concetti filosofici e poetici tra gli studi di un lavoro serio, ma già prefinito. Sogliono poi riuscir vaghissimi, perchè naturali; e concettosi, perchè lo spirito è già come inarcato alla serietà e alla reflessività del lavoro. Il Praga non si mette a scriver versi; i versi gli erompono dal cuore belli e fatti; onde si vede una forza nascente, ma intrinseca; propria, non accattata. La sua tavolozza poi è assai varia:

> « . . . . Oh quanti nuovi lidi
> Quanta stesa di cieli e di marine
> Tu vdeseti, e pur giovane sei tanto! »

parea dirgli lo stupore del suo professor di greco a mirare

> « E le sparse sue tele e gli abbozzelli
> Da cui la lieta fantasia traluce. »

Questa varietà d'impressioni riverberò anche nei versi.

Il Praga ha la fede de' suoi vent'anni; fede nel vero, nel bello, nel bene; ma un poco sbriciolata qua e là negli urti col mondo. Egli corre dietro col rimpianto alla fede nel divino, che gli traluce all'idea quando pinge o scrive, e pare che commossa debba tornare a lui. Nella *Libreria* egli lamenta il suo oblio del libro di preghiere donatogli dall'ava amatissima:

> « Ella alle eterne pagine,
> Bimbo, m'innamorava,
> E vi ponea per indice,
> I fior ch'io le donava
> Ma l'ava santa è *in* polvere;
> I fior son avvizziti;
> E della fede gli angeli
> Con lei, con lei spariti. »

E nell'altra bella ed originale poesia *Ritratti antichi,* mostra alle parole che volge all'effigie di un car-

dinale come ei voglia male ai preti di avergli turbato
le credenze infantili:

> « Maledici al pittore!
> La tua sembianza suscita,
> E lo schifo e l'orrore!
> Se in petto avessi un pallido
> Baglior della tua fè,
> Si spegnerebbe, o lurida
> Figura, innanzi a te. »

Destar l'eco assopita nel cuor degli uomini è suo
nobile intento; l'eco di quanto è generoso e santo; ed
egli sente altamente dell'uficio del poeta. Nella poesia
Il Corso all'alba, egli all'udire la squilla al cui suono,

> « Comincia l'olocausto
> Del nobile lavoro! »

esclama:

> « Al suon dell'aspre incudini
> Si sposi il suon de' carmi,
> S'unisca al lieto artefice
> Che tempra a Italia l'armi
> L'artista, che sul soglio
> La riporrà sovrana:
> Questa è la legge umana,
> Questo è di Dio l'amor. »

Egli non intende con questi versi ridurre la poesia
ad arte meccanica, ma indirizzarla ad un fine sociale,
e ridestare appunto l'eco dei gentili sensi e pensieri,
assordata un poco dal fragore del lavoro meccanico.
Egli vuol prender l'animo sbalordito dalla cateratta del
Niagara, e confortarlo nella soavità di una melodia di
Longfellow.

Il mondo però desta in lui l'eco di sensi meno pro-
pizii alla poesia ispiratrice del bene; e dalla gentile
pittura della bellezza amorosa *Sui monti di Noli* lo trasporta all'ironia dell'*Amore di crestaia.* La prima ispirazione ci piace più, e per poco non diremmo che ri-

corda la leggiadria delle canzonette del Poliziano e di Lorenzo de' Medici. Se il Praga fosse fiorentino, questa volta gli agguaglierebbe:

« Oh chi dirà la gioia
Che sentii stamattina
Volar dal labbro d'una contadina.... »

« Era una canzonetta
Che parlava d'amore,
Chiesto e richiesto ai petali d'un fiore:
E un fior pareva anch'ella
L'allegra cantatrice:
Robusti quindic'anni
Sfidatori d'affanni,
      Treccie nerissime
      E occhietti fini
      Ed assassini. »

Gli ultimi cinque versi non sono squisiti ma tutto l'andare della canzoncina è vaghissimo; e il metro è trattato con franchezza, come altresì in molte di queste liriche e, per atto d'esempio, nel già citato componimento *Ritratti antichi*.

Il Praga riesce assai bene nello scherzevole, e fra l'altre poesie ci piace in questo genere quella dei *Pittori dal vero*, de' cui studi e casi ci diede già qualche assaggio Massimo d'Azeglio ne' suoi ricordi romani. V'è una tal vivacità famigliare e graziosa verità, che si par bene come il paesista sappia altresì ritrarre l'indole e gli affetti degli uomini.

Rare scorrezioni di lingua; rari abusi metaforici; franchezza, abbandono, ma affioramenti, non scavi; pagliuzze, non massi d'oro. Fare un prognostico dell'avvenire del signor Praga è difficile. Le sue belle doti potrebbero svolgersi in potenza poetica, e potrebbero restare anche a quel grado, che costituisce la fama e il favore di quello che si direbbe poeta di società. Non si vedono nel suo lavoro gli addentellati di grandi opere

future; non si sentono gl'*indizii del nume;* ma se egli non prende a scherzo il suo inno al lavoro, potremo avere da lui cose non ordinarie.[1]

Dante nel sesto del *Paradiso,* seguendo il corso glorioso dell'aquila romana pel mondo, insegnò l'arte dei rapidi tratteggiamenti storici. Il suo fu un vero sguardo d'aquila; egli abbreviava tutto, perchè vedeva tutto; uno sguardo di talpa fu quello del Pucci nel *Centiloquio;* di lince quello del Machiavelli nei *Decennali.* Queste son cronache, sull'andare degli *Annali* d'Ennio; non iscorci danteschi. Si può tuttavia essere dantesco per indipendenza di concetto, per forza d'animo, e valore di stile anche per tre lunghi canti, come fece il professore Giuseppe Brambilla, tratteggiando l'istoria d'Italia, nella *Cantica* che ne porta il divino nome.

Il professor Brambilla è uno dei custodi delle tradizioni classiche. Dotto in latino e valente in italiano, egli accoppia alla fede nel bello e nel buono degli antichi esemplari una libertà di spirito che lo rende originale. Il suo *Saggio filologico* fa fede di come egli abbia studiato i testi di lingua, e miglior testimonianza ne rendono le sue prose e i suoi versi; tra i quali ne piace citare quell'*Idillio,* che fu pubblicato e accettato da giudici competenti come cosa del Parini; se non che, come disse il Correnti, si sentiva che era un poco affocato, passando per le aure ardenti del Leopardi. Il Brambilla ha due altri lavori insigni; una traduzione in versi sciolti delle *Metamorfosi,* già stemperate con facile garbo in ottave dall'Anguillara,[2] e una *Esposizione filosofica* della *Divina Commedia.*

---

[1] Dopo questo giudizio, impresso nel 1864, il Praga ha risposto variamente ai presagi che dava di sè, con due nuovi volumi di poesie: *Le Penombre,* Milano 1865, e *Fiabe e Leggende,* parte Iª. Milano, 1869.

[2] Pubblicata poi splendidamente dal Daelli. — Milano, 1863.

Come egli tratti lo sciolto, come ne conosca i più riposti magisteri, e come lo rinsangui di alta dottrina e di magnanime idee si vede da questa *Cantica*, che pare veracemente la voce della madre nostra, ridicente le glorie e sventure, che già, quasi stimate d'amore, abbiamo impresse nell'animo. Difficile eleggere tra questi versi, ma i nomi di Petrarca e di Rienzi ci allettano:

> «. . . . . In Campidoglio
> Solo passeggia un cavalier, che gitta
> Puor dell'occhio i baleni irrequïeti
> D'un gran pensiero che lo turba. O figlio
> Di Roma, a te m'inchino; i padri tuoi
> Son nell'anima tua vive querele
> Alla novella età. D'antiche idee
> Caldo la mente, a ristorar di Bruto
> L'opra togliesti; e al redivivo gregge
> Dei ribellanti Lucumóni il ferro,
> Vermiglio per civile odio, fiaccasti.
> L'invida lupa, che dell'are impingua,
> Ti maledisse, urlando impaurita
> Dal mutato covil, dove s'ascose
> A fornicar coi gallici leoni;
> Ma l'Italia t'applause; e sul Tarpéo
> Venner le muse ad onorarti. Oblia
> Il musico sospir la tosca lira
> Che per molt'anni risuonar d'amore
> Fe la sua valle di bei colli ombrosa;
> E del Tebano, che nutria la greca
> Virtù coi premii dell'eléa tenzone,
> Emulando i concenti, il suo gioire
> Svela al gentil tribuno; a lui circonda
> Di gloria il capo ed ardimento e fede
> All'impresa gli cresce. Avversi a Roma
> I fati si mostrâr; ma contro ai fati
> Stettero ognor gli egregi, a cui supremo
> Spirto vitale fu la patria . . . . »

Così pensa e scrive il Brambilla.

Alla scuola classica si **rannette** il signor Lionardo Vigo, di Acireale in Sicilia, del quale ci paiono mi-

gliori gli sciolti che le rime. Il raccoglitore e l'illustratore dei canti popolari di quell'isola, tanto fortunata d'ingegni, sembra essersi studiato d'allontanarsi
sovente da quella sorgente, ch'egli conosce sì bene,
e che ha sì bene mostrato altrui. Non curante del-
l'acque chiare e copiose che rampollano naturalmente
dal suo terreno, si è posto a scavare un pozzo arte-
siano. Zampilla finalmente l'acqua, ma a gran fatica
ed impura, sebben talora fervente. Dopo gli sciolti
(*L'Esposizione di Londra, L'Etna, Giovanni di Procida*) sono notevoli le terze rime. V'è sempre correzione, sostenutezza (talora sussiego), di rado spontaneità, abbandono, leggiadria.

Il Regaldi affina il suo verso, e la sua *Armeria di
Torino*, ove applaude alla rigenerazione della Grecia e
d'Italia, è un poemetto in ottave ben temperate, e
materiate, direbbe Dante, di valenti concetti. Egli, per
l'elaboratezza è un Hugo, come il Praga per la giovenile e spensierata baldanza è un Alfredo di Musset.

Di Hugo, di Lamartine, di Alfredo di Musset, di
Béranger, di Augusto Barbier e di Hegésippe Moreau
e d'altri ci parla il Laurent-Pichat sotto il titolo di
Poeti battaglieri, raccogliendo le letture fatte da lui,
sull'esempio inglese ed americano, in *Via della Pace*.
La poesia deve, al parer suo, combattere pel *diritto*.
Così fece in Italia, la cui scuola poetica fu fondata
dal poeta della rettitudine. Il Laurent-Pichat non è un
critico sul fare di Sainte-Beuve, ch'egli ingiustamente
deprime; non osserva l'arte; ma segue la corrente del-
l'idea e del sentimento; e con lui si ripassano volentieri l'*Excelsior* di Hugo, che dall'affetto legittimista
si eleva grado grado all'ammirazione dell'Impero e
all'amore del popolo, l'umanitarismo di Lamartine, le
scapigliature e i ravvedimenti di Musset, le cesellature

libertine e filosofiche del Béranger, le invettive popolesche di Barbier, e i versi socialisti di Hegésippe Moreau, che ebbe alcun riscontro con Hood, il poeta che diede al popolo un' elegia eterna come i suoi dolori.

Non sono rari gli esempii di stranieri, che hanno scritto assai bene in italiano, e l' Accademia della Crusca ne ha accolto parecchi tra' suoi soci. Stefano Guazzo ne' suoi *Dialoghi* ha un bel capitolo d' un Principe di Valacchia; e potrebbe valere di prova delle antiche simpatie rumene con l' Italia. La Crusca ebbe tra' suoi Pietri di Danzica, grande ammiratore del Davanzati. Menagio, Chapelain, l' abate Regnier Desmarais, traduttore di Anacreonte, e ai nostri dì ha il dottissimo Reumont. Nè crediamo che l' esser russo rendesse difficile l' ammissione; tutt' altro ; ma il signor Wahltuch ha ancor molta via a fare per giungervi. Egli dee sottoporsi al *knout* di Orbilio, knout non formidabile, e al progresso già fatto si congettura che non ne avrà gran tempo bisogno. Lasciando dall' un dei lati la lingua, lo stile, il verso, e non è poco, è da apprezzare molto il concetto religioso che signoreggia la tragedia biblica del signor Wahltuch; vale a dire, il timor di Dio, che per lui è l' intuizione della santità divina. Il *Voto di Jefte* è un subbietto tragediabile come l'*Ifigenia*; nè si può negare che il signor Wahltuch non abbia bene espresso i contrasti dell' amore umano e del timore di Dio. La tradizione greca fa salvar Ifigenia da Diana, che la trasporta nella Tauride, donde poi la salvò nella sua mirabile tragedia Goethe. Una tradizione giudaica fa che Jefte non sagrifichi la figlia, ma la consacri a perpetua verginità: soluzione che un grande dottore in Israello dichiarò anti-giudaica. Checchè ne sia, il signor Wahltuch merita incoraggiamento; ed egli non ha che a dimorare in Italia ed a scaltrire

lo stile per essere degno della gloriosa adozione, a cui
aspira.

Il signor Wahltuch è studiosissimo dell'Alfieri, che
nel *Saul* conquistò uno dei primi posti tra i poeti inspirati dalla Bibbia. Lo spirito biblico può contraffarsi;
ma la contraffazione è facile a riconoscersi e gl'improvvisi che il Voltaire volle pareggiare alle sublimità
dei profeti sono parodie peggio che ossianiche. Può lo
spirito biblico diluirsi o alterarsi tanto da perdere ogni
sapore, come nelle tragedie del gesuita Granelli. Ma
nell'Alfieri rivive in tutta la sua grandezza, nell'ora
decisiva, per un'anima come quella d'Alfieri, che la
teocrazia, abbattendo un re profano, che non la intende,
nè sa servirla o dominarla, si fonde in un re, predi-
letto nel suo eroismo, nella sua santità e nel suo pentimento, da Dio. L'Alfieri fu assai vilipeso in Italia
da coloro a cui piaceva la servitù cullata dai molli
versi del Metastasio, e fuori da chi giudicava le tragedie del sommo astigiano a norma di principii diversi
da quelli che le avevano informate. La musa tragica
dell'Alfieri risponde al rinascimento degli spiriti greci
e romani in Francia e in Italia; se non che ai Francesi piacquero come fogge di moda; all'Alfieri come
anima della vita della nazione. Ed egli promosse sì
bene il riscuotersi dei popoli a libertà, che un greco,
Giovanni Zambelio, all'uscire di una rappresentazione
del *Timoleone* si sentì poeta, e rifece in greco quella
tragedia; onde poi, conferito col senno e con la mano
a liberare la sua patria, scrisse tra l'altre cose la sua
famosa trilogia, ove rappresentò tre grandi eroi della
indipendenza ellenica, *Diakos*, *Karaïskakis*, e *Capodi-
stria*, secondo mostra nel suo bel libro il signor Yemeniz, il quale ci narra come Zambelio, prima di lasciar
l'Italia, volesse veder l'Alfieri, presso alla morte, e

che già sentiva il rattristante fruscìo delle sue ali.
Come greco fu ammesso dal *cavalier d' Omero*, che
stava appunto leggendo Aristofane, e ceduto il libro al
giovane, se ne fece declamare dei branì, che all' accento, alla vivezza del porgere, lo rapirono.

Il signor Yemeniz ci parla con fervore e novità di
eroi pure sì noti, come Phetos Tsavellas. Marco Bot-
zaris e l' ammiraglio Miaoulis, ch' ei fa rappresentanti
delle tre fasi della guerra dell' indipendenza greca,
prima in sui *monti*, poi nelle *città* e finalmente sul
mare. Con assoluta novità ci parla dei poeti greci moderni, se non in quanto ne sapemmo alcuna cosa dal
Tommasèo e dal Regaldi. Poesia tutta ardente di amor
patrio e ritraente oguor più dell' antica, siccome quella
che si sforza di rigettare le voci e i suoni che le alluvioni forestiere lasciarono sul puro fondo greco. Se l'ombre dei Diacos e d'altri eroi sentono con gioia lo scoppio del moschetto che colpisce l' oppressore turco,
secondo canti ellenici, l' ombre de' grandi poeti dell' El-
lade devono allegrarsi dei moderni che rinnovano
Eschilo e Tirteo contro i Turchi ed Aristofane contro
i pedanti di Baviera.

Della Bibbia ci parla il novarese signor De Benedetti nella sua bella prolusione letta nello studio di
Pisa, come testo di religione, fonte di poesia, monumento
della vita primitiva de' popoli. Il giovane e dotto professore, non meno perito nelle lettere italiane che nelle
ebraiche, dimostra come lo studio delle lingue morte è
uno studio vivo, che si **rannette** con le origini, le migrazioni, le religioni, le scienze, le costumanze dei popoli. Insiste specialmente sui caratteri dell'ebraico e
tocca anche della sua parentela con l' etrusco, che il
Giambullari nel *Gello* aveva accennata con un artificio
che parve più **travedevole** che vèro. Con lo studio del-

l'ebraico si può dire che s'iniziasse in Germania la Riforma e Reuclino avviò Lutero. Sia che si studi la Bibbia per combattere le credenze della miglior parte dell'umanità, 'sia che si studi per raffermarle, una luce viva ne viene ai nostri occhi; e mancandone, ci pare di smarrir Dio. E per quanto l'eloquenza del Renan menomi il valore del genio semitico, non potrà annullare questo fatto, che il libro ch'egli giustamente per molti conti pospone di gran tratto ai capolavori dell'antichità classica esercitò ed esercita un potente influsso nelle nazioni civili; e più son grandi, più ne sono imbevute; e ne faccia testimonianza la sopra ogni altra gloriosa e potente razza anglo-sassone.

Un giovane e splendido ingegno, il professor Lioy, dagl'innocenti e puri studi della natura, si volse alla teratologia letteraria, e favellò assai bene nel *Politecnico* del romanzo contemporaneo, prendendo ad analizzare i lavori di Flaubert e di Feydeau, e toccando di passo per lo più d'altri francesi. Egli volle trattare dei romanzi, che possono più influire nel nostro costume, per l'agevolezza della lingua, che agevola altresì le traduzioni, e gli stessi romanzi tedeschi o inglesi si traducono il più tra noi dal francese. Se non che il lubrico realismo de' Flaubert e dei Feydeau, l'insipido di Champfleury e il vivo e mirabile del Murger, morto, è vero, senza successori, non costituiscono che un aspetto del proteiforme romanzo moderno; ed ove il Lioy l'avesse riguardato in tutte le sue facce, si sarebbe men facilmente consolato della relativa penuria italiana. Imperocchè non è un senso superiore morale od estetico che disfavorisca tra noi la coltura del romanzo, quando si leggono con tanta avidità gli stranieri, anche rei, e pessimamente tradotti; sono altre e gravi cagioni che l'aduggiano; e tra le principali è lo stile impopolare, come notò acutamete il Bonghi, e come prova col suo far boccaccesco un uomo per altro ricco d'ingegno e degnissimo amico del Leopardi, Antonio Ranieri.

Ginevra o l'*Orfana della Nunziata*, non è un romanzo, ma una storia. Il romanzo non sarebbe così tenebroso; avrebbe qualche parte albeggiata di luce; la storia ricorda i versi danteschi:

« Buio d'inferno e di notte privata
D'ogni pianeta. »

V'è una vittima e dei carnefici. Se vogliamo ammetterne due, Ginevra e Paolo, l'idolo ch'ella prese ad amare fanciulla, avremo un aggravamento d'accuse contro un paese, dove non si trova pietà che in una monaca francese, e dove anche l'amore, in un cuore d'artista, finisce con l'assassinio dell'amata. L'inferno è Napoli; appena s'esce dal regno e si tocca lo Stato romano, si rivedono le stelle, e la trasteverina è pietosa quanto la monaca francese Geltrude. Il signor Ranieri ha egli calunniato il suo paese? Tutti gli animi sono eglino feroci ove la natura è sì benigna all'uomo? Spietati anche i giovani, gli studenti, il cui animo s'apre all'amore della scienza e della libertà? Nè questo è vero, nè il signor Ranieri ha inteso dar quest'idea della sua terra; ma certo l'impressione che resta della lettura del suo libro è desolante e farebbe fuggir da Napoli come dai lidi infami della Tauride.

È vero che il mondo, in cui ci mescoliamo, è il mondo impuro dei viventi delle vergogne e delle miserie umane; è vero che, in questo mondo, anche il cuore del popolo, che più ne soffre, s'indura e fa lega con gli usufruttuari dell'oppressione; ma non è possibile che alcun cuore non si salvi dal contagio e dalla putrefazione. Il Pellico trovò il fiore dell'umanità allo Spielberg, il Ranieri non lo trova a Napoli!

Il fine dell'autore è nobile ed alto; ma temiamo
che per questa uniformità e tetraggine di tinte egli
faccia meno effetto. Egli vuol dimostrare a qual grado
d'infamia precipitino anche gl'instituti di beneficenza
in un paese dispotico, dove il grande interesse è che
il popolo s'acqueti nella tirannide, non già che sia
buono e morale; anzi dove il governo è benigno all'immoralità, quando serve a' suoi fini, e compiace alle voglie de' suoi satelliti. Per questa parte il governo
napoletano fu veramente la negazione di Dio. A Roma l'antica civiltà non permetteva si trascorresse a tanto eccesso; e il manto papale doveva in apparenza restar
puro. Ma in un regno ove la plebe era barbara, e naturalmente nemica della coltura e della libertà dell'anima, l'aristocrazia mista e senza autorità e la milizia
un satellizio, non v'era nulla che valesse a temperare
il veleno del dispotismo. Tuttavia abbondarono e abbondano nel Regno le anime generose, e ne avremmo
voluto veder alcuna in queste pagine, dove il mago non
evoca che fantasmi d'orrore. Tra le carneficine del settembre in Francia, e per tutti gli orrori della rivoluzione, si vide il contrasto tra l'umanità e la bestialità
feroce. — Così è nella natura umana, anche quando è
alle prove più dure, e cosi deve essere nella storia o
nel romanzo.

Il racconto è ben tessuto e dettato con sobria efficacia. Lo stile ha del boccaccevole, ma piuttosto della
Fiammetta che del *Decamerone;* il che vuol dire che
spesso è affettato e faticoso. Ma più biasimevoli che
questo affaticamento sono gli accenni classici della Ginevra narrante la sua storia; e sebbene si giustifichino
in parte pel modo in cui ella fece i suoi studi, da sè
e un po' a caso, pure freddano la narrazione. Tu senti
lo scrittore pieno d'ingegno e di passione, ma che ha

come il falcone i *geti* delle sue reminiscenze grammaticali e classiche ; noi non noteremo i modi singolari di questo libro : nè le imagini che rilucono e *odorano* nella memoria; nè le imagini sì vive ed evidenti da *indormirne* Demostene (in buon senso per *disgradarne*); nè la sete di felicità che la natura ci *soffia* nel petto; nè lo *scottante ruscelletto di lagrime* ; nè l'attendere all'immediata cura del *grosso* delle fanciulle; nè la formula boccaccesca per gli amplessi d'amore ; nè tante affettazioni intollerabili. Noteremo solo, con un esempio, come, con tutto l'affanno, il linguista di tavolino faccia torto alla italianità. Egli dice che una giovine morì di *cuore rotto*, *of broken heart*, come dicono gl'Inglesi, e' non poteva dire di *crepacuore* come tutti gl'Italiani; o le *scoppiò il cuore* come gli antichi toscani?

Detto dei difetti, è da aggiungere che quando altri si abitui

« All'aer nero ed alla nebbia folta. »

si troveranno brani di un'energia straordinaria e che mostrano il valore dell'uomo. Ma quello stupro orribile dopo quegli òrribili passaggi del corpo della trovatella pel laminatoio della buca dell'Ospedale dell'Annunziata, se vince l'arte del Varchi (non si tratta di un vescovo martirizzato, ma di un prete martirizzante una povera fanciulla), quello stupro è intollerabile, e vorremmo lasciare ai Latini dell'Impero questa illaudata evidenza.

APPUNTI DI LETTERATURA INGLESE.

CURRER BELL, CARLYLE, WISEMAN, ECC.

La marchesa di Saint-Herem, secondo narra il duca di Saint-Simon, aveva paura dei fulmini, e quando tonava, si cacciava sotto al letto. Sopra faceva stivare i suoi domestici, e così sperava che la folgore, venendo a cadere, sarebbe trattenuta da quella barricata vivente. Così penso di far io, con le mie notizie letterarie d'Inghilterra. Mi abbarrerò con una stiva di critici nativi, e fulmini pure a destra o a sinistra, non temerò d'esser ferito.

Si crede che la pedanteria sia il genio degl'Italiani, *genius loci*, e si prova, tra gli altri esempii, col dire ch'essi hanno un giornale di sottili critiche verbali, che si chiama il *Passatempo*. Chi altri che gl'Italiani, se già non fossero i greci bizantini, avrebbe dato il nome di *Passatempo* a quelle arguzie filologiche? Chi mai, se non gl'Italiani, continuerebbe in pien secolo decimonono le disputazioni dell'Infarinato e dell'Inferigno? Così m'interpellava un deputato delle regioni estere al parlamento del neologismo, ed io ghignava della sua supina ignoranza. A sentir certuni, i forestieri lasciano andar la lingua come vuole, e, cambia-

valute senz'occhi, accettano qualunque moneta buona
o falsa, di peso o calante, corrente o fuor di corso, che
lor si getti sul banco. La ricchezza della lingua è il
lor fine, e chiamano ricchezza tutta l'acqua porta-
tavi dagli affluenti dell'altre favelle, sebbene poi il
fiume nativo s'intorbidi, s'interri e straripi. Ma, di
grazia, chi pensa veramente a proscrivere tutta la barbarie dei dialetti, se non gli stranieri? Chi rende in
certo modo obbligatoria, anche ai contadini, la lingua
comune, se non gli stranieri? Chi ride smascellatamente
le deviazioni dal parlar regolato, e le indelicatezze di
pronuncia, se non gli stranieri? Eh via, dottoricchi che
balbettate le lingue estere per iscusarvi di non sapere la vostra, confessate che gl'Italiani hanno più
bisogno d'imparare dagli stranieri la cura e la sollecitudine della lingua patria che la noncuranza. Eccovi
per esempio, un inglese, un vero pedante, il signore
Enrico W. Breen, che l'attacca coi migliori scrittori,
Junius, Gibbon, Southey, Landor, Macaulay, Latham,
Carlyle, Trench, facendo poi ampia raccolta nelle storie
di Arcibaldo Alison, una specie di Cantù inglese. Il nostro Salviati è un uomo da bene appetto a questo dannato di Breen, al quale tutta la letteratura contemporanea inglese, onde vuol notare le macchie e i difetti,
grida addosso la croce. Egli stesso cade nei peccati che
rimprovera agli altri. Nè si contenta di segnare gli errori verbali, ma appunta altresì le contraddizioni dei
critici, i plagi, e tutte le miserie della vita letteraria.
L'esercito de' critici, che ha fretta, e ha piantato lì
in faccia il fattorino di stamperia che aspetta l'originale, e alle spalle l'oste che ne ha accaparrato il prodotto, manda al diavolo le tautologie, i parallelismi, le
ineleganze, e continua a scrivere.

Quegli Italiani, che non perdono il campanile di

veduta, maravigliano della straordinaria produttività
straniera, specialmente delle donne, a cui non sogliono,
nella loro bonarietà, attribuire che la fecondità fisica.
Ma vuolsi considerare la maggiore universalità della
coltura, non già dell' ingegno, e la grande smania tutta
britannica di leggere e di pigliare appunti. Questi appunti poi, tratti da libri d' ogni genere e di svariata
autorità, si coneuocono nel cervello, e s' appiccano con
l' ostie, o s' imbastiscono con un po' di filo, e n' esce,
come nota un giornale inglese a proposito della *Suora
di Carità,* romanzo di Mrs Challice, uno di quei così
detti *pasticci del sabato,* che riassumono tutti gli avanzi
culinari della settimana. Una salsa più o meno acre
ne asconde in un sapore incognito o indistinto le varie
provenienze, e bisogna vedere con che fame s'ingollano
dalle classi speciali, a cui sono confezionate! Intendo le
classi ideali che si diffondono per tutto il popolo, dal
lord all' operaio. Vi son vene d' oro, d' argento, di rame
e di ferro, appunto come nell' età dei poeti. A chi piace
Dickens, a chi Mrs Challice. Quanto non urlò il Macaulay
contro le poesie di Roberto Montgomery, che avevano
avuto nove o dieci edizioni, e poi n' ebbero non so quante
altre? Quanto non s' urla contro Paul de Kock? e in
tutti gli ordini della società v' ha a cui piace più di
Alfredo di Vigny. Scommetto che i pasticci di Mrs Challice parranno squisiti a certi palati; e tal sia di loro.

Una donna di grande ingegno fu Carlotta Bronte,
che sotto il nome di Currer Bell pubblicò quei romanzi appassionati di *Jane Eyre, Shirley* e *Villette.*
I critici francesi ne hanno parlato a ribocco, e molti ne
avranno letto alcuno in francese. Ora un' altra donna
d'ingegno Mrs Gaskell ha scritto la vita di lei, ed ha
provocato le mille recensioni della stampa inglese, che
non manca mai all' appello, e senza fasto, nè boria dice

le sue ragioni pro e contro, come si farebbe tra giurati serrati a chiave per estrarne il verdetto. Rinuzzolito il pubblico, si mise fuori un racconto della Bronte, intitolato *Il Professore*, che è l'imparaticcio del suo romanzo *Villette*, che, come è noto, indica Brusselles, dove ella dimorò e trovò gli elementi di quel tipo ammirabile di professore burbero, bislacco, innamorato, e, sopra l'uso, leale. Currer Bell fu vinta da pochi suoi contemporanei nello scrivere romanzi. Il romanzo era nel suo cuore, nella sua mente, nella sua vita. Ella disfogava la sua anima, e milioni di lettori piangevano o maravigliavano alle sue parole. In lei è qualche cosa della Sand, fata che si ritrova in tutti gli angoli del romanzo straniero. Fa ridere il vedere arrabattarsi qualche critico a demolire la fama di lei. Vane fatiche: ella non è più nelle sue opere; è nell'opere di tutti; è nel genio dell'umanità ch'ella ha arricchito, ha espanso, e a cui ha dato una nuova tenerezza, che non poteva venire che da un cuore di donna. Cacciatela un po' di là con un articolo di giornale !

Carlyle è uno degli autori inglesi che gl'Italiani conoscono più; dovevo dire uno dei nomi, perchè, a quel ch'io so, nessuna opera di lui è trapelata in Italia, se non forse per qualche rendiconto della sua *Rivoluzione francese*. Bellissimo è il suo libro del culto degli eroi, che fu esempio agli *Uomini rappresentativi* di Emerson, o ai *Rappresentanti dell'umanità*, come traducono i francesi. Carlyle, contro il vezzo moderno di livellare tutte le teste, crede che vi siano eroi che valgono più di tutto il gregge umano ad una data ora, e che lo spogliano della sua indole ferina, della sua ignoranza, e della sua naturale viltà. Egli dà eroi alla religione, al profetismo, alla poesia, al sacerdozio, alle lettere, all'impero. e in brevi tratti gl'incide. Uno de'suoi eroi è

Cromwell, di cui ha raccolto gli scritti, intercalandoli all' inglese di suoi trapassi e rattaccandoli con le sue imbastiture. Egli vuol fare di Cromwell un eroe pio e leale come Enea, mentre tutto il mondo lo chiamava il re degl'ipocriti. Io non farò come Carlo II, non dissotterrerò il cadavere del Protettore. Parlerò piuttosto dello stile di Carlyle, che va sempre diventando più singolare. La sua maniera è anzi un' idiosincrasia, non uno stile. Quel continuo concettizzare mi stanca. I suoi incisi non sono solamente giuochi verbali come nei nostri Tesauri e Marini (nelle *Dicerie Sacre*); sono arguzie concettuali. Ogni riflessione (e molte sono profonde e nuove) è epigrammatizzata, e scagliata in forma di strale. È un lavorio di mente acutissima; un trapunto ingegnoso oltre ogni dire; ma il lettore gli chiede misericordia. Fammi morire, egli dice, d'un colpo, come faceva Bossuet; ma non mi cincischiare con tanto accanimento. Ma Carlyle non sa smettere; egli infuria sempre più, e il lettore lo abbandona, per riprenderlo e berlo a centellini come una furiosa acquarzente.

Dopo Carlyle, come dopo una passeggiata per le infocate sabbie di Dante, si sente necessità di correre al vivo, e prender colle giumelle un po' d'acqua,

« E ora, lasso! un gocciol d'acqua bramo! »

Quest'onda si trova nelle canzoni popolari, che non avevano ancora rinvenuto il contrappunto, e si contentavano di emulare il semplice verso dell'usignuolo. Il signor Robert Bell ha raccolto ora i *Canti de' Contadini* e gli ha inseriti in un bel volumetto della sua Collezione dei poeti inglesi. Egli però gli ha considerati un po' troppo isolatamente, e non gli ha investigati nelle loro origini ed affinità internazionali ed intersecolari a dir così. È giusta la smania dei moderni di seguire

la vena della poesia popolare in tutte le sue dira-
mazioni. Noto però che anche quest'esempio fu dato
dal Voltaire, ora tanto dimenticato, e rimesso in onore,
solo per la parte meno vitale delle sue opere, la polemica religiosa. Il signor Bell ha fatto come chi va ad
un'opera nuova e la sta ad ascoltare a bocca aperta,
e maledice i suoi vicini intendenti, che gli cantano al-
l'orecchio: — ma ecco una reminiscenza di Rossini;
eccone un'altra di Donizetti; ma questo è un motivo
di Mozart; ma quest'altro è tolto di peso a Cimaro-
sa. — Oh fatevi con Dio, voi e la vostra scienza, egli
dice: io mi godo il presente, e non vado a martiriz-
zarmi coi paralleli. — Ma se il buongustaio fa bene in
generale a sentire e giudicare da sè alla bella prima,
l'editore e il critico devono veder più oltre che il diletto, ed in una nuova edizione il signor Bell, se sa,
farà bene a studiare l'albero genealogico delle sue canzoni. Giotto fece bene, a suo modo è vero, l'arma nel
palvese al villano, e come diceva Brid'oison: *on est
toujours l'enfant de quelqu'un.*

I letterati sono vicini a costituire una possente e in-
frangibile casta: il padre non trasmette al figlio soltanto la lampada della vita, ma, se è scrittore, gli con-
segna la penna; e va', gli dice, solca d'inchiostro stupido,
invido, o maligno le carte; il mondo ha fame di pane
intellettuale e non guarda se sia di grano o di veccia:
stanco dal lavoro, o esausto dalla voluttà, cerca una
distrazione nel libro, e tu fabbrica e vivi. Non levar
gli occhi al cielo; perderesti tempo; tiengli fitti al
telaio e alzali solamente alla voce del compratore. Il
figlio obbedisce, nè potrebbe far altro. — Babbo, diceva
il reverendo Roberto-Alfredo Vaughan, ancora fanciullo,
io farò il letterato. — Perchè, Alfredo? — Perchè da

quando ho alcuna memoria delle cose non sentii quasi altro che lo stridìo della tua penna. E di vero entrato con questo suono nell'orecchio al Collegio dell'Università di Londra, che accoglie i dissidenti esclusi da Oxford e da Cambridge, fece mirabili progressi, e dal collegio saltò nella *Rivista Trimestrale Britannica,* e tra lo scrivere e la cura dell'anime consunse rapidamente una vita cominciata nel marzo 1823 e chiusasi di malattia polmonare l'ottobre del 1857. Il padre ne raccolse i saggi e le reliquie in due volumi.[1] Il principale scritto sono le sue *Ore coi Mistici,* abbozzo di storia del Misticismo; gli altri sono articoli sopra Origene, Schleiermacher, Savonarola, Kingsley e Goethe. Sono in generale sunti critici fatti assai bene; larve che in passato non uscivano che mutate in smaglianti farfalle, e che al presente s'accovano inerti nelle pagine dei giornali, aspettando la loro trasformazione dall'attività estrinseca dei leggitori. Perciò le rassegne sono così noiose. Gli articoli sono fotografie ridotte dei libri che escono: si rivedono cento volte le stesse vedute; e per ordine, che non se ne salti una. Il giovane vuol insegnare, quando non sa che ripetere; discutere delle qualità del latte, quando appena ha trovato il capezzolo della balia. Ha veduto la donna al teatro anatomico, e ne vuol fare la fisiologia morale; ha veduto il cranio d'un ministro di Stato, e vuole sentenziare di politica; s'è recato in mano quello di Yorick, e non crede più all'allegrezza ed al riso.

Anche le donne hanno furia di scrivere e d'apparire. Le settentrionali invidiano alle meridionali la loro precocità, e a furia di stufa maturano. Meno male che sono curiose di vedere, e non si seppelliscono come gli

---

[1] London, John W. Parker, 1858.

uomini nelle biblioteche ; e l'istinto balena al loro spirito molte idee che gli uomini deducono a gran fatica
e tardi dalle loro letture ed esperienze. Così dopo l'autore di Eothen, dopo Warburton, Curtis (*Nile Notes*),
e Lane e Harriet Martineau, una giovinetta di 17 anni
viaggia e descrive l'Egitto, visita harems, s'abbatte
senza fremito nei cocodrilli, si lamenta che tutte l'uova
e l'altre provvisioni del paese siano accaparrate dal primo lord che vi capita, e si fa l'eco delle calunnie contro l'illustre Lepsius che guasta o svisa i geroglifici e
le sculture delle tombe egizie *to prevent future travel-
lers copyng them, and taking from him the glory of
having discovered them!* È sempre la storia del famoso
sgorbio di Paolo Luigi Courier, che aveva scoperto una
pagina di Longo dove altri non aveva trovato che favole! La figlia di Japhet che percorre la terra di Cham,
dopo l'accaparramento delle uova, vede accaparratori
fino nelle Necropoli.[1]

Gl'Inglesi non amano altri accaparratori che sè stessi.
Così fecero loro i mattoni dell'Assiria, e trassero gloria dalle leggende che v'erano scritte. Il signor Samuele Birch nella sua Storia della Ceramica antica pubblicata da Murray in due volumi, ne parla seriamente
e a ragione come di monumenti storici. Gli Egizii,
egli dice, si servivano per iscrivere di lastrine di pietra
calcare, di quadrettini di cuoio, di tela e specialmente
di papiro. I Greci adoperavano bronzo e pietre pei monumenti pubblici, cere per memorie, e papiro per i negozi ordinarii della vita. I re di Pergamo si valevano
di cartapecora, e le altre nazioni del mondo antico erano
fornite di carta principalmente dall'Egitto. Ma gli As-
siri e i Babilonesi pei pubblici archivii, pei computi

---

[1] Londra, Long. 1858.

astronomici, per le intitolazioni religiose, per gli annali
e anche per gli atti e per le cambiali adoperavano ta-
volette, cilindri e prismi esagoni di terra cotta. Due
di questi cilindri, ancora esistenti, contengono la storia
della campagna di Sennacherib contro il regno di Giuda,
e due altri dissotterrati dal Birs Nimrud danno una
minuta relazione della dedicazione del gran tempio fatta
da Nebuchadnezzar ai sette pianeti. I mattoni, dice
un critico inglese, son chiamati al tribunale della storia
a giurare la verità, e depongono dei canoni delle antiche misure, dei nomi dei consoli romani, di quelli delle
dinastie egizie, delle mura verniciate e colorate di Babilonia, dei siti degli edificii della Mesopotamia e del-
l'Assiria, degli schiavi ebrei edificanti la loro piramide
di paglia e d'argilla, e di tutta la storia della monarchia assira.

Notevole è questo duplice aspetto del genio inglese,
Giano a due facce, di cui l'una guarda il passato, e
l'altra l'avvenire. Il genio inglese si chiama Newton e
Hobbes, Smith e Bentley, Arkwright e Colebrooke,
Cobden e Rawlinson. È una legione, ma di gran capitani; un senato di re, dotti come Mitridate, incivilitori
come Alessandro. Se accaparrano, fanno; non sono come
gli Spagnuoli, gelosi ed inerti. L'India religiosa e scientifica è stata conquistata da loro insieme all'India ter-
ritoriale e politica. L'ultimo sollevamento non è stato
che una di quelle oscillazioni degl'imperi che si conso-
lidano e si fermano in istabile assetto. Eglino, cospi-
ranti tutte le forze dell'intelligenza e del valor nazionale, vanno ribadendosela al seno. Una questione che
studiano ora veramente è quella delle caste. Una profanazione castale fu il principio dell'ammutinamento
indiano; e quest'influsso possente va temperato e corretto. Senza sufficiente sapere ne trattò il signor B. A.

Irving nella sua *Teorica e Pratica della casta o ricerca degli effetti della casta sopra le instituzioni e i destini probabili dell'impero anglo-indiano;*[1] ma con piena autorità il signor T. Muir nella prima parte della sua opera: *Testi sanscriti originali sull'origine e il processo della Religione e delle Istituzioni dell'India.*[2] Questa prima parte comprende le relazioni mitiche e leggendarie della casta. Si ritrae dall'esatta osservazione de' testi che quell'istituzione non è d'origine divina e pertanto si può salvamente permutare. I Vedi, che sono i libri sacri dei Bramani, non hanno vestigio. I trattatelli teologici annessi a ciascuno dei quattro libri dei Vedi (il solo Rig-Veda, o Veda della lode, è veramente genuino e primitivo), sebbene composti più tardi quando i Bramani erano già in possesso dei loro privilegi sacerdotali, non la giustificano. Parlano della divisione della società indiana in quattro classi; sacerdoti, guerrieri, agricoltori e servi senz'altro, e bisogna venir giù fino alle così dette appendici per rintracciar l'orme dell'ordinamento castale descritto da Manu. Nelle Brähmane, o trattatelli teologici, si parla della quarta classe dei Sudri come di una razza degradata, il cui contatto contamina l'adoratore ario nella celebrazione del sagrificio, e talvolta si voglion far passare per ispiriti maligni; ma e quivi altresì e nelle più tarde produzioni dell'epoca vedica si cercano invano le regole complicate di Manu. Ove si dimostri questo vero agli Indiani, sarà più agevole il metter la scure in quelle vecchie istituzioni. Il testo autentico dei Vedi, riconosciuto anche dai successori dei Risci, si pubblica ora in Inghilterra. Curioso è che gl'Inglesi forniscono gli Indiani d'idoli e di Vedi, degli alimenti della supersti-

---

[1] Smith, Edler e C.
[2] Londra, Williams e Norgate, 1858.

zione e degli alimenti della dottrina. Emigrazione maravigliosa di scienza vecchia decrepita, che varrà grandemente alla stabile immigrazione dell'incivilimento inglese.

Gl'Inglesi, così curiosi e diligenti fuori, che le loro orme si trovano per tutti i campi ove furono i centri della civiltà antica, erano incuranti delle proprie erudizioni, e le carte preziose della loro storia, giacevano polverose ad ammuffire negli archivii. Ora il movimento sì naturale ai popoli continentali, che il più riveggono il passato per difetto de'progressi presenti, s'è comunicato all'isola, abbarbicata nelle sue costumanze come nell'oceano, e che pure qual fucina di naviganti e di coloni, manda fuori i suoi figli a popolare e incivilire immensi continenti lontani. Quell'isola è un immenso *Fior di maggio;* il naviglio che portò i primi puritani in America. Ora, nonostante questo gran moto di proiezione verso i lidi ignoti o inaccessi, ella si guarda in seno ed arride ai tesori delle sue tradizioni gloriose. Tra i volumi già usciti notiamo i documenti del règno di Jacopo I (1610-1617) pubblicati da Mary Anne Everett Grees, e quelli di Carlo I (1625-1626) curati da Giovanni Bruce; [1] e oltre queste raccolte speciali, ogni scrittore di glorie inglesi cura più che non si soleva per innanzi queste fonti inesplorate di testimonianze dei tempi.

Ma anche in Inghilterra si segue talora lo stile del secolo nel rifare criticamente la storia

« Calcando i buoni e sollevando i pravi. »

Non so come il signor de Suckau non abbia fatto un mostro di Marc'Aurelio, nel suo recente e lodato studio. Certo il signor Jacopo Antonio Froude nella

---

[1] Londra, Longman e C. 1858.

sua Storia d'Inghilterra dalla caduta di Wolsey fino
alla morte di Elisabetta[1] rimette in onore, o, come si
suol dire, riabilita Enrico VIII. Quel re che secondo
il nostro Davanzati, abbreviatore del Sanders, era
spesso ebbro, e per la dannosa gola sì grasso e sconcio venuto che non entrava per le porte nè saliva
le scale, è lodato dal Froude come principe vigilante
e laboriosissimo: quel libidinoso che ogni donna, che
punto bella fosse, voleva; che secondo la frase asso-
lutoria di Francesco Briano si mangiò senza rimorso
prima la gallina e poi la pollastra; che fu un abbozzo di Brigham Young nella moltiplicità delle mogli, e ch'ebbe ad ogni caso un figlio naturale, è detto
continentissimo e lontano dallo scandalo delle amasie:
l'uccisore di Tommaso Moro e di tanti innocenti nobili e sacerdoti, è scusato come abbia ceduto nelle
sue sanguinarie persecuzioni agli stimoli de' suoi vescovi e pari: l'atroce martello de' sollevati del Lan-
cashire nel 1536 è difeso detraendo alla fede di Howe.
Hollinshed e Hale ed altri storici perfettamente autorevoli. Foxe è disdetto quand'è contro all'assunto del-
l'autore; accettato quando gli è in favore. Il confuta-
tore di Lutero è dichiarato il padre di quella Riforma.
che da Wickliffe in poi s'acquattava negli spiriti inglesi: il despota fiero e implacabile è commendato di
aver gettato le fondamenta ove s'appoggia la presente
costituzione dell'Inghilterra. Egli fece entrare l'Irlanda nell'àmbito dell'incivilimento inglese. Egli elevò
la Camera dei Comuni dall'angusto ufficio di votare
sussidii e di passare senza discussione le provvisioni
del Consiglio privato, e la convertì nel primo potere
dello Stato al disotto della Corona. Il Froude si fonda

---

[1] Londra, Parker vol. 1-4, 1858.

sulle carte di stato; ma, come ben nota un critico inglese, che sarebbe la storia di molti governi presenti, se non si guardasse che alle testimonianze dei lor propri archivi? Io citai, più per burla che per autorità, il Davanzati, che abbreviò un relatore appassionatissimo; ma il Froude è un Sanders d'un'altra specie; l'uno esagerava per passione; l'altro esagera per sistema; il vero si è ch'Enrico fu un principe abile ed un pessimo uomo; ed illustrando il suo genio, il signor Froude non ha purgato il carattere di lui, nè lavato quelle macchie di sangue, a cui non basta l'oceano.

Più nuova e piacevole materia aveva alle mani il cardinale Wiseman nelle sue *Rimembranze dei quattro ultimi Papi e di Roma al loro tempo.*[1] Il libro comincia al 18 dicembre 1818, quando lo scrittore arrivò a Roma, uno de' sei giovani mandati a colonizzare il collegio inglese in quella città che era stato desolato e inabitato quasi pel corso d'una generazione. Egli vi trovava Pio Settimo, che dalle sofferte persecuzioni non aveva tratto nulla d'acerbo, ma quasi addolcito maggiormente la mite e buona indole che teneva dalla madre, morta in odore di santa; vide poi il pontificato di Leone XII, rigido inculcatore di giustizia e fanatico freddo. Di questi regni e di quelli del bonario Pio VIII e dell'inesorato Gregorio XVI egli narra naturalmente quello che un dotto ecclesiastico doveva o voleva sapere di migliore e di più edificante. Tuttavia v'è un capitolo sul brigantaggio che raccomando a qualche recente apologista. Il cardinale Wiseman ha un'eloquenza di buona lega, ammiratissima dagli stessi protestanti. Egli è dottissimo e della Roma erudita vi sono belle memorie. Alcuni ritrattini mi paiono benissimo colti. Quello

---

[1] Londra, Hurst et Blackett, 1858.

dell'abate Fea, per esempio, anticaglia coperta della venerabile polvere dell'età, sì era sconcio e disadatto; e pure dottissimo; medaglia ancora ricca nella sua propria ossidazione: e l'altro dell'abate Cancellieri, che nascondeva tesori d'erudizione rarissima sotto titoli lievi: e quello soprattutto dell'abate Lamennais, che l'autore conobbe a Roma, piccolo, sparuto, curvo, senza dignità e grazia; ma non appena era tocco,

> « Di sua bocca usciéno
> Più che mèl dolci d'eloquenza i fiumi. »

Era vivo come Mirabeau e simmetrico come Fléchier e Massillon. Chi avesse chiuso gli occhi, avrebbe creduto di assistere alla lettura corrente e monotona di un libro elaboratissimo.

È assai piccante l'avventura d'un'americana che s'introdusse inosservata nei penetrali del palazzo, e trattenuta dalle guardie, fu ammessa da Leone XII. Ella voleva convertirlo! Il Papa, cortesemente, non tentò di convertir lei, ma solo di persuaderla che non aveva nulla di diabolicamente forcuto nel piede, ch'ella furtivamente occhieggiava. I papi amano trattenersi con gli eretici ed opporre la graziosa disinvoltura italiana al cupo fanatismo del nord. Sanno che un raggio di sole dissipa meglio certe ombre configurate in quelle nebbie che le prolisse intemerate dei missionarii.

LETTERATURA AMERICANA.

W. E. BAXTER.

È un curioso libro quello del signor W. E. Baxter intorno all'America ed agli Americani.[1] La sua brevissima prefazione, ci fa sapere che la sostanza di quest'opera fu esposta nella solita forma di *Letture* a Dundee e poi legata a libro. L'autore aveva fatto una visita agli Stati Uniti nel 1846, e percorso parecchie migliaia di miglia nei paesi del centro, del nord e in parte dei distretti occidentali dell'Unione, e visitato altresi l'alto e basso Canadà. Nel 1853 e 1854 visitò il lontano occidente (*The Far West*), gli stati meridionali che hanno schiavi, e l'isola di Cuba, oltre molte parti del littorale atlantico, il paese del Lago e la Valle dell'Ohio, che nel primo giro aveva trasandati. Egli spese parecchi mesi, e corse poco meno di undicimila miglia. Studiò i costumi, le costituzioni, la politica, l'economia sociale, le speranze e le prospettive dell'avvenire della nazione; entrò in diversi circoli commerciali, politici, letterari e religiosi; confrontò le diverse informazioni che raccoglieva tra sè e coi libri

---

[1] *America and the americans.* London, 1855.

scritti sull'America, informato sempre da uno spirito
non solo imparziale, ma simpatico agli anglo-americani,
accostandosi agli esempi di due valenti viaggiatori, l'illustre Carlo Lyell e Alessandro Mackay, l'uno autore
del libro *Una seconda visita agli Stati Uniti*, e l'altro, scrittore de' bei volumi *Il mondo occidentale* (The
Western World).

Il capitolo VII di questo libro tocca brevemente le
condizioni letterarie transatlantiche. Io ne estrarrò
quanto dice del giornalismo. Vi sono per lo meno 2800
giornali agli Stati Uniti, e ne escono ogni anno sopra
quattrocento milioni d'esemplari; trecentocinquanta
sono cotidiani, mille sono settimanali; gli altri escono
a vari periodi. Ogni città di qualche momento ha pa-
recebi giornali cotidiani; ogni villaggio ha un giornale
o due secondo la forza dei partiti politici, ed in luoghi
sorti da pochi mesi, segregati tra le foreste del *far
west,* si trovano discreti fogli settimanali. Nella Gran
Brettagna i giornali girano principalmente nei gabinetti
di lettura, negli alberghi, nelle stazioni delle strade
ferrate e nelle case dei più ricchi abitanti delle città;
in America ogni famiglia della popolazione rurale ed
urbana s'associa ad un giornale del luogo, se non delle
capitali. Questa abitudine nazionale produce una ricerca,
di cui non v'ha esempio in Europa, ed abilita ciascuno
ad esercitare l'ingegno sopra questioni politiche e ad
informarsi degli affari della giornata. Non è raro trovare coltivatori di piccolo avere e di limitata educazione, che possono parlare della politica d'Italia e di
Spagna non meno esattamente che un addetto d'ambasciata.

La qualità non risponde alla quantità; sebbene a
Nuova York ed in alcune altre grandi città vi siano
giornali, non già da compararsi ai migliori di Londra,

ma non indegni di essere citati dopo di essi. Anche in Inghilterra l'abolizione del bollo sui giornali va già trasformando la stampa. Non solo il prezzo ne andrà scemando; ma già molti giornali ebdomadarii di provincia si fanno cotidiani, e forse anche lì la qualità andrà in generale scadendo.

Quanto ai libri, nota il Baxter che gli Americani devono. agli Inglesi una grandissima parte dell'opere che vanno a saziare la loro onorevole sete di sapere. Appena si pubblica a Londra una storia, un romanzo, un viaggio di qualche valente scrittore, gli agenti, che vi si trovano, ne spediscono copie a traverso l'Atlantico, ad essere ristampati e messi in giro a migliaia di copie dal Maine alle foci del Mississipi. Lo straniero può trovare tra le foreste dell'Ohio, sulle vaste pianure dell'Illinese, nelle cabine di negri, al margine della via nel Kentucky, ed anche nelle casupole di legname su pel Missouri, delle piccole librerie con le migliori opere di Scott e Byron, Wordsworth e Southey, Chalmers e Hall, Marryat e Bulwer Lytton. Pochi uomini nati sotto la stellata bandiera degli Stati Uniti sono ignari della letteratura inglese; ed alcuni, il cui bizzarro aspetto fa argomento di lavori fatti agli ultimi lembi del mondo incivilito, sanno tanto di lettere da farne arrossire i signori europei. Con un tal mondo di lettori non potevano mancare a lungo gli scrittori; e difatti, vinti molti ostacoli, ne uscirono molti, che già si ristampano in Inghilterra ed in Alemagna.

Tra gli ostacoli, che s'erano gran tempo attraversati alla produzione di una letteratura anglo-americana, si devono riporre due pregiudizi opposti, due eccessi contrari; l'anglicismo e l'americanismo. L'impero filosofico e letterario della madre patria si mantenne lungamente quando l'impero politico e militare ebbe fine.

La coltura delle colonie era tutta inglese, e andava a prendere i suoi nuovi alimenti dove avea prima attinto la vita. Ancora dura in molti questo spregio delle cose proprie, e molti scritti americani non si accettano nel luogo natio se non dopo aver avuto la sanzione dell'Europa letterata e specialmente dell'Inghilterra. Gli stessi demagoghi, che la detestano, di rado aprono altri libri da quelli ch'ella manda al di là dell'Atlantico. Così gl'Italiani imparano talora a conoscere od a pregiare i loro libri dal suffragio degli stranieri. Per contrapposto altri pensarono che a voler avere una letteratura nazionale non si dovessero prendere a trattare che soggetti puramente americani, e che nell'opere d'immaginazione gl'indiani ed i combattenti della guerra d'indipendenza dovessero essere i personaggi, e le scure foreste, le smisurate praterie e i ritrovi politici avessero a valer di teatro. Ma il carattere nazionale di una letteratura non istà tanto nell'elezione e trattazione di un soggetto patrio, quanto nel riverbero della patria nelle idee, nei sentimenti, nello stile dello scrittore. La *Divina Commedia* ha per teatro il Paradiso, il Purgatorio e l'Inferno; eppure riverbera tutta la vita italiana, anzi tutto il medio evo, di cui la vita italiana era il vivo e glorioso compendio.

Molto si disputò se la giovane America del Nord avrebbe o potesse avere una letteratura. Le ragioni negative cercate nella forma del suo governo, nell'indole delle sue istituzioni, negl'inquieti e turbolenti moti della sua democrazia, nella mancanza di una classe ricca e privilegiata, non reggono all'esame; perchè dall'un lato le democrazie fiorirono mirabilmente di lettere, e perchè negli Stati del Sud v'è una classe, a cui il travaglio degli schiavi procaccia ozii e dovizie, e negli Stati del Nord non mancano personaggi che possono

darsi liberamente agli studi. Non reggono poi contro
la prova di una letteratura già fiorente che invade i
mercati letterarii europei e procaccia nuove fruizioni
allo spirito umano. La rapida crescenza delle repubbliche americane lasciava appena loro il tempo di ripie-
garsi in sè stesse, di osservarsi e di acquistar fede nel
proprio valore intellettivo. L'estensione della potenza
politica, e con questa dell'industria, pareva farle meno
curanti dell'ultima e più bella corona dell'incivilimento,
la letteratura. Ma, come videro che le lettere inglesi
non potevano bastare alla espressione ed alla soddisfazione del loro spirito, quando s'accorsero che l'americanismo, per quanto sia vasto, rientra nel cerchio mille
volte più vasto dell'umanità, cominciarono a sentirsi
fervere l'ingegno di nuove ispirazioni, e prendendo la
lingua all'Inghilterra, l'idea all'Alemagna e i sentimenti in sè stessi, scrissero, e n'uscirono capolavori.

1 pellegrini esulavano principalmente per ragioni
religiose, ed un fervido spirito religioso ritennero nella
nuova patria. La religione era l'essenza della loro vita,
e i loro studi in materie bibliche e divote furono notevoli fin dal principio. Newman, che scrisse la sua
concordanza biblica alla luce dei tronchi di pino nel
suo *cottage* a Rehoboth, il pio e dotto missionario Eliòt,
Cotten Mather, che lasciò trecento e ottantadue opere
di letteratura religiosa, sono assai noti, ed ebbero molti
successori, e la scuola moderna è fioritissima. Citerò
solo James Marsh, che propugnò in teologia i principii
che Coleridge e Kant sostennero in Europa.

Se dalla teologia passiamo alla storia, i nomi di
Prescott e di Bancroft non hanno bisogno di essere ri-
cordati. Il primo è popolare anche agli Stati Uniti, ove
i nativi non sono facilmente profeti; è più largo d'intenti, più umano, a dir così, di Bancroft, americano per

eccellenza e tutto del suo tempo, del suo partito e del suo paese. Non credo che lo storico possa spassionarsi affatto, o, riuscendovi, ne guadagni; ma v'è una certa altezza meno turbata dalle cure, dalle gelosie, dalle passioni dell'istante, a cui bisogna levarsi per vedere un poco la via percorsa e quella che ci attende. Oltre questi due principali, si devono notare le biografie e le critiche di Sparks, la storia marittima degli Stati Uniti di Cooper, la Vita e i Viaggi di Colombo per Irving, la storia del Nuovo Hampshire del dottor Belknap, e tante altre storie di Stati particolari. Più di 400 opere storiche, le più di argomento patrio, sono state scritte agli Stati Uniti. Lasciamo le biografie e i carteggi de'personaggi illustri; tra'quali è da notare la Corrispondenza storica de'tempi della rivoluzione, ove si leggono le lettere di G. Washington, John Adams, Beniamino Franklin, Tommaso Jefferson, John Jay, Gouverneur Morris, Alessandro Hamilton, ec. Dell'eloquenza parlamentare di questi uomini non restano saggi, ma ricordi. Dei grandi oratori moderni, Webster, Clay, Calhoun, vi sono luculenti saggi. Il Webster fu tenuto più vario, più castigato, più dotto e profondo di Burke, e non meno elegante e stringente; il Clay, un oratore positivo pratico; Calhoun, sentenzioso, dialettico e di alti concetti. L'ingegnoso Wright, il grazioso e fervido Preston, Edward Everett, ecc., onorano l'eloquenza anglo-americana; e la politica teorica si onora di Alessandro Hamilton, Madison, John Adams, Dickinson, Jefferson, Jay.

Nell'economia politica altresi prevalsero gli Americani, massime ne'subbietti di cui loro caleva principalmente, i mezzi di circolazione e 'le manifatture. Anche tra loro si combatterono le battaglie della protezione e della libertà commerciale, e per la prima stettero

Mathew Carey, Alexandro Hamilton, Everett, ecc.; per l'altra, Bryant, Clement Briddle, Walker ecc. Il signor Everett è l'autore di un'opera intitolata *Nuovi principii di popolazione*; e Enrico Carey ha scritto amplamente e utilmente della popolazione, della produzione, della ricchezza e dei salari.

Nell'archeologia orientale e classica gli Anglo-americani non sono secondi a nessuno, se ne levi i Tedeschi. La critica biblica è naturalmente uno dei loro favoriti argomenti; ma è raro che vi si accostino col furore di demolire, anzichè con l'intento di conservare e spiegare. Nella letteratura classica i professori Jervis Felton e Woolsey hanno date buone edizioni. Celebre è l'ellenista Robinson, che poi s'è volto dalla Grecia classica e pagana alle antichità sacre. Il latino non si scrive da molti, ma non ne manca l'uso ed il pregio.

La lingua inglese devia naturalmente un poco da quella che si parla e si scrive nei migliori circoli e dalle migliori penne dell'Inghilterra. Gli americanismi si moltiplicano, ma passano, specialmente i vocaboli, anche nell'idioma dell'isola materna. Il gran dizionario, in cui Webster impiegò 50 anni, ha 12,000 parole e 30,000 definizioni di più che non si trovano negli altri vocabolari della lingua inglese.

Le lingue native del continente americano furono studiate, tra gli altri, da Gallatin. Schoolkraft studiò gli abiti e l'indole intellettuale della razza indiana. Catlin, Hodgson viaggiarono, ma col fine di servire alle missioni cristiane. Dei *Crania Americana* del dottor Morton è soverchio il parlare.

Nelle scienze puramente meccaniche e naturali sono parecchi e valenti i cultori. In matematica citerò Rittenhouse e Burditch. Quest'ultimo tradusse e commentò amplamente la *Meccanica celeste* di Laplace, in quattro gran volumi in-4° stampati nel 1829 e 1832-34-38. La meteorologia è uno studio favorito. Notevole è che nelle osservazioni di Franklin si trovano i germi delle più recenti dottrine sulle tempeste. Il dottor Wells pubblicò una teoria delle rugiade. Chimica, mineralogia, geologia, botanica, ornitologia, entomologia, erpetologia, ittiologia, conchigliologia, zoologia hanno avuto ed hanno molti cultori, che io non andrò ora registrando. Noterò solo i viaggi d'esplorazione scientifica fatti d'ordine del governo centrale e degli Stati nel proprio paese e fuori. Le esplorazioni fatte per autorità dei governi locali nella geologia e storia naturale dei principali Stati dell'Unione hanno prodotto già cento grossi volumi di relazioni, vasto tesoro di utilissimi fatti.

In fatto di novelle, racconti e romanzi gli angloamericani sono ricchissimi. Il signor Griswold dice che egli n'aveva almeno un settecento volumi nella sua biblioteca. Molti sono più che mediocri; ma in generale non stanno troppo sotto al livello degli scritti ordinari di questo genere che si pubblicano in tanta copia nell'Inghilterra. Carlo Brockden Brown fu il pioniere in questo ramo di letteratura. Poi vennero Paulding, Cooper, miss Sedgwik, Simms, William Ware, Irving, Longfellow, Hawthorne, la Stowe ed altri: molti son già famigliari ai lettori europei.

Nè, come si volle far credere, manca l'umore, lo spirito della satira agli Anglo-americani. La storia di Nuova York per Washington Irving n'è un bell'esempio. Anche il *Salmigundi,* saggi che lo stesso Irving pubblicò insieme a Paulding ch'aveva sposato una sua nipote, riuscì molto e meritamente. Si cita anche con lode in questo genere Robert C. Sands, prosatore e poeta. Nei *Saggi* propriamente detti, inaugurati da Addison e Steele, e negli articoli delle riviste trimestrali, che tra gl'Inglesi costituiscono una parte importantissima della letteratura, potrei citar molti. Nei saggi filosofici tiene il campo Ralph Walde Emerson ; nella letteratura delle riviste sono molto pregiati Edward Everett e il suo fratello Alessandro H. Everett. Nei viaggi abboudano già i buoni scrittori. Nel dramma riuscirono Berd e Conrad e fallirono Longfellow e Willis. La schiera dei drammaturgi è numerosa. La gloria letteraria degli Stati-Uniti si va ora allargando mirabilmente. Portata sull'ali della poesia dei Longfellow, dei Bryant, dei Lowell s'eleva man mano all'altezza dell'Inghilterra, e promette di trasfondere nuovo sangue nella letteratura della vecchia Europa.

LETTERATURA FRANCESE.[1]

DIVERSI.

Il giogo dell'incivilimento è soave; ma tuttavia si riceve e si porta malvolentieri. Quando nel secolo decimosesto l'Italia lo accollava alla Francia, non la trovava sempre docile e riconoscente; quando nel secolo decimottavo la Francia imponeva il suo pensiero all'Italia, voi eravate un poco recalcitranti. Ora dopo lunghe oscillazioni i nostri due paesi sono pervenuti ad una certa equipollenza negli ordini dell'intelletto; onde lo scambio delle idee si fa volentieri e lietamente come tra popoli che si sono ben conosciuti e sanno che nelle loro relazioni il guadagno è grande e pari. Certo gli uni ricordano ancora troppo gli antichi servigi,, gli altri i recenti; ma nel complesso si rivela un sentimento più largo e profondo di fratellanza.

Milano è ancora la grande arteria delle comunicazioni franco-italiane. Torino lucida troppo Parigi: Firenze lo segue un po' da lontano; Roma e Napoli ne fanno la caricatura anche quando l'imitan da senno. In generale si conosce poco la Francia. Non si conosce-

---

[1] Quest'articolo, in forma di lettera, si lascia tale quale fu stampata nel *Crepuscolo,* con la data di Francia, 24 aprile 1859.

CAMERINI.   29

rebbe Roma girandola qualche giorno con al fianco uno
stupido cicerone. Non si può conoscere la Francia per
qualche traduzione di alcuni de' suoi romanzi o drammi,
e di questa o quell'opera grave, staccata dal moto complessivo della scienza e della società francese. Per contro
Milano, ai tempi del Verri e del Beccaria, ripeteva quasi
per consenso i moti del sentimento e del pensiero francese. Voi li comprendete perfettamente, ne accettate
tutte le espressioni letterarie; riproducendo i vostri
concetti, sembrate imitarci. Onde se io prendo a par-
larvi di Francia, vengo non ad insegnarvi cose che già
sapete e darvi notizie che vi sono a mano, ma a par-
larvi un po' di voi stessi.

Ogni governo si riverbera in sensi diversi nella letteratura; qui più che in altra parte; qui ove il governo può tanto per la tendenza assoluta delle menti,
che eziandio nelle più sfrenate teoriche idoleggiano i
mezzi e le forze della tirannide. Il secondo Impero
come il primo si riverbera in un dualismo letterario;
nella letteratura d'opposizione, e in quella di favore;
il primo Impero aveva Chateaubriand e la Stael; Fon-
taines e Baour Lormian (cito per la letteratura di favore i due nomi che prima mi vengono alla penna,
riconoscendo pel primo le sue velleità liberali); il secondo Impero ha Hugo e Villemain; Gautier e Méry,
per non citare Belmontet. Ma la letteratura d'opposizione
sotto Napoleone I conteneva in germe tutto l'avvenire
delle lettere francesi: la rigogliosa fioritura della restaurazione e del regno di Luigi Filippo. La letteratura
d'opposizione sotto Napoleone III è l'eco del passato,
non la voce del futuro. Tantochè i giovani ingegni, sentendo che quell'eco va morendo, e non avendo lume a
nuove e gloriose vie, si danno alla pittura del reale; e
finchè non traluca loro innanzi un nuovo ideale, non

v'ha da sperare gran fatto del risorgimento letterario
di Francia.

Gl'ideali si sono infranti nel 48. La borghesia, che
proclamava l'immobilità nelle cose interne ed esterne,
non aveva alcun ideale. La libertà ch'ella voleva era
la pace: gloriosa o no, le calea poco; pace fuori umi-
liandosi; pace dentro comprimendo e al bisogno can-
noneggiando. Davvero che i letterati francesi, i quali
rimpiangono i dugentomila elettori di Luigi Filippo e
la sua casta, sono o poco giusti o meno sinceri. V'erano
bene le lotte della tribuna, splendide rispetto all'eloquenza, ma sterili quanto al vero progresso umano. Difatti la letteratura popolare, influente, feconda, era al
tutto fuori dell'orbita del governo. Un ideale seguivano
i riformatori delle diverse scuole, e quell'ideale trasfor-
mava gli ordini domestici, economici e sociali. Anche
a traverso il fango e la folla tendevano ad un eliso, il
cui incanto fu rotto negli esperimenti del 48. Fu rotto
similmente l'incanto degli ordini stretti di libertà. Ne
venne l'aritmocrazia, la signoria del numero, pronto
sempre ad abdicare; ed abdicò. Ora le maledizioni e i
rimpianti non possono far tacere negli uni la coscienza
dell'impossibilità, negli altri dell'impotenza. L'uomo
sotto l'incubo della delusione e della disfatta non può
muoversi, non può agire, è meramente ricettivo; ed a
questo stato s'accorda perfettamente la letteratura del
reale.

Una nazione ingegnosa che per le sue scuole e le
sue accademie ha sempre i quadri letterari completi,
e a cui i lettori di tutti i paesi prestano orecchio, non
ha scioperi come le meno felici, in cui gli studi e i
lavori vanno a seconda della forza inassistita degli
ingegni e del capriccio delle congiunture. Onde la produzione, senza essere raffinata come sotto la Restaura-

zione, o ricca come sotto Luigi Filippo, è sempre notevole, mercè degli scrittori superstiti delle due ultime
colture, e degli autori novelli. Nel romanzo la Sand s'è
ridestata. Il suo *Elle et Lui* ha fatto grande effetto
singolarmente per le memorie di un caro poeta, che fu
di questi dì più sfigurato che ritratto all'accademia
francese. Questo romanzo, avendo a fondamento un
amore reale, mostra meglio che ogni altra prova come
la letteratura oppositrice del regno di Luigi Filippo si
stacchi dalla nuova scuola realista. La Sand conserva
nel suo cuore quella facoltà d'idealizzare, di cui è de-
bitrice ad altri tempi e ad altra fede; quella grandezza,
che eleva eziandio le sue perversioni di caratteri e principii morali, non l'abbandona ancora. Il moderno realismo è caduto alle bassezze di *Madame Bovary* e di
Fanny; ultimo grado di degenerazione nell'arte, perchè dimostra la tendenza a trasportare nella famiglia
quella materialità dell'amore, che già trionfava nelle
riproduzioni della società equivoca.

Ma, se le tendenze predominanti caratterizzano la
letteratura di un dato periodo, e queste tendenze son
bassamente realiste, non è giusto costringere in sì fatto
cerchio tutte le espansioni di una grande nazione. Qui
i rappresentanti della coltura passata fanno sentire la
'potenza ancor viva del loro ingegno; e tra i novelli vi
sono, come sempre avviene, spiriti indipendenti dalle
scuole prevalenti e dagli andazzi comuni; spiriti che si
mescolano nell'avvisaglia solo per ridere e maledire, e
spiriti che non tuffano mai l'ale nel sozzo padule. Vi
sono sempre contro-correnti, che prevarranno quando-
chessia, e intanto fanno contrasto. About, per esempio,
è uno scrittore che fa parte per sè stesso; brioso, arguto, è di tutti i tempi come Le Sage. Achard è dolce,
morale. Hetzel spiritoso, caustico senza immoralità. Nè

ora io voglio giudicare questi scrittori rispetto all'intrinseco de' lor lavori e alle leggi dell'arte; ma solamente rispetto alla varietà dell'indirizzo. E, uscendo dalla pura letteratura, troveremo la medesima varianza. Il Veuillot ha pubblicato scritti indecenti, e il suo stile devoto ne sente ancora non poco; il Sacy, direttore di un giornale volteriano, pubblica una *Biblioteca cristiana*. I critici del giornale dei *Dibattimenti* non hanno in filosofia e in religione quasi nulla di comune; d'accordo sulle conseguenze di libertà temperata, muovono da principii al tutto diversi. In Inghilterra apparterrebbero a sètte opposte e nemiche; qui vivono insieme, e si condonano le differenze di pensiero in grazia dell'unità degl'intenti.

È sì vero che queste sentenze assolute e ferree sopra una letteratura vivente si dilungano dall'equità, che *Sibylle* di Laurent-Pichat è un romanzo d'avvenire. Idoleggia certamente personaggi e cose degli ultimi moti italiani; l'anima v'è maggior dell'ingegno, l'arte imperfetta; ma io lo chiamo un romanzo d'avvenire, perchè dimostra sensi pei quali può rigenerarsi la Francia. Difatti nuove rivoluzioni sarebbero sterili; l'aritmocrazia ha sbiadito i dotti ed equilibrati organamenti di costituzioni; i partiti son più divisi che mai e forse irreconciliabili nelle quistioni interne; gli sgomenti del socialismo, barriera insuperabile alla repubblica. Solo l'*esportazione* può ricondurre all'*importazione* degli spiriti e dei beni smarriti. I Franchi hanno stupori e sonnolenze che si risanano solamente con grandi imprese (*Gesta Dei per Francos*). Nella nostra storia le sanguinose si avvicendano con le imprese audaci. Non v'ha in fin dei conti un utile netto appàrente; ma la coscienza nazionale vi si ritempra; ed impressiona di sè la coscienza delle nazioni. La vecchia Inghilterra conquista, colonizza, ride della Francia che ha poco più che l'Africa ed è una piaga; ma l'inferma francese dà volta sul suo letto, e l'Inghilterra trema anche lei, e cala agli accordi co'suoi borghesi, e co' suoi proletari. E se la fiera isola trema, figuratevi il continente.

Il dramma, censurato al solito, è più che il romanzo costretto a moderarsi, e, a dir meglio, consuona più alla presente condizione. Il colmo del suo ardire e del suo successo è la fotografia dei vizi o degli andazzi del giorno: fotografia è il vero termine, perchè il più non si studia di organizzare l'azione, di scolpire i caratteri, di cesellare lo stile; s'improvvisa per solito a due o a più; buon metodo quando si ha furia, e quando uno dei collaboratori è maestro. Così i vostri artefici del secolo XVI avevano collaboratori, e il vostro Vasari cita coloro ch'ebbero la gloria di aiutare Raffaello ne'suoi lavori immortali. Ma questi collaboratori facevano le parti secondarie o puramente materiali, e gl'intendenti si piccavano di riconoscerle sotto la stessa patina della maniera. I nostri vanno per l'ordinario alla pari e si dividono i lavori, come i sarti, quando hanno fretta, le parti d'un abito. Ne esce poi qualche cosa meccanicamente irreprensibile, e intellettualmente debole. E, quel ch'è peggio, i collaboratori sogliono restare impossenti come quegli artigiani che per la divisione del lavoro non fanno tutto il giorno che certi pezzi d'un'opera. Se gli abbandona l'ingegno famoso che gli animava ed avvolgeva nella sua luce, non si rinvengono più. Li vedo come l'Orrilo dell'Ariosto cercar per terra le lor membra, e non possono raccapezzarsi.

Il romanzo si converte nel dramma, il dramma nel romanzo, e l'alterno rimpasto giova al progresso meccanico di questi rami di letteratura. Gli abili direttori o editori valutano con rara precisione i successi. Solo ıl nuovo e il grande potrebbero indurli in errore. Ma questo pericolo è raro.

Il lavoro originale in generale è volgare; ma la critica si eleva. Non parlo del Montégut, che tuttavia ha importato dall'Inghilterra una certa serietà morale che dà rilievo alle considerazioni letterarie. Intendo di Renan e di Taine che negli ordini della filosofia o dell'arte pura vanno connaturando tra noi i prodotti della scienza germanica. Renan è più comprensivo e tuttavia più lucido di Quinet. L'assimilazione del germanismo è ora quasi perfetta. Taine supera Sainte-Beuve, come una vivisezione supera una tavola anatomica. Lascio i castòri della letteratura che fauno ogni dì con gli stessi materiali le stessissime costruzioni; ma i migliori critici, il Rémusat, il Cousin, presto saranno superati. Il pubblico accetta le cose gravi con curiosità, con amore, e vi si va livellando. Questo è uno dei segni del tempo; ma a produrre l'entusiasmo, necessario a fecondare i semi della filosofia, si richiede un gran movimento nazionale, che renda alla Francia la coscienza della sua forza e della sua missione. Il Renan mi pare disdegni troppo le moltitudini. Spregévoli e inutili nel loro sonno, sono al loro destarsi per nobili cause e ardite imprese il fonte d'ogni grandezza anche negli ordini del pensiero.

Questo indirizzo più elevato e più fecondo della critica non dee nè può far dimenticare quanto di utile e di piacevole si contiene nelle infinite pagine che ha prodigate in questo genere, proprio suo, l'arguto e splendido spirito francese. E la stessa trasformazione, di cui il Taine e il Renan sono ora i più chiari rappresentanti, cominciò nel *Globe,* donde, quasi da piccolo semenzaio, le piante furon traposte per più largamente e lietamente fiorire nei vasti campi della *Revue des deux Mondes.*

Il fatto però è sempre che la si dee principalmente allo studio comparativo delle varie letterature; studio che può bene rimanere arido o fecondo solo di riscoutri materiali quando non si faccia che estrinsecamente come il per altro dottissimo Hallam, ma che rigenera gl'ingegni e gli studi quando sia diretto dallo spirito filosofico dei Lessing e degli Schlegel. Ora il Taine e il Renan tornano, a dir così, dalle loro peregrinazioni in Inghilterra, e specialmente in Allemagna, fucina talora diabolica d'idee, e nei loro libri si spira qualche cosa del pensiero vivente delle più operose o meditative nazioni.

Il merito letterario, lo stile, la finezza, il brio fanno vivere e leggersi gli scritti di tanti, le cui sentenze sono note a noi come le voci della famiglia. A non toccare che la pleiade del *Giornale dei Dibattimenti*, ove si rifugge il pudore della lingua e del gusto dagli assalti vergognosi del romanzo e del teatro, mi pare che Filarete Chasles sia un esempio individuale di quella critica che si può dire cosmopolitica, perchè in una pagina concentra i raggi di molte letterature. Il suo stile pieno di rimembranze e d'allusioni vi fa vivere nello stesso tratto a Parigi, a Londra, a Berlino, a Firenze, e sognare le antiche patrie della nostra coltura. Ne viene qualcosa di squisito e d'universale, che vi affascina; e se non fosse la stonatura di qualche sproposito, quando egli entra nei particolari, l'illusione sarebbe irresistibile. Chi lo spregia, si provi; e vedrà ch'egli riuscirà piuttosto a parlare il gergo franco delle scale del Levante che a fare quel mosaico bellissimo ed efficace, perchè involontario; essendochè nel dire di uno scrittore che vuole e sa restar francese s'annestano le idee e le forme più ingegnose delle letterature straniere. Certo l'assimilazione è più perfetta in John Lemoinne, per-

chè circoscritta, si può dire, ad una sola letteratura.
Nato inglese, egli ha ritrovato il segreto di Hamilton;
egli ha così bene fuse insieme le qualità·letterarie delle
due nazioni, che senti l'acume inglese tra il luccica-
mento francese. È il lampo elettrico che arde e trafora.
Non mi piacque, per esempio, il suo motteggio intorno
all'*Amore* del Michelet, libro stranamente sincero, e pur
nella sua stravaganza, ricco di accorgimenti e di affetto;
ma il suo articolo sul libro di lord Normanby non era
bellissimo? E in quelle riviste della quindicina ch'egli
alterna con Prevost-Paradol, dacchè morì il Rigault,
non ha spesso di tratti argutissimi, e non si legge con
passione, quando non sia costretto ad allungarsi troppo,
perchè il suo genio ama la succinta e stillata eleganza?
Le sue cose più belle non passano la colonna; ed ei
spicca più quando può più francamente pigliar i colori
da varie tavolozze, letterarie, politiche e morali. In questo genere, non ha molto, fu piccantissimo un articolo
sopra l'isola di Cuba, che la Spagna ritiene coi denti,
e che l'Unione Americana agogna, e cerca fargliela cader di bocca col bagliore dei dollari, quando non può
strappargliela con le zanne de'suoi filibustieri. E le
sue osservazioni sull'Italia non vi parranno sempre
giuste, ma sono come abbragiate d'affetto e d'ingegno.
Il Lemoinne tiene molto del La Bruyère, che recò ad
oro quelle riflessioni che altri avrebbe coniato nella
pesante moneta spartana. E meno male quando i nostri moderni ci tornano al brodetto nero e al rame la-
cedemonico, e non ai pasti più schifosi o ai grossolani
mezzi di scambio dei selvaggi.

Anche il Prevost-Paradol mi pare riesca più nello
scriver politico che nel letterario. Certe lettere ch'egli
diceva scritte a lui da una donna erano sottili e ingegnose; ma pare ch'egli abbia bisogno, per fare spicco,

di trovarsi alle prese con qualche potente avversario e
per cause superiori alla stessa letteratura; come la libertà politica e religiosa. Allora egli si eleva veramente,
e quel certo velo, a cui la gelosia presente del governo
condanna gli scrittori, gli serve, come a donna bella ed
accorta, ad aguzzar meglio gli strali dell'epigramma.
Onesto e spiattellato è Cuvillier Fleury, di cui leggeste
di fresco raccolti gli *ultimi studi storici e letterari*, scrittore da prima aulico e freddo, a cui la rivoluzione di
febbraio, che lo ferì nelle sue più care adorazioni, diede
uno scatto nuovo ed efficace. Egli ha molto gusto, e
fa assai bene certi ritratti morali e letterari degli scrittori contemporanei.

Dove lascio Giulio Janin, tanto odioso ai vostri appendicisti che pur lo saccheggiano e senza garbo, un
po' vecchio ora, un po' impinguato, un po' imbiaccato,
e sempre e per tutti, autori e attori, come vinosamente
invasato? Quel suo tuono ditirambico è venuto a noia:
quella sua vana abbondanza di parole, quella sua broda
colorita e pepata con tanti sughi diversi, dove nuotano
alcuni lardelli di falso latino, quel suo, come voi dite,
menare il can per l'aia è sì controstomaco che molti
non abboccano più le sue appendici. Piace più il sobrio,
arguto, spiritoso Berlioz, che non scriverà belle sinfonie,
ma dà di belle lezioni al pubblico, ai compositori, e
sgara i codini della critica, come l'importuno abbaia-
tore contro la fama del Verdi, lo *Scudo* della *Revue
des deux Mondes*, perpetuamente in ginocchio avanti
ai vecchi, al Campidoglio di terra e paglia, aborrendo
dal Campidoglio a marmo ed oro.

Giulio Janin ha gravi difetti; non si può leggere,
perchè non si fa che rileggerlo; ma ha imaginativa,
ha cuore, e quando egli non dee parlar di futilità (e
il male veramente sta nel dovere ogni settimana di-

scorrere per tante linee sopra componimenti buoni o
cattivi), quando egli s'abbatte ad un'opera degna, o
ad un sentimento onorato e profondo, ha brio, passione
e spesso eloquenza. Le pagine intorno alla letteratura
drammatica che egli ha salvato, com'egli dice, dalle
catacombe del giornale, sono in generale degne di vita.
Il Sainte-Beuve afferma che la scelta vorrebbe farla
lui, e ne uscirebbe un libro immortale. Lo credo anch'io. Tra le effusioni del Janin v'è la stoppa e la
fiamma che il ciarlatano mostra trarre dal suo petto;
e vi sono le catene d'oro onde l'Ercole gallico in-
catenava le genti. Certe sue ammirazioni sono divenute
le ammirazioni dell'Europa, ed egli, sì è buono, riesce
più nell'elogio che nella satira. Giudichiamolo da tutte
le sue opere, non dal foglietto della giornata. Abbiamo
un po' di memoria, e se l'abbiamo letto, sarà difficile
non averla. Egli ci ha spesso non solo dilettati, ma
commossi al bello ed al bene; il che per un *gazzettiere*,
come chiama la Sand questa generazione d'uomini che
getta l'ingegno ai quattro venti, non è poco. Il gazzettiere, per continuare su quest'idea del disprezzo che
ne hanno coloro che vennero in fama per opere ordi-
nate e migliori, mette talora più della sua anima e
riverbera più dell'anima dell'umanità in poche pagine
che un romanziere in uno o due volumi. Egli è come
il cavallo di razza che si esaurisce nelle corse; ama
l'ardore, l'istantaneità della lotta; non sa fare lunghi
calcoli, non sa condurre lentamente un lontano viaggio.
In brevi anni è sfinito. Ha superato immense difficoltà;
vinto orrendi pericoli; ma resta appena di lui una memoria negli annali del *Turf*.

Anche Teofilo Gautier raccoglie ora in uno le
sparte foglie della sua critica drammatica. Egli è uno
stilista famoso. Cesella mirabilmente: ma non ha mai

quella furia michelangiolesca che crea, e si riscontra
talora in Janin. Saint-Victor è il Bernini della critica
drammatica. I suoi *cartocci* sono famosi più che i suoi
cartoni. Perdonatemi questo cattivo bisticcio. In Giulio
Janin v'è del Rossini, in Gautier del Meyerbeer, in
Saint-Victor qualche cosa della peggior maniera (del
Verdi.

Io non voglio correre per tutti i pianterreni del giornale e bisticciarmi con gli appendicisti teatrali. Non mi
troverei sempre alle mani con la scienza e l'amore
dell'arte, o almeno con la passione e il capriccio dei
giudizi, ma con qualche cosa di bassamente mercantile, che mi farebbe per sempre stomacare dell'arte.
Chi andrebbe ad imparare la santità dell'amore tra i
baci mentiti e lividi delle meretrici?

Un nostro giovine drammaturgo pagò la fazione dei
plaudenti, perchè tenesse le mani a casa ad una prima
rappresentazione di un suo lavoro. Così bisognerebbe
pagare la fazione dei giornalisti teatrali. perchè serbasse i suoi panegirici agli scrittori e attori non buoni.
La loro eloquenza è degna dei cadaveri.

La critica drammatica ha una data tra gloriosa
ed ontosa in Francia, la nascita del *Cid*. Una lettera
di Corneille recentemente scoperta dà una prova di
più come il valentuomo sapesse che l'odio del gran
ministro fosse il fomite della pedanteria che aveva
preso a far di lui quel che di Marsia fe Apollo. Qui
Marsia scorticava il Dio. Così i pedanti della Crusca
scorticavano il Tasso. Ontosa pel motivo, quella critica
per l'effetto fu utile, perchè il sofisma ridesta la ragione, che sonnecchia nella coscienza sicura di sè, e
l'arte progredisce.

Dal *Cid* in poi qual trambusto non s'è fatto intorno
a Corneille, Racine, Molière, Voltaire, Crebillon, Victor

Hugo? Racine quante volte fu nella polvere o sull'altare, secondo l'espressione d'un vostro poeta drammatico, non meno vessato dai critici? Ora un signor Deltour in una sua tesi ha discorso dei *Nemici di Racine nel secolo XVII.* Storia nota, ma istruttiva. Non fu primo il celebre Cassagnac a tentare la demolizione dell'amoroso poeta nel giornale la *Presse.* I suoi contemporanei lo noiarono mentr'egli conduceva que'suoi perfetti edificii; ed eretti ch'erano, li scassinavano. Un uomo, che si beffava di quasi tutti gli scrittori del suo tempo, gli faceva cuore. Quest'uomo era Boileau. Ma la rabbia e l'invidia gli opponevano i più miseri rivali, e si tappavano l'orecchie per non sentire la divina armonia che gli avrebbe sedotti o vinti. E di quelli che venner dopo vi furono altri sordi volontari; ed altri che con giudizio spassionato discorsero il bene e il male della poesia raciniana. E come un fiore rappresenta nel suo sviluppo le leggi generali dello sviluppo di tutti i fiori, così il destino svariato delle cose di Racine il destino delle opere e lo svariare delle scuole drammatiche in generale. E dalle esclamazioni ammirative di Voltaire alle analisi prolisse del Laharpe, dalle acri censure dello Schlegel agli acuti sguardi di Saint-Marc Girardin, dai colpi da orbo di Cassagnac alle finezze di Taine si può dire che tutto il campo della critica sia stato misurato, rivolto, sfruttato. Ma ora altre battaglie occupano gl'ingegni; e i La Guéronnière, i Girardin e cento altri che non hanno nome e lo cercano e se lo fanno o no, discutono gl'intenti e gli apparecchi dei veri padri delle tragedie o commedie umane, dei capitani e dei diplomatici. E io non voglio vedere tra il fumo del cannoneggiamento o la spuma dei brindisi della diplomazia che gli elementi di future creazioni tragiche o comiche. Vi sono azioni drammatiche, in cui la provvidenza dispensa il pianto e il riso a rigenerazione dell'umane genti, e a giustificazione delle sue vie.

———

DELLA TENDENZA AL VERO.

———

L'odierna letteratura francese tende sempre più al vero. *S'invera* direbbe Dante. Il realismo è un' esagerazione di questa tendenza, che non esclude l'ideale, perchè l'ideale non è che il Vero avvenire.

Lo studio dell'antichità ebbe sempre grandi cultori in Francia; ma anche i più dotti e i più austeri amavan troppo le fioriture. Uomini di biblioteca e di società, aspiravano non solo al suffragio dei loro pari, ma al compiacimento dei dilettanti. Racine imitava i greci con l'occhio alla corte di Luigi XIV; l'abate Barthélemy ne raccontava la vita con l'animo alle conversazioni del tempo di Luigi XVI. I traduttori rendevano galanti al possibile Omero e Tucidide, Virgilio e Tacito.

Il *Giobbe* tradotto da Ernesto Renan [1] è l'ultimo segno dell'inveramento del metodo di tradurre in Francia. Quel poema è composto di discorsi in versi accomodati in un testo prosastico. Il ritmo, come quello d'ogni poesia ebraica, consiste unicamente nella divisione simmetrica dei membri della frase; in una specie di rima del pensiero. Ora il Renan ha tradotto la prosa alla distesa, e i versi alla divisa; ma non già con la trascuranza ed abbiezione delle volgari versioni letterali, sibbene con una pienezza d'intelligenza, di sentimento e di poesia

———

[1] Paris, Michel Lèvy frères, 1859.

che fa stupore e letizia insieme a chiunque ha letto Giobbe nelle traduzioni ordinarie, ed ha sospettato la sua grandezza senza poter rendersene conto, anzi restando offeso da molti scogli, ove intoppa e si perde l'intelletto. Questa verità di riproduzione proviene da un ingegno eminente, scaltrito a vincere tutte le difficoltà, da un profondo studio della lingua e letteratura semitica, e da un gusto eccellente che sa piegare la propria lingua a tutti i concetti e a tutte le imagini dell'originale senza sforzarla od alterarla.

Una stilla dell'immensa dottrina del Renan si ha nell'introduzione. Egli pone la composizione del libro di Giobbe cent'anni almeno avanti alla cattività, vale a dire verso l'anno 700, giudica un'interpolazione il discorso di Elihu, e caratterizza a meraviglia il genio poetico de' Semiti. Dio e l'uomo al cospetto l'uno dell'altro, in seno al deserto, ecco il compendio, e, come oggi si dice, la formula di tutta la loro poetica. I Semiti non conobbero i generi di poesia fondati sullo svolgimento d'un'azione, l'epopea, il dramma; e i generi di speculativa, fondati sul metodo esperimentale, o razionale, la filosofia, le scienze. La loro poesia è il cantico; la loro filosofia, la parabola. Il periodo si desidera nel loro stile, come il ragionamento nel loro pensiero. Il *Cantico dei Cantici* è un abbozzo di dramma lirico appena svolto; un imparaticcio di libretto per musica. Ma tutto questo sfavore di limitazione al genio semitico si riferisce specialmente alla lor vita primitiva nomade, o appena stabilita in abbozzi di associazione civile.

Citiamo l'illustre esempio del Renan e basta. Questo è il canone di Policleto, e al suo esempio e specchio si formeranno gli altri. Lo stesso Renan è il prodotto della nuova coltura, incrociata di pensiero e scienza germanica, e dell'indirizzo che ho notato e che corrisponde al positivo nelle scienze d'applicazione e nella vita. Questo indirizzo da gran tempo si riscontra nella riconsiderazione che i Francesi fanno della loro storia e letteratura. Insigni prove sono Thierry e Michelet; ma venghiamo alle odierne. Il medio evo è soggetto di continue e quasi filiali ricerche. La lingua di quei vecchi scrittori, dice il Littré, madre della nostra, è più vicina al latino, e pertanto non è nè barbara nè villana. Il loro verso è il verso saffico, accomodato alla nuova prosodia dall'accento. Lo spirito leggendario genera epopee; lo spirito maledico e satirico si sfoga in novelle, o in composizioni eroi-comiche; canti d'amore, affettati, ma eleganti e graziosi, sbocciano a questo nuovo sole, e come dice Schiller « Il frate e la monaca si flagellarono, il cavaliere, guernito di ferro, giostrò; ma, sebbene la vita fosse fosca e selvaggia, l'amore restò amabile e dolce. » Le lettere francesi divennero europee: i tipi che esse crearono, universali e immortali. A dispetto della storia, continua il Littré, i dodici paladini muoiono a Roncisvalle con Orlando, il cui corno richiama invano Carlomagno di valle in valle.

Ognuno conosce i lavori linguistici di Raynouard, di Ampère, di Génin, dello stesso Littré; e, seguendo per questa vena, troviamo ora nuovi studi sulla lingua e sui testi del medio evo, e delle susseguenti età letterarie. Così la grammatica francese e i grammatici al secolo decimosesto furono studiati da C. L. Livet; [1] documento certissimo di profondo amore della lingua, quando si volge a' suoi primi abbandonati legislatori; non toccando solo dei famosi Roberto e Arrigo Stefani,

---

[1] Paris, Didier, 1859.

o di Pietro Ramo, celebre per le sue lotte filosofiche, ma di Jacques Dubois (1531), di Louis Méigret e Guillaume des Autels (1545), di Jacques Pelletier (1555), del citato Pierre Ramus, Jean Garnier, Jean Pillot, Abel Mathieu (1558-1581). Cosi tra i generi di letteratura uno de' più fiorenti al medio evo, la satira, fu studiata da C. Lenient.[1] Così il signor Hersart de la Villemarqué ha riconsiderato i romanzi della Tavola Rotonda,[2] esaminato l'origine di questo ciclo epico, e per lo studio comparativo di essi con le tradizioni celtiche ha creduto potere sentenziare che il racconto delle imprese di Arturo e de' suoi compagni è il deposito delle tradizioni più antiche e più incontrovertibili dei Brettoni. Così il signor Tommaso Wright ha ripubblicato le *Cent nouvelles nouvelles*,[3] sopra il solo manoscritto che si conosca, ritrovato al museo hunteriano a Glasgow, e cercato provare che questo libro di novelle non è stato scritto per Luigi XI, ma pel duca di Borgogna, Filippo il Buono, e sostenuto con Le Roux de Liney, che l'autore è Antonio della Sale, imitatore dei novellieri italiani.

Lasciando un istante i poeti, i romanzi e le disquisizioni letterarie, troviamo il barone di Hody che rivilica i monumenti, i testi, le iscrizioni, le cronache per illustrare Goffredo di Buglione e i re latini di Gerusalemme. I nomi e i fatti dei fondatori di questo piccolo regno sono più famigliari a noi che quelli dei principati e delle repubbliche nostre, perchè il Tasso ha cantato Goffredo; e sebbene abbia trattato con confidenza la storia e la verità locale, non dovremmo lasciar passare senza trarne qualche illustrazione al divino poema, que-

---

[1] *La Satire en France au moyen âge.* Paris, Hachette, 1859.
[2] Paris, Didier, 1859.
[3] Paris, Janet, 2 vol.

ste nuove ricerche. E per le strette relazioni storiche e poetiche della Francia e dell'Italia noi abbiamo tesori che troppo trasandiamo nelle ricerche e collezioni che si vanno ordinando in Francia, e tra i più preziosi sono sempre i carteggi di ambasciadori italiani, come ora le lettere di Francesco della Casa tra i documenti delle negoziazioni diplomatiche di Francia e Toscana, raccolti, non ha molto, dal valente Giuseppe Canestrini, e pubblicati da Abele Desjardins, ad illustrazione dei regni di Filippo il Bello e di Carlo VIII.

La tendenza al vero si manifesta nella rettificazione e nell'appuramento della storia letteraria. A questi sforzi si rannettono gli studi sopra personaggi di conto, come quello dell'abate Flottes sopra Daniele Huet, vescovo d'Avranches, e di F. Marcon sopra Pellisson, l'uno famoso per iscritti teologici e filosofici, l'altro per l'amicizia di Fouquet, e per la prima storia dell'accademia francese. A questi sforzi vanno pure annumerati i soggetti di concorso che propone essa accademia, ed uno fu Regnard, che il Gilbert trattò con molto criterio, dimostrando come l'autore del *Giuocatore* fosse indifferente in morale, non molto vario nella dipintura dei caratteri, poco nuovo o mirabile negl'intrecci, ma felice nello stile; abbondante, vivo, saporoso, pieno di quei motti, che quasi faville scoppiano al battere dell'incude popolare.

La rettorica era il male della Francia. Ma, non avendo vera e grande poesia, ella si ricattò nella prosa, la più bella del mondo fino a Goethe e a Macaulay, il Tiziano, dice Bulwer, della prosa inglese. Ora, accentrando tutte le loro cure nello stile, i Francesi riuscirono troppo vaghi e azzimati. Vollero ornare non solo l'erudizione, come l'abbate Barthèlemy, ma la stessa scienza. Nessuna nazione ha tanti libri esornativi delle

discipline più alte e severe. Non solo la storia naturale, ch'è guasta dagli ornamenti, ma che pure può
in sulle prime riceverli senza dar troppo nell'occhio,
ma tutte l'altre furono al possibile abbellite e fucate.
Se non che questa premura di renderle belle e gradite
giovò alla diffusione del loro amore, se non alla loro
immediata conoscenza; perchè l'amore è la via maestra del sapere.

Da Fontenelle a Flourens, si posson percorrere le
vite e gli studi dei grandi scopritori o pionieri scientifici con quel piacere che si legge Plutarco. Chi più arguto di Fontenelle, più copioso di Cuvier, più lucido
di Arago? Nè solo i segretari dell'accademia delle
scienze, e dell'altre classi dell'Istituto, ma eziandio
quelli di altre accademie, come il Pariset, negli elogi
dei morti accademici, si procacciarono di rendere popolare e graziosa la scienza. L'Arago rese questo genere troppo minutamente aneddotico; il Babinet lo
mette in madrigali. Ma accanto a questa ultima degenerazione della elegante trattazione scientifica è da notare lo sforzo a renderla più esatta e severa. Già il
Biot, le cui miscellanee scientifiche e letterarie furon
testè raccolte, trattò con precisione elegante molte quistioni di storia scientifica; e non si troverebbero altrove sì belle e giuste notizie sopra Galileo e Newton.

Ma nella *Revue des deux Mondes* i Paul de Remu-
sat, i Laugel, i cui studi furono testè raccolti, si sfor-
zano di dare alla esposizione delle questioni scientifiche una forma semplice, chiara, ma senza fronzoli.
Questo metodo comprensivo ed esatto, che non esclude
lo splendore delle imagini baconiane, nè il luccicante
spirito di Voltaire, muove certamente da Humboldt,
l'autore immortale del Cosmos, suprema condensazione
di scienza, e supremo esempio di stile scientifico. Certo

quella potente concentrazione non si conviene ai trattatisti particolari, come il fulmineo tratteggiare di Dante non si conveniva ai narratori come l'Ariosto ed il Tasso; ma Humboldt è l'Omero degli scrittori scientifici.

Questa tendenza al vero ha abbassato il romanzo e la poesia al realismo di Flaubert e di Baudelaire. Giorgio Sand si ricattò del non successo di *Narciso* e dell'*Uomo di neve* con *Elle et Lui*, dove intrecciò gli amori del poeta, che ora signoreggia le fantasie dei giovani scrittori francesi. Mentre in Inghilterra al predominio di Byron succede Shelley, scetticismo più disperato, ma meno sensuale, in Francia prevale la stella di Musset, che parve tornar a Dio nell'ultime poesie, ma ch'è veramente l'espressione più franca dell'amore scapigliato e inonesto. Prosa o poesia, tutto il pensiero e l'affetto di Musset è la voluttà; voluttà giovanile, impetuosa, irreparabile, che si perdona perchè è un eccesso della esuberanza di vita, un bollore naturale, non artificiale come lo schifosissimo d'Orazio.

Orazio ha saputo abbellire ed ornare la rozza licenza dei costumi romani, e i vecchi l'amano più che i giovani, perchè risponde allo stento e all'avarizia de' lor piaceri, e tra le illusioni della gioventù perduta pone qualche sentenza, qualche tratto che riassume l'esperienza della vita, appunto come nel dialogo amoroso dei vecchi si mesce il canuto consiglio alle bavose carezze. Alfredo de Musset è giovane; è guasto dall'aspide del falso amore che gli ha roso il cuore, e reso incapace del vero; e tra questo veleno inoculatogli dalla società corrotta ove visse, e tra le furie e le sconsideratezze giovanili, gli si perdona. La stessa licenza ha dell'entusiasmo in lui e dà al suo verso ali, che invano gl'Icari dell'imitazione si attaccheranno agli omeri.

Musset, unico e senza prole, nella letteratura francese, può tollerarsi ed amarsi; capo-scuola, darebbe segno di una corruzione profonda nel paese che ne favorisse l'imitazione.

Questo realismo, che i nostri vecchi scrittori, dissero *naturalismo*, è un'esagerazione della tendenza al vero ed è poi una riproduzione parziale della società francese; una riproduzione, a dir così, delle sue vili funzioni. Ma, ove il realismo riproducesse l'azione del cuore e del cervello, il vero si confonderebbe coll'ideale, perchè troverebbe i più nobili sentimenti e le più grandi aspirazioni dell'anima, come i più alti concetti e i più sublimi presagi dell'intelligenza.

CRITICI FRANCESI.

PLANCHE. — SAINTE-BEUVE, ecc.

Gustavo Planche, parlando dell'analisi del *Paradiso Perduto* di Milton che si legge nel *Corso di Letteratura* del Villemain, dice così: « Dans ces pages si habiles et colorées de nuances si éclatantes, M. Villemain réalise pleinement l'idéal du critique: il pense comme un philosophe et écrit comme un poète. — C'est la seule manière de vulgariser la raison, de la rendre populaire. » — « Le critique, dice il Sainte-Beuve, est un homme qui sait lire, et qui apprend à lire aux autres. » — « J'ajoute (dice Cuvillier-Fleury) que le critique est bien souvent un lecteur charitable et même héroïque, qui lit pour le prochain. » Non abbiamo trovato ancora la definizione del critico nel signor Armando di Pontmartin, ma la trarremo dall'indirizzo e dalla qualità de' suoi giudizi.

Cotali frasi fuggitive non danno certo il carattere di questi critici, che abbiamo messi oggi in capo di lista; ma si possono avere per un indizio del loro fare e dei loro intendimenti. Difatti la critica di Gustavo Planche è tutta di principii; egli fa a larghi tratti la storia dell'organismo di un libro; ne è il fisiologo, e non l'anatomico. Egli considera il tutto e le parti principali; giudica secondo i principii più elevati di estetica e di morale; e se non è poeta, ha una tale attraente potenza di dialettica, una tale lucidità e sicurezza di giudizio, una tal franchezza di dettato, che non vi scorgi l'orma data dal libro, ch'egli rivede, ma ti par di scorrere uno scritto originale, in cui si mesca involontariamente la ricordanza di qualche lettura. Egli è un critico, a dir cosi, impersonale. Egli è impassibile alle amistà, agli odii, ai rancori; egli si guida alle stelle immortali del vero, del bello, del buono, e quando gli pare che questi eterni e divini principii siano favoriti o disfavoriti, egli applaude o si adira; cotalchè quando il suo stile si turba e commuove, non ti sembra che s'agiti la causa della presunzione dello scrittore o dell'interesse della consorteria, ma si sostenga la difesa delle leggi del pensiero e della parola. Gli studi critici del Planche sono saggi morali ed estetici, animati e non irti di filosofia. Egli poggia in quella serena ragione, ove, chi possa seguirlo, concepisce la giustizia del biasimo come della lode.

Il suo studio sopra Vittorio Cousin è un modello di critica. Egli non tocca che del letterato; ma dà a divedere ch'egli conosce altresì bene il filosofo. Egli mostra la prima instituzione classica e le prime esercitazioni nell'insegnamento letterario, a cui il Cousin era tirato dal suo primo fautore, il Guéroult; egli mostra come la domestichezza presa co'classici, e la pratica ed il possesso dell'analisi e dell'elocuzione letteraria conferissero poi a rendere così artistiche, così belle e piacenti le lezioni del filosofo; e qualmente, dopo il glorioso arringo corso come filosofo e come storico della filosofia, il Cousin tornasse agli studi letterari, prendendo ad illustrare il gran secolo decimosettimo in Francia e specialmente le donne di quell'età, la Jacqueline Pascal, Madame de Longueville, dolci sembianti femminili, composti a divozione o per istinti precoci verso il cielo, o dopo i delirii del senso, e i vanti e i traviamenti della bellezza. Egli mostra come il Cousin nella sua relazione del manoscritto dei *Pensieri* di Pascal fondasse una nuova critica, che trattava i classici francesi, come i greci e i latini, e chiarisse i dubbii di quel grande ingegno, vanamente ricoperti dai timidi editori, e che pure, secondo noi, non bene conchiuggono lo scetticismo del Pascal; perchè i *Pensieri* non erano che i materiali del nobile edificio ch'egli ideava dell'apologia della religione cristiana; onde certi passi erano forse obbiezioni che l'autore ripeteva o moveva a sè stesso, e che abbattute dal suo possente intelletto potevano anzi valere al trionfo della sua fede.

Bellissimo è il passo di questo saggio, in cui il Planche favellando della memoria che il Cousin dettò del suo amico e nostro concittadino Santa Rosa, ne riprende l'esordio ove pare si biasimi il tentativo infelice di libertà fatto da quel magnanimo. — « Santa Rosa n'a pas réussi (conclude il Planche); mais il avait pour lui la justice: il faut le plaindre et non le condamner. Il a vécu, il a combattu, il est mort pour le droit; aurons-nous le triste courage de lui reprocher sa défaite? Victorieux, il eût laissé une mémoire glorieuse; vaincu, qu'il lui reste au moins l'admiration et la sympathie de toutes les âmes, pour qui la justice n'est pas un vain mot. »

Il Planche espone magistralmente la dottrina estetica di Cousin, contenuta nel libro *Du vrai, du beau, et du bien.* — Egli ammette nell'essenziale le idee che quegli propugna nelle sue cinque lezioni sul bello, ricercandolo nello spirito dell'uomo, negli oggetti, nell'arte, nelle differenti arti, e finalmente nell'arte francese nel secolo decimosettimo. Egli ammette che l'idea del bello non può confondersi mai coll'idea del piacente o aggradevole — poichè il bello ha per speciale effetto il destare l'ammirazione, il che del piacente non avviene — che la ragione, il sentimento e l'imaginazione sono le tre facoltà onde consta il gusto — che rispetto agli obbietti che l'esprimono o lo riflettono più o meno imperfettamente, la lor bellezza non è riposta nell'utilità, o convenienza, o gradevolezza ch'abbiano in sè, ma nell'unità contemperata alla varietà, nell'ordine contemperato al moto. — « Depuis la fleur humide de rosée (dice il Planche) jusqu'au chêne séculaire à l'ombre duquel peut s'abriter un troupeau tout entier; depuis la jeune fille au regard voilé, aux lèvres souriantes, jusqu'au guerrier dont le regard étincelant respire la passion du danger, tout ce qui excite notre admiration nous offre l'alliance de l'ordre et du mouvement, l'unité dans la variété. Supprimez l'unité, l'admiration s'évanouit et fait place à l'étonnement; au lieu d'un objet vraiment beau nous n'avons plus devant nous qu'un objet bizarre, pareil à ceux qu'enfante le caprice. Supprimez la variété, l'admiration n'est pas moins promptement réduite à néant; la vie a disparu. L'unité sans la variété, c'est-à-dire l'ordre sans le mouvement, se réduit à la pure symétrie et ne produit jamais en nous une émotion profonde. »   ·

Ci duole non poter citare la eloquente verificazione che fa il Planche dello stesso principio rispetto alla bellezza intellettuale e morale; ma non possiamo tenerci dal riferire quello ch'ei dice rispetto alla riproduzione del bello. « La reproduction du beau doit-elle et peut-elle être une imitation littérale de la réalité? Il suffit de bien peser les termes de la question, ainsi formu-

lée, pour en trouver la solution précise. Le devoir de
l'art ne saurait dépasser sa puissance. Si l'art ne peut
atteindre à l'imitation littérale, à la reproduction com-
plète de la réalité, il doit évidemment se proposer une
autre tâche. Qu'il s'agisse d'une rose ou d'une gazelle,
il aura beau faire, il n'arrivera jamais à les copier fidè-
lement; il manquera toujours à la copie, si habile
qu'elle soit, un caractère que la nature seule possède:
la vie. Il faut donc chercher hors de l'imitation le but
de l'art. S'il n'est pas donné à l'homme de copier la
réalité, et de lui donner l'apparence de la vie, il lui
est permis au moins de saisir, de dégager l'idée expri-
mée par la réalité, et de rendre cette idée plus sen-
sible en la transportant dans le domaine de l'art: telle
est en effet la tâche du génie. »

Dall' altezza di questi principii il Planche giudica
le varie fasi della letteratura francese contemporanea.
— Quella scuola che pretese rendere la verità locale e
storica con gli aiuti del sarto e dell' attrezzista, e tradì
la verità umana, e lo stesso esser dei tempi, di cui non
copiava che le decorazioni, fu condannata da lui, quan-
d'ella più fioriva e più si credeva sicura di vivere lungamente. Profeta importuno, egli predicava la rovina
in mezzo all'orgie dell' orgoglio e del buon successo.
Il pubblico confermò, sebbene tardi, le sentenze del
critico, ed ora accetta bene spesso le sue prime pronunzie. Certo egli·non può trovar favore presso quelli
che condanna. Leggevamo appunto testè come un nuovo
romanzo di Gustavo Freytag, che compila con Julian
Schmidt la buona rassegna settimanale di Lipsia, il
Grenzboten, sia stato oppugnato acremente da tutti gli
scrittori che quel giornale aveva poco caritatevolmente
trattati. Lo stesso Karl Gutzkow, l' autore dei *Ritter
vom Geist*, si versò contro l' autore del *Soll und haben*

in una pubblicazione ch'egli fa ad esempio dell'*Household Words* di Dickens; ma queste vendette verbali non tolsero che quel romanzo, con esempio raro in Allemagna, non pervenisse in pochi mesi alla terza edizione. — Il Planche non è che critico; onde mancando libri di lui da farne strazio, lo accusano d'infecondità, di malignità, d'invidia. — Egli può sicuramente rispondere mostrando i suoi studi critici, che durano coi libri che ha lodato, e oltre le voghe da lui biasimate e svanite. Egli può specialmente consolarsi col glorioso testimonio di Giorgio Sand, che nelle sue *Memorie* spiega mirabilmente il carattere austero e la intelligenza elevata del critico. — Senzachè i giudizi sopra Merimée, Villemain, Brizeux, Lamartine, e la sua equità verso quegli stessi che si vendicavano delle sue avvertenze con gli epigrammi, come per esempio il Ponsard, fan fede della sincerità e spassionatezza de' suoi giudizii.[1]

Sainte-Beuve è il rovescio del Planche. Egli è un alluminatore di libri. Ai passi più belli egli fa rider le carte de' suoi disegni tutti a porpora e ad oro. Più lo tentano i passi di una bellezza tenue e quasi d'ombra, che passerebbero innanzi all'animo disattento o grosso senza farvi impressione. Egli allora insegna leggere. Egli prende il concetto appena scolpito dallo scrittore, lo polisce, lo effinge, lo colora, e crea mostrando d'esplicare senza più le creazioni altrui. Ma raro è ch'egli si spicchi dallo studio delle parti, e si formi un alto concetto, o faccia un largo studio del tutt'insieme: egli sa quant'altri; ma ogni fiore del margine, ogni luce del cielo lo ferma; e perduto nell'ammirazione delle minute bellezze, non considera la più sublime delle bel-

---

[1] GUSTAVE PLANCHE, *Études littéraires.* -- Paris, Michel Lèvy frères, 1855.

lezze, l'armonia del tutto, e le leggi che la governano.
Quest'abito lo fa meno atto a giudicar bene degli scrittori veramente grandi, secondo notò Cuvillier-Fleury;
egli non ha mai parlato degnamente di Omero e di
Bossuet; ma quante fine osservazioni! quanti arguti discoprimenti! che micrologia dello spirito! Molti suoi
detti resteranno assiomi e proverbi della letteratura. I
processi della mente, i metodi del comporre, i caratteri dell'ingegno sono cesellati da lui con la maestria
del Cellini, e la sua erudizione è un'essenza di tutto
quello che l'imaginazione ha di più fiorito, e la scienza
di più elegante. Si vede il critico, il cui fondamento è
nella più sottil scuola fisiologica ed ideologica, e ch'è
poi passato per tutte l'altre scuole a fine di saperne
tutti i misteri, e riportarli alla sua patria filosofica e
letteraria, come il peregrino che cerca e coglie i fiori
e l'erbe di tutt'i paesi, e ne torna carico e ricco; e
non già con un arido erbario; sì gli spiega splendidi e
freschi in sulla stessa terra che gli ha nutriti.[1]

Cuvillier-Fleury, come osservò il Pontmartin, non si
svelò tutto che dopo la rivoluzione del 48. Ospite e
maestro nella corte di Luigi Filippo, egli era un critico
cirimonioso, affettato e intirizzito dal suo abito alla solenne. Caduti i suoi idoli

« E le torri superbe a terra sparse, »

il dolore e lo sdegno lo spastoiarono e diedergli vena
e fervore d'eloquenza. I suoi articoli critici divennero
manifesti politici, ne'quali difendeva i suoi signori, ch'egli, meglio d'ogni altro, conosceva immeritevoli degli
oltraggi e dei cavillamenti, onde si voleva aonestare il
loro precipizio. L'ingegno, la virtù, la fama degli av-

[1] *Causeries du lundi*, per C. A. Sainte-Beuve. — Paris, Garnier
frères, 1855.

versari non lo spaventavano dall'ufficio amorevole di salvare dalle ingiurie il cadavere della monarchia. Egli voleva, come quei pietosi antichi, dare inviolata sepoltura a quelle ceneri stanche. E per quanto certi spiriti calunnino anche la pietà verso una potenza caduta, a cui rimane l'oro da rimunerare la devozione, o la irridano come strascico d'una invincibile servitù dell'animo, noi crediamo che i pii e gentili inchineranno propizi alla religione della sventura, la quale non lascia di esser degna di compassione, perchè infierisca nei sommi gradi, ove, se non altro, la sensitività debb'essere più viva e profonda.

Questa religione portò fortuna al signor Cuvillier-Fleury; egli rapì alcun accento alla onesta ed animosa eloquenza di Malesherbes, e la sua scienza rettorica, fredda fino allora ed inerte, calmò qualche istante i regi dolori, e vendicò insulti più passionati che giusti.

Come poi la passione sbollì e i principii ch'egli difendeva trionfarono oltre quello ch'egli avesse voluto, egli tornò agli studi meramente letterari, ma dalla esperienza della rivoluzione, dai cordogli patiti, dagli sdegni cordialmente sentiti, serbò quell' accento commosso, quell'appassionatezza, quella chiaroveggenza che lo elevano al disopra del retore ordinario, mentre ha del rètore tutti gli artifizi, tutte le squisitezze e tutte le grazie.[1]

Il più giovane tra questi nell'arringo critico, crediamo sia il signor de Pontmartin. Egli è pertanto il più inesperto, e insieme il più franco. Egli vede anche la letteratura a traverso il prisma del legittimismo; ma è sì onesto, che da un lato difende il Veuillot dalla scuola di Voltaire, e dall'altro difende Voltaire dagli

---

[1] CUVILLIER-FLEURY, *Études historiques et littéraires*. — 2 vol. Paris, Michel Lévy frères, 1854.

oltraggi del Nicolardot. Egli passa tra due eserciti nemici e tende la mano dall'una banda e dall'altra; at-
talchè nessuno sa dire ove sia per fermarsi, o meglio
è a cavallo d'una barricata, e vorrebbe trattenere i
colpi delle due fazioni avverse, parando al bisogno gli
amici, che ha nell'una e nell'altra, e menando qualche
colpo agli avversari. Egli è tanto regio d'inclinazioni
e di principii, che anche la sua umile adorazione alla
chiesa si rivolge in protestazione, quando ne va l'onore
e l'interesse dei discendenti d'Enrico IV. Questo bar-
collare e abburattarsi qua e là si scorge specialmente
nei giudizi dei libri, ne' quali la politica si mescola alla
letteratura; ma ove si tratta d'arte pura, egli è più
sicuro e va meglio per la diritta. Egli è allora più
fornito, e quasi aitante di studi. Cosi il più bel giudizio che noi troviamo in questo volume si è quello sopra le memorie di Giorgio Sand, nelle quali la gloriosa
donna volendo lasciar morire di voglia i curiosi sui
fatti suoi, si mette a scoprire quelli di sua famiglia, ed
a coloro che volevano sapere delle sue affezioni porge
come offa il traviamento della madre.[1]

In Italia, codesta critica filosofica alta, poetica, non
è nuova. La critica cominciò con Dante, il quale comentò sè stesso nella *Vita Nova* e nel *Convivio*;
nel Boccaccio che comentò Dante, e nel Petrarca il
quale criticò le sue rime, sui propri suoi manoscritti,
mano mano che le veniva vergando. La critica rab-
biosa degli eruditi scombavò tutte le carte nel secolo
decimoquinto. Nel decimosesto, la critica filosofica e
poetica come la minuta e verbale fiorirono l'una allato
all'altra nei Tassi e negli Speroni, nei Castelvetri e
nei Salviati. L'età d'oro delle controversie fu in sul

---

[1] A. DE PONTMARTIN, *Nouvelles Causeries littéraires.* — Paris, Michel
Lévy frères, 1855.

finire di quel secolo e nel principio del decimosettimo, quando la *Divina Commedia*, il *Furioso*, il *Goffredo*, l'*Adone* del Marini, il *Mondo Nuovo* dello Sti-
gliani e tutte le creazioni del meriggio e del tramonto dell'ingegno italiano fecero uscire in campo
i Bulgarini, i Mazzoni, gl'Inferigni, i Pellegrini, gli
Aleandri e tanti altri critici spesso meramente verbali, ma talora filosofici ed alti, ora con grave danno
della filologia al tutto dimenticati. Queste controversie
facevan fede d'una grande operosità letteraria, di un
amor vivo alle lettere e di una erudizione, che, appu-
rata ed aggrandita, non si trova più così comune che
oltre l'Alpi e il Reno. La critica italiana rinacque col
Vico e col Gravina, e andò ora battendo le ali in alto,
ora radendo il suolo, finchè un uomo d'ingegno, pari
ai più grandi Italiani, Alessandro Manzoni, inauspicò
la nuova êra. La critica letteraria ha pochi scritti più
belli che la Lettera sulle *Unità*; e la storica che la *Morale cattolica*.

Cattolico, pio e benigno quanto Dante era cattolico,
fiero e implacabile, di una carità eguale a quella dei
più pietosi santi del cristianesimo, il Manzoni pare
splendere meno vivamente in mezzo alle nostre lotte;
ma come posino, il suo spirito sarà di nuovo lo spirito
universale degl'Italiani. Il genio del Manzoni, come
quello di Milton e di Dante, deve passare per avventura una fase di tiepidezza o d'oblio; ma in lui è l'ultima espressione della vita dei nuovi tempi d'Italia.
Egli è il nostro profeta; in lui le generazioni avvenire
avranno il vangelo della letteratura.

CRITICI ITALIANI.

G. ARCANGELI.[1]

———

L'Arcangeli, morto a quarantasei anni nel buono dell'età e degli studii, aveva dato infiniti saggi della versatilità e dell'eleganza del suo ingegno, ma non ne aveva tratto a gran pezza tutto il frutto che potea rendere. Bene instituito in greco, in latino, maestro in italiano, pratico delle letterature straniere, scrittore facile ed applaudito, egli si teneva pure sempre per *orecchiante*, e quest'opinione troppo modesta di sè lo rendeva meno austero con sè stesso, e men curante delle lunghe e penose elaborazioni del pensiero. Egli confondeva, forse per l'abito dell'insegnare, la dottrina tecnica e la dottrina creativa. Forse sarebbe stato facilmente vinto negli arcani della poetica greca e latina, o negl'indovinamenti della lingua arcaica italiana; ma pochi il potevano superare nella coscienza del bello e nell'attitudine ad esemplarlo. Ugo Foscolo ricorreva all'Orelli per ammaestramenti di corretto scriver latino, e mostrava veramente averne bisogno; ma non

———

[1] *Poesie e Prose* di GIUSEPPE ARCANGELI, ediz. assistita da *Enrico Bindi* e *C. Guasti*, Firenze, 1857, Tip. Barbèra, vol. 2, con il ritratto dell'autore.

pertanto egli era un gran poeta ed un erudito di genio; il che non accade spesso degli eruditi. Il Thiers disse un giorno all'ultima assemblea repubblicana di Francia ch'egli non si rincorava di prender un esame in istoria, ed egli è pure il Tito Livio del primo Impero. Nè altro vogliamo affermare con questi esempi che l'essere orecchiante nei gravi studi dell'erudizione non toglieva che l'Arcangeli non potesse tentare maggiori cose e riuscire, e che il diffidare di sè lo fece negligente della sua fama. Egli improvvisò più che non iscrisse; e quando improvvisò, fu grazioso e piacevole; e quando la qualità della materia o il consesso al quale doveva leggere le sue scritture lo fece dettare più pensatamente, egli scrisse con la stessa grazia, ma con maggior dignità e fermezza di stile. Le sue Prefazioni a Virgilio ed a Cicerone e i suoi elogi accademici mostrano com'egli sapesse elevarsi, senza lasciare d'esser naturale e spontaneo. Nel verso come nella prosa si nota la stessa naturalezza e spontaneità; ma una naturalezza colta ed eletta, a dir così; la spontaneità d'un ingegno che gli studi hanno abbellito e non inceppato o soffogato. Anche nelle sue versioni vedi la facilità d'uno spirito, che si sentiva a giuoco in qualunque parte, e che si creava da per tutto una regione serena e lieta come la propria indole. Egli ha prestato di questa sua agevolezza anche a Callimaco, studiato poeta alessandrino, che pertanto mostra meglio il suo carattere nelle sudate e dantesche terzine dello Strocchi. Da per tutto poi scorgi la beata vena del dire toscano, che noi possiamo più ammirare che imitare, ed alla quale pur dobbiamo sforzarci del continuo. Egli seppe altresì dar abito ed aspetto toscano ad una tragedia francese.

Un giovane francese, cresciuto nei gravi costumi e nei severi e ritirati studi della provincia, trasse dalla

meditazione di Tito Livio e dall'esempio dei tragici
della letteratura classica una tragedia, *Lucrezia*, che
gli aprì l'aringo della gloria, della ricchezza e degli
onori accademici. Tanto è rapida la via in Francia!
La calca degl'ingegni non impedisce ma aiuta l'esplicazione degli studi e della fama; perchè ogni tentativo trova l'eco delle sette torri di Cizico, ed altri
sfavilla talora solo pel cozzo col gusto e con gl'ingegni dominanti. Quella tragedia classica, giunta al
momento che il romanticismo, dopo lunghe lotte, re-
guava già con potere assoluto, ottenne maggior voga
che se fosse giunta prima del suo trionfo o durante la
lotta. È il vero che ella si sentiva un poco dell'influenza del romanticismo, o del movimento storico, on-
d'era principalmente uscito. Alle nuove tendenze e dottrine si doveva recare lo studio di non falsare la storia,
ma di renderla veracemente al possibile; e lo stesso
stile, ritraendosi agli esemplari antichi, prendeva dal
moderno uso un colore più vivo e spiccato. Il Ponsard
fondò una scuola, e nella tragedia e nella commedia
andò continuando i suoi trionfi, finchè il fiotto che
montava lo portò all'accademia francese. La sua *Lucrezia*, letta nella versione dell'Arcangeli, non perde
punto del fascino della poesia originale. Se in alcuni
luoghi desideri l'austerità del verso corneliano, energico come l'alfieriano e pure così diverso, in altri ti
lusinga una mollezza degna di Pellico. In complesso è
un lavoro politissimo, e dove non si sentono le scabro-
sità che suol lasciare la mano del traduttore inesperto.
Quanto al merito intrinseco dell'opera, i cento giudizii
della stampa drammatica non lasciano nulla a dire.
Ma ove si ascoltino i moti del proprio animo nel leg-
gerla, la *Lucrezia* si trova condotta con nobile semplicità, ma con mediocre efficacia. La follia di Bruto di-

vien meno solenne, quando vela non solo i disegni della
vendetta di sangue, ma eziandio le ire del marito ingannato. Il suo favellare a miti non ha nulla del bizzarro sublime che ti sorprende nella follia di Amleto,
e non vi vedi ribollire il sangue del morto alla presenza dell'omicida. Lucrezia non esprime bene le due
qualità che in lei si volevano con molto giudizio accoppiare, ma che non si fusero a dovere; la matrona
pudica e intesa al governo della famiglia e la animosa romana, avversa ai Tarquinii. Collatino è un
uomo dabbene, che si torrebbe la moglie violata, se
ella volesse. Sesto è forse il carattere ritratto più vivamente; se non che i capricci che saltano di Tullia
in Lucrezia e il suo linguaggio ricordano tanto il principe dissoluto, quanto il seduttore moderno. Ma se i
caratteri non vivono veramente, come quelli di Victor Hugo, il dramma non è mal condotto, e vi spiri
un aere romano, quale almeno si sente nelle leggende
liviane; vi senti una gravità di pensieri, una serietà
morale che ti conforta e ravvalora l'animo in mezzo
alle sfrenatezze del teatro moderno. La scuola del buon
senso non è veramente una scuola, ma può vantarsi di
parecchi nobili drammi, e, crediamo poter aggiungere,
di questa versione dell'Arcangeli.

STUDI DALL' ANTICO.

TRADUTTORI DI VIRGILIO, D' ESIODO, ECC.[1]

Nel giardino dei Medici, dove si accoglievano, come in temporaneo museo, le preziose reliquie dell' arte greca, Michelangelo sentì destarsi nel cuore l'anima di Fidia. Cominciò egli ad ammirare e a studiare, a imitare anzi a contraffare, e le sue contraffazioni ingannarono gli occhi più esercitati, i più sottili giudizi; ma non prima ebbe ricevuta in mente l'idea greca, e fu risalito da lei alla natura, abbandonò gli esemplari e fece da sè.

Cosi il genio moderno trovandosi innanzi i capolavori dell'antichità, cominciò dal guardarla stupito come il Cimone boccaccesco alla prima rivelazione della bellezza nel volto d'Ifigenia. Venne poi allo studio e alla contraffazione, ad appiccarsi con la cera le ale morte di lei, finchè sentì spuntare le sue, e potè levarsi a volo.

Questa educazione e iniziazione al bello si rinnova a ogni secolo, anzi ad ogni generazione. La nuova *su*

---

[1] La *Teogonia* d' Esiodo, versione di R. Mitchell, Messina, 1857. — L' *Eneide* tradotta da Prato, Torino, 1858; da Francesco Duca, Milano, 1859; da A. Bucellini, Brescia, 1858-59; da Ciampolo Ugurgieri, Firenze, 1858. — Le *Georgiche* tradotte da Gotifredo Maineri, Lodi 1858. —· La *Buccolica*, tradotta da L. Sapio, Palermo, 1858. — Esperimenti di Versione italiana di C. C. Tacito per G. Bustelli, Roma, 1858.

nulla, e la vecchia la ammaestra, e la avvalora di tutto il suo sapere e della sua esperienza. È come bambina nata in doviziosa reggia, di cui pian piano impara a ravvisare e nomar le ricchezze. Si abilita poi e s'incuora a crearne di nuove, e cresce del continuo l'immenso retaggio.

I grandi scrittori dell'antichità furono i veri maestri dell'uman genere. Eglino insegnarono ai mutoli dell'ignoranza come esprimere gli affetti, come vestirli d'immagini. Pigliamo ad esempio il mago del medio evo, il duce di Dante, Virgilio.

Gl'Italiani cominciano a ribalbettarlo nella lor lingua, quasi infanti che rifanno le voci materne; ed eccoti l'Ugurgieri, e Fra Guido da Pisa. Fatti forti da Dante non solo nella prosa ma nel verso, si accozzano in parecchi (e tra loro è il cardinale Ippolito de' Medici), per renderlo in sciolti ai volgari che non l'intendono. Poi esce il Caro che si mette a volgarizzarlo per farsi la mano allo stile epico, disegnando così vecchio un gran poema. Ecco quelli che lo contraffanno nella sua stessa lingua, rubandogli le voci, i modi, l'andare, i Sannazzaro, i Fracastoro, valenti uomini; ma anche i non valenti lo lucidano e come i discepoli di Platone che lo imitavano nell'alte spalle, visti da tergo potevano essere scambiati per lui. Nè peggiori di questi sono i Lalli, gli Scarron, che volgono a beffa quella divina poesia, e al trionfo del poeta fanno che non manchi il giullare, il quale ricordi i contatti delle creazioni più sublimi dell'ingegno con la buffoneria.

La vera imitazione, è rispetto allo stile, quella degli Alamanni, dei Rucellai, degli Spolverini, che non traducono; eppure a quando a quando son lui. La vera imitazione, quanto allo spirito, è quella di Dante. A primo tratto, trà il dolce aspetto del Mantovano e il severo dell'Allighieri non si riconosce la relazione di

padre a figlio; ma anche nel mondo si vedono talora
andar insieme affettuosamente strette due creature diverse non meno d'età, che di bellezza; le diresti aliene;
ma, se i lineamenti mentono, certi moti del labbro,
certe piegature di sguardo, certe inflessioni di voce svelano che l'una è sangue dell'altra. Per tutta la *Commedia* si sente lo spirito di Virgilio, e pure le più volte
quando si corre ad abbracciarlo, si torna con le mani
vuote al petto. Ma egli non vi vive solo della vita che
gli presta Dante quasi a tutto l'inferno tenendoselo
accanto, ma di uno spiro tutto suo, di un aroma che
la sua conversazione ha trasfuso nei versi del discepolo.

Questo amore a Virgilio s'è continuato d'età in età.
La sua dolcezza bastava a legar gli animi che volevano
appropriarsela traducendo. E ai nostri dì, nel rinascente
cesarismo, abbondano gli stanchi dalle discordie civili, e
gli affezionati di libertà che si riposano nelle sue armonie.

Il Caro ha tradotto Virgilio, e forse lo ha tradotto
per sempre; ma i rivali non quotano, e crediamo che
non si rincuorino per quelle infedeltà che non lo rendono men bello od accetto, ma perchè sentono che
quella riproduzione non risponde all'intelligenza e al-
l'amore del nostro secolo. Il Caro appartenne al risorgimento, a quella rifioritura pagana, che aveva quasi
a stomaco Dante. Artista vero e completo, avendo gustato e amato non solo i versi, ma tutte l'arti plasti-
che, in mezzo ai tesori dell'antichità, e alle trionfali
emulazioni coetanee, egli comprese profondamente tutto
il bello esterno di Virgilio e con la lingua del cinquecento lo rese a maraviglia. Nel descrittivo è insuperabile.
Varia, ma Virgilio non isdegnerebbe le variazioni. Se non
che dove è dottrina riposta, dov'è scienza appena pe-
netrata ai dì nostri, dov'è affetto tenero quasi quanto
l'amore che strugge le pagine del Vangelo, poteva il Caro

render Virgilio, il poeta che Dante prese a guida per le misericordi giustizie dell'inferno cristiano? Non pare. E questo difetto sentito da' moderni poeti li muove a ritentare la prova. Se fossero forniti di studi e ingegno pari al lavoro, non iscancellerebbero la versione del Caro, ma ci darebbero l'altra metà di Virgilio; il Virgilio dotto come un mistagogo, e affettuoso come colui che posava il capo in seno a Cristo.

Omero non potè esser ben tradotto in Italia che ai principii di questo secolo, sia per la debolezza cronica degl'Italiani negli studi greci, dopo i miracoli del secolo XV e XVI, sia per non essersi rinnovato che verso il chiudersi del secolo XVIII il culto di Dante, vero fonte dell'eloquenza poetica, sia perchè a comprendere l'Iliade bisognava esser testimone dell'epopea napoleonica, e a sentir l'Odissea ritrovare a forza di sincerità e d'ingenuità i semplici tempi antichi, seguendo i lumi della scienza restauratrice e divinatrice inglese e tedesca. È poco onore all'Italia che fino al Salvini non avesse versione tollerabile d'Omero, e che prima del Monti, lasciando il travestimento cesarottiano, a due Ragusei, il Cunich e lo Zamagna, si dovesse di poterlo gustare almeno in latino. Il Monti non ha rivali. Tacciamo del Mancini, che congelò in ottave l'abbondanza omerica; il Foscolo è più greco scrivendo di suo che traducendo. Il Pindemonte, non ha, non che rivali, invidiosi. Egli è come Nestore che tutti i partiti adorano; e tiene un poco della calma e della lungaggine del greco patriarca; ma sta bene nell'Odissea Il Maspero tuttavia, riverseggiandola con garbo, se ne fece onore. Di altri poeti greci non parliamo per ora, se già non fosse d'Esiodo che ebbe parecchi traduttori ai dì nostri, ed uno assai buono in Sicilia, il signor Mitchell.

Noi prenderemo la Teogonia col signor Mitchell

come un *ritratto del mondo antico con le sue tradizioni morali e civili, artistiche e religiose;* nè andremo cercando se questo poema *ieratico aduni in sè la formula storica e cosmica,* e abbia perciò, secondo il Gioberti, un *esoterismo più puro di quello d'Omero,* o se, secondo il Guignault, simboleggi nelle *successioni delle generazioni divine le grandi fasi delle creazioni del mondo,* o tante altre belle cose che la scienza moderna esprime dai libri dei poeti. Nè entreremo nella quistione delle genuinità e delle interpolazioni del poema. Piuttosto ascolteremo la parola delle muse che invitatrici, come la voce del Signore ai profeti, mettono Esiodo in desiderio del vero delle generazioni divine, ed egli poi le invoca così:

« Salvete. o prole
Del Saturnide, e dei leggiadri carmi
Aprite il fonte, e la divina stirpe
Cantate degli eterni. a cui la vita
Non tramonta giammai. Cantate i figli
Della terra e del ciel pinto di stelle.
E della cupa notte, e quei che il salso
Ponto nutrì. Voi dite come nacque
Dapprima il Coro degli Dei, la terra.
E come il vasto e procelloso ponto,
E d'onde i fiumi vennero, e i fiammanti
Crini degli astri e l'amplo ciel nell' alto.
E quali il grembo lor Numi produsse
Di beni dispensieri, e come furo
Da lor partite le fortune, indotti
Gli onori ed abitato in pria l'Olimpio
D'assai gioghi superbo. »

E sommo diletto il passeggiare per questo mondo incantato, che unisce nella sua divinità il cielo e la terra, gli olimpj e gli uomini. Noi, come Pitagora, ci ricordiamo di avere vissuto quell'età, e ci troviamo a rivisitarla nelle nostre vere visioni. Ci pare di aver veduto nascere Afrodite dalla spuma del mare e Giove fulminare i cento capi di Tifeo. Vi sono veramente in questo poema i semi dell'universo fenomenico, e ci pare che l'interprete non l'abbia alterato sia nelle sue parti graziose, sia nelle sue fierezze. Esiodo ha un'aria di grandezza, un accento di fede che mancano al tutto all'elegante scetticismo d'Ovidio. Le Metamorfosi giustificano Lucrezio; la Teogonia lo fa quasi prender in ira.

A voler tradurre gli antichi bisogna comprenderli nella pienezza non solo delle erudizioni scolastiche, sibbene delle scienze archeologiche. Gli studi greco-romani parevano esausti, e che agli spiriti curiosi e indagativi restasse l'Oriente. Ed ecco invece che ogni dì nuove scoperte di monumenti, e di testi, nuovi studi dei popoli eredi della civiltà greco-romana, e nuovi parallelismi di vita sociale rinnovano il canone di erudizione accettato per quelle colture. Storia, giurisprudenza, economia pubblica, religione, costumanze, ebbero nuovo incremento e luce dal progresso degli studi. La critica accertò il vero, la filosofia il divinò o spiegò, e prendere in mano Virgilio al dì d'oggi col solo Heyne, sebbene questi iniziasse la moderna critica, è volerlo capire a mezzo; mentre bisogna collocarsi proprio nel centro della coltura alessandrino-romana, per venir mano mano intendendo quello stillato della scienza più raffinata del secolo d'Augusto, raffinamento di sapere e di gusto che non tolse nè affetto, nè naturalezza all'Eneide, dandole una pienezza che fa di Virgilio, come d'Omero, il rappresentante di un mondo.

Intendere come uno scienziato e tradurre come un poeta, è problema difficile, e pochi credo che vi si apparecchino davvero. Ai più basta la vesta, o non guardano, come il gran sacerdote d'Israello, che il tessuto sia puro. I Tedeschi vi mettono più coscienza che gli altri. Cominciano dal metro. Essi lo riproducono fedelmente, e la lor lingua sintetica, ancor poco moder-

nizzata, li serve egregiamente. I nostri scelgono lo sciolto
o l'ottava, o che altro metro lor torni, senza guardare
se convenga. Ma come lo sciolto può render la pienezza
e la maestà dell'esametro, che nelle sue ampie pieghe
riceve tutto un concetto, l'ottava non crediamo bene
al caso così per quel suo lungo giro come per le difficoltà della rima che la costringono spesso a infievo-
lire la vigoria de' concetti. Il divino Ariosto si salva con
la spontaneità e con la vivezza, e un poema cavalleresco ammetteva certe slargature o slungature di frasi.
Ma nel Tasso quante frasi o emistichi si potrebbero
tôrre senza pregiudizio, e il Galileo non senza ragione
lo appuntava. Tantochè non troviamo molto lodevole
il signor Duca di aver voltato l'Eneide in ottave. Egli
le conduce bene; con viva spontaneità e grazia; ma è
costretto assai volte a oziose aggiunte, o a circuizioni
di parole che indeboliscono il valore del testo.

Il signor Bucelleni non maneggia lo sciolto come
il Caro, ma tradisce meno il testo, perchè la tirannia
della rima non lo forza, nè il largo panneggiamento
dell'ottava lo induce a gonfiare il corpo dell'idea.

Ma lo sciolto, per quanto sia l'artificio a cui l'abbiano condotto a' dì nostri i Parini, i Foscolo, i Monti,
non può essenzialmente rendere l'armonia latina, e
tanto meno la divina di Virgilio, le cui poesie furono veramente il canto del cigno dell'antica melopea. Tanto
maggiore è il debito di chi non voglia esser colpito
dalla scomunica del Baretti contro i versiscioltai, a stu-
diar dolcezze e dignità di suono, e a quasi musicare
l'endecasillabo. Il Bucelleni vi si pose con tutto l'animo, e lo *spartito classico*, su cui rintracciò la musica
della poesia, fu la Divina Commedia, che di rima non
aveva bisogno ad esserne esempio maraviglioso. Egli
andò ricercando le vie della musica poetica e le distinse

in tre specie; la imitazione colle voci, e col complesso
del periodo di quei suoni che naturalmente emanano
dagli oggetti; l'analogia che un complesso di suoni ha
coll'indole d'un'imagine, od anche di un'idea astratta;
l'eletta delle voci e la disposizione loro in uno spazio
pel risultamento de'suoni, che si conformino all'indole
di un effetto e al suo progressivo sviluppo. Questo bellissimo assunto non fu, vaglia il vero, recato a perfezione dal poeta: egli raccolse i passi della Divina Commedia, che esemplificano quelle diverse armonie, con-
tentandosi per lo più di esporne in prosa le convenienze
di pensiero, d'affetto e di suono; ma non ne ricercò
le ragioni intime; nè si studiò di ridurle a leggi; è un
lavoro fatto ad orecchio con squisito senso del bello;
ma è dilettantismo, non scienza. Tuttavia questo studio
non andò perduto, perchè nella versione dell'Eneide
egli rese assai bene certe bellezze armoniche di Virgilio: in questa parte è assai al disopra dei signori Prato,
Duca, Maineri, non che del signor Sapio. Ma non avendo
la copia del dir virgiliano, assempra talora più l'armonia esterna che l'intima del poeta, e manca sovente
di quella mollezza che viene a Virgilio non solo dai
suoni, ma dalle imagini.

Maggior copia di locuzioni poetiche e flessibilità di
verso ha il signor Duca, che si mostra veramente atto
a far qualche cosa di proprio a suo grande onore. Egli
si accosta un poco all'abbondanza e alla facilità dell'Anguillara: ma come l'Anguillara, non è troppo eletto; senzachè Virgilio non si può prendere a gabbo come Ovidio.
Il Prato altresì ha ricchezza di stile poetico, ma poca
sicurezza di lingua, e poca sollecitudine di rendere con precisione il suo esempio. Pare che abbia fatto la sua versione
a caso, e senza altro proposito che ripeter con la sua
voce un canto che gli piaceva. Tutti, più o' meno, di-

fettano nel periodo poetico. A leggerli di seguito si sentono gli stacchi del lavoro, e si potrebbero notare i passi in cui trafelati si fermavano a ripigliar fiato. Il Caro è infedele, parafrastico senza bisogno, ma sembra cantare di propria vena, e la vesta che ha dato a Virgilio è una vesta inconsutile.

A dimostrare i difetti che vennero alla versione del signor Duca dalle indulgenti larghezze dell'ottava, citeremo due o tre delle prime, sicuri che a tutte si potrebbero fare più o meno le stesse appuntature; ma senza animo di volere detrarre al merito singolare del lavoro. — Eccole:

« Rischiara, o Musa. dell' età remota
Gli eventi memorabili: palesa
Qual insulto, qual mai cagione ignota
Trasse la diva ad avversar l' impresa;
Perchè *ne' feri odj pur sempre immota,*
Travagli suscitò, lunga contesa
Al piissimo eroe. — Sdegno e rancore
Tanto pòn dunque de' Celesti 'n core?

» Di Paride il giudicio, i pregi *insani*
Di sua beltà sempr' al pensier descrive;
Ond' ella i pochi e miseri troiani
Scampati al ferro ed alle fiamme argive
Persegue erranti sovr' i mar, lontani
Dall' italiche *invan bramate* rive,
Sicchè *gli affanni omai speme n' han doma;*
Tant' ardui furo i tuoi primordi, o Roma?

Adunque, esclama. il mio
Disegno abbandonar vinta degg' io?

Nè contendere a' Troi d'Italia i regni
Dato mi fia? frenan me i fati *'n cielo?*
Pur Minerva *appagar potea gli sdegni;*
Fra' nembi ella scagliò di Giove il telo
Contro l' Oilide, e n' arse e sperse i legni,
E lui, che fiamme riversava anelo
Dal sen, franse agli scogli... a tanto scempio
Cagion sola l' amor suo folle ed empio. »

Nella prima noi abbiamo sottorigate le parole più oziose, e che forse al poeta non parvero tali perchè avendo tradotto debolmente SÆVÆ MEMOREM JUNO-NIS OB IRAM *segno all'ire di Giuno,* si ricattò qui con questa lungaggine. Ma noi domandiamo se non è tutta parafrastica, e se *l'avversar l'impresa, suscitar travagli e lunga contesa* valgano il mirabile ed elittico del Caro; l'*espose per tanti casi a tanti affanni* e se *sdegno e rancore,* non sian troppo all'IRÆ del testo.

Così della seconda. E lasciamo il *sempre al pensier descrive.* MANET ALTA MENTE REPOSTUM esprime una rimembranza che non si può cacciar volendo; la frase italiana ha meno dell'involontario e pertanto è più fiacca. Lasciamo lo *scampati al ferro ed alle fiamme argive,* che mal risponde al RELLIQUIAS DANAUM AT-QUE IMMITIS ACHILLEI Anche il Caro parafrasa, ma non lascia il ricordo del dispietato Achille, nel cui nome si assomma la rovina di Troia. *Tant'ardui furo i tuoi primordi, o Roma,* guasta al tutto la bellezza e il concetto del TANTÆ MOLIS ERAT ROMANAM CONDERE GENTEM. *Di sì gravoso affar, di sì gran mole Fu dar principio alla romana gente* che ne combatterono gli Dei e per una transazione divina si vinse la fondazione di Roma. Nè il Bucelleni tradusse bene *Eran di tanta mole Le fondamenta del romano impero* che rende troppo materiale il concetto.

Nell'emistichio *Frenan me i fati in cielo* non si sa già come c'entrino le parole *in cielo,* e il *frenan me* è men bello del VETOR FATIS. Ma che direm dei versi *E lui che fiamme riversava anelo Dal sen franse agli scogli,* che guastano tutta la mirabile pittura ILLUM EXPIRANTEM TRANSFIXO PECTORE FLAMMAS TUR-BINE CORRIPUIT, SCOPULOQUE INFIXIT ACUTO? Assai bene qui l'Ugurgieri, quantunque per l'ordinario troppo latino e pomposo: *Deh conviensi a me rimanere vinta dell'opera cominciata, e non poter rimuovere dall'Italia il re de' Trojani? Certamente io so vetata dai fati. Deh non potèe Pallas ardere el navigio de' Greci, e essi sommergere in mare per la colpa d'uno e per le furie di Ajace d'Oileo? Ella lanciò dalla nube il veloce fuoco di Jove e ruppe le navi, e rivolse li mari co' li venti, e esso Ajace spirando fiamme trapassato il petto, prese con forze di venti, e percosselo in un acuto scoglio.*

Il Prato tradusse così:

> « Ch'io desista? e vinta
> Mi ritragga dall'opra? O ch'io non possa
> Da questa Italia, tener lunge il Sire
> De' Troiani? Ahi! che il mi vietano i fati.
> Poté Palla de' Greci arder le navi.
> Affogarli nell'onde, e quel per colpa
> Solo e follia dell'Oilìde Aiace.
> Essa di Giove dalle nubi un folgore
> Scagliò, *sommerse, dissipò le navi*
> *Mosse i vortici e il mar*. Lui con la vita
> Dal lacerato sen foco anelante
> Aggirò con un turbo, e sulla punta
> Lo ficcò d'uno scoglio. »

Il Prato è assai fedele e lodevole, se ne levi l'inciso del terzo verso, che comincia da un *ahi!* che piange a ragione lo strascico miserabile del suono, e il *quel* che ha più del piemontese che dell'italiano, e il *Mosse i vortici e il mare* mal rispondente all'EVERTITQUE ÆQUORA VENTIS. Nè l'evidenza dello SCOPULOQUE INFIXIT ACUTO fu ben resa da lui, nè dal Caro, che si rivalse però col magnifico *E quando ei già dal fulminato petto Sangue e fiamme anelava.*

Benissimo il Bucelleni:

> « Io dunque dell'impresa
> Dovrò desister vinta e dall'Italia
> Disviar non potrò de' Teucri il rege?

> Me lo vietano i fati: e non potèo
> Pallade divampar le argive navi
> Immergerle dell'onde negli abissi
> Per le furie d'un solo e per l'oltraggio
> D'Aiace d'Oiléo? Ella di Giove
> Rapido il foco folgorò dai nembi,
> Il naviglio diruppe, il mar confuse
> Co' venti, e lui dal fulminato petto
> Fiamme anelante con un turbo avvolse
> E rapito lo infranse a scoglio acuto. »

Un poema d'Esiodo, *Le opere e i giorni,* diè impulso alle *Georgiche* di Virgilio, che ora il signor Maineri ci porge assai bene tradotte. Magnifica pittura dell'Eden che l'uomo si va riformando col sudore della propria fronte. Eden come il primo, pieno di prestigi pericolosi, e di divini misteri. Virgilio rende anch'egli come Omero ed Esiodo la grandezza del pensiero antico, ma concentrato in una mente altissima, e quasi direi filosofato. Disciolte quelle sue formule sublimi ne' loro elementi, danno lo spirito di Omero e di Esiodo; sono la parola dell'incanto, ma non l'incanto, onde i tempi primitivi risorgono nella loro selvaggia grandezza, e quali si riverberavano nella mente ammaliata dei primi uomini.

Il signor Sapio ci dà la Buccolica, fedelmente tradotta e diligentemente annotata. Egli ha inteso giovare a' suoi allievi, ma non spiacerà neppure ai provetti. È il vero che non ci rappresenta nulla dello spirito e dell'armonia virgiliana. Egli ci fa la burla che Prometeo fe a Giove:

> « Da un lato
> Le intestina, e le carni in un col pingue
> Adipe avvolse entro la pelle e ascose
> Nella ventraia; e poi con arte astuta
> Dall'altro lato ben locò le bianche
> Ossa bovine e sopra lor distese
> La candida pinguedine. »

Egli lasciò ascoso il meglio nel testo; e sotto alla candidezza de' suoi versi ci diede l'ossa.

> « Qual più ti move il core
> O l'una o l'altre delle dapi scegli. »

Noi più accorti di Giove ce ne staremo al latino.

Se il Caro può essere vinto nell'esprimere la dottrina e l'affetto di Virgilio, se un'altra Eneide italiana può darsi, non crediamo potersi dare un altro Tacito italiano dopo la versione del Davanzati. Nè certo farà mentire il prognostico il signor Giuseppe Bustelli, che, incorato da giudizi solenni e da altri audaci tentativi, s'è messo alla prova ad *onore della lingua italiana, e dello spirito fiero* di Tacito, che il Davanzati, a quel che pare, fiorentinizzando fiaccò. Ma forse che le sue frombole d'Arno son frombole davidiche, e tornano in fronte a'suoi spregiatori. Già il Giordani lo disse insuperabile in un frammento di lettera al Cesari, e il Foscolo, onestamente al solito, riconobbe che quella era lingua italica e della vera. E in nome di Dio noi chiediamo se, proprio in sulla soglia degli Annali, il *trovato ognuno stracco per le discordie civili* non sia più italiano del bustelliano *la repubblica da intrinseche lutte spossata;* se *per li freschi rancori* non sia più italiano e proprio del bustelliano *per ribollente odio,* se il *col dolce riposo* non sia più italiano del bustelliano *per dolce inerzia,* se *l'avarizia de' magistrati* non sia più italiana del bustelliano *ingordire,* se *lo spossato aiuto delle leggi stravolte da forze, da pratiche e da moneta* non sia più italiano e più proprio del bustelliano *impastoiate da violenza, o briga, o infine, danaro;* se *compagno nella vittoria,* non sia più italiano del bustelliano *consorte di vittoria,* se *da lui fatti de' Cesari* non valga meglio del bustelliano *da lui raccolti già prima fra' Cesari;* se *per iscan-*

cellare la vergogna del perduto esercito sotto Quintilio Varo non sia più italiano del bustelliano *a sbrattare ignominia di Quintilio Varo con le sue legioni sterminato!*

Queste citazioni avanzano a dimostrare che, se il signor Bustelli avesse preso la prova come il Davanzati contro lo Stefano, avrebbe vinto alla lingua italiana il vanto della brevità, ma le avrebbe confermato il rimprovero d' essere, *come cornacchia d' Esopo, abbellita delle penne francesi,* e per peggio con l' aggiunta di qualche brutta screziatura latina.

STUDI DAL MODERNO.

TRADUTTORI DI KLOPSTOCK, GOETHE, SHELLEY, ecc.

L'amore e lo studio dell'antichità, più accostevole e quasi più affabile in Virgilio che negli altri poeti, si dilatarono mano mano alle cose moderne; se non che si rivestirono al possibile delle dilette forme antiche; e lo stesso vero cristiano assunse spoglie pagane. Non già che parecchi poeti moderni, specialmente latini, attingessero ai fonti della scienza e letteratura gentile, come i padri della Chiesa, a meglio combatterne le idee e le corruzioni; discendendo, per dirla con San Gregorio Magno, come gl'Israeliti nel campo dei Filistei ad aguzzarvi il vomere dell'aratro; non già che si studiassero a quell'apparente sincretismo, e in effetto feconda fusione dantesca, dei buoni principii, esempi o rappresentanti del gentilesimo con la perfezione cristiana; ma volevano mattamente adattare gli abiti adorni del gentilesimo alle nuove credenze. Presi da quella bellezza esteriore, non sapevano spiccarsene; e guastando la corrispondenza tra l'idea e la forma, non facevano nulla che potesse durare. Anzi vennero talora a mostri, a cui l'arte non potè degenerare. Per quanto un pittore avesse presa la fantasia delle imagini del bello antico, e delle profane adorazioni della terra, ponendosi alle pitture sacre si sentiva purgare gli affetti, e volgere la mano a rappresentazioni d'una pura e casta idealità. Si può convertire un tempio pagano in una chiesa, ma si può egli convertire una Venere in una Madonna, un Giove Olimpico in Dio padre, un Apollo in Cristo? L'arte non può tralignare, volendo, a tali perversioni; la scuola poetica lo ha potuto e lo ha fatto, e ne fu ben punita col plauso temporaneo dei pedanti, e con l'oblio dei posteri.

I nostri traduttori, dovendosi spiccar dall'antico, si attennero a quegli esemplari moderni, che meglio almeno ne rendevano l'idea. Veduta come Fausto l'imagine d'Elena nello specchio, la seguivano per tutte le apparenze o le illusioni della bellezza. La riproduzione era anche ben più facile, perchè ne avevano i colori sulla loro tavolozza. Milton, tutto irraggiato di lumi greci, latini e italiani, tentò una dozzina dei nostri dal Rolli al Maffei, e più o meno fu reso fedelmente, se ne levi quel suo profondo sentimento cristiano, che dopo Dante non fu espresso che parzialmente dal Manzoni; perchè il cattolicismo presente è meno cattolico del dantesco, emancipato da ogni servitù verso il pontificato, come il fiorentinesimo presente è, a dir così, un parziale incanalamento del gran torrente dantesco. Klopstock, la cui *Messiade*, mosse principalmente da una visione notturna, creata in buona parte dai fantasmi del *Paradiso perduto*, attrasse per la sua forma classica e la purezza de'suoi colori i nostri poeti, e dal Zigno al Barozzi parecchi sono quelli che hanno tentato almeno i primi dieci canti, i migliori del lungo poema, che costò venticinque anni a quel sincero e santo ingegno, e non impetra qualche ora di continua lettura neppure tra'suoi tedeschi. Poteva il Klopstock, nell'im-

prendere a narrare la redenzione umana, armonizzare
le storie evangeliche e forse risalire a quelle tradizioni
apocrife che hanno così poeticamente adempiuto il silenzio degli evangelisti intorno alla vita di Cristo anteriore alla predicazione e alla passione. E ove questa
parte leggendaria fosse sembrata impossibile nella tiepidezza religiosa della seconda metà del secolo decimottavo, poteva almeno avvivare il poema delle lotte del-
l'anima umana contro le dolci violenze della fede che
finiva col rigenerarla e salvarla. Ma il Klopstock, trovata la terra incredula e impura, si ritirò in cielo, e
quivi tra gli angeli e i beati si straniò troppo dagli
uomini. Egli intese principalmente a mostrare le preparazioni celesti alla redenzione umana. Anche Omero
tessè una doppia azione in cielo e in terra, ma quest'azione era mirabilmente compenetrata e avvivata dai
fatti che seguivano ai consigli o agli interventi divini.
Col Klopstock si resta troppo in paradiso, e cosa strana,
non senza qualche dubbio di scandalo; perchè, secondo,
tra le altre cose, notò il Vilmar, il suo diteismo, onde
sono messi a fronte Dio padre e Cristo, non lascia d'in-
generare scrupoli negli animi pii. Senzachè questi iso-
lamenti devono lasciar languire l'azione, se vera azione
si può dire che vi sia, e prima anche del canto decimo
si comincia a velar l'occhio, e poi di mano in mano
cresce la freddezza ed il sonno. Discorsi, dialoghi, descrizioni, ecco la sostanza del poema, che ha più del
descrittivo che dell'epico. Imaginiamoci un paradiso
senza Dante e Beatrice, e senza gli eroi indiati dal
poeta. Tutto l'etereo della poesia dell'Allighieri potrebbe salvarlo? Invano egli si studierebbe d'accogliere
o riverberare ne'suoi versi le dolcezze de'suoni, le va-
ghezze dei colori, la luce e il fuoco del sole; riuscirebbe
freddo, e con la smaccata soavità genererebbe sazietà

e tedio. Ora il signor Barozzi, inferiore per il saper di
lingua, e per l'ottava all'eccellenza dello stile e alla
ricchezza dell'esametro, che nella poesia tedesca si può
dir creato dal Klopstock, è ancora meno leggibile a dilungo che l'originale, e bisogna gustarlo a centellini
come un vino soverchiamente abboccato.

Che divario dalla *Messiade* al *Fausto*! Il *Fausto*,
come la *Messiade* tratta della redenzione dell'uomo,
l'uno per le vie umane, signoreggiate da Dio, l'altra
per le vie divine, comunicate all'uomo. Ma, mentre
Goethe risuscita le più strane idee e creazioni della mitologia pagana, e le confonde con le più bizzarre fantasie della leggenda cristiana del medio evo, lascia cam-
peggiare l'elemento umano, onde esce e in cui ritorna
tutto il fantastico della vita ideale. Fausto, come Dante,
pei tre regni mantiene l'unità della Faustiade, e Mefistofele è il Virgilio che lo scorge non alla salute, ma
alla perdizione.

Noi non parleremo di *Fausto*. Egli stesso ha previsto l'immensa letteratura che gli sarebbe costrutta attorno, in quel passo in cui si mostra soffogato e come
murato dai libri. E tanto più, che noi non abbiamo degnamente tradotta· che la prima parte, la quale, lasciando i sensi riposti, si può gustare anche dalla più
semplice donna. Non è che siano da stimar poco gli
studi intorno agli elementi tradizionali della leggenda
di Fausto, alla trasformazione che il poeta ne ha fatto,
al suo assunto, che secondo uno de'suoi comentatori,
nella prima parte, è il dipingere lo spirito che liberandosi dall'astrazione teologica e teurgica, sorge alla vita,
e nella seconda è il ritrarre la liberazione mondiale
dello spirito, dal medio evo fino ai tempi moderni, insomma una filosofia della storia ch'egli cantò non
avendo potuto scriverne una come Herder o Hegel. Ma

noi siamo costretti a brevi scorse, e appena ci potremmo fermare a vedere le luminose interpretazioni che ne ha dato la matita del Retzch o il pennello dei Cornelius e degli Scheffer, o ad udire le note di cui il principe di Radzivil ornò la prima parte di quella divina tragi-commedia dello spirito.

Certamente il Guerrieri, che, a ben tradurla, dovrà leggere tutti quei comenti, ce ne darà un estratto più chiaramente esplicativo che non ha fatto Blaze de Bury, e noi intanto ci contenteremo di rileggere la prima parte come una storia della donna e dell'amore, storia che in pochi tratti di fiamma compendia quanto ha il cuore di profondamente affettuoso, e la vita di gioie incerte e transitorie, e di dolori strazianti ed eterni. Noi torneremo, come già facemmo giovanetti, a compianger Fausto che dalle unghie del diavolo, tra cui l'insaziato amore della scienza lo ha gettato, tenta elevarsi al cielo per l'amore della donna, e vi riuscirebbe se quella donna non fosse suo dono. Ma dove trovare una sembianza più ingenua e pietosa di Margherita, che l'amore conduce inconscia alla perdita non solo della castità, ma dell'innocenza, alla morte della madre, del fratello, e del frutto delle sue viscere? Vengano quànti romanzieri furono mai, scrivano più volumi che non ha schiecherato la Scudéry o improvvisato Dumas, e non arriveranno ad un quadro così completo come quello che fiammeggiò dall'ingegno di Goethe. Egli, sentendo tutto, abbreviò tutto. Già Dante nel canto di Francesca tratteggiò l'adulterio e l'incesto come non è mai riuscito, nè riuscirà mai agli affannosi alluminatori di scandalo in Parigi. Ma Goethe in pochi tratti abbreviò la storia dell'amore, anzi la storia dell'umanità, della scienza, che per quanto si elevi al disopra della terra, al primo alito della bellezza ripiomba alle divine fragilità dell'amore;

e che, risollevata dall'egoismo, le immola dolorando; dell'anima pargola e innocente che, attratta da quella luce, aiutata dai riflessi dell'oro, e dalle lusinghe dei già caduti, si lascia andare ad una dolce corrente, che mette capo ad una gora piena di sangue, cinge una ghirlanda che si converte in mitera ignominiosa, e si adorna d'una collana, che simboleggia e chiama l'orlo che lascia il taglio della mannaia del carnefice. O mistero doloroso della vita! Come sei stato penetrato ed espresso da quell'ingegno sovrano che sotto il sereno sembiante dell'Olimpio racchiudeva l'affanno del fiero e inesplicabile destino dell'uomo! E quando la povera Margherita, forsennata, rifugge dalla salute che gli offre l'amico, quando la vediamo già in preda alla scure e all'inferno, egli sa consolarci contrapponendo al grido di vittoria del nemico la voce di trionfo degli angeli. Ella è salvata! Goethe ci apre il cielo, ci rammargina gli strazi e ci acqueta i dubbi della nostra combattuta vita terrestre.

Lo Scalvini, ingegno colto ed elegante, si provò alla versione della prima parte del Fausto. Tradusse il dialogo in prosa e gli intramezzi lirici in versi. Già noi, sebbene non versificatori, condanniamo le traduzioni prosastiche dei poeti. Convengono alle lingue, la cui prosa è più elevata e bella che la poesia, e dove della bella poesia si può dire ch'è bella come una bella prosa. Ma nelle lingue poetiche, come l'inglese e l'italiana, è un evirarsi volontario o meglio un confessare d'essere evirato. Difatti condensazione di concetto, virtù d'imagini, energia di suono, tutto si perde o s'oblitera nella versione in prosa. La più bella prosa è appena alla poesia quello che il solfeggio al canto. Difatti il potente verso di Goethe sfuma nel dire scalviniano, che pur si eleva felicemente nel lirico. E dove **disperò** di accostarsi al sommo cantore, in quella canzone della perduta Margherita, che suona a tempelli e batte lenta come i palpiti del cuore d'un moribondo, sfido il più acuto italiano di accorgersi della sua immortale bellezza, ove non guardi l'originale. È una mesta canzone, e la mestizia si esprime in un certo monotono lamento, che si rende meglio a suoni quasi inconditi, che a parole (*Meine ruh' ist hin*). Goethe al contrario irruppe avvisatamente nella prosa in quella scena ove Fausto, saputo il carcere di Margherita, inveisce contro Mefistofele e gli strappa i mezzi di salvarla. Il verso avrebbe qui impacciato l'espressione del dolore e dell'ira di Fausto. Così fanno i dominatori della prosa e del verso; ma tanto non si poteva chiedere allo Scalvini. Senzachè nello stesso stile prosastico egli cerca più l'eleganza che non la trovi, e il suo toscanesimo è spesso vano come un pio desiderio. Non parliamo del continuatore signor Gazzino, che tradusse evidentemente la seconda parte di Fausto dal francese di Enrico Blaze. Nello Scalvini sono belle anche le ammaccature ricevute nella lotta col gigante, come nel Satana del Klopstock facevan segno d'onore le solcature della folgore onde Dio lo avea percosso; ma il signor Gazzino, come buon valletto, se ne sta dietro al suo cavaliere a raccogliere le frecce, e quando ei nel pararsi lo scopre, tocca per suo conto qualche stoccata. Il Blaze già affievolisce o offusca Goethe, che lodò crediamo solo il tentativo di Gerard de Nerval, ingegno immensamente minore, ma affine nel fantastico a lui. Il Blaze non afferra sempre bene quei sottili concetti, nè sa accettarne l'espressione, non essendo sì valente nella sua lingua da farle riflettere chiaramente, come potrebbe, quei divini lineamenti. Egli fa spesso maggiore scoppio di Goethe, ma non va sì lontano; è una palla di cannone ordinaria rispetto ai proietti di un cannone rigato. Ora il Gazzino, che si fa l'eco del Blaze, non può esser messo in conto; sebbene per altri studi egli sia molto benemerito delle lettere e della poesia d'Italia. Di che noi ci rallegriamo che Anselmo Guerrieri abbia preso a tradurre il Fausto tutto in versi, e il saggio che ne abbiamo veduto nella *Rivista di Firenze* ci è arra di un bel lavoro. Egli non ha superato felicemente tutte le difficoltà, ma la bravura con che le ha affrontate quasi tutte fa segno di un' attitudine non ordinaria. Anche i versi ci paiono lodevoli, e i metri eletti con istudio. Lo stile, che s'incastona a quando a quando di gemme dantesche, è in complesso meno fintamente toscano, e più sinceramente italiano di quello dello Scalvini; onde desideriamo che il lavoro si compia, e che usciamo un po'dai Milton, dai Klopstock, eccellenti esemplari, ma di cui v'è copia in tutte le pinacoteche. I capolavori più riposti richiedono divolgatori.[1]

È notevole che in Italia fu prima tradotto Ossian che Shakespeare. Quella fantasmagoria tagliata nelle nebbie del Nord prese subito le imaginazioni meridionali, perchè, avendo un'aria di nuovo e di strano, erano in sostanza un parto di cui si trovavano capaci anche le nebbie o le nuvole del Sud. Infatti il Macpherson aveva ammantato qualche atomo di tradizioni scozzesi in veli immensi; panneggiati in modo da simulare gigantesche figure. Era il mare di limonata di Fourier; a cui si agogna invano per ispegner la sete, ma che disseta un istante la fantasia. Tra noi si trovò il Cesarotti, ingegno vivo e sbrigliato, a cui Omero era indomabile, ma a cui si porgevano docili e obbedienti i fantasmi di Macpherson. Questa iniziazione alla falsa poe-

---

[1] Il Guerrieri pubblicò poi l'intera Versione della prima parte del Fausto. Milano, 1863.

sia del Nord, le nocque non poco nel nostro concetto, e quando parecchi de' nostri lessero i drammi fantastici di Shakespeare, li confusero quasi con quelle imposture del secolo decimottavo. A intendere Shakespeare non basta mettersi in quel dormiveglia propizio ai fantasmi; bisognano parecchie abluzioni e santificazioni dell' animo. Egli non ci conquistò con la rapidità di Byron, che fu il Cesare del continente. Byron non ebbe che a mostrarsi, e divenne popolare. La sua origine francese lo accostava a noi; i suoi studi filosofici, le sue predilezioni storiche, le sue tendenze voluttuose ne facevano il poeta favorito dei moderni meridionali; l'impronta straordinaria che la nascita e l'educazione e la lingua inglese davano al suo genio compì il suo trionfo. Il suo amico Shelley ha dovuto aspettare gran tempo, prima di trovare tra noi un poeta che lo traducesse parzialmente e ravvivasse le ceneri del suo rogo. Byron passò nella nostra lingua per via della prosa e del verso. È il vero che nella stessa Inghilterra ed in Europa in generale lo Shelley si fece la via più lentamente; ma arrivò glorioso, e se ha preso un seggio in disparte ed è salutato re solo dagli eletti, il suo regno non è meno durevole di quello di Byron. Il quale dalla filosofia del secolo decimottavo ha tolto la ironia delle credenze avite, la simpatia umana, l'amore dell' eroico ora adorato, ora parodizzato. Laddove Shelley ne tolse solo il grave, l'eroico, il divino, ma il divino concepito secondo l'immenso della natura e il sublime dell' umanità, e non giusta le formule teologiche. Shelley si è raccolto nel suo pensiero, ove ha trovato l'universo, non solo nelle sue proprie parvenze ma nelle diverse concezioni dei secoli; ond' egli dipana dalla sua mente le fila delle cose; dove il Byron le prende dal di fuori, dalle impressioni del momento, e riesce più vivo ed efficace al volgo. Questo carattere tutto interiore di Shelley rende assai difficile il tradurlo; perchè non basta prendere dai nostri poeti i colori ordinari, bisogna farsi le tinte a posta; e avere certi segreti, smarriti con Dante, e trovati poi in parte dal Foscolo e dal Manzoni. Egli ha una lingua mirabile, tutta ideale; la sua è una metafisica non già con lo sfarzo delle imagini baconiane, ma coi riflessi e direm cosi coi *parelj* delle idee. Anche nella *Beatrice Cenci*, in cui scese ad orrori più grandi della *Mirra* e dell'*Oreste* alfieriani, e alle discussioni tormentose del Farinaccio, egli ha voci e frasi alate, che fanno divina quella sua famigliarità di versi che il signor G. A. ha troppo abbassato. Meglio è egli riuscito nell'altre parti; e perchè il suo amore di Shelley è profondo, e l'intelligenza non impari all'assunto, ci pare che dovrebbe rimettersi nello studio del poeta diletto, e di Dante nostro; e rifacendo le sue orme vedere come poterci rendere sensibile Shelley, il che non sarebbe lieve incremento alla nostra potenza poetica.

Gli studiosi del moderno sentono ad ogni momento i difetti della lingua parlata e della scritta più in corso. Ma essendochè ogni sviluppo odierno ha i germi nel passato, essi troveranno nella vecchia letteratura italiana gli addentellati ad ogni progresso linguistico più recente. Il trecento è già ricco di voci e di modi e soprattutto di *forme*. Non si ha che a gettarci il metallo per cavarne ottime monete da mettere in giro. Ma il cinquecento e il seicento hanno ricercato tutte le latebre filosofiche e storiche. Il cinquecento, duce Aristotile, poteva perder d'occhio le più fine sottigliezze del pensiero? Il seicento, duce Galileo, poteva lasciarsi fuggire le più ascose curiosità fisiche? Si leggano al lume moderno gli scrittori del secolo decimosesto e decimosettimo, e si vedrà se la lingua del Varchi, del Galileo e del Magalotti non sappia e non possa dir tutto. Si tenga conto della viva favella popolare. e non si troverà ad ogni istante l'ostacolo del dire; chè ove non corra parallelo al sapere, il sapere è sterile. e lo scrivere è nulla.

Lo Shelley ci aprirebbe vasta materia di studi così per le sue trasformazioni dell'antico. come per le sue pitture dal moderno, e i suoi quadri del presente. Il *Prometeo*. comparato all'eschileo, darebbe già motivo a molte riflessioni che il traduttore tocca assai bene. Egli mostra come Shelley non lo fa perdonar da Giove, secondo la tradizione greca. esposta da Eschilo nella sua seconda tragedia perduta; sibbene lo rigenera per una serie continua di lotte e di vittorie, simboli dell'umanità. la cui eterna passione si avvicenda con redenzioni sempre più grandi e durevoli. La *Beatrice Cenci*. che ribollita nella mente di un nostro romanziere divenne una storia intollerabile, ha già nello Shelley i germi della sua odiosa corruttela. Il traduttore nota assai bene la perversità orrenda e quasi impossibile del Cenci, e forse non così bene la non meno orrenda risolutezza di Beatrice al parricidio. È una putredine. che la frase pura e ideale dello Shelley salva appena, e di cui la meno tersa del traduttore

« Infino *al cielo* fa spiacer suo lezzo. »

SCIENZA E TEOLOGIA NEL TRECENTO.

FRANCO SACCHETTI.[1]

Franco Sacchetti è uno scrittore popolarissimo, e tuttavia poco noto; perchè in generale si leggono di lui solo le novelle, che in vero, oltre l'usato del Boccaccio e degli altri novellieri, hanno molte digressioni e riflessioni, le quali fanno fede d'uno spirito grave e morale, ma non lasciano indovinare ch'egli avesse potuto scrivere i *Sermoni evangelici.* Ne' quali, se, come ingegnosamente mostra il Gigli, si vedono riportati o esplicati parecchi concetti morali delle novelle, v'è di sopra più lo studio della disquisizione teologica; un' esegesi veramente rozza e infantile; un arretramento dalla sottile dialettica e teologia dantesca, ma una singolare perseveranza nei principii d'indipendenza e di tolleranza religiosa sostenuti dall'Alighieri. E di vero se questi mise Rifeo tra le luci sante del Paradiso, il Sacchetti se ne vale per dire che il battesimo non è necessario a salute, e che un giudeo, il quale opera secondo il Vangelo, può salvarsi, ed un cristiano che adopera secondo giudeo, è dannato; se Dante mise dei

[1] *I Sermoni evangelici, le lettere e altri scritti inediti* di FRANCO SAC-CHETTI, Firenze, 1857.

papi tra i dannati, il Sacchetti afferma che la scomunica ingiusta non danna; anzi sopportata pazientemente fa meritare. Ma questa sua indipendenza e tolleranza s'accompagna, come in Dante, ad una fede profonda e sincera, e sono assai eloquenti le sue invettive contro agli empi bestemmiatori di Dio e profanatori de' suoi tempii, ed ai loro peccati reputa in buona parte le sciagure d'Italia. Se nella bestemmia o negli altri peccati è giudice severo e fermo, vacilla un poco nella questione dell'usura, ch'era pure uno dei principali alimenti della ricchezza fiorentina, e se ne consiglia con teologi ed è curioso leggere le loro distinzioni. Di molte superstizioni dei suoi tempi tocca senza avvedersi che siano; e il più quando vi giuoca la fede; allora egli crede che un versetto del Vangelo scritto in un foglio e posto tra le merci spedite oltremare, le salvi, che la lagrima consacrata a Dio diventi dolce come mèle, e che l'albero della croce sia precisamente l'albero del bene e del male, disotterrato primamente dopo Adamo dal re edificatore del primo tempio, e poi risotterrato, e finalmente rinvenuto per servire alla passione di Cristo. Egli però combatteva la soverchia e mal regolata adorazione delle imagini, e se non togheva loro i ceri per appiccarli innanzi al sepolcro di Dante, come fece Maestro Antonio da Ferrara, non voleva che un povero martorello fosse onorato più che Cristo o la Madre; curioso miscuglio di devozione e di libero pensare, d'indipendenza e sottomissione alla Chiesa, di credulità e di scetticismo; scetticismo procedente meno dalla coltura letteraria pagana che dal progresso civile; combattuto e vinto in sostanza dalla vivacità della fede.

Il Sacchetti era un vero cittadino di repubblica; di quegli uomini completi, secondo il lor tempo, che potevano governare la città col consiglio, difenderla con l'armi, correggerla con la giustizia, adornarla di religione e di buon costume, fiorirla di lettere, d'arte e di poesia. Egli, secondo l'uso dell'età, andò rettore in varie città, e fu sollecito di giustizia così nei liberi comuni, come nelle città rette a signore. Il suo ingegno e la sua letteratura lo facevan caro ai tiranni della Romagna, che carteggiavano per rima con esso lui, e quando non sapevano, facevan porre per rima il lor concetto dai loro segretari. Egli aveva un alto sentimento del dovere di un rettore, e pertanto l'ufficio gli era grave, massime che bisognava esser mallevadore delle azioni degli ufficiali inferiori, e schiavo, com'egli dice, de' rubaldi. Questa vita agitata per le repubbliche e per le città dominate da principi lo faceva esperto

« E delli vizi umani e del valore. »

e son bellissime le considerazioni ch'egli ne trae intorno alla vanità delle grandezze umane e ai giuochi della fortuna. « La reina Giovanna, tanto grande, in che batter d'occhio fu presa, perdendo tutto il regno e in fin la vita e a pena si sa dir come! Tanto signore e sì altero tiranno, con tanti eserciti e con tanta potenza e con tante parentele di principi e di regi quanto era il signore Melanese (Gian Galeazzo Visconti) in questo anno (1385) in un picciolo punto come ha perduto lui e tutta sua famiglia, e le famose città che teneva! Ch'è a pensare che io vidi ieri sei grandissimi e valorosi principi in pochi giorni venire meno: duca d'Angiò, conte di Savoia, Re Carlo, il signore di Liguria, quello d'Arimino e il signore di Camerino. Potrebbesi dire: Questa non è cosa nuova; la morte non fa altramente, e io lo concedo; ma ben potrebbe rimanere qualche fiato di virtù di questi tali. » E dice che i rettori erano

rattori, che v'erano due papi, e la Chiesa era divisa,
e che il re di Francia poteva rimediarvi, egli che in
gran parte forse n'era cagione. « E gli altri che faranno, che hanno tutti il balio per la loro gioventute?
Mirate quello d'Anglia, quello di Spagna, e tutti i con-
seguenti infino alli due regoli di Puglia, che tra l'uno
e l'altro non hanno tanta età che fosse sufficiente ad
un solo! » Guai alla terra il cui re è fanciullo, disse
il savio, e la repubblica cristiana era a mano allora
di tristi e di fanciulli. Come si vede, i nostri vecchi
perdevano di vista il campanile; eran uomini europei.
Il Sacchetti loda un solo Stato e lo elegge bene: « Una
terra seminata nell'acqua tra le altre comunità è sola
quella che ancora sostiene la sua degna fama; e benchè ella sia posta fra l'onde del mare adriano, si può
dire la sua virtù essere mirabile, che, circa anni 900,
è stata ferma nel suo saldo reggimento, vergogna di
quelle che si chiamano terreferme per essere in terra-
ferma, e sono sì inferme, che alcuna fermezza non
hanno! » Egli detestava le compagnie di gente scellerata
e villana che saccheggiavano e straziavano il paese, e
lodava il signor di Forlì che ne aveva distrutto una,
e se tutta Italia, gli dice, in ciò s'accordasse e facesse
come voi, la gente barbara tornerebbe a lavorar la
terra. Odiava e maladiceva le guerre che l'avevano
conciato male, ed una sua lettera sopra i danni sofferti
per l'armi, mandata ai signori di Faenza, potrebbe
mettersi allato al primo capitolo di Giobbe. Talora poi
egli dai Treni passa alle beffe, ed ha una certa vena
comica, come quella letteruzza scritta ad un di Bologna contro un banditore sbandito di Firenze che si
vantava dovervi rientrare in brevi giorni. « Abbiamo
deliberato (egli dice) di riporre le guardie con le roste
in mano, acciò che ci guardino bene dalle mosche e

dai mosconi, e di provedere alle mura della città e
fare riturare tutte le buche che in quelle si troveranno, in forma che i topi non vi possano entrare; »
e così continua sul tuono della *Secchia Rapita*, e con
qualche sprazzo di quell'odio cordiale misto a scherno,
ch'era tutto proprio delle fazioni civili dell'Italia
medieva.

Il capitolo delle pietre preziose e loro virtù dovette
essere saputo a mente da Calandrino, e forse ei ne fu
primo trovatore, per lo studio posto in quelle pietre
che andò raccogliendo per lo Mugnone. Il Sacchetti
l'ottenne forse da alcun suo discendente. — Metorio
è pietra, egli dice, che a portarla in bocca fa l'uomo
bello parlatore — e di queste dovevano esser quelle, onde
Demostene scaltri e spedì la sua ribelle pronunzia; e
forse v'era alcun pezzo della pietra Calcofino, che dà
soave voce a chi la porta.— Cornellione è pietra fina;
ristagna il sangue e spegne l'ira de' tiranni;— e veramente l'infiammazione tirannica può sedarsi, versato
che sia del buon sangue. — Chelonite, chi l'avesse in
bocca quando la luna è nuova, saprebbe indovinare. —
Onigrosso è pietra, che chi la porta lagrimeria senza
averne cagione. — Diacodos costringe li demonii, e fa-
gli parlare o dire; s'ella tocca uomo morto, perde le
sue virtù, ed è cara gemma. — E simili altre novelle
che il Gigli va comparando a quel catalogo di pietre
preziose ch'è nel poema dell'*Intelligenza*, attribuito a
Dino Compagni, e che noi lasceremo esplicare a quel
gran lapidario che fu Maso del Saggio. Nè, dal regno
minerale salendo all'animale, il Sacchetti è meno curioso, e del badalischio dice che con uno strido fa sec-
care gli arbori, le piante e l'erbe che gli stanno intorno, per lo fiato che gli esce dal corpo tanto pieno
di tosco; e della formica, che fende per lo mezzo ogni

biada che raccoglie, acciocchè di verno non nasca; e
delle pecchie che fanno giustizia, facendo impiccare
quelle che 'l meritano; e mette tra gli animali anche
i diavoli dell'inferno. « Diavolo, fiera infernale, non ha
mai alcuna ragione in sè; tutto il suo intendimento e
diletto è in fare male, e a coloro che lo servono dà
più dolore e pena. » Dal diavolo passa alle gru, e tutta
la sua storia naturale è di quella che ideava a sua
scusa, a proposito delle gru. il cuoco di Messer Cur-
rado Gianfigliazzi.

LESSICOGRAFI.

NICCOLÒ TOMMASÈO.[1]

Quando si spegneva la vita di Vincenzo Monti, sorgeva la luce di un giovane dalmata, il quale, cominciando con più vigore degli stessi toscani a combattere le dottrine di lui e del Perticari, doveva infine piuttosto compierne che disfarne l'opera gloriosa. Il Tommasèo. l'ardente oppositore, era già appuntato nel 1826 da un annalista letterario di Milano, di audacia, d'insofferenza, di quel fare dogmatico e imperativo che poi in politica ebbe Guizot; ma il buon dottor Splitz (V. Lancetti) vedeva già, tra i panni slavati che gli toccava mettere in bucato, che nei nuovi scritti del demolitore del Perticari e dell'adoratore del Manzoni erano fili di porpora' e singolare artificio. Si notava già possesso straordinario dei classici, e indipendenza di giudizio, riverenza delle tradizioni e spirito d'iniziativa, genio critico e affetto creativo. Questa luce dovea splendere lunghi anni sulle lettere italiane, e scoprire ai nostri occhi stupiti nuovi orizzonti nella storia civile e diplomatica,

---

[1] *Dizionario della Lingua Italiana*, nuovamente compilato dai signori NICOLÒ TOMMASÈO e cav. prof B. BELLINI, ecc. Torino, Unione-Tipografico-Editrice. 1861.

nella politica, nel racconto, nella critica, nella filologia, nella poesia dantesca e nella poesia popolare.

Vincenzo Monti avea veramente condito del *sale samosatense* e volteriano le discussioni filologiche. Nessun libro nostro s'accosta quanto la *Proposta* al *Dizionario filosofico* del Patriarca di Ferney. V' è gravità di ricerche più che non si crede; ed una festività che non piacerebbe tanto, se non avesse le sue radici nel vero. Il *Dizionario estetico* del Tommasèo non ha tanta spontaneità ed amenità; perchè il Tommasèo, ricchissimo di spirito, lo frena; ha riguardi religiosi, filosofici, umani; non si lascia mai andare al tutto contro i suoi più dispettosi avversari. Il Monti era furioso nell'invettiva; erano sdegni sinceri, avvampanti; duravan poco; ma bastavano ad ispirare pagine vive, splendide e che la mano paterna non sapea poi cancellare. E questo suo impeto poetico. e, come altri disse, muliebre, gli valse a raccogliere contro le pedanterie della vecchia Crusca l'opinione di tutti i colti italiani. Il Tommasèo tenne altra via. Fintosi amico della Crusca, come era in fatto della toscanità, a modo di quel Zopiro persiano, s'introdusse nella città nemica, ed accolto come fautore e capo, non la tradì secondo che fece quell'amico di Dario, ma la addestrò a conoscere le proprie forze, le sue inesauste ricchezze; ed anche adesso, quando la Crusca cascando sotto il fascio de' suoi spogli non sapeva uscire dall'*A*, dalla sua interiezione di dolore, il Tommasèo soccorse, e s'adopera tuttavia virilmente ad un Palazzo di Cristallo per l'Esposizione universale della lingua toscana.

La *Proposta* rinnovò i Dizionari italiani poichè quello di Verona era una Crusca ancora più sepolcrale della fiorentina. A Bologna, a Padova, a Napoli, a Firenze si mise mano a rifare la Crusca, e valenti filologi in tutte le colte città d'Italia intesero a riscontri, a emendazioni, a spogli, di cui i successivi compilatori mano mano facevan tesoro. La scienza entrò, forse con troppo lunghi strascichi, nei vocabolari di Bologna e di Padova; la storia e la geografia si accamparono anch'esse nelle colonne del Dizionario enciclopedico di Napoli; a Firenze il Manuzzi amò tornare alla mera lingua classica, correggendo però coi nuovi lumi le definizioni dei termini di scienza e d'arte. Noi tocchiamo dei lavori più segnalati; i monumenti, non le pietre migliari.

Tra l'esuberanza napoletana e l'estrema sobrietà del Manuzzi v'era una via di mezzo, che fu appunto eletta dal Tommasèo. Egli resecò la parte mitologica storica geografica del Vocabolario del Tramater; ridusse la parte scientifica alla sua giusta misura, sostituendo alle interminabili piuttosto descrizioni che definizioni introdottesi primamente nel Dizionario di Bologna, brevi e sugose dichiarazioni dettate apposta, e non tolte di peso da Dizionari speciali. A questo compito provvedono uomini peritissimi, e tra essi ne giova citare per le matematiche pure il sottile e dotto Angelo Genocchi, per le meccaniche l'ingegnosissimo professore Conti. Talvolta il Tommasèo fa posto a quegli aggettivi dedotti dai nomi de' luoghi, che il Cherubini, il quale ne tessè un dotto vocabolario, chiama patronimici, e talvolta a certi nomi propri, ma con sapiente parsimonia e quando l'uso dei classici mostri singolarmente richiederlo. Crediamo tuttavia che, compiutasi in questo vocabolario la fusione, come ora si dice, di tutti i lavori verbali dei filologi italiani, tra i quali splende sommamente il nostro Gherardini, sarà bene che il solerte signor Luigi Pomba pensi se gli convenga metter mano ad un supplemento, sul fare di quello che si compilò in Francia per sussidio al Dizionario dell'Accademia. In questo supplemento si potrebbe con migliori norme

e sopra migliori autorità che non ha fatto il Tramater,
ammassare tutta quella lingua che non è ancor classica,
o nell'uso comune, ma che riguardando le filosofie. le
scienze, le arti. le storie umane e divine, e occorrendo
agli studiosi, deve essere determinata e spiegata in un
Codice autorevole e al possibile perfetto.

Tra i primi vantaggi di questo nuovo Dizionario. è
quello di raccogliere e riassumere gli sparsi e più recenti lavori dei filologi italiani e in qualche parte degli stranieri sulla lingua nostra e sulle affini alla nostra. Quanto ai primi. vediamo gli editori giovarsi degli
studi preziosi del gran Vincenzio Nannucci sul linguaggio arcaico: quanto ai secondi. vediamo che nelle etimologie si tien conto delle ricerche di Diez. Senzachè
si seguono in generale i testi più purgati; il che non
importa poco in queste materie.

È poi da notare lo studio posto dagli editori nel definire con esattezza i vocaboli, nel distinguerne sottilmente i vari significati. e nel porli nell'ordine logico
della loro generazione. Quanto al definire e al distinguere, il Tommasèo ha già fatto le sue prove. o. per
meglio dire. il suo capolavoro nel *Dizionario dei Sinonimi*; quanto al collocare nel loro ordine genetico i
vari significati dei vocaboli, pochi potrebbero competere
con lui, pel suo sapere filosofico. per la sua perizia nelle
lingue classiche. per la sua padronanza della vivente
nostra, e pel suo acume straordinario. Certo questo
acume, dovendo principalmente esercitarsi sopra esempi
raccolti da vari e con vari fini, giuoca talvolta con la
sua finezza; ma il senno e la dottrina del filologo non
lasciano mai sperdere l'energia del fuoco, se pure lo
lascino talora scherzare e deviare in vampe bizzarre.
Si potrà dire: io avrei ordinato diversamente; e il Tommasèo stesso potrebbe variare in molti modi le combi-

nazioni de' suoi articoli; ma è ammirabile sempre e sempre instruttivo il modo eletto da lui.

Questo Dizionario è un corso di filologia pratica. Il Tommasèo ci profonde a ogni passo i lumi del suo ingegno, e le avvertenze del suo finissimo gusto. Il giovane e l'inesperto che vi cercano e trovano lo scioglimento delle difficoltà in cui s'abbattono leggendo o scrivendo, non risicano, come altrove, di pagare ad usura quel profitto col frantendere l'uso di qualche proprietà e leggiadria del dire, o invaghirsi di modi strani e non imitabili. L'imitabile è così precisamente contrassegnato, che non vi si può far errore: il riprensibile è indicato non solo nell'uso del vocabolo a modo speciale, ma, bisognando, nel disteso degli esempi, talché altri non può restare ingannato da fallace autorità. Il Vocabolario non è più l'oracolo dai profetamenti ambigui; è il maestro dotto e affabile che ti conduce salvo per tutte le difficoltà dell'intendere e dello scrivere; è il Virgilio che ti fa riverente agli angeli, che ti difende gli occhi da viste pericolose e ti stringe nelle sue braccia quando devi calar per l'aere nei cerchi infernali.

La lettera e particella *A*, tutto lavoro del Tommasèo, occupa trentadue colonne ed è un prodigio d'analisi. Properzia dei Rossi incideva la storia della passione in un nòcciolo di pèsca. E questa finezza si riscontra nel Tommasèo. Egli è pieno di buone e talora rigide avvertenze; ma riconosce che gli scrittori da poco vi restan presi, i grandi le rompono e scampano. Da tal maestro è bene rubare il metodo dell'osservare e distinguere finamente; è bene l'imparare a discernere l'ineguaglianze sulle superficie che più ci paiono levigate. Quel cieco conosceva i colori al tatto; e lo scarlatto paragonava al suono della tromba. Certuni che

ci veggono non distinguerebbono il nero dal perso; e
si sdegnano che altri voglia graduare la scala dei colori.
Solo hanno ragione a dire che nella natura o nella creazione dell'arte si fondono in modo, che lo studio del-
l'uomo a separarli torna spesso in nulla.

Questa materia sì svariata e sfuggevole s'è piegata
a tutte le viste dello spirito del Tommasèo. E diciamo
spirito nel senso più assoluto; perchè questo gran letterato dee per sventura servirsi d'altri occhi che i suoi
a queste tarsie di vocaboli. Thierry, cieco, dettò bellissimi libri storici. Prescott belli d'altra bellezza, veden-
doci poco da un solo occhio, e appuntando i fatti e i
particolari ch'entravano nel suo disegno mano mano
che altri gli leggeva. Il Prescott ordinava poi il tutto
nella sua mente, scrivea con l'aiuto d'un meccanismo
inventato apposta da lui, e poi si facea rileggere lo
scritto e dava l'ultima mano al lavoro. Ma i fatti e i
particolari storici sono facili a ritenere e ordinare per
la loro relativa importanza e per la loro spiccatezza rispetto alle migliaia e migliaia di esempi che in generale non hanno senso spiccato, e son divelti dal testo
dei classici come Dio vuole. È proprio edificar con l'are-
na; e il Tommasèo ci riesce, e questo almeno ci si con-
cederà ch'è un prodigio di forza d'intelletto e di memoria. Si aggiunga che quest'uomo, lasciando le cure
della famiglia, a cui intende, dei figli, alla cui educazione presiede, e anche di popoli, come i Dalmati, che
pendono dalla sua voce, dee rivedere i libri suoi che si
ristampano del continuo, e ch'egli non finisce mai di
migliorare; ha nuove opere da meditare e dettare; ha
esteso carteggio; scrive di politica, di morale e di critica letteraria; concedendo poi molto tempo alla ge-
niale conversazione degli amici e alle visite dei dotti
forestieri che affluiscono alla sua casa. E di un uomo

tanto operoso e che stampò tante vestigie nella letteratura italiana udimmo far poco caso da alcuni che,
sentendosi lievi per gli studi e per gli scritti, si promettono andar più lontano di lui

> «. . . . . seguendo lor solco
> Dinanzi all' acqua che ritorna eguale. »

Il suo è veramente un trattar la lingua come gli
stoici, i quali, se spropositavano nelle loro fantastiche
etimologie, miravano sempre in tutto al fine morale di
rendere l' anima energica e libera. Questo valore morale è nuovo, ma non fuor di luogo in un Dizionario; nè
intempestivi ci paiono a quando a quando certi arguti
epigrammi a proposito di parole, che sogliono essere
mantello ai vizi degli uomini. All'ingegno si dee far
festa da per tutto, anche in un Dizionario: intendiamo
dell'argutezza, quando la sapienza ha già svolto pienamente il vero, e quasi ricreandosi, sorride. Altri è tratto
così a leggere l'intero articolo, vero modo di cavar
costrutto da siffatti libri: massime quando son filati·di
oro in oro come fa il Tommasèo negli articoli che egli
si è particolarmente serbato, e come lo va seguendo
con passi più brevi, quasi Ascanio Enea, sebben più
grande d'età, l'egregio e per altro dottissimo professor
Bellini. Tra l'oro porremo tutti gli appunti di toscanità
o fiorentinità che il Tommasèo fece da sè, o che si lascia suggerire dagli elegantissimi maestri del dir proprio, Meini e Fanfani.

Questi minuti studi di lingua lastricano agli scrittori la via dell'avvenire. Lo stile fa vivere, ma non vi
è stile senza proprietà. Teofilo Gautier disse che, a cesellare com'egli fa, non gli occorse altro che lo studio
del Dizionario della sua lingua. Sainte-Beuve racconta
che all'Accademia, quando in servigio del Dizionario

della lingua francese che vi si va compilando, si mette in campo qualche esempio della Staël, vi si trova sempre alcun intoppo. Ella scrivea ellitticamente; ma non al modo sapiente d'Orazio; sibbene al modo furioso d'oggidì, che si vuol far presto e pei sottintesi si fida nel lettore. Cambiato l'ambiente, si vedono i difetti. Certe bellezze odierne sono come le *gemme calde* che nel Novellino confondevano tanto quell'antico re. Il Savio s'accorse tosto che v'era dentro un verme. Pertanto è da studiare la proprietà, ch'è veramente il *piombo ai piedi*; mentre l'ignoranza della lingua lascia trascorrere a tutti i voli d'Icaro la fantasia. A scrivere proprio non è miglior maestro che il Tommasèo. Quando il Condillac dovea succedere all'abate d'Olivet all'Accademia francese, Voltaire scrivea, che il d'Olivet *était le premier homme de Paris pour la valeur des mots*; e il Condillac *l'un des premiers hommes de l'Europe pour la valeur des idées*. Il Tommasèo è l'uno e l'altro.

FINE.

INDICE.

———

Lightning Source UK Ltd.
Milton Keynes UK
UKHW011620220219
337801UK00010B/1993/P